嫩江流域下游湿地系统网络分析及脆弱性研究

刘静玲　孟　博　包　坤　孙　斌　著

科学出版社

北　京

内 容 简 介

本书从流域尺度，构建湿地群系统“水文功能-结构”双重网络，研究了不同驱动因子作用下，湿地群网络系统演变过程，建立了节点-节点整体相结合的分析方法，识别关键调控湿地节点。在湿地生态系统尺度上，建立综合指数表征白鹤重要停歇地脆弱性的时空变化规律，在微观尺度，分析根际微生物驱动的白鹤食源质量相关物质流特征，揭示东北地区湿地系统退化的关键胁迫因子和退化机制。

本书可以作为湿地系统管理领域科研院所、管理机构以及科学普及方面的参考用书，也可以为环境、生态和水资源监测及管理者提供理论、方法和技术的导引。

图书在版编目(CIP)数据

嫩江流域下游湿地系统网络分析及脆弱性研究／刘静玲等著．—北京：科学出版社，2023.7

ISBN 978-7-03-076020-3

Ⅰ.①嫩…　Ⅱ.①刘…　Ⅲ.①嫩江-流域-沼泽化地-研究　Ⅳ.①P942.350.78

中国国家版本馆 CIP 数据核字（2023）第 134657 号

责任编辑：刘　超／责任校对：杨聪敏
责任印制：吴兆东／封面设计：无极书装

科学出版社 出版
北京东黄城根北街 16 号
邮政编码：100717
http://www.sciencep.com
北京建宏印刷有限公司 印刷
科学出版社发行　各地新华书店经销
*
2023 年 7 月第　一　版　开本：787×1092　1/16
2023 年 7 月第一次印刷　印张：21 1/4
字数：500 000

定价：260.00 元

（如有印装质量问题，我社负责调换）

前　言

湿地是全球三大生态系统之一，具有调节气候、涵养水源、调蓄洪水、净化水质、增加植被多样性、防止水土流失、稳定海岸线及为众多鱼类和野生动植物提供栖息地等重要功能，在维系流域水量平衡、减轻洪涝灾害和维护生物多样性等方面发挥着不可替代的作用，是地球上重要的天然蓄水库和物种基因库，支撑着人类的经济社会和生存环境的可持续发展。湿地系统是指通过径流、蓄满溢出流与湿地建立水文联系的水文单元和湿地共同构成的系统。该系统可以包括河流、湖泊（水库）、土地和人类，这些元素之间存在复杂的关系（如人水关系、河湖关系、人地关系、水陆关系），多个湿地彼此联系形成湿地群系统。湿地的形成、发育、演替及功能是通过不同单元之间一系列水文过程实现的。

嫩江流域下游湿地群系统由 4 个 $500km^2$ 以上的国际重要湿地及国家级湿地保护区构成，是白鹤等濒危水禽的栖息地和迁徙的重要停歇地。由于自然/人为干扰，在流域尺度上，水文连通模式受到破坏，这导致湿地面积萎缩和生态水文功能退化乃至流域水环境恶化；在湿地尺度上，水文情势的改变影响典型湿地关键群落的分布和演替，造成湿地处于脆弱和不稳定的状态。

流域尺度上，本书构建了流域湿地群系统水文功能-结构双重网络，研究了不同驱动因子作用下，湿地群网络系统演变的及过程；建立了节点-节点/整体相结合的分析方法，解析了不同湿地间水文关系及其变化，识别关键调控湿地节点——莫莫格湿地。在湿地尺度上，以莫莫格湿地白鹤湖为研究区，基于稳定同位素技术和 IsoSource 线性混合模型估算了主要食源对不同消费者贡献率的季节变化特征，构建了以白鹤为关键物种的白鹤湖食物网结构。本书基于生态能质，研究了水深变化对湿地食物网结构和功能的影响，建立综合指数表征白鹤重要停歇地脆弱性的时空变化规律。以 AQUATOX 模型为基础，构建 MBVIM 模型来模拟白鹤湖湿地水生态系统的季节变化特征及在不同污染条件下的演替趋势。由于根际微生物存在于植物根系与土壤环境的交互界面上，在植物的生长、繁殖及对胁迫环境的耐受性方面具有重要作用。本书以白鹤食源性物种——扁秆藨草为研究对象，利用 16S rDNA 测序技术和宏基因组测序技术，研究了不同水位下的微生物群落结构与功能特征，对根际微生物驱动的白鹤食源质量相关代谢过程、生物地球化学循环特征进行了深入分析；借助共现网络分析，解析了不同入侵区域及禁牧前后长芒稗根际微生物群落结构与功能特征，解释了长芒稗灾变成入侵种的机制。针对研究结果，在流域尺度提出网络流量配置方案，在湿地尺度，以适宜生态水位为调控目标，提出多情景下生态水文调控方案及控制长芒稗入侵的策略。理论上，本书为揭示东北地区湿地系统退化的关键胁迫因子和退化机制，评价白鹤重要停歇地脆弱性，表征长芒稗的灾变机制，建立了模型方法；实践方面，本书对东北地区退化湿地群水文连通性恢复及白鹤重要停歇地管理与恢复提供一定的基础理论支撑。

全书共分为12章，第1章指出了嫩江流域湿地群保护和利用现状，以及生态环境不断恶化的问题，提出相应的研究内容，为人类活动干扰下的湿地群网络演变及脆弱性评价研究奠定基础；第2章构建一个流域湿地群水文功能网络，从流域尺度分析湿地系统的源与汇功能性变化，系统性识别湿地群退化的驱动因子；第3章构建湿地群结构性网络，阐明结构连通性的动态变化及驱动因子；第4章阐明湿地群网络节点间生态关系及变化特征，识别结构网络湿地中关键调控节点；第5章针对关键节点白鹤湖构建食物网结构，研究不同食源对白鹤的贡献率；第6章基于生态能质指标（Ex）和特定生态能质指标（Ex_{sp}）探讨不同水深梯度下白鹤湖食物网时空特征，分析不同水深条件下生产者和消费者对食物网生态能质的贡献差异；第7章构建白鹤重要停歇地脆弱性评价指标体系，应用综合评价法对白鹤重要停歇地生态脆弱性进行评价；第8章以AQUATOX模型为基础，构建MBVIM模型来模拟白鹤湖湿地水生态系统的季节变化特征；第9章基于扁秆藨草根际微生物16S rDNA测序分析结果，分析了不同水位下藨草根际微生物群落及代谢特征；第10章分析了长芒稗根际微生物群落共现网络，并提出入侵控制的途径；第11章分别针对流域湿地群及典型湿地，提出适应性恢复方案；第12章对研究进行了总结，并依据研究结论进行了展望。

本书写作分工如下。

第1章：绪论　刘静玲　孟　博　孙　斌

第2章：嫩江流域湿地系统水文功能网络稳健性演变及驱动因子　孟　博　刘静玲

第3章：嫩江流域下游湿地群系统空间结构特征分析　刘静玲　孟　博　孙　斌

第4章：湿地群网络关系分析及关键调控节点识别　孟　博　刘静玲

第5章：莫莫格湿地白鹤湖食物网季节特征及白鹤食源分析　刘静玲　包　坤

第6章：水文变化下白鹤湖食物网时空特征　包　坤　刘静玲

第7章：基于MBVI的白鹤重要停歇地脆弱性评价　刘静玲　包　坤

第8章：MBVIM模型模拟及脆弱性预测　包　坤　刘静玲

第9章：不同水位下扁秆藨草根际微生物群落及代谢特征分析

孙　斌　包　坤　刘静玲

第10章：长芒稗根际微生物群落共现网络分析及入侵控制　刘静玲　孙　斌

第11章：嫩江流域湿地系统适应性恢复方案　刘静玲　孟　博　包　坤

第12章：结论与展望　刘静玲　孟　博　包　坤　孙　斌

统稿：　刘静玲　孟　博　包　坤　孙　斌

本书在写作过程中得到北京师范大学环境学院杨志峰院士、崔保山教授、沈珍瑶教授、刘海飞教授、刘强副教授，中国科学院东北地理与农业生态研究所吕宪国研究员、安雨副研究员，中国科学院生态环境研究中心马克明研究员，中国林业科学研究院崔丽娟研究员，英国曼切斯特城市大学周建国教授，东北师范大学盛连喜教授、宋传涛老师的大力支持和真诚帮助！

本书以国家重点研发计划重点专项“东北典型退化湿地恢复与重建技术及示范”的课题“退化湿地恢复生态补水及湿地生态水文调控技术研发”研究成果为依托，在长期的研究过程中，我们克服了科研之路的重重困难并取得了可喜的成果。在此过程中，北京师范大学环境学院的科研团队及众多专家对我们的研究都给予了肯定与支持。夜以继日的集体奋战，让我们不仅能够进行科学交流与创新，更能够为我国湿地生态系统恢复与管理提供科学依据及技术支撑。

衷心希望我们阶段性的研究成果能够启发和推动湿地群网络分析及脆弱性研究的理论、方法与技术的系统研究和创新，应对《巴黎协定》生效和执行背景下中国流域管理面临的挑战，为开发兼顾环境科学、生态学、湿地学、水力学、社会学和管理学提供新的思路。

作　者
于北京师范大学
初稿完成于2019年秋
修订稿完成于2020年冬

目　　录

前言
第 1 章　绪论 …… 1
1.1　背景与意义 …… 1
1.2　研究进展 …… 3
1.3　科学假设与研究内容 …… 20
1.4　研究区概况 …… 28
第 2 章　嫩江流域湿地系统水文功能网络稳健性演变及驱动因子 …… 38
2.1　研究内容与方法 …… 38
2.2　研究结果 …… 42
2.3　讨论 …… 51
2.4　本章小结 …… 52
第 3 章　嫩江流域下游湿地群系统空间结构特征分析 …… 53
3.1　研究内容与方法 …… 53
3.2　研究结果 …… 56
3.3　水文连通性变化驱动因素 …… 65
3.4　本章小结 …… 67
第 4 章　湿地群网络关系分析及关键调控节点识别 …… 69
4.1　研究内容与方法 …… 69
4.2　研究结果 …… 71
4.3　关键调控湿地节点识别 …… 77
4.4　本章小结 …… 80
第 5 章　莫莫格湿地白鹤湖食物网季节特征及白鹤食源分析 …… 82
5.1　研究内容与方法 …… 83
5.2　研究结果 …… 89
5.3　本章小结 …… 108
第 6 章　水文变化下白鹤湖食物网时空特征 …… 110
6.1　研究内容与方法 …… 111
6.2　研究结果 …… 115
6.3　本章小结 …… 135
第 7 章　基于 MBVI 的白鹤重要停歇地脆弱性评价 …… 137
7.1　研究内容与方法 …… 138
7.2　研究结果 …… 144

7.3　本章小结 …… 155
第 8 章　MBVIM 模型模拟及脆弱性预测 …… 156
8.1　研究内容与方法 …… 157
8.2　结果与讨论 …… 164
8.3　本章小结 …… 193
第 9 章　不同水位下扁秆藨草根际微生物群落及代谢特征分析 …… 194
9.1　研究内容与方法 …… 194
9.2　不同水位下藨草根际微生物群落特征 …… 200
9.3　物种与功能注释结果 …… 218
9.4　水位对白鹤食源质量相关代谢过程的影响 …… 220
9.5　不同水位下根际微生物驱动的生物地球化学循环特征 …… 228
9.6　本章小结 …… 235
第 10 章　长芒稗根际微生物群落共现网络分析及入侵控制 …… 237
10.1　研究内容与方法 …… 237
10.2　不同入侵区域长芒稗根际微生物群落共现网络分析 …… 240
10.3　禁牧对长芒稗根际微生物群落的影响 …… 248
10.4　长芒稗入侵控制的途径 …… 254
10.5　本章小结 …… 255
第 11 章　嫩江流域湿地系统适应性恢复方案 …… 258
11.1　基于网络分析的流域湿地系统恢复 …… 258
11.2　面向网络-水量平衡的湿地群系统水文连通性恢复策略 …… 262
11.3　白鹤重要停歇地湿地恢复的生态水文调控模式 …… 265
11.4　本章小结 …… 274
第 12 章　结论与展望 …… 275
12.1　结论 …… 275
12.2　展望 …… 281
参考文献 …… 283
附表 …… 324

第1章　绪　　论

1.1　背景与意义

湿地是全球三大生态系统之一，具有涵养水源、调蓄洪水、净化水质等重要功能，在维系流域水量平衡、减轻洪涝灾害和维护生物多样性等方面发挥着不可替代的作用，是地球上重要的天然蓄水库和物种基因库，支撑着人类的经济社会和生存环境的可持续发展（Todd et al.，2010；吕宪国等，2004）。湿地系统是指通过径流、蓄满溢出流与湿地建立水文联系的水文单元和湿地共同构成的系统。该系统可以包括河流、湖泊（水库）、土地和人类，这些元素之间存在复杂的关系（如人水关系、河湖关系、人地关系、水陆关系），多个湿地彼此联系形成湿地群系统。湿地的形成、发育、演替以及功能是通过不同单元之间一系列水文过程实现的。

湿地群系统内部各个单元之间伴随着水流过程，还存在着物质流、能量流以及生态流。人口增加以及经济社会的高速发展，使人地矛盾突出，导致各个过程发生变化，部分过程阻断，改变了湿地的结构和功能，湿地面积萎缩，功能退化。20世纪70年代以来，我国湿地萎缩十分严重，湿地生态系统已经遭受到严重破坏，生态灾害出现的频率日益增加。2003年到2014年，我国自然湿地面积减少了9.33%（刘赢男等，2013；饶恩明等，2014）。自20世纪初以来，全球湿地景观面积大幅减少，且从20世纪末到21世纪初，湿地景观面积萎缩速度增加了3.7倍（Davidson，2014）。湿地面积骤减，湿地生物栖息地破碎化，严重影响了生物迁移和繁衍及生物多样性。湿地生态系统质量不断下降，导致生态系统的整体服务功能严重受损。1997～2011年，全球湿地生态服务价值年损失达4.3万亿～20.2万亿美元。因此，退化湿地的生态修复与保护直接关系到中国经济社会绿色发展，以及生态文明建设工作。

在自然扰动和人类适应性水文调控活动的交织作用下，系统内部不同单元间的水文联系不断变化，部分结构的水文连通模式不断恶化，使得湿地之间物理、化学和生物过程失衡。不合理地开发利用水资源，导致湿地水文格局和水资源平衡不断改变；农业用水的增多以及引水、蓄水工程的修建，引起下游湿地入流量减少，在湿地生长季不能满足湿地最低生态需水量，造成湿地水资源短缺、旱化现象（魏强等，2015；Johnson and Ringler，2014）；闸坝、水库等水利工程的修建，隔断了自然河流与湖沼等湿地水体之间的天然水利联系，不仅改变了湿地的入流量和出流量，同时阻断了河－湖－湿地的水文连通性（hydrologic connectivity，HC），形成地理孤立湿地（刘吉平等，2014），造成不同水文单元之间的生态流不能正常进行（满卫东等，2017），进而影响到湿地网络系统的功能稳定性；农田面积的增加，无疑导致湿地面积不断减少，影响了流域湿地系统中的蒸散发量，同时改变了水文单元（尤其是湿地单元）的水文过程，主要表现在植被格局的变化使得植被的拦蓄水流的过程和蒸散发过程改变（Acreman and Holden，2013；范伟，2012；吕宪国等，2004）。

我国东北地区面积广阔，分布有大量重要湿地，如扎龙湿地、莫莫格湿地、向海湿地和查干湖。这些湿地不仅能调节径流，同时具有调蓄、净化、涵养水的功能，是白鹤等候鸟的迁徙中转站，在维护流域生态平衡、调节区域内小气候、水资源补给与生物多样性保护等方面发挥着重要的作用；同时，耕地资源丰富、水土匹配良好、光热条件适宜，是我国重要的商品粮基地。农业生产与湿地保护矛盾突出，根据 1990～2020 年 Landsat TM 遥感影像解译结果来看，嫩江流域自然湿地面积由 45 779.6km^2 减少到了32 868.5km^2，减少了约 28%。湿地退化，功能丧失，生境不断破坏，严重影响到了候鸟迁徙。湿地既是水资源提供者又是使用者，人类活动是导致湿地退化的主要原因（Ramankutty and Foley，1998；Asselen et al.，2013）。

本书以我国东北地区嫩江流域为研究区，对推进退化湿地的恢复，缓解湿地保护与农业生产之间的矛盾具有普遍适用性和典型性。

湿地水文连通性恶化及水文情势的改变，不仅造成湿地生态系统的退化，还增加了下游水文单元的脆弱性，成为区域社会-生态协调发展的限制因子，湿地退化的预防和恢复，尤其是湿地水文连通性的恢复，已成为国内外生态水文学研究的热点。根据文献统计，进入 21 世纪之后，相关研究逐年递增，包括连通性评价、连通性对于生境格局的影响机制及水文连通性恢复。一些欧洲国家、美国和澳大利亚充分认识到湿地恢复中水文连通性恢复的重要地位，并制定了一系列水文连通性恢复计划（Lamouroux et al.，2015；Lamouroux and Olivier，2015）。《欧盟水框架指令手册》和美国《清洁水法案》也将水文连通性恢复纳入其中。但目前影响机制方面的研究相对较少，同时在连通性恢复上多为针对单一因子的恢复措施，缺乏对于多驱动因子的修复策略。其中，探明湿地群系统演变机制、识别关键驱动因子与过程、确定系统阈值，是实现退化湿地生态系统的有效恢复的前提。同时，湿地的系统属性决定了需从系统角度出发选取定量研究方法。而网络分析不仅可以分析湿地退化的机制，还可以辨析出作用路径及关键节点，在恢复时实现资源整合，提高湿地群恢复效果。本书基于网络分析，明晰了嫩江流域下游湿地群系统关键驱动因子，建立了自然/人类活动-湿地水文功能/结构网络-水文水动力的影响机制，揭示了东北地区湿地的退化机制，提出了网络-水平衡连通性管理策略，能够为国际重要湿地水文连通性恢复及管理提供一定的基础理论支撑和科学参考。

人为干扰和气候变化的双重作用决定了松嫩平原湿地生态系统表现为一种脆弱和不稳定的特征。在湿地生态系统恢复的研究中，需解决以下科学问题：白鹤在重要停歇地的食性如何定量化？如何定量表征白鹤重要停歇地的脆弱性？以适宜白鹤停歇和觅食为目标，重要停歇地的生态水位如何调控？解决以上科学问题对白鹤种群的保护和湿地生态系统恢复具有重要的理论和实践意义。

当前对湿地植物的研究主要集中在植被的生产力、株高、盖度、密度等植物自身的生理生态指标及种间关系、群落演替等方面，随着基因测序技术的不断发展，植被根际微生物的研究逐渐成为植物学研究领域的热点，与此同时湿地植物根际微生物的研究也逐渐成为研究热点。

在植物根际微生物的研究中，受到较多关注的是植物有益微生物（plant beneficial rhizospheric microorganisms，PBRMs），包括内生菌、共生菌和植物根际促生菌（plant growth promoting rhizobacteria，PGPR），其提高土壤营养的可利用性、增强植物应对胁迫能力已被广泛认可（Han et al., 2014 ，Meena et al., 2017）。PBRMs 通过促进有机质矿化，加强氮固定，增强 K、P 等营养盐的可利用性等机制提高土壤中养分利用效率（nutrient use efficiency，NUE），Meena 等（2017）的研究结果表明，PBRMs 可以使根际土壤中养分利用效率（NUE）提高 20% ~40%。可见，植物根际微生物在植物种群竞争、群落演替及生态系统功能中发挥着重要作用。

本书分别从流域尺度、湿地尺度和微观尺度，系统性分析了湿地群网络演变、关键节点脆弱性、节点中关键物种退化机制，并提出适应性恢复策略，具有重要的理论和实践意义。

（1）理论上，为揭示东北地区湿地系统退化的关键胁迫因子和退化机制，量化白鹤重要停歇地脆弱性，建立模型方法。

（2）实践中，对东北地区退化湿地水文连通性和白鹤重要停歇地评价、恢复及管理具有指导作用。

（3）在一定程度上揭示长芒稗的灾变机制及水文情势变化对藨草群落的影响过程，为国际重要湿地的生态水文恢复提供一定的基础理论支撑。

1.2 研究进展

1.2.1 湿地生态网络研究进展

生态网络最早应用于建筑行业及景观设计行业（吴晶晶，2018），在景观生态学中，生态网络指通过各斑块构建潜在廊道和踏脚石，相连形成完整的生物栖息地网络（Taylor et al., 1993），其基本组成包括节点、路径和流量。由于其系统性优势，应用于各个生态系统中，针对网络结构以及网络功能，在物质能量流、信息流和生态流等方面开展了大量研究（Gurrutxaga et al., 2010；谢慧玮，2014）。

湿地系统非孤立生态系统，而是一种存在生物与非生物流的动态的栖息地，各湿地与其周围环境之间通过水文过程构成天然的联系（Acreman and Dunbar，2004）。但传统的湿地研究中，往往忽视了湿地的分散函数（连通性）对其保护和恢复的重要性，将湿地视为独立的水文单元，分析该单元的部分要素，未反映出其他单元的影响，研究结果具有极大局限性。因此需建立一种系统性处理交互的方法来以整体方式描述整个系统的固有属性（Mao and Cui，2012）。

通常存在连通路径且路径中存在径流的湿地系统被称为湿地网络，可以通过景观网络理论和岛屿生物地理学理论来评估水文和生物网络连通以及相互作用对湿地生态系统的影响（Cook and Richard，2007）。根据物种-区域关系，物种可利用生态廊道在湿地系统中迁移和繁殖，网络中各组分相互影响。生态网络方法可满足湿地生态系统研究进行空间结构整合的需求。由于研究目标及研究内容的不同，湿地网络不仅包括水文联系的网络（如河流水系），还包括生物连通网络（如食物网、共生/宿主-寄生网络，以及景观网络）。

径流是水文单元和景观相连的媒介，河网水系中相连的水文单元含有丰富的生物与非生物因子（Wiens，2002）。基于水文网络的分析，不仅有利于整体性探索湿地水文结构变化，还可以有效进行退化湿地系统性恢复和管理。水文网络构建一般有两种方法：原始法和对偶法（Porta et al.，2006a，2006b）。原始法中，是将各河道定义为路径，水网中的汇流定义为节点，比较直观地描述了河网的空间结构。河网可以用树方法表示，河段代表链接或边缘，它们之间的汇合对应于树节点，其中循环回流不会出现。Wu 和 Lane（2017）基于轮廓树方法研究了不同等级湿地集水区并描述其几何和拓扑属性，描绘了将湿地洼地相互连接或连接到河网的潜在流动路径，并使用最小成本路径算法模拟湿地和溪流之间潜在的水文连通性。对偶法是将各水文单元定义为节点，相比于原始法，对偶法可以体现各个元素的特性。网络分析也被用于湿地水资源配置。水资源配置网络综合考虑多个属性，通过数学变换得到一个可对比的度量指标的方法。水资源配置网络最初应用于 20 世纪 80 年代，旨在改善水分配过程，减少淡水消耗、废水产生和最大化工业废水再利用（Feng et al.，2009）。湿地生态系统的生态用水需求是指维持湿地栖息地自然生长，保护生物多样性，维持人类活动和改善环境质量所需的水系。因此，由生态用水需求决定的水量可以作为建立 WN 的基础。石红等基于水资源利用系统中用水主体和各主体之间的关系，构建了淮河流域水资源利用系统的生态网络模型（石红等，2015）。

湿地生物性网络包括湿地多样性保护网络和食物网。由于区域环境的独特性，针对单一个体或种群的保护措施可能并不利于湿地系统的长期稳定性，而建立连通的湿地保护网络可以有效地改善生态功能，促进其适应气候变化和人类影响。生物多样性的网络主要由核心区、缓冲区和生态廊道组成（Bischoff and Jongman，1993；Shriner et al.，2006）。其中生态廊道通过维持基因流动和促进物种迁移、扩散，在生物多样性保护中发挥主导作用（Kong et al.，2010）。由于物种保护程度和环境条件的差异，通过网络分析可以确定板块保护的优先程度。食物网指初级生产者、食草动物和食肉动物的线性营养链。相关研究主要集中于营养级配置和网内物质流。从适用和保护的角度探讨食物网拓扑结构并预测功能生态系统对结构变化的响应非常重要（Dunne et al.，2002）。由于每个营养级别的物种多样性以及不同营养级别之间的复杂相互作用，与其他网络相比，食物网配置通常具有更高的复杂性。

目前常用的网络分析方法包括投入产出分析、图论以及生态网络分析（ecological network analysis，ENA）。该方法源于货币流的经济分析，可用于研究生态系统中的生态流和生态过程（Bascompte，2007；Dame and Christian，2008）。图论可以有效地描述生态网络的拓扑结构。在图论法中，网络被视为节点互连的系统，近年来已广泛应用于生态网络分析。这些模型通过分析生态系统结构和功能之间的相互作用揭示生态系统行为的完整性和复杂性，而且还通过拓扑结构的改进来加强网络功能（Segurado et al.，2013；Zuecco et al.，2019）。ENA 由 Hannon 于 1973 年提出，旨在探索物种和功能群的相互依赖性，并确定直接和间接生态流的分布。它将生态系统描述为节点和路径的网络，基于系统的一般特征研究生态系统的结构、功能、发展和演变，ENA 将其与人为干扰和环境变化联系起来，为管理提供重要信息。基于信息理论，可以量化系统的效率和冗余（Ulanowicz et al.，2009；裴燕如等，2020）。通过网络控制分析（network control analysis，NCA）和网络效用分析（network utility analysis，NUA）来表征显示网络水系统的结构和功能（Meng et al.，2019）。

1.2.2　湿地水文连通性研究进展

1）水文连通性概念

水文连通性表征不同单元之间的生态流动情况，其通常被定义为以水为介质的物质、能量以及生物在水文循环各要素内或各要素之间进行的传输过程（Pringle，2003；Freeman et al.，2007）。在水文学中，水文连通性多指代水体尤其是河流的连续性或河网水系的连通状态，水文学者将其界定为高导流区（地下水）或渠道（地表水）间的空间联系，包含环境因子对径流量等的作用，如径流量、径流历时或污染物迁移等水文过程研究多与水文连通性有关。在生态学中，结构连通性指生境斑块内或斑块间的联系及时空特征。在生态水文学领域，水文连通性是指通过水介质在水循环元素之间转移物质、能量和有机物质，以及这种传输和迁移能力大小（Jain and Tandon，2010；陈月庆等，2019）。而崔保山等研究了湿地水文连通性通过对生物栖息地以及生存、迁移和繁衍两方面对生物产生影响（崔保山等，2016）。水文连通作为生态过程的一种重要的影响因子，其格局影响着物种的机构和演替（张仲胜，2019）。湿地的功能是通过一系列水文过程实现的，如收集、储存、过滤或排放、沉积和溶解（Carr et al.，2015）。合理的水文连通性可以促进河流生态系统的物质和能量转移，为水生生物和鸟类创造良好的生存环境（Reid et al.，2016）。但过高的水文连通性易导致物种迁移或生物入侵。维持适当的湿地系统的水文连通性对于维持整个生态系统的稳定性和效率是必要的（Obolewski，2011；Means et al.，2016）。

由于重力作用的影响，水体可沿某一方向流动，进而形成河流连续体，以三维坐标来表示，则垂直于水平面的为 Z 轴，水平面中河流方向为 Y 轴（纵向），水平垂直于河流方向的为 X 轴（横向）。水文连通性还具有时效性和空间尺度效应。不同季节，由于降水和蒸散发的影响，水流大小不断改变，导致连通状况有所不同。对空间尺度效应而言，在中小尺度，如单一湖泊、河流或斜坡，水文连通性主要反映了水流过程，通过地下水系连接河岸带和高地，以水为介质的生态流迁移。在流域尺度，指代不同景观成分间物质和能量的流动，以及不同水文单元之间“流”的量和方向。对于全球性的大尺度，主要研究水在全球水文循环各要素之内或之间以水为介质的物质循环、能量传递和信息流动，保证全球生态系统的稳定性。

湿地系统水文连通模式既体现了水文结构又体现了物质传输能力，与系统的结构和功能密切相关，因此，水文连通性是一个系统性指标，对于其研究应从系统的角度出发，构建一个以水为媒介的生态网络系统，来表征对资源或生物体等拼缀体的连接度。对于湿地水文连通性定义，应首先将其置于流域内，作为其中一个水文单元来构建河–湖–湿地连通网络，充分考虑水流的量和方向对于连通性的影响。

2）湿地水文连通性评价方法

目前学界已探索了多种水文连通性评价方法，经历了从定性向定量化发展的过程。但由于不同研究领域学者对水文连通性概念和内涵侧重点不同，其研究方法也呈现出多样化的趋势。现有研究方法主要集中在原位监测法（Mulholland et al.，2004；Schiemer et al.，2007）、水文水动力模型模拟法（Mclaughlin et al.，2014）、景观连通性指数法（Cote et al.，2009）和图论法（Segurado et al.，2013；Zuecco et al.，2019），见表 1-1。

表 1-1 湿地水文连通性评价方法

方法	方法描述	特点	参考文献
原位监测法	通过获取研究河段内观测站点的水文数据，分析流域水体的连通状况，常用的指标包括连接米数、连通时间和流量	简单、直接；适用于小尺度，未考虑系统的整体性	Schiemer et al.，2007；Lesack and Marsh，2010
水文水动力模型模拟法	根据流域内几种关键水文过程，分析流域内山地、岸带、河漫滩和河网之间的水文连通状况	模型参数多，基于样地或坡面尺度上的试验获取，尚需解决尺度转换问题	Schoorl et al.，2001；Karim et al.，2012
景观连通性指数法	基于景观连接度理论，通过构建某种指数反映不同景观类型、景观动态变化对水文连通功能与过程的影响	不同景观类型及景观动态会引起不同的水文连通效应，侧重于景观空间连接	Meerkerk et al.，2009
图论法	利用数字化水系网络中的几何拓扑关系，分析水网系统的水文连通状况、关键节点、路径以及资源分配方式	适合表征流域水体间的连通状况，但方向性以及水量变化的影响来得到体现	Meerkerk et al.，2009；赵进勇等，2011；高玉琴等，2018

综上可知，原位监测法与水文水动力模型模拟法在小尺度研究中，可以比较精确地表征水文连通程度，但研究区域多基于单一斑块或坡面尺度上的空间结构邻接程度分析，在流域尺度分析时，不仅需要大量实测数据的支撑，同时分析结果的精度难以得到保证。而图论法基于拓扑网络，判断关键节点和路径，但其与景观连通性指数法均存在只能表征不同单元/斑块由外界干扰下产生的空间连接效应，难以反映出水量传输能力的变化及其对于水文连通性的影响的缺点。

3）湿地水文连通性驱动因子识别

水文、地形和生态条件是不断变化的，湿地水文连通性很容易变得不稳定，如果继续下去不加干预，将导致湿地严重的衰退（Liu et al.，2019）。根据时间尺度，水文连通性的驱动因子可分为长期驱动因子、中期驱动因子和短期驱动因子。

长期驱动因子。在河流和湖泊的演变过程中，地质结构变化是一个长期驱动因子（Zheng et al.，2013）。这种因子也是河流和湖泊的初始形成的内生力，影响着河流和湖泊的演变。首先它直接影响水系结构的形成（Jain and Sinha，2004），新的构造运动形成了容纳水体所需的地形条件（Matthew，2006）；局部和突发断层也可能改变河流和湖泊的水文情势（Jia et al.，2012；Shi et al.，2018）。同时，地质运动带来了不同环境地理（地貌、气候、水文、土壤、植被）分布特征，如纬度地带性、干湿度分区、垂直带状和非地带性，这些是水体形成的外生力，同样影响河流和湖泊的演变和空间格局（Li et al.，2012a；Gu et al.，2016）。长期驱动因子在很长一段时间内都具有稳定性和非可控性（Jia et al.，

2004；Zhang et al.，2009）。

中期驱动因子。气候变化是湿地大规模萎缩、破碎和盐碱化的主要原因之一，特别是在干旱地区（Fay et al.，2016；Zhang et al.，2019）。不同环境类型、不同分辨率、不同地区、不同起始和结束时间的历史气温序列（Mu et al.，2012；Mitsch et al.，2013；Zhang et al.，2019）研究结果证实了历史时期气候变化的发生，并判断如今正处于全球变暖阶段（Gallego-Sala and Prentice，2013；Shi et al.，2013）。这种气候变化直接改变了自然界水循环过程（Ramanathan et al.，2005）。降水是湿地供水的重要来源。温度升高导致降水减少和蒸发量增加，削弱了地表水力连接，这显著影响了湿地的水文连通性和水平衡（Bullock and Acreman，2003；Zhang et al.，2016a）。同时，气候变化和极端气候增加了水资源分布的时空异质性（Schook and Cooper，2014），增加了水资源利用的难度，引发了缺水地区水资源不足和水灾地区排水不畅的现象（Donat et al.，2016）。

短期驱动因子。在短时间内，人为活动是导致湿地景观格局和水文连通性局部变化的主要因素（Pringle，2003；Bracken et al.，2015）。为了生产和生活的需求，人类建造了大量的水利工程，世界上有一半的河流建造了水坝（Grumbine and Xu，2011）。这些工程人为地限制了主要河流与其支流和湖泊之间的水力连接（Lehner et al.，2011），显著影响了下游河流/湿地的水文状况，并直接改变了河流/湿地的自然格局（You and Liu，2018）。消减洪峰使得水文连通性下降，下游水位趋于平缓，流经其的湿地洪水减少，水源和养分补充剂流失，导致洪泛区湿地破碎程度增加（Li et al.，2015；Cui et al.，2016）。建在河流两侧的堤坝将人为地阻挡河流泛滥平原之间的水文联系，从而影响它们之间营养和能量的相互流动（Dou and Cui，2014；Gallardo et al.，2014），洪泛区湿地周围栖息地的多样化减少（Wu and Lane，2017）。大量湿地被开垦为农田（Li et al.，2014；Dong et al.，2015），导致湿地景观萎缩，水文连通路径受阻，形成地理孤立湿地（Marton et al.，2015）。水资源的不合理开发和利用也改变了水文单位之间的水交换过程（Crook et al.，2015；Cui et al.，2018）。灌溉用水量的增加导致总用水量增加，导致湿地的径流和水文连通性减少，导致湿地生态系统的生态需水量不足（Schook and Cooper，2014；Dai et al.，2016）。地下水的大规模和过度开采继续降低了地下水位（Langergraber et al.，2003；Yan and Wu，2005），下伏表面的变化导致蓄水能力的降低，这使得有效的地表径流难以形成（Furi et al.，2011）。

4）水文连通性恢复方法

为了缓解湿地面积减少、结构受损、功能失调等问题，世界各国已开始重视湿地保护和恢复（Gumiero et al.，2013；Liu et al.，2016）。一些欧洲国家、美国和澳大利亚在 20 世纪 90 年代之前充分认识到水文连通性修复在湿地恢复中的重要地位，并开展了系统的工程实验（Lamouroux et al.，2015；Lamouroux and Olivier，2015），发现加强系统水体的水文一体化是连通性恢复的关键原则之一（Dole'dec et al.，2015），已经开发或应用了一系列水文连通恢复计划。不同的驱动因子对湿地水文连通性作用靶点也不同（Wolters et al.，2005；Rupp-Armstrong and Nichols，2007），进而导致其结构或功能发生变化（Olivier et al.，2009；Gallardo et al.，2014；Paillex et al.，2015）。从恢复对象的角度看，湿地水文连通性恢复的方法可以分为水文连通性结构恢复和水文连通性功能恢复。

（a）水文连通性结构恢复

湿地系统水文连通性结构用于指代景观中的空间模式，集水区的结构要素和特征以不同的方式产生相互连接的径流（Tetzlaff et al.，2010）。根据恢复的目的，水文连通性结构的恢复可分为不同水文连通性方向的恢复和连通路径形态的恢复（Williams et al.，2016）。连通性方向包括河流上游-下游的纵向水文连通（Rains et al.，2016；Deng et al.，2018），河流-漫滩/湿地的横向水文连通性和河湖沼系统的水域连通（Cohen et al.，2016；Van der Most and Hudson，2018），以及湿地地表水-地下水的垂向水文交换（Gao et al.，2017）。

基于最小方差理论，河流可以自动调整使能耗分配趋于均匀，河湾的发育满足这种能量均匀化要求，使弯曲成为最可能出现的自然河流形式（Braudrick et al.，2009；Van Dijk et al.，2012）。河流弯曲增加上游壅水和势能，导致下游比降增大，动能增加，维持河段水沙输送平衡，即“动能自我补偿”的弯曲机制（Visconti et al.，2010）。因此水系发育为弯曲、分蘖和网状地层的冲积河流，形成各种生态土地类型并塑造不同的自然景观（Stecca et al.，2019），形成了多样化的水文连接结构和栖息地类型（Reid et al.，2016）。对于河道的拓宽以及河床形态的恢复，有效地扩大水域面积，避免因淤积严重导致水流受阻，输沙量沿程递减（Merenlender and Matella，2013）。20 世纪 90 年代初，日本开始实施“创建多自然型河流计划”，大规模实施实验区项目（Nakamura et al.，2014）。河流的管理是为了保护河流的原有生物栖息地（Nakamura and Ahn，2006）。它再现了河道的蜿蜒和连续性，形成了一系列具有深谷和浅滩的景观，并恢复了水陆交错带的湿地（Lovell and Johnston，2009）。在美国基西米河的修复中，首先改变了顺直的人工河道，整体恢复为自然状态下的辫状、蜿蜒型河流。由于水流的冲刷强度不同，不同河段形成了不规则的湿地类型，最终恢复了整个河滨湿地生态系统（Mitsch and Day，2006）。

恢复河流纵向连通性，能够有效保证上游对于下游湿地的水资源补充，或者保证上游湿地的排水通畅，同时也有利于物种迁移，如鱼类洄游（Michael et al.，2005；Cohen et al.，2016；Rains et al.，2016；Deng et al.，2018）。拆除闸坝或修建新的河道已成为恢复垂直水文连通性的重要措施（Roberts et al.，2007；Zhang et al.，2014）。荷兰欲拆除莱茵河流域下游堤坝，以此改善湿地水质、丰富流域生物多样性、修复河漫滩湿地功能（Henry and Amoros，1995）。Mckay 等基于对 46 个流域连通阻碍物的分析，提出了一个以恢复水文连通性和生物连通性为目标的障碍优先管理程序，可以满足基础设施的需求，并减少对环境的破坏（Mckay et al.，2017）。此外，还可以通过生态袋的方式筑坝（Qi and Li，2007），根据河流湿地的组成要素（图 1-1）修建生态沟渠和鱼类迁移通道等（图 1-2），在保持湿地水量平衡的同时，为水生生物提供生态流的廊道，从而提高纵向的水文连通性（Yong，1994；Mao and Cui，2012）。

由于河流-洪泛平原/湿地系统的连通性与生态系统的健康状况呈正相关（Cucherousset et al.，2008；Obolewski et al.，2014），人们采取一系列措施来加强河流-漫滩系统的水文连通性（Woolsey et al.，2007；Nakano et al.，2008；Merenlender and Matella，2013）。恢复的基础是重建河道与洪泛区之间的连通性，并确保通过这些生态系统的水流动态的多样性（Holl et al.，2003；Bernhardt et al.，2005；Obolewski et al.，2016）。法国的罗纳（Rhone）河在生态恢复中，通过增加与主要河道的横向水文连通性（Olivier et al.，

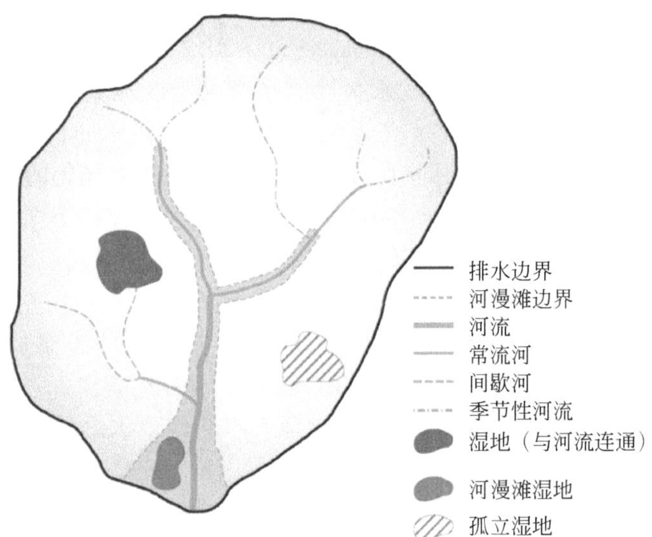

图 1-1　河流系统组成元素

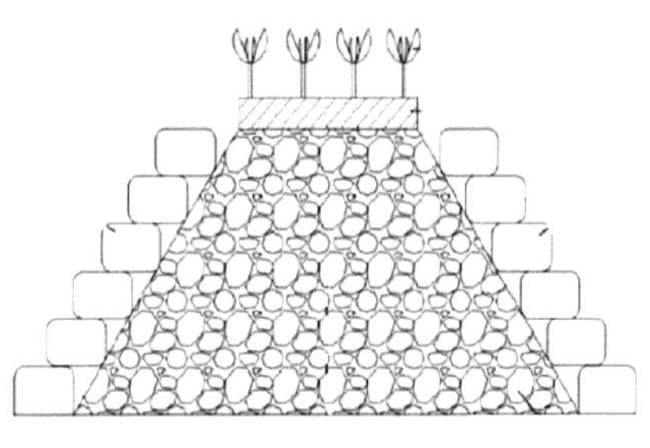

(a)生态坝示意图

(b)生态沟渠示意图

图 1-2　生态坝及生态沟渠示意图

2009；Lamouroux et al.，2015），恢复了选定的洪泛区通道，措施包括：重新连接和/或加深（通过疏浚）一些洪泛平原截断的辫状河道；针对连通障碍，修建了 4 个绕道（Lamouroux et al.，2015；Castella et al.，2015）。洪水脉冲对河漫滩生态系统的形成与发育产生影响（Ward and Tockner，2001；Tockner and Stanford，2002）。为了恢复系统的自然功能，另一种策略是实施人工洪水。与疏浚或重新连接相比，人工洪水的恢复避免了人为工程建设造成的环境干扰。德国因戈尔施塔特水务局在河流的恢复过程中，恢复了一条洪泛区河流，并在2010年被洪水淹没（Stammel et al.，2012）。恢复项目重新连通了多瑙河及其前洪泛区，增加了地下水位，形成永久性的小型洪泛区池塘，提供额外的淡水栖息地。因此，将恢复措施（如重新连接）与系统中的迭代人工洪水的有效性进行比较将是非常有价值的（Pander et al.，2015）。同时，恢复水文单元之间多样化的水文连通性也具有必要性（Obolewski et al.，2016）。Besacier-Monbertrand等建议保持不同水平的横向连通性应该是大规模恢复项目的主要目标，只有多样化的连通性才能维持生态系统多样性和稳定性（Besacier-Monbertrand et al.，2014）。此外，越来越多的法律对于横向水文连通性的恢复提出要求，如《欧盟水框架指令法案》或美国《清洁水法案》（European Water Framework Directive，2015；92nd United States Congress，1972）。

湿地地表水–地下水交互作用主要通过湿地地表水与地下水之间的水量交换和水质演变来体现，成为控制湿地形成、发育乃至消亡的主导因素（Schmalz et al.，2009）。随着全球气候变化和人类活动的加剧，湿地的水文过程变得越来越复杂，湿地生态系统对SW-GW相互作用更加敏感，尤其是间质沉积破坏地表–地下水水文联系，影响了两者之间生态过程。针对过度抽取地下水，计算模拟不同水文年不同季节单位面积农田需水量，并推导出区域地下水需水量以及农田退水回补量，提高灌溉效率，减少地下水开采量（Liu et al.，2018；Li and Ren，2019）。为了确保SW-GW的相互作用不受阻碍，可以拆除水体底部硬化的下垫面（Boulton，2007）。在澳大利亚新南威尔士州的河流进行的实验性恢复中，以卵石砾石和木质碎片修筑底层，增加了交换通道，同时为鱼类和无脊椎动物提供栖息地（Hancock and Boulton，2005）。恢复后，观测到了发生了更大的垂直水力交换和地下水中养分、溶解氧浓度的显著变化（Boulton，2007）。

（b）水文连通性功能恢复

湿地系统的水文连通性功能描述了连通单元的时空变量过程（陈月清等，2018；Leibowitz et al.，2018）。湿地系统中水文单元间通过源、汇和滞后等水文连通性功能调节湿地水量，通过汇和转化等水文连通性功能改善水质，通过汇、滞后和避难等水文连通性功能降低水旱灾害风险（Alexander et al.，2018；Leibowitz et al.，2018）。

自然流动被认为是水生生态系统的主要驱动力。保持自然水文变异对于保护本地河流生物群和河流生态系统的完整性至关重要（James et al.，2018）。通过改变单元的功能和单元之间的流动，人类可以放大或抑制上游对下游和湿地的影响，这将不可避免地影响水文连通性的功能（Fritz et al.，2018；Yin et al.，2018）。Remo等（2012）的研究表明将密西西比河与其洪泛区重新连通是降低该河洪水水位和洪水风险的最具成本效益的长期解决方案。美国加利福尼亚州面积为$2.4\times10^4 hm^2$的尤洛河道已被设计为萨克拉门托河的洪泛区湿地，该洪泛区湿地能在高水位事件中传输萨克拉门托河流域80%的流量（Ted et al.，2001）。在满足多目标水资源管理时，河流控制系统被认为是恢复河流生态系统的有效措施之一（Ali，2015）。瑞典科学家提出通过提高水位和降低湖底高度来防止湿地退化过程（Cui et al.，2016）。对于河口三角洲湿地的恢复，管理重组（MR）和调节潮汐交换（RTE）技术已在欧洲和美国广泛使用（Wolters et al.，2005；Rupp-Armstrong and Nichols，2007），其原理是通过人工措施（如破坏或改变已有堤坝）来修复和调整堤坝内的潮汐水文连通，进而修复潮间带盐沼湿地生境（Cox et al.，2006；Teuchies et al.，2013）；还可以采取增加补水水源的措施，来保证生态流量。我国吉林省西部修建的河湖水系连通工程利用洪水、农田退水和常规水资源三种水源向由203个湖泡湿地构成的湿地群进行供水；该工程不仅考虑到了生态需水，也以水质净化为目标，来进行水资源配置（Zhang et al.，2017b）。

水文连通性的恢复可以提高水体的自净能力，从而改善水质（Tournebize et al.，2016）。加拿大黑溪泛洪平原在恢复水文连通后的沉积物保留率为29.40%～74.07%，氮减少率为9.61%～57.85%，磷减少率为18.61%～68.12%（Zhang et al.，2017a）。Yin等（2018）在考虑水体净化，生态需水等目标下，计算了不同水文连通性（高、中、低）情景下的环境流量，并将其应用于十五里河。恢复湿地系统中的泥沙平衡，可重新激活河流-洪泛区湿地的沉积物源-汇功能，同时对于水体生物栖息地恢复有积极作用。目前措施主要有：拆除、降低或重建急流控制设施，恢复自然形态的岸带和洪泛区。

1.2.3　湿地生态脆弱性研究进展

1）生态脆弱性内涵

“脆弱性”是一个在许多学科中使用越来越多的概念，可以用许多定义来描述。脆弱性通常被认为是压力、影响（也称为敏感性或潜在影响）和恢复潜力（也称为弹性或适应能力）的一个函数（Turner et al.，2003；Schröter et al.，2005；Adger，2006；De Lange et al.，2009）。脆弱性及其三个构成要素——暴露（exposure，E）、敏感性（sensitivity，S）和适应能力（adaptive capability，AC）——已经在气候变化的文献中有详尽的阐述（Watson et al.，1996；Smit et al.，2000；McCarthy，2001；Allen，2005；Parry，2007）。脆弱性是潜在影响与适应能力的比值，因此，估算生态系统、生境、区域或其他实体对气候变化的脆弱性，需要使用易于识别和量化的各种指标来量化这三个要素（Hobday et al.，2006）（图1-3）。联合国政府间气候变化专门委员会（Intergovernmental Panel on Climate Change，IPCC）第三次评估报告将气候变化研究中的脆弱性定义为：“一个自然或社会系

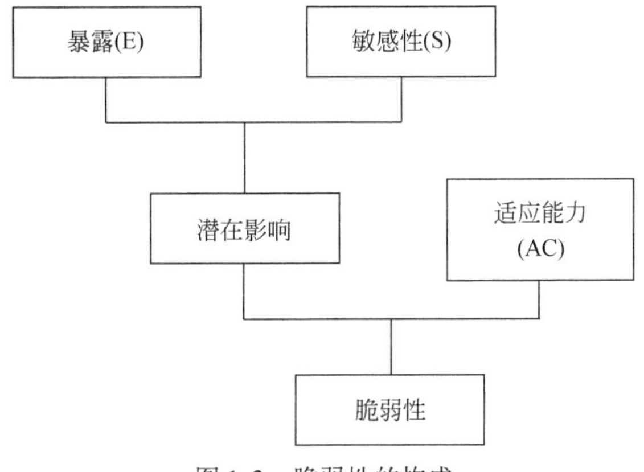

图1-3　脆弱性的构成

统容易遭受或没有能力应对气候变化（包括气候变率和极端气候事件）不利影响的程度，是某一系统气候的变率特征、幅度、变化速率及其敏感性和适应能力的函数”（IPCC，2001），这是目前广为接受的脆弱性定义。

“生态脆弱性”是一个通用术语，可以在多个层次上使用（生物、人口、群落、生态系统和景观）。以往研究的主要重点一直是物种的生态脆弱性，并将其定义为物种在种群水平上受到应激源的影响的程度（De Lange et al.，2009）。由于其特定物种的生态特征控制着这种应激源的潜在暴露、毒理学敏感性和种群恢复能力，因此该定义具有生态毒理学背景。根据 Straalen（1993）的定义，它结合了生物体水平（接触和影响）和种群水平（恢复）的评估。Williams 和 Kapustka（2000）定义的“生态系统脆弱性”是指一个生态系统在时间和空间上调节其对压力源的响应的潜力，而这种潜力是由包括多个层次的组织的生态系统特征所决定的。这是对生态系统在时间和空间上承受压力的能力的估计。从这一定义可以得出，需要考虑时间尺度和空间尺度，但也需要考虑层次尺度，因为在实践中评估通常发生在不同的组织层次。此外，生态系统脆弱性评估涉及生态系统中的个体生物，以及生物与非生物环境之间的结构和功能关系。后者使得生态系统脆弱性的评估变得相当复杂（Burger，1997）。此外，一些压力（如物理因素）可能改变生态系统的非生物成分，如栖息地结构。对非生物成分的影响也可能通过对生物体的影响而发生，例如当生态系统受到应激源的影响时，由于该生态系统的减少或最终消失，非生物条件可能发生急剧变化。

从这些定义可以明显看出，生态系统的脆弱性是一个复杂的问题，需要了解如下生物群落的若干特征。

（1）生态系统暴露的可能性：这决定了是否与压力源发生接触。

（2）群落结构和功能：物种组成和结构生物多样性的其他方面，以及群落的主要功能特征。

（3）栖息地脆弱性：应考虑到栖息地变化与某些胁迫因素有关的可能性。例如，水文形态变化可能影响河流的栖息地特征。栖息地的变化将群落层面与生态系统层面联系起来。

（4）生态系统的恢复能力或适应能力：生态系统能够或不能适应变化的程度。这里的主要挑战在于如何描述适当的措施。

由于多种原因，生态系统脆弱性是人类社会关注的主要问题。特别重要的是必须应付自然资源使用和管理方面的变化和不确定性。在文献中可以找到几种估计和处理脆弱性的方法，包括对某些物种灭绝脆弱性发出警告的研究（Dulvy et al.，2003；Graham et al.，2011）、确定脆弱的海洋区域（Zacharias and Gregr，2005）、提出应对气候变化的对策（Luers et al.，2003；Eriksen et al.，2005；Romieu et al.，2010），以及提供评估风险或制定管理政策的方法等（Helpern et al.，2007；De Lange et al.，2010；Teck et al.，2010）。

2）湿地生态脆弱性国内外研究进展

湿地生态脆弱性评价是湿地保护、污染治理、生态恢复和水资源利用的重要前期工作，对生态保护和环境管理具有重要意义，是能够帮助决策者了解自然因素和人为因素对湿地生态系统的各种影响的有效工具。国内外学者在对典型的湿地生态系统脆弱性评估方面也做了大量的研究。如 Gomitz（1991）采用海岸带脆弱性指数对海平面上升影响下美国太平洋和大西洋海岸带系统的脆弱性进行评价，该方法现在已被广泛应用于海岸带的脆弱性评估中。刘振乾等（2001）在层次分析法（AHP）赋指标权重的基础上，用综合指数法评价了三江平原湿地生态系统脆弱程度，并对该方法的推广价值进行了探讨。杨志荣（2011）在对杭州湾湿地脆弱性评价的过程中，从遥感影像中提取相关湿地指数，并运用 ArcGIS 9.0 软件进行栅格叠置分析得到综合分值。Olli 等（2012）利用 DPSIR（压力-支持-状态-响应）模型和综合指数法评估了亚太季风地区 10 条主要河流的脆弱性。George 和 Serafim（2014）应用综合方法评估了希腊海岸的海滩侵蚀脆弱性，并提出了一个新的脆弱性指数-海滩脆弱性指数（beach vulnerability index，BVI），该方法不仅适用于不同的海滩，也适用于同一海滩的不同断面。Newton 和 Weichselgartner（2014）识别了北极海岸、小型岛屿、河口系统和城市海岸等 4 个沿海热点地区的脆弱性，并使用 DPSIR（压力-支持-状态-响应）模型检验人为原因导致的海岸脆弱性和海岸变化的后果。Augusto 和 Paulo（2014）利用新的环境脆弱性经验指数评估了位于亚热带 Perequ 河的城市周边红树林的脆弱性。李莎莎等（2014）以广西海岸带红树林生态系统为研究区域，分析了海平面上升对红树林生态系统的主要影响，基于 SPRC（来源-途径-受体-后果）模型与 IPCC 脆弱性定义，构建了海平面上升影响下广西海岸带红树林生态系统脆弱性评价指标体系和基于过程的红树林生态系统脆弱性评价方法。摆万奇等（2014）构建了基于“敏感性-人为脆弱性”的脆弱性评价指标体系，运用 ArcGIS 的空间叠加分析和脆弱性评价模型，开展了拉萨河流域湿地脆弱性评价，并运用障碍度计算方法，分析了影响脆弱性的主要因素。刘小喜等（2014）基于研究区特点和脆弱性指数法（CVI），选取岸线变化速率、岸滩坡度、水下坡度、年平均含沙量、年平均高潮位和海岸利用类型等评估指标，采用层次分析法（AHP）确定各评估指标权重，结合遥感（RS）和地理信息系统（GIS）技术对废黄河三角洲海岸侵蚀脆弱性进行了评估。Siva 等（2015）使用地理空间技术评估印度泰米尔纳德邦海岸地带脆弱性，并基于美国地质调查局分类方法计算海岸脆弱性指数（CVI）。Cui 等（2015）采用 SPRC（来源-途径-受体-后果）模型分析海平面上升对长江河口沿海湿地的潜在影响，基于 SPRC 模型和脆弱性定义，构建了沿海湿地脆弱性评估的指标系统。刘大海等（2015）应用层次分析法（AHP）与赋权法对黄河三角洲海岸带脆弱性进行了定量评价。许多学者也利用模型预测未来海平面上升及其对海岸带系统的影响。Ribeiro 等（2016）基于多指标指数方法及系统内和系统间分析发展了一个通用框架，用来评估河口和其他沿海生态系统的脆弱性。它能提供有关系统脆弱性的信息，识别系统内特别脆弱/受影响的区域（空间离散化）和污染事件的最关键时期（时间离散化），并以米尼奥河河口（葡萄牙）作为案例研究区，对可能影响系统脆弱性的大陆和近海污染事件进行了评价。Fery 等（2016）评估了旅游活动对印度尼西亚 Gili Matra 群岛的脆弱性影响，基于海岸线变化、珊瑚礁变化、活珊瑚礁变化和开发地区等四个评价指标，提出了小岛脆弱性指数（small islands vulnerability index，SIVI）。Li 等（2016）以 GIS 为基础，采用暴露-灵敏度-弹力（ESR）模型分析了城市扩张下海口沿岸地区的脆弱性。对于案例研究区，脆弱性往往随着城市化水平增加而增加，一旦城市扩张的速度受到控制，脆弱性就会降低。Zhang 等（2017）在黄河三角洲湿地生态系统脆弱性演化机理的基础上，提出了一种用于生态系统脆弱性评价的压力–支持–状态–响应（PSSR）模型，并采用单因素评价方法。对黄河三角洲湿地生态系统脆弱性进行了评价。夏热帕提·阿不来提等（2019）基于ArcGIS技术，利用驱动力–压力–状态–影响–响应（DPSIR）模型和层次分析法（AHP）相结合的方法，对黄河上游洪泛湿地生态脆弱性的变化（1986～2014年）进行了定量评价。

1.2.4 湿地生态水文模型研究进展

近年来，随着计算机技术进入快速发展时期，湖泊水生态模型的影响在模拟生态变化和污染物方面正变得越来越重要（Niu et al.，2013；曹小娟，2006；张龙涛，2008）。AQUATOX模型是一种综合了水质、食物网相互作用、化学物质归趋和生态毒理过程的综合生态效应模型（Park and Clough，2010）。AQUATOX模型是评估群落和生态系统复杂性的最著名的工具。虽然使用AQUATOX模型的研究至少是基于定性的生物监测，但没有一个是基于对模拟生物的生物量和饮食组成的全面定量分析（Lombardo et al.，2014）。在大多数现有的AQUATOX模型研究中，通常只能对模型进行简单的验证检查或部分校准。仅有限数量的研究报告了对初级生产者（Park et al.，2008；Zhang et al.，2013）、大型无脊椎动物（Park et al.，2008）和鱼类（Rashleigh et al.，2009）的校准，但是缺少有关于饮食成分的数据（这是AQUATOX模型的关键输入要求）。实际上，AQUATOX模型是一个开放源代码模型，并且随着时间的推移变得非常复杂，使得参数化步骤变得困难。

2004年，美国环境保护署研发的AQUATOX模型可预测各种污染物的归趋及其对生态系统的影响。Rashleigh等（2009）应用AQUATOX模型描述了哈特韦尔湖中多氯联苯（PCB）的食物网动态特征，并利用鱼类生物量的实测数据对模型进行了校准。Morkoc等（2009）调查了Omerli的污染负荷，并使用AQUATOX模型来模拟三种特定情况下植物和养分的变化。Park等（2008）应用AQUATOX模型来模拟生态系统的环境归趋以及湖泊和其他水生生态系统中污染物的生态影响，并获得了各种因素对湖泊的直接或间接影响。曹小娟（2006）利用AQUATOX模型进行了水质和生态环境模拟，研究了富营养化和水生态过程，并根据生态功能将洞庭湖进行了划分。Yang等（2009）发展了AQUATOX水生生态系统模型，以模拟淀山湖生态系统中藻类的季节变化和水质指标的变化，并基于模型参数的校准和验证分析了影响蓝藻的因素。Bilaletdin等（2011）用AQUATOX模型对湖泊的动力学进行模拟，并分析了湖泊的污染状况和富营养化问题。Rudnick等（2012）校准了AQUATOX模型，该模型既适用于控制环境，也适用于受干扰的生态系统（加入了除草剂硫双威）。目前，AQUATOX模型已广泛用于湖泊污染控制和水质预测，自我维持和自我更新的能力是湖泊生态系统健康的重要方面（Rapport，2000；Hu et al.，2005）。湖泊生态系统的内部因素，如生态系统组成、水动力条件、养分浓度、pH和温度等对生态健康具有重要影响（Xu et al.，2001；Liu et al.，2004）。De Laender等（2008）构建了一个动态的生态系统模型，使用简化的AQUATOX方程和软件包WEST在一个面向对象的框架中预测金属和农药对透镜状生态系统的影响，将模拟结果与从微观和中观研究获得的实验结果进行比较。该模型通过考虑直接影响及生态相互作用（进食和竞争关系），成功地预测了化学品的生态影响。该模型已在软件包 WEST 中实现，并且在需要描述湖泊食物网动态时对方程进行了修改。陈彦熹（2012）利用 AQUATOX 模型对某小镇景观水体水生态进行了模拟研究。陈无歧等（2012）应用 AQUATOX 模型对洱海水环境进行模拟，并确立了一套适用于洱海生态系统的特征参数。张璐璐等（2014）建立了湖泊底栖-浮游耦合食物网，运用 AQUATOX 模型评价了白洋淀湖区典型多溴联苯醚（PBDEs）的水生态系统风险，并判定了关键浓度阈值。李建茹（2014）用 AQUATOX 模型模拟了内蒙古乌梁素海浮游植物群落时空特征变化。魏星瑶（2016）借助 AQUATOX 水生态模型软件进行建模，对入湖河道富营养化进行了模拟。闫金霞（2016）应用 AQUATOX 模型，评估了海河流域典型河流、湖泊和河口湿地生态系统净生产力的时空变化。史璇（2018）运用 AQUATOX 模型模拟了复合作用下滦河底栖动物生物量的季节性变化特征。

尽管已经开发并审查了几种用于生态风险评估的化学品生态模型（Naito et al.，2003；Lei et al.，2008；Galic et al.，2010），但由于缺乏有关模型选择、开发和使用的官方指导，生态效应模型尚未广泛用于监管目的（Galic et al.，2010；Meli et al.，2014）。在生态风险评估中使用的模型中，AQUATOX 模型是专门为污染物的环境归趋和生态影响评估而专门设计的相对较少的全面且有据可查的模型之一（Naito et al.，2003；De Laender et al.，2008；Lei et al.，2008；Galic et al.，2010；Zhang et al.，2013；Pereira et al.，2017）。AQUATOX 模型模拟非生物和生物（包括营养）过程及致命和次致命的毒物作用，因此它可以描述这些作用在食物网和生态系统中的传播（Lei et al.，2008；Park and Clough，2014；Zhang and Liu，2014）。AQUATOX 模型作为一种前瞻性的风险评估工具具有潜在的应用价值（Rudnick et al.，2012）。

与其他用于风险评估的代表性动态模型相比，AQUATOX 模型可能是可用的最全面的模型（表 1-2），就适用范围而言，最接近 AQUATOX 模型的是 Traas 等开发的 CATS 模型系列（Traas et al.，1996，1998，2001）。这些生态毒理学模型对生长有简单的描述，不如 AQUATOX 模型适合进行富营养化作用的详细分析。CASM 模型（Deangelis et al.，1989；Bartell et al.，1999）与 CATS 模型相似，只是简化了生长术语，但它缺少有毒的归趋成分。QUAL2K（Chapra et al.，2007）和 WASP（Toro et al.，1983；Wool et al.，2004）是水质模型，与 AQUATOX 模型共享许多功能，包括底栖藻类（Martin et al.，2006）；WASP 模型还模拟了有毒物质的归趋。水力和水质模型 EFDC（Tetra et al.，2002）和 HEM3D（Park et al.，1995）通常结合使用；EFDC 模型也已用于为 AQUATOX 模型中的链接段提供流场，从而得到类似的表示。WASP 模型和生物蓄积模型 QEAFdChn（Quantitative Environmental Analysis，2001）已结合到格林湾质量平衡（GBMB）研究中，该研究被认为比 AQUATOX 模型更为准确地描述生物积累。但是，GBMB 模型不包含生态毒理学成分。BASS 模型是一个非常详细的生物蓄积和生态毒理学模型；在对单个物种进行建模时，它提供了比 AQUATOX 模型更好的分辨率，但是到目前为止，它仅应用于鱼类，并且不包括生态系统动态（Barber，2001）。德国的 QSim 模型（Australia，2015；Rode et al.，2007）具有详细的生态系统功能，并已被用于研究富营养化和水力对河流生态系统的影响。与 AQUATOX 模型相似，它已用于分析浮游生物和贻贝之间的关系及氧耗竭的影响。

表 1-2　AQUATOX 与其他用于风险评估的代表性动态模型的比较

状态变量和过程	AQUATOX	CATS	CASM	QUAL2K	WASP	EFDC-HEM3D	QEAFdChn	BASS	QSim
营养盐	+	+	+	+	+	+			+
沉积物成岩作用	+			+	+	+			
碎屑	+	+	+	+	+	+			+
溶解氧	+		+	+	+	+			+
溶解氧对生物区系的影响	+								+
pH	+			+					+
NH_4毒性	+								
沙/粉/黏土	+				+	+			
沉积物效应	+								
水力学						+			+
热量平衡				+	+	+			+
盐度	+				+	+			
浮游藻类	+	+	+	+	+	+			+
固着生物	+	+	+	+	+				+
大型植物	+	+	+						+
浮游动物	+	+	+				+		+
底栖动物	+	+	+				+		+
鱼	+	+	+				+	+	+
细菌			+						+
病原体				+		+			
有机毒物归趋	+	+			+			+	
沉积物中的有机毒物	+	+			+	+			
层状沉积物	+				+	+			
鸟类或其他动物	+	+							
生态毒性	+	+	+					+	

注："+"代表模型可用于该对象的评估

1.2.5　扁秆藨草退化机制与最适水位

1）扁秆藨草退化机制与最适水位

扁秆藨草地下球茎是白鹤的重要食源，对白鹤种群的保育具有重要意义，然而由于水文情势变化及放牧、湿地开垦等人为活动的影响，扁秆藨草退化严重。其中保护区内放牧、湿地开垦等人为活动属于保护区日常管理范畴，近年来随着国家对自然保护区管理力度的加大，此类情况已基本消失，如镇赉县于 2018 年起在县域内所有草原和湿地开展全年禁牧工作。对扁秆藨草退化机制的研究主要集中在水盐胁迫对扁秆藨草退化的影响方面，现有研究结果表明水位和盐度及两者的交互作用均会对扁秆藨草幼苗生长产生影响，其中水位主要影响幼苗株高的增量，水盐交互作用下植株叶绿素含量的影响最大，且随着水位升高种群密度和叶面积指数均降低。

为了服务退化湿地恢复，学者开展了大量关于扁秆藨草最适水位的相关研究，将在莫莫格湿地开展扁秆藨草最适水位研究的相关结果整理于表 1-3 中，可以发现扁秆藨草生命周期各阶段对水位的需求不同，生长初期水位不宜超过 10cm，完成萌发后水位可以适当增加，但不宜超过 30cm。另外，由于扁秆藨草可以通过种子繁殖和球茎繁殖，其中球茎在水位适宜的情况下均能完成生长，并迅速完成繁殖过程，这是对水位波动的一种适应机制，因而自然状态下的水位波动可促进不同微地貌中扁秆藨草球茎的萌发，有助于扁秆藨草的生长与繁殖。

表 1-3　扁秆藨草最适水位研究结果

生长期/生长阶段	最适水位	参考文献
生长初期	−5～10cm	李惠芳和章光新，2013
生长初期	0～10cm	平凡，2018
生长中期	10～30cm	
—	<10cm	刘莹，2018
球茎萌发期	10～20cm	郝明旭，2016
球茎生长期	0～10cm	
生长初期	−5～10cm	姜海波，2016
生长中后期	−5～30cm	

注：以上研究均在吉林省西部开展

总的来说，水文情势改变在藨草退化过程中起着关键作用。一方面，需要深入开展水文情势尤其是水位对藨草的影响研究；另一方面，在白鹤栖息地恢复管理实践中除了关注静态水位，还应关注水位的波动情况，适当的水位波动有助于藨草群落的恢复。

2）根际微生物的生态作用

根际微生物作为植物根系与土壤的界面存在着大量的微生物，它们通过与植物的相互作用影响着植物的生长、繁殖及植物对环境胁迫的耐受性（Philippot et al.，2013），其中最具代表性的便是 PBRMs。在 PBRMs 中植物根际促生菌（PGPR）最先被研究，PGPR 通常是指生活在植物根际并通过直接（产生激素、增强营养物质的可利用性）或间接（产生抗生素抑制病原体、合成裂解酶增强抗性）的机制促进植物生长的细菌群落，可提高植物在胁迫环境下的抵抗力。在干旱和盐度的胁迫下，PGPR 提高植物耐受力的机制（图 1-4）主要包括以下几个过程。

（1）植物激素调节。在不同的应激条件下，PGPR 菌株可以产生不同的激素以促进植物生长（Thilagam and Hemalatha，2019）。干旱和盐碱通过影响根系代谢进而影响光合作

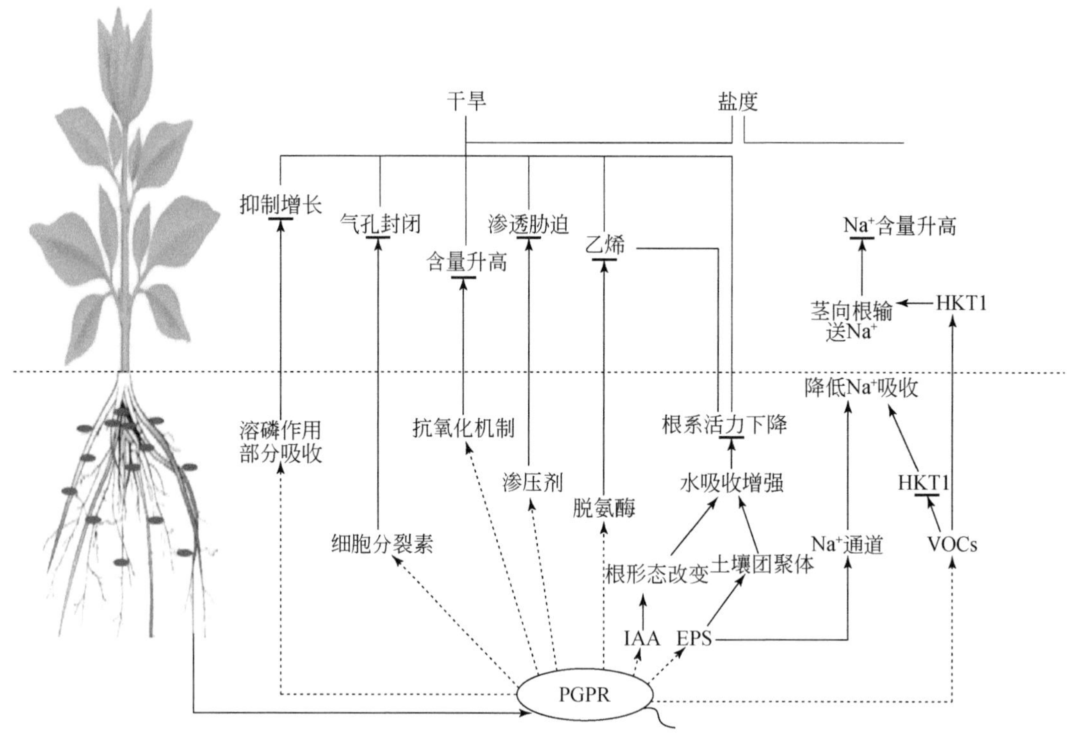

图 1-4 PGPR 提高植物耐受力的机制

用，动态调整根系构型（RSA）是植物抗应激的一种有效策略，RSA 的改变包括增加根尖数量、增大根系表面积，以增大水分和营养物质的传递效率（Egamberdieva and Kucharova，2009），这些改变是植物激素调控的结果，如吲哚乙酸（IAA）的产生，促进根系的生长和发育，可提高植物在干旱条件下的存活力（Marulanda et al.，2009）。PGPR 中部分菌群（如 *Burkholdera cepacia*、*Promicromonospora* spp.、*Acinetobacter calcoaceticus*）可产生调控种子萌发、茎生长、开花、性状表达及衰老的激素赤霉素（GAs）（Kang et al.，2014）；也可产生调控细胞分裂、生长及气孔开放的细胞分裂素（cytokinin）（Arkhipova et al.，2007）。PGPR 还可产生一些前体酶调控植物激素的产生，如 PGPR 产生的乙烯前体脱氨酶（ACC deaminase）可以水解 ACC 为氨和 α-酮丁酸，最终降低乙烯含量。

（2）抗氧化防御系统。在干旱和盐度胁迫下，保持根际 ROS 的平衡对植物特别重要，大量的科学报道表明，PGPR 产生的抗氧化物酶可提高植物应对 ROS 的能力（Wang et al.，2012b，Kim et al.，2014）。盐度显著增加生菜 GR 和 APX 活性，然而 PGPR 接种的植物显示这些酶的活性降低，与对照组比较。在受到盐胁迫时，根际存在 PGPR 的唐菖蒲根际中超氧化物歧化酶（SOD）、苯丙氨酸裂解酶和过氧化氢酶（CAT）的酶活性显著高于不存在 PGPR 的植株（Damodaran et al.，2014）。虽然可以确定 PGPR 具有减轻氧化损伤的能力，但其机制仍不清楚。

（3）产生胞外多糖（exopolysaccharides，EPS）。EPS 作为膜或黏液附着在细胞表面，决定了生物膜的表层结构，单体通常包括葡萄糖、半乳糖和甘露糖。酰基使 EPS 具有阴离子特性，增加其亲脂性，最终影响其与其他多糖和阳离子的相互作用（Davey and O'toole，2000）。由 PGPR 产生的 EPS 在水盐胁迫条件下对促进植物生长起着重要作用，其形成的亲水性生物膜可防止植物失水，EPS 中每克多糖的保水能力有时能超过 70g（Vu et al.，2009），EPS 还可以改变土壤结构，促进土壤团聚体（soil aggregation）的形成，土壤团聚体可提高土壤持水能力。此外，EPS 通过与 Na^+ 结合，减少可供植物吸收的 Na^+，最终降低由盐度过高带来的毒性（Upadhyay et al.，2012）。

（4）产生挥发性有机物（volatile organic compounds，VOCs）。VOCs 通常具有特异的功能，常涉及细胞间的信号传递。拟南芥 PGPR 产生的两种 VOCs（2，3-丁二醇和 3-羟基-2-丁酮）能调控与细胞壁结构相关基因的表达。枯草芽孢杆菌产生的 VOCs 调控高亲和 K^+ 转运体（HKT1）基因的特异性表达，限制了根系对 Na^+ 的吸收和转运，最终提高了植物的耐受性（Kaushal and Wani，2016）。

（5）渗透压调整。PGPR 对渗透压的调节包括生成大分子有机物和促进离子稳态、增强营养物质的可利用性两个方面。根际底物的可利用性和渗透胁迫时间的长短，是影响根际大分子渗透物质生成的关键，脯氨酸是植物在受到渗透胁迫时由蛋白质水解而产生的主要渗透调节物质，脯氨酸具有调节胞质酸性、降低脂质过氧化和稳定膜蛋白等作用（Gill and Tuteja，2010）。研究表明，根际接种细菌的植物在干旱和盐度胁迫下脯氨酸含量更高。PGPR 可以通过增加不溶性磷酸盐的可利用性促进植物对磷的吸收（Kaushal and Wani，2016），Bharti 等（2014）发现 *Exiguobacterium oxidotolerans* 可起到提高 P 的可利用性的作用。

在生态系统功能方面，根际微生物群落与生物地球化学循环的相互作用关系也逐渐成为研究热点。研究发现，根际的酶活性、细菌和真菌的丰度水平均高于非根际土壤，根际参与 C、N 循环的微生物活性均显著高于非根际（Wang et al.，2019）；在某些情况下根际微生物也会对生物地球化学循环产生一定的抑制效应，根际微生物的这种促进和抑制效应作为根际启动效应（rhizosphere priming effect，RPE）的组成部分（Kou et al.，2018），在调节陆地生态系统的生物地球化学循环中起着关键作用。

3）本地入侵种与入侵植物的根际微生物群落特征

生物入侵作为全球变化的主要组成部分，严重威胁着入侵地生态系统的结构、功能及生物多样性（Mack et al.，2000），给当地造成了巨大的经济损失（Pimentel et al.，2014），已经成为全世界关注的焦点问题。然而，目前对于生物入侵和入侵种尚未有明确和统一的概念。传统意义上生物入侵（bio-invasion）是指自然因素及人类活动使得某种生物从原生地扩展到一个新的地区，并且在新的区域里，其后代可以繁殖、扩散并生存下去（Havel et al.，2018）。一些研究者则认为，那些通过传播扩散在相邻或相近新生境中定殖并成为优势种的本地种也可以称为“本地入侵种”（native invaders）（Colautti，2011 ，Wang et al.，2017 ，Davis and Thompson，2000 ，Huang et al.，2003 ，Valery et al.，2008）。Valery 等（2008）在总结现有各种生物入侵学说的基础上，提出了包括本地入侵种在内的更具有普遍性的生物入侵理论。Peng 等（2009）认为，长期以来我们把主要精力放在外来种入侵上，而对当地入侵种的关注过少，随着全球气候变化和人类活动的影响，越来越多的本地种变成了有害种，对生态系统造成的伤害不少于外来种（Carey et al.，2012）。可见，本研究中的本地灾变种也可作为一种本地入侵种。

入侵机制是入侵生态学研究中的核心科学问题，通常可以把外来物种的入侵机制分为入侵种的入侵性和生态系统的可入侵性两个方面（戈峰，2008）。在本地种的入侵机制研究方面，通常认为由人类活动造成的以下 3 种途径可造成本地种灾变成入侵种：①人类活动引起环境变化，提高了某些本地种的生存和繁殖能力，最终改变群落的物种组成，使得群落的结构和功能发生改变（Goodrich and Buskirk，1995 ，Valery et al.，2008）。②栖息地改造或其他环境的变化可能会增加本地群落中物种的平均效应（per-capita effect），导致捕食和竞争压力超过自然水平（Didham et al.，2007）。以上两种情况，均是由于人类活动为了释放生态位使得某些本地种转变为群落中的优势种，同时导致另一些本地种的种群数量下降，最终使得群落结构发生改变（Mack et al.，2000）。③在本地种分布区建立新的本地种群（Hirner and Cox，2007），如故意放养等人类活动，相当于在其分布范围内人为填充提高了某一物种的丰富度。这种入侵往往未被关注，但对生态系统会产生相当大的影响。

在外来入侵植物的研究中，通常关注地上部分的变化，发现入侵植物往往增加初级生产力、释放更多的凋落物、抑制本地植物的生长并改变群落多样性（Ehrenfeld，2010 ，Vila et al.，2011）。随着生态学研究从地上不断向地下开拓，以及对土壤微生物（尤其是根际微生物）重要性的认识不断深入，最近入侵对植物根际生物群落的影响及其对植物入侵的反馈逐渐成为研究热点（Dawson and Schrama，2016 ，Zhang et al.，2019）。研究发现，外来入侵植物根际分泌的化感物质不仅会对本地植物产生抑制作用，还塑造着根际微生物的群落结构（Hierro et al.，2017 ，Inderjit et al.，2018）。外来入侵植物往往缺少捕食者，捕食作用的降低减少了根系的机械损伤，使得根际释放的营养物质更少，因而入侵植物根际细菌生物量低于本地植物根际细菌生物量（Zhang et al.，2019）。此外，外来入侵植物根际较低的生物量，进一步地使得植物与根际微生物的营养物质竞争作用减弱，最终使得入侵植物可以从土壤中吸收更多的营养物质，使其更具竞争力（Schrama and Bardgett，2016）。关于本地入侵植物的根际微生物群落特征当前还罕见报道，由于本地入侵种的入侵机制与外来入侵种存在一定的差异，因而对本地入侵植物的根际微生物群落特征与外来入侵植物根际微生物进行比较研究，将有助于揭示本地入侵种的灾变机制。

1.3 科学假设与研究内容

1.3.1 流域湿地系统网络构建与分析方法

1. 网络构建理论体系

1）湿地系统网络内容和与构建原则

多个湿地通过地表径流、地下径流和蓄积-溢出流等途径与河流或其他湿地形成缓慢或快速、间歇或持续的水文联系，共同构成湿地系统。系统具有完整的结构组成和功能，各个单元间的物种流和能量流往往涉及多个节点、多个主体，不同节点、不同流量相互交织形成湿地系统网络。湿地系统网络是以水流为介质，以人-湿地-水文单元为基础所构成的，网络构建不仅可以分析湿地退化机制、作用路径，还可以对资源进行整合，实现水资源科学调度。在湿地恢复时，可进行系统性恢复，提高恢复效果稳定性。因此网络构建中需要满足多方面需求，包括人为干扰子网络、自然扰动子网络及水文单元性子网络。单元间路径、流量相互交织形成一个复合的整体网络体系。

在构建嫩江流域湿地系统网络时，必须结合研究区湿地情况，综合生态功能定位与经济社会发展，才能科学地模拟和评价湿地系统。因此，构建湿地系统网络应满足以下准则。

（1）科学性原则：湿地系统网络必须建立在科学的基础上，采用节点概化方式、路径选择方式及流量计算，参考真实可靠且具有可比性，能够科学客观地反映研究区湿地系统结构和功能。

（2）生态优先原则：湿地系统网络的核心目标是保护湿地，恢复退化湿地，以实现人与自然的和谐共处。生态优先应作为生态网络构建全过程的指导性原则。湿地系统网络的构建强调环境和生态过程的保护和恢复，通过生态网络保护湿地中有价值的自然空间，恢复由于自然与人为交织作用而退化的湿地系统。

（3）综合性及整体性原则：湿地系统由一系列子系统组成，系统变化的驱动因素复杂，因此，在构建网络时，应整体性考虑，综合分析不同因子的单一或复合效应，识别关键驱动因子，使得研究结论更为全面。

（4）目标性原则：网络分析全面系统，为提高分析效率，避免分析过程过于冗余繁杂，应因地制宜地选取生态目标。嫩江流域湿地是珍稀水禽的重要栖息地和中转站，网络构建和分析中应以水禽生境保护和恢复为主目标。

（5）可操作性原则：构建系统网络应该考虑分析结果的科学性和可实用性。确立约束条件，如研究区居民生活保障线、水资源承载量等。资料数据的搜集、统计、加工等程序简便易行，使网络分析结果具有实际应用价值。

但是，网络分析同样具有其自身局限性，如无法及时模拟湿地生态过程，无法对进一步变化做出判定、预测和预警，模拟结果缺乏验证。可通过不同尺度的模型模拟来验证网络分析结果，并得到更为准确的过程分析。

2）湿地群系统网络构建方式

在湿地网络分析理论框架构建的基础上（图 1-5），开展以下三个方面的研究。

（1）湿地系统水文功能网络。

本书围绕关键研究问题，从水文–水资源交互作用出发，构建了湿地系统水文功能网络。网络主要分为供水子系统和需水子系统，可分为水文子网络和水资源子网络。选取系统性评价指标，来表征网络演变。通过分析网络演变的关键节点与关键路径，确定主要驱动因子。

（2）湿地群结构拓扑网络。

将流域水文单元概化，以重要湿地群为中心构建水文结构性网络。以水文连通性作为结构性网络的表征，分析系统整体及湿地节点的时空变化规律，结合水文功能网络演变驱动分析，进一步明晰驱动因子及驱动过程。

（3）典型退化湿地模型验证。

由于网络分析多采用数值分析法，存在明显的局限性。基于结构网络分析，确定关键湿地节点，选取该节点作为湿地系统中的典型退化湿地节点，针对水文水动力变化特征的敏感

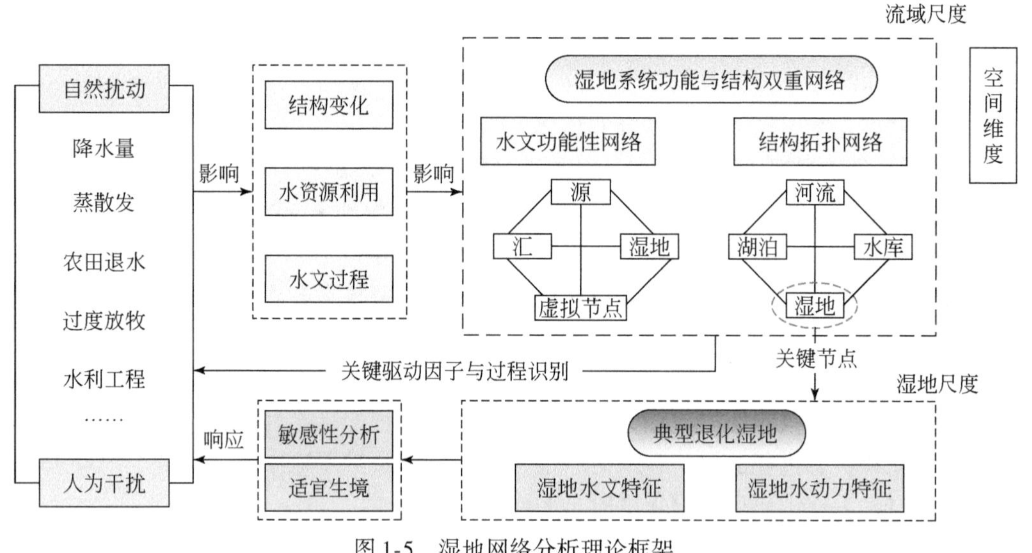

图 1-5　湿地网络分析理论框架

因子，对网络演变驱动因子进行验证，并结合过程分析进一步解析所选湿地退化原因。

2. 湿地系统网络分析方法

1）生态网络分析

对于系统分析，仿真建模是常用工具。在模拟一个生态系统之前，首先必须确定组成该生态系统的相关分类单元，再以算法方式量化每个单元的交互作用。随着交互过程数量和/或非线性度的增加，模拟结果经度下降，为此有生态学家提出关注过程（流量）而不是对象（存量），为此产生了一系列分析工具，统称为生态网络分析（ecosystem network analysis，ENA）。

生态网络的构建应确定节点（单元）及节点间流量和方向，进而将系统化为有向图。节点通常表示为方框，每个过程都表示为一个箭头，该箭头起源于猎物群，并终止于“捕食者”节点。n 个节点之间的连接拓扑可以同样表示为 $n\times n$ 平方邻接矩阵，其中第 i 行和第 j 列的数值表示从捕食者 i 到猎物 j 的物质流量。通过矩阵方法和相关的线性代数计算可以处理任意维数的系统。此外系统与周围环境存在物质和能量交换，在保持共性的前提下，将单元输入或输出项合为输入项/输出项。节点确定后，需选择合适的介质以对流量进行量化。X_i、Y_i分别表示节点 i 与外界的介质输入量和损失量，T_{ji}表示不同节点进入 i 的介质量，T_{ik}表示 i 进入其他单元的流量，R_i为耗散量，则存在平衡：

$$X_i + \sum_{j=1}^{n} T_{ji} = \sum_{k=1}^{n} T_{ik} + Y_i + R_i \tag{1-1}$$

为进一步评价系统的发展，研究者引入信息理论，将信息看作是系统不确定性的降低。其中假设网络中事件 i 发生的概率为 p（i），发生的不确定性为 h_i，则

$$h_i = -k\lg p(i) \tag{1-2}$$

式中，k 为信息变量，大小与底数相关。常把对数的底数设置为 2，则 k 设置为 1bit。

若已知事件 i 发生的不确定性及事件 j 发生时事件 i 发生的不确定性 $h_{i|j}$，则可求得由 j 引起的 i 的不确定性的降低，表征为 j 带给 i 的信息：

$$X(i|j)=[-k\lg p(i)]-[-k\lg p(i|j)]=k\lg\left[\frac{p(ij)}{p(i)p(j)}\right] \tag{1-3}$$

则推导出事件 j 带给 i 的信息与事件 i 带给 j 的信息是相互一致的：

$$X(i|j)=[-k\lg p(j)]-[-k\lg p(j|i)]=X(j|i) \tag{1-4}$$

整个系统的信息便可用平均交互信息（AMI）表示：

$$\text{AMI}=K\sum_j\sum_j P(ij)\lg\left[\frac{p(ij)}{p(i)p(j)}\right] \tag{1-5}$$

在网络分析中，事件 i 可以被描绘为媒介流量流出分室 i，事件 j 可以被描绘为媒介流量进入分室 j。事件 ij 可以被描绘为媒介流量由分室 i 流出并且进入分室 j，则 i、j、ij 的概率表示为 p（i）$T_{i.}$，p（j）$T_{.j}$，p（ij）T_{ij}，T 为系统总流量，则

$$\text{AMI}=\sum_{ij}T_{ij}\lg_2(T_{ij}T_{..}/T_{i.}T_{.j}) \tag{1-6}$$

网络的 AMI 是多样性中的有效部分，AMI 通过结构约束提高系统效率。系统越有序、规则，系统的效率越高效、连贯。AMI 的值越高，表示系统的媒介流量受到的结构约束越强，这样的系统称为高度组织化的。等量的媒介流量在比较确定的网络连接中的传输效率，要高于其在不确定的网络连接中的传输效率，系统 AMI 的提高意味着组织能力的提高，故 AMI 的提高被视为系统的发展。

由计算可知，系统的效率越高，其不确定性越低，相应地，冗余度越低。复杂系统的冗余无疑可以提高维持稳定的能力，同时提供充足的选项以通过各种低效路径消除变化，并降低系统在面对内部或外部变化时崩溃的可能性。效率和冗余都有助于长期维持生态系统的活力，但方向相反。这两个因素之间的权衡说明，在某一点之后，效率的提高将不会稳定生态系统，而会使生态系统处于脆性的危险状态。相反，过多的冗余将牺牲必要的效率，使生态系统停滞不前。因此，生态网络的特征描述应考虑效率所施加的约束与冗余所提供的灵活性之间的平衡。

Ulanowicz（2004，2009）提出，网络的可持续性可以定义为效率和冗余的最佳平衡（通过系统结构衡量）。系统稳健性（鲁棒性 robustness）计算可反映这种可持续性。系统的稳健性与系统的效率和冗余有关，并且取决于系统的有序和无序部分。其中有序部分可以从相对序 a 得出。而稳健性（R）为

$$R=-a\lg a \tag{1-7}$$

由式（1-7）可在（阶数）从 0 到 1 的范围内绘制倒 U 形曲线（图 1-6）。图（图 1-6）旨在说明网络稳健性与网络有序度之间的权衡关系。一旦确定了某个网络的系统结构，就可以计算该网络的有序度 a。然后，可以通过这种固定的倒 U 形曲线来研究系统的稳健性以及系统效率和冗余之间的平衡。

对于包含单元 i 和 j 的网络（图 1-7），以 f_{ij} 代表第 j 节点传递给第 i 节点的流量，则直接效能矩阵中元素计算公式为

$$d_{ij}=\frac{f_{ij}-f_{ji}}{T_i} \tag{1-8}$$

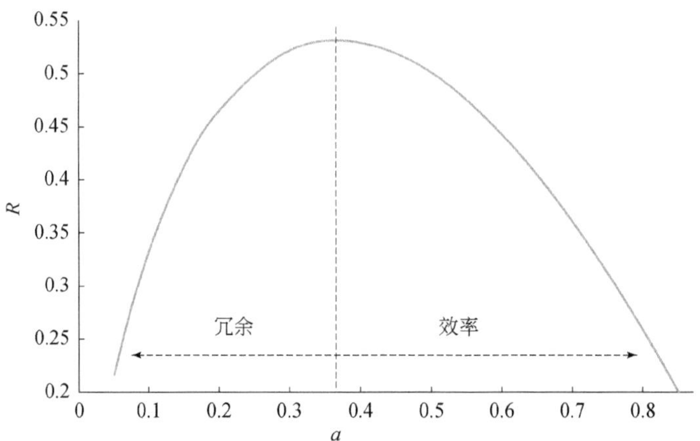

图 1-6　系统鲁棒性对于效率与稳定性关系的反映

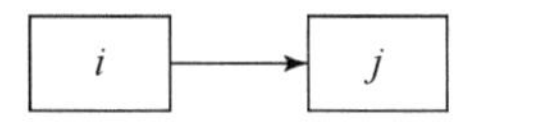

图 1-7　包含两个节点、单一交换的网络

但复杂网络中往往节点较多，不同节点之间还存在间接效能。因此整体效能应为间接效能和直接效能之和。在网络效能分析中，资源获得提供正效用，资源丧失提供负效用。可用符号矩阵判断节点之间的生态关系。

网络控制分析（NCA）可用于通过对环境影响大小评价来判定一个单元相对于另一个单元的优势，通过分布式控制矩阵来计算。

生态网络分析由 Hannon 于 1973 年首次提出，旨在分析物种和功能群的相互依赖性，以确定直接和间接生态流的分布。生态网络分析（ENA）将生态系统描述为节点和路径的网络（Fang and Chen，2015）。每个子系统都被描述为一个节点，节点之间有流。ENA 基于系统的一般特征研究生态系统的结构、功能、发展和演变，并将其与人为干扰和环境变化联系起来，为管理者提供科学指导。通过信息理论分析，可以量化系统的效率和冗余（Ulanowicz et al.，2009）。ENA 通过流量分析、网络控制分析和网络效用分析表征网络系统的结构和功能（Zhang et al.，2014）。该方法已应用于食物网（D'Alelio et al.，2016）、城市供水网络（Bodini et al.，2012）、虚拟水资源交易（Yang et al.，2012）、城市新陈代谢（Zhang et al.，2016c）以及经济等领域。

2）基于图论法湿地群系统结构网络分析的基本原理

图论是一种以抽象的形式表达事物之间的关系的数学模型（Ruiz et al.，2014；Masselink et al.，2017）。传统的图论基于节点之间的邻接关系构建判断矩阵，并计算系统的连通性（Segurado et al.，2013）。对于网络概化图 G（v，e），可以根据邻接关系获得邻接矩阵 $\boldsymbol{A}=$（a_{ij}）$n\times n$。对于具有无限权重的网络图，a_{ij}表征点（v_i，v_j）之间的路径数，n 是节点数。图 1-8 的网络拓扑图的邻接矩阵为

$$A=\begin{bmatrix}0&1&1&1&0\\1&0&0&1&0\\1&0&0&1&0\\1&1&1&0&2\\0&0&0&2&0\end{bmatrix}$$

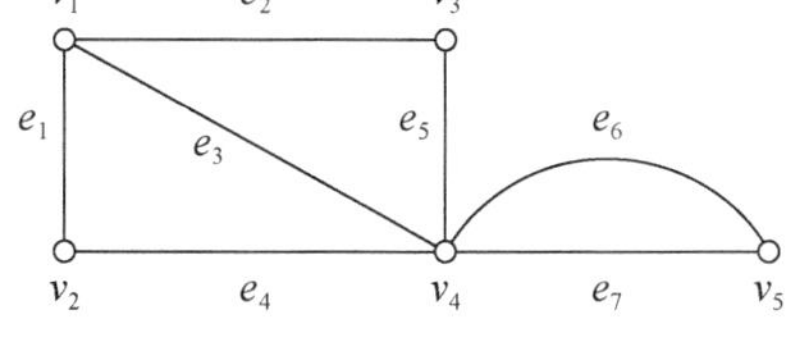

图 1-8　网络拓扑图

由邻接矩阵计算得到判断矩阵 **S**：

$$\boldsymbol{S}=(S_{ij})_{n\times n}=\sum_{k=1}^{n-1}A^{k} \tag{1-9}$$

式中，n 为节点数，S_{ij} 为节点 v_i 和 v_j 之间的连通性因子之和。如果判断矩阵 **S** 的所有元素都是非零元素，则图 G（v，e）是连通图；否则，它是一个非连通网络（Leigh and Sheldon，2009）。通过移除节点，非连通图可变为连通图，计算移除节点数可用来评价河网的连通性（Masselink et al.，2017）。上述表征河网连通性的方法是基于网络中节点和路径数量的，在一定程度上解决了定量分析河网连通性的问题。然而，对于实际的水文系统，水文单元之间"通而不流"的现象很普遍（Singh et al.，2017），上述水系连通性评价方法只考虑顶点和路径的数量以及河网的拓扑特征，本质上只能反映河流是否连通，然而，该方法不能反映不同水文单元之间的水量传输能力，缺乏水量变化对系统连通性影响的分析以及对关键节点（河流或湖泊）的识别。

鉴于上述缺点，本书对网络路径进行了加权，根据流域的径流量计算节点间的连通性因子，建立加权邻接矩阵。判断矩阵由加权邻接矩阵构成，然后计算系统的整体连通性，并识别关键节点。

1.3.2　白鹤重要停歇地脆弱性评价

本书研究揭示了白鹤在重要停歇地的食性特征，探寻了白鹤重要停歇地生态脆弱性的定量表征，调控以适宜白鹤停歇为目标的重要停歇地生态水位，为退化盐碱湿地的生态恢复提供科学依据。主要研究内容有：

1）构建以白鹤为关键物种的食物网结构及白鹤食性特征定量分析

利用稳定同位素技术分析不同水生生物的碳、氮稳定同位素的季节变化特征，并利用IsoSource线性混合模型估算基于碳、氮稳定同位素的白鹤湖主要食源对不同消费者的主要贡献率的季节变化特征，并以此为基础构建以白鹤为关键物种的白鹤湖食物网结构；利用多元回归分析和通径系数分析研究不同环境变量对白鹤主要食源碳、氮稳定同位素的影响；从保护白鹤种群的角度出发，利用高斯模型获得白鹤主要食源的适宜生态水深和最适生态水深。

2）不同水深梯度下白鹤湖食物网时空特征分析

分析不同水深梯度下的白鹤湖水生态系统的时空变化趋势（包括生物量、密度和生物多样性）；基于生态能质指标（Ex）和特定生态能质指标（Ex_{sp}）探讨不同水深梯度下白鹤湖食物网时空特征；分析不同水深条件下生产者和消费者对食物网生态能质的贡献差异。

3）白鹤重要停歇地生态脆弱性定量表征

基于“压力-状态-响应”模型，从白鹤生存压力、生境状态、种群数量等三个方面构建评价指标体系，基于“主成分分析-相关性分析-主成分分析”筛选出能够表征白鹤重要停歇地脆弱性的评价指标。通过对变异系数法、熵值法和复相关系数法求出的白鹤重要停歇地脆弱性指标的客观权重进行组合优化，获得白鹤重要停歇地脆弱性指标的最终权重，最后构建脆弱性综合指数，评估白鹤重要停歇地生态脆弱性的时空变化特征。

4）MBVIM 模型模拟及脆弱性预测

以 AQUATOX 模型为基础，构建 MBVIM 模型来模拟白鹤湖湿地水生态系统的季节变化特征；应用 MBVIM 模型的预测功能，模拟预测近 5 年（5 个生命周期）白鹤湖湿地水生态系统在不同污染条件（增加氮磷输入负荷、增加有机污染输入负荷和增加沉积物输入负荷）下的演替趋势。

5）基于白鹤生境需求的湿地生态水文调控

针对白鹤湖湿地水文特征，基于环境流体动力学模型（environmental fluid dynamics computer code，EFDC）平台构建白鹤湖湿地水动力模型，并运行计算。采用构建的基于 EFDC 的白鹤湖湿地水动力模型，模拟不同降水频率和农田退水量情景下湿地水位的变化，以白鹤适宜生态水位为调控目标，提出多情景下白鹤湖湿地生态水文调控对策和措施。

1.3.3 藨草退化机制分析研究内容与思路

根际微生物存在于植物根系与土壤环境的交互界面上，在植物的生长、繁殖及对胁迫环境的耐受性方面具有重要作用。随着根际微生物研究的不断深入，在未来生态恢复实践中综合考虑地上生态学与地下生态学的相关规律是必然趋势。本书从微观角度，利用 16S rDNA 测序技术和宏基因组测序技术，研究了不同水位下扁秆藨草的微生物群落结构与功能特征，对根际微生物驱动的白鹤食源质量相关代谢过程、生物地球化学循环特征进行了深入分析；同时，面对扁秆藨草恢复过程中长芒稗入侵的新挑战，借助共现网络分析的方法，解析了不同入侵区域及禁牧前后长芒稗根际微生物群落结构与功能特征，在一定程度上解释了藨草退化机制。主要研究内容如下（图 1-9）。

1）水位对扁秆藨草根系微生物群落的影响特征

利用高通量测序技术，研究不同水位条件下扁秆藨草根系（根际、根表和根内）微生物群落结构变化特征，分析根系不同部位微生物群落结构对水位变化的响应特征，基于群落功能预测结果分析水位对根系不同部位微生物群落功能的影响。

2）水位对扁秆藨草根际微生物群落代谢过程的影响

利用宏基因组测序结果，分析不同水位条件下根际微生物代谢过程的影响，解析水位

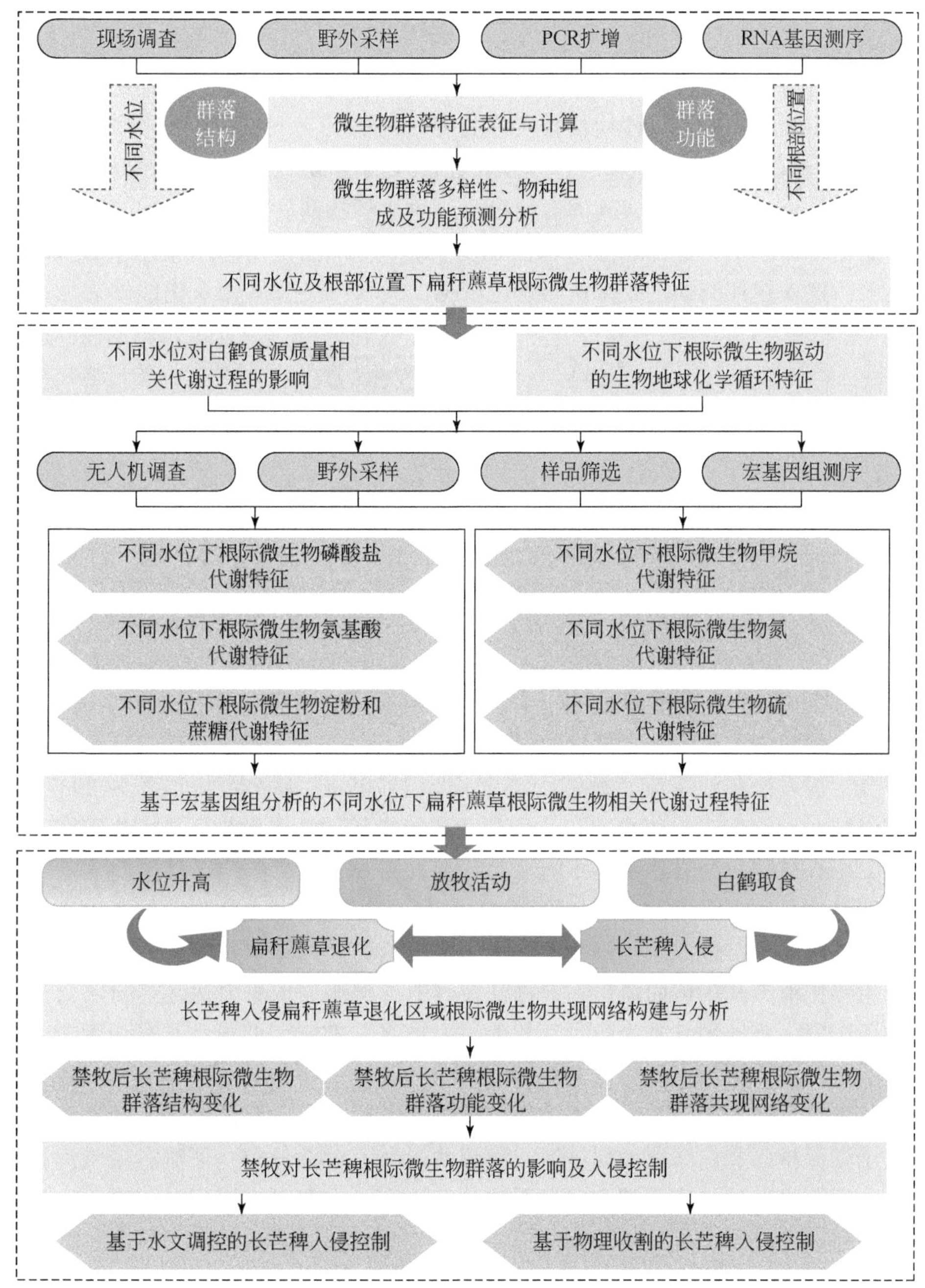

图 1-9　藨草退化机制研究理论框架

注：聚合酶链式反应（polymerase chain reaction，PCR）

变化对扁秆藨草根际微生物参与的氨基酸代谢、磷酸盐代谢和淀粉代谢及生物地球化学循环相关代谢过程的影响，为从白鹤食源质量管理和湿地物质循环功能恢复角度开展退化湿地水文恢复提供支撑。

3）不同入侵区域长芒稗根际微生物共现网络特征

研究不同入侵区域的长芒稗根际微生物群落结构差异、核心物种组成差异，借助共现网络分析方法解析不同入侵区域长芒稗根际微生物群落的网络结构和模块化功能差异，从根际微生物的角度解析本地入侵植物长芒稗的灾变机制。

4）禁牧对长芒稗根际微生物的影响及长芒稗入侵控制

把握研究区全面禁牧政策实施的有利机会，对比禁牧前后长芒稗根际微生物群落结构与功能的变化特征，结合野外调查、原位控制实验与区域年内水文变化特征的研究结果，总结提出长芒稗入侵控制的主要方法与理论依据。

1.4 研究区概况

1.4.1 嫩江流域概况

1）自然地理特征

嫩江流域位于我国吉林省、黑龙江省和内蒙古自治区之间，松花江流域的中西部，地理坐标为119°12′E～127°54′E，44°02′N～51°42′N。嫩江干流发源于大兴安岭伊勒呼里山，流经黑龙江省的黑河市、大兴安岭地区、嫩江县、讷河市、富裕县、齐齐哈尔市、大庆市，内蒙古自治区的呼伦贝尔市和吉林省的白城市等地区，在吉林省松原市三岔河口，与第二松花江汇合，汇入松花江干流，嫩江干流全长为1370km，整个流域面积为29.7万km^2，占松花江流域面积的52%。嫩江县以上河段为干流上游段，上游地区为大兴安岭及平原山区过渡区，山高林密，河谷狭窄，水流湍急，长度为661km。从嫩江县至内蒙古自治区的莫力达瓦达斡尔自治旗为中游段，长度为122km。河谷洼地区主要为第四系砂砾石层，其间含有大量孔隙潜水，径流条件好，地表水主要来源为大气降水及河谷两侧基岩山区的侧向补给，主要排泄方式为侧向流出，向嫩江及其下游排泄。从莫力达瓦达斡尔自治旗至三岔河口为下游段，该区域基本为幅员辽阔的平原地区，蜿蜒而曲折，长度为587km。平原地区地势低平开阔，河流下切力减弱，河网密布，洼地、湖泡星罗棋布，盐碱地、沼泽湿地发育，是各类湿地集中分布区，其中的国际重要湿地有扎龙湿地保护区、莫莫格湿地保护区、查干湖保护区和向海湿地保护区。河流两岸呈不对称分布，河流右岸支流较多，水资源充沛，莫莫格湿地、查干湖和向海湿地分布于此；而左岸支流相对较少，主要发育湿地为扎龙湿地。

2）气候特征

嫩江流域为温带大陆性季风气候，降水和气温在时间和空间上具有较大差异性变化，四季分明、雨热同季、冷热悬殊、干湿不均。流域春季干燥且多风，夏季多雨炎热，秋季短促多霜，冬季寒冷干燥且漫长。全流域年平均气温在2～4℃，历史最低气温-39.5℃（1968年），最高气温达40.1℃（1951年），流域冬季冰封期长达5个月，冰厚在1m左右（孙永罡和白人海，2005）。

由于季风所带来的暖湿气团的影响，流域降水主要集中于夏季，全年占比约为82%。

此时，暖气团向北推进过程中与北方的冷空气交汇，加上大兴安岭山地的抬升作用，形成大面积降水。冬季流域又受到大陆性季风影响，多西北风和北风，天气干燥少雨雪。流域多年平均降水为463.6mm，最大年降水量为937.4mm，最小年降水量为152.5mm。1956～2016 年嫩江流域气温及降水量变化情况如图 1-10 所示。

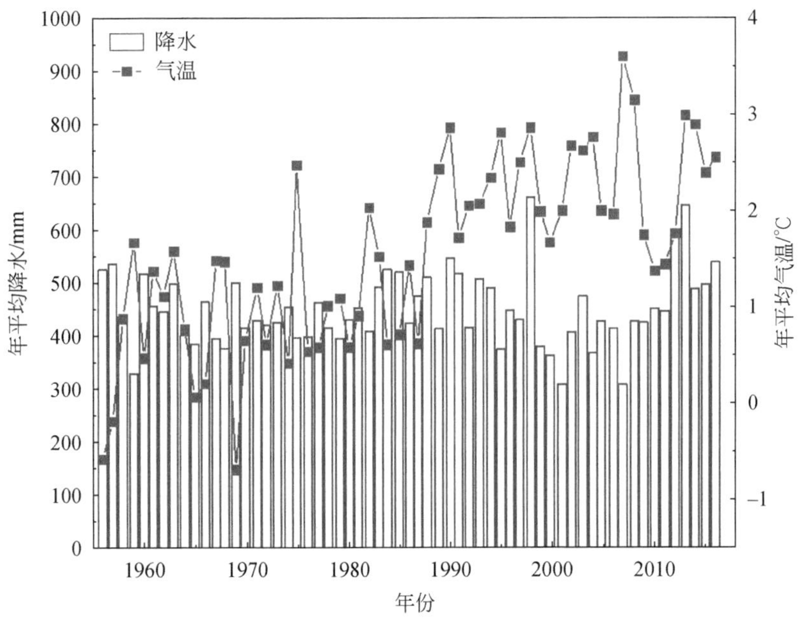

图 1-10　1956～2016 年嫩江流域气温及降水量变化情况

3）水文特征

嫩江流域内河网复杂，支流较多，水系发达，整体由 30 多条支流组成不对称的扇形分布，西侧支流多且长，东侧支流较少。其中较大的支流有 12 条，分别是：雅鲁河、门鲁河、讷谟尔河、洮儿河、科洛河、乌裕尔河、阿伦河、音河、甘河、诺敏河、绰尔河和霍林河（吴燕锋等，2019）。上游地区江道比降为 3.1‰～3.6‰，地面坡度大。中游地区比降为 0.28‰～0.32‰，河面逐渐变宽。下游地区比降为 0.04‰～0.1‰，主槽水面宽 300～400m，坡度小，两岸分布着大量湿地和牛轭湖。上游段，包括河源和上游区域，江道长 661km，集水面积 $9.64\times10^4km^2$，中游段，是山区到平原的过渡区，江道长 122km，集水面积 $12.9\times10^4km^2$，下游段，是广阔平原区，江道长 587km，集水面积 $9.13\times10^4km^2$，

径流的变化规律基本与降水相似，年际和年内连续丰枯现象交替出现，每年 1 月、2 月、3 月、11 月、12 月是枯水季，河川径流受地下水补给，春季时（4 月和 5 月）径流受融雪径流补给。7～9 月为丰水期，降水量集中，多发生大、暴雨，极易形成洪水。嫩江多年平均径流深为 76.5mm，经还原后的年径流总量约为 $227.3\times10^8m^3$。径流在年内分配比不均，年际波动较大。

4）社会经济状况

嫩江流域横跨黑龙江省、内蒙古自治区和吉林省，多民族聚居，分布有汉族、蒙古族、达斡尔族、回族、满族、朝鲜族、鄂伦春族、鄂温克族等 30 多个民族，总人口数约

为 1617 万人。嫩江流域 GDP 为 6121 亿元，人均 GDP 为 37 854 元。

嫩江流域光热条件良好，水土匹配适宜，是我国重要的商品粮基地（Meng et al., 2019）。农业生产地位于生产以优质粳稻为主的水稻产业带（张伟光等，2015）和以籽粒与青贮兼用型玉米为主的专用玉米产业带，主要农作物包括玉米、谷子、高粱、大豆、小麦、水稻等，经济作物有甜菜、葵花子、亚麻等。截至 2017 年，流域内耕地总面积为 12 282 万亩①，人均耕地面积 7.6 亩，粮食总产量共计 2769 万 t，人均产粮 1.7t，人均面积和产量处于全国平均水平之上。

第二产业方面，重工业也是流域重要经济支柱之一，流域内分布有早期重工业生产基地齐齐哈尔市，以及重要石油产区大庆市。

5）水资源利用工程

嫩江流域是我国重要商品粮产区，且分布有重工业区，工农业用水量大，为缓解水资源紧张的局面，流域内修建有 5 个大型水库：察尔森水库、尼尔基水库、月亮泡水库、音河水库和东升水库，总库容 $11.48\times10^9 m^3$，兴利库容共计 $77.05\times10^8 m^3$（表 1-4）；中型和小型水库 202 个，总库容 $1.14\times10^9 m^3$（Li et al., 2014a, 2014b）。尼尔基水利枢纽是国家“十五”计划批准修建的大型水利工程项目，位于尼尔基镇与讷河市二克浅乡交界处（124.23°~125.12°E，48.26°~49.18°N），是目前流域内规模最大、控制流域面积最广的水利工程，不仅是黑龙江、吉林、辽宁西部及内蒙古东部地区重要水源地，还承担着供水、发电、跨流域调水、防洪以及水环境改善的任务。

表 1-4　嫩江流域大型水库特征

名称	干流/支流	任务	集水面积 /km²	总库容 /$10^8 m^3$	兴利库容 /$10^8 m^3$	防洪库容 /$10^8 m^3$
察尔森水库	洮儿河	农田灌溉、消减洪峰	7 780	12.53	10.33	3.11
尼尔基水库	嫩江	供水、发电、消减洪峰	66 400	86.11	59.68	23.68
月亮泡水库	洮儿河	农田灌溉、排涝	2 480	11.99	4.59	—
音河水库	音河	农田灌溉、消减洪峰	1 660	2.56	1.61	0.49
东升水库	乌裕尔河	农田灌溉、消减洪峰	12 345	1.61	0.84	1.02

由于流域内年蒸发量远大于年降水量，自 20 世纪 70 年代开始，为增加生产生活可用水资源量，在嫩江下游江段左岸自讷河市到杜尔伯特蒙古族自治县，长达 180km 的江段范围内，修建了北部、中部、南部三个嫩江引水工程。北引工程从讷河市拉哈镇渡口到安达市北部，引水渠长 203km，控制面积 25 000km²，年均引水量 $4.61\times10^8 m^3$；中部引水工程位于富裕县塔哈乡大登科至大庆市龙虎泡水库，引水渠长 48.8km，控制面积 7500km²，年均引水量 $6.64\times10^8 m^3$；南部引水工程从杜尔伯特蒙古族自治县塔拉哈乡红土山至南引水库，引水渠长 24km，控制面积 3600km²，沿途依靠抽水站抽水补给。

为满足生产生活和生态的需求，吉林省于 2012 年提出修建吉林省西部地区河湖连通

① 1 亩≈666.7m²。

工程，以向西部河湖沼供水，该工程已列入国家“十三五”172 项重大水利工程之中。恢复湿地 581km^2，增加水面面积 427km^2，可恢复扩大湖泡、湿地总面积至 4891km^2，改良盐碱地面积 800km^{2}以上，并恢复一定范围内的地下水水位。

6）生态环境概况

嫩江流域支流众多，尤其在下游地区，河流的尾闾分布有大面积的湖泡群、芦苇（*Phragmites australis*）沼泽、牛轭湖、连环湖，形成湿地群。根据湿地成因及植被分布（郎惠卿和金树仁，1983；李晓民，2005；高玮，2006），流域内湿地可分为 3 种类型：①山区湿地（大兴安岭湿地），呈现森林湿地、河流和库塘，分布于嫩江上游右岸地区，植被以落叶松（*Larix gmelinii*）、偃松（*Pinus pumila*）、水苔（*Herba Sphagni*）（又名泥炭藓）为主，此外，还有灌丛桦、苔草沼泽，河谷一带多数由苔草或小叶樟构成；②过渡区湿地，主要位于嫩江中游地段，由河滩及旧河道形成森林湿地和草甸沼泽湿地，植被以落叶松、灌丛桦、苔草和泥炭藓等为主；③平原湿地区，位于嫩江下游河段，松嫩平原西部，地势平缓，分布有大片的草本沼泽。

近几十年来，农业生产和不合理的开发利用水资源，导致湿地水文格局和水资源平衡不断改变，导致湿地面积不断减少，生态环境日益脆弱，水生态风险逐渐增大。根据 1990 ~ 2020 年 Landsat TM 遥感影像解译结果来看，嫩江流域自然湿地面积由 45 779. 6km^{2}减少到 32 868. 5km^2，减少了 28%。人为修建的水利工程改变了下垫面，阻断了湿地自然补给河流，改变了流域水循环，同时地下水的过度开采使得湿地在枯水期难以获得有效的地下水补给，加之蒸散发增加，降水量减少，湿地部分时期水资源短缺。农业开垦直接导致湿地面积锐减，水文单元间的水文连通性降低，形成地理孤立湿地，湿地水文调节功能退化及丧失，易导致特大洪灾的发生。同时工农业生产带来的水质恶化，造成湿地动植物长期缺水，生物多样性降低。

扎龙湿地位于齐齐哈尔市东南部，地理坐标为 123. 85° ~ 124. 62°E，46. 80° ~ 47. 53°N，位于乌裕尔河尾闾，面积为 2100km^2，分布有 200 多个沼泽和湖泊，是鹤鹳等珍稀鸟类的重要栖息地和中转站（李云志，2019），是处在全球气候变化敏感区域的湿地生态系统的典型代表，115 a 气象要素的分析表明，该区域的气温呈波动式上升趋势，蒸散量加大，造成湿地天然补水减少，景观破碎化加剧（孙砳石等，2018）。存在的人为干扰有因农业生产所开挖排水渠及使用化肥和农药造成的湿地地理隔离、水源截断、水体污染，但农业生产多处于实验区，土地覆盖格局未发生明显变化，草甸面积以 7. 21km^2/a 的速度显著下降（于成龙和刘丹，2018），湿地退化与乌裕尔河流域径流量的变化密切相关（罗金明等，2018）。

莫莫格湿地位于吉林省白城市镇赉县（123°27′0″ ~ 124°4′33″E，45°42′25″ ~ 46°18′0″N），面积约为 1440km^2。相比于扎龙湿地，莫莫格湿地水网密布，直接相连或临近的水文单元有嫩江、二龙涛河、洮儿河及呼尔达河，下游地区与月亮泡水库相连。特殊的地形条件使得莫莫格湿地保护区内湖泡沼遍布，物种丰度高，良好的湿地环境也为候鸟提供了适宜的栖息繁衍场所，分布有大鸨、东方白鹳（*Ciconia boyciana*）、丹顶鹤（*Grus japonensis*）、白鹤等十余种国家一级保护鸟类，莫莫格湿地是东部白鹤种群迁徙的重要停歇地，也是东方白鹳主要栖息地。由于气候暖干性趋势，研究区内蒸发量呈现上升趋势，土地盐碱化，加之农田灌溉用水的增加、水库蓄水以及闸坝的拦截作用，湿地的自然补给河流基本断流（章光新等，2004；张慧哲，2015），不合理的排水方式造成湿地常常出现“水多”情形，湿地功能下降。近 40a 来，沼泽地面积减少了 40.59%，而耕地面积增加了 96.69%，湿地破碎化程度加剧（刘宇轩，2017）。

查干湖位于吉林西部，霍林河与嫩江交汇处（124.05°～124.52°E，45.10°～45.43°N），是典型的浅水湖泊湿地，面积 506.84km^2，由于其稳定的水源带来良好的生境和丰富的食物，吸引大量水鸟来此停歇繁衍（孙爽，2014）。保护区每年接受前郭灌区约 1.305×10^{8}m^{3}的排水，直接扰动区及新庙泡水质劣于主湖区、马营泡水质（董建伟等，2015；孙立鑫和林山杉，2018）。

向海湿地位于吉林西部通榆县（122.08°～122.58°E，44.83°～45.32°N），总面积 1054.67km^2，霍林河横穿保护区南部，北部修建有洮儿河引水系统，为丹顶鹤、东方白鹳等鸟类赖以生存的栖息环境，属内陆湿地和水域生态系统类型自然保护区。流域整体气温呈波动性上升趋势，导致湖泊、河流、沼泽等面积减小。大面积的农田开垦使得湿地面积下降，景观破碎化，沼泽面积减少了 39.34%，湿地斑块呈现不规则变化，邻近度大幅降低（刘宇轩，2017）。

嫩江流域是我国湿地集中分布区，为各类水禽提供了适宜的生境条件，也是白鹤等候鸟迁移中转站。水禽便成为湿地恢复和保护的旗舰物种。各个物种生境分布和丰富度可反映嫩江流域水禽保护的优先保护区。由于湿地介于水陆之间，造就了其独特的生态系统，生态系统服务功能较高，主要功能类型有：水源涵养功能、土壤保持功能、碳储存功能以及生境质量功能。通过对服务功能的综合评估可确定流域生态服务功能重要区域。

嫩江流域主要湿地珍稀水禽相对丰富度及生态服务功能重要程度如图 1-11 所示。可见扎龙湿地和莫莫格湿地是水禽集中分布区，生态服务功能重大，保护价值巨大，是优先保护区。其中，莫莫格湿地受气候变化和人类活动影响较大，湿地大面积萎缩，干扰因子种类具有代表性，同时基于本书的网络分析结果，莫莫格湿地为湿地系统网络中关键调控节点。因此，本书选取莫莫格湿地作为典型退化湿地进行研究。

1.4.2 莫莫格湿地概况

1）自然地理特征与河流水系

本书所选的典型退化湿地——莫莫格湿地是国际重要湿地，位于吉林省白城市镇赉县（123°27′0″E～124°4′33″E，45°42′25″N～46°18′0″N），面积约为 1440km^2。由于燕山运动的影响，产生松辽沉降盆地，经过不同阶段变迁，形成了南高北低，东西两侧高中间低的簸箕状地形。莫莫格湿地位于嫩江流域下游区域、松嫩平原西部边缘地区、松辽沉降盆地的北区，地形西北高、东南低，地势平坦，相对高差 3～10 m，平均坡度 5°，平均海拔约为 142 m，最高海拔和最低海拔分别为 167.7 m 和 128 m。由于其地形环境，嫩江、洮儿河及绰尔河尾闾在此地区产生较多分叉，河网密布，河流冲积、洪积形成湿地。

莫莫格湿地与多条河流相邻，东临嫩江，南部为嫩江一级支流——洮儿河，流经湿地，由月亮泡进入嫩江，同时湿地内部被二龙涛河及呼尔达河穿过，充沛的水源补给，低

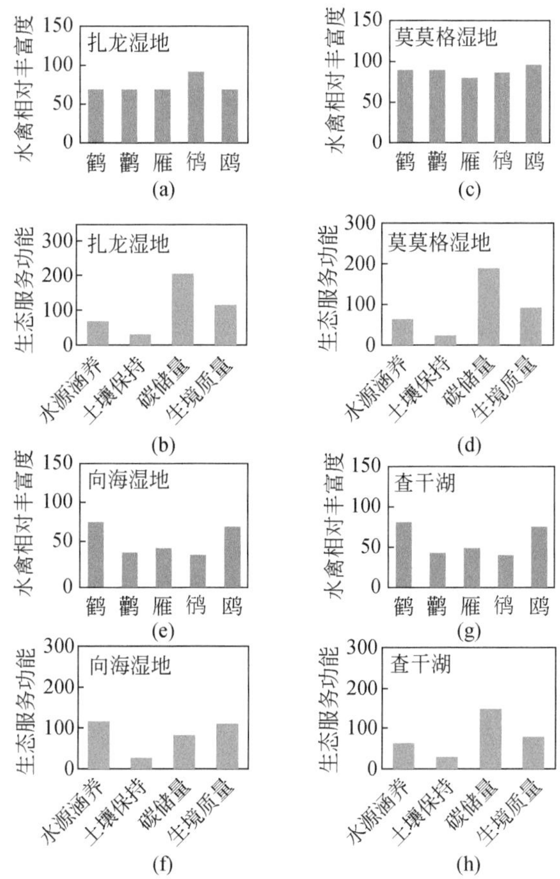

图 1-11　嫩江流域重要湿地水禽相对丰富度及生态服务功能评价

平的地势，形成广阔的河漫滩，使得大量泡沼湖分布。其中，白鹤湖紧邻嫩江的东部，是莫莫格湿地内最大的湖泊，是中国境内白鹤的重要停歇地。保护区内年径流深 10mm，每年冬季至初春（11 月至次年 3 月），由于河道结冰和降水量少，无明显地表径流，春季（4～5 月）冰雪融化，但由于蒸发量与下渗量大以及农田用水增加，径流量较少。夏季（6～9 月）降水量较大，且大量农田退水排入湿地，径流量最大，约占全年径流量的 70%～80%。水利工程的修建和运行以及农田灌溉引水，导致河道阻断以及流量不断减少，加之降水的逐年降低趋势，二龙涛河和呼尔达河相继断流（刘洋，2018），洮儿河流量也不断降低，对下游湿地的补水量大量减少，造成湿地水量不足，景观破碎化。

2）气候气象特征

莫莫格湿地是典型的大陆性季风气候，四季特征变化明显，温差较大，降水分配悬殊。春季多风，有效降水量少；夏季炎热潮湿，且降水集中于夏季；秋季时间短，且温差较大；冬季寒冷干燥。

图 1-12 反映了莫莫格湿地保护区 1960～2016 年的年际和年内气象统计数据。可知，保护区多年平均气温为 4.8℃，呈现出不显著上升趋势，平均倾向值为 0.24℃/10a。年内气温波动较大，呈现单峰特征，夏季温度最高，平均为 23℃，冬季温度最低，平均气温为−8℃。

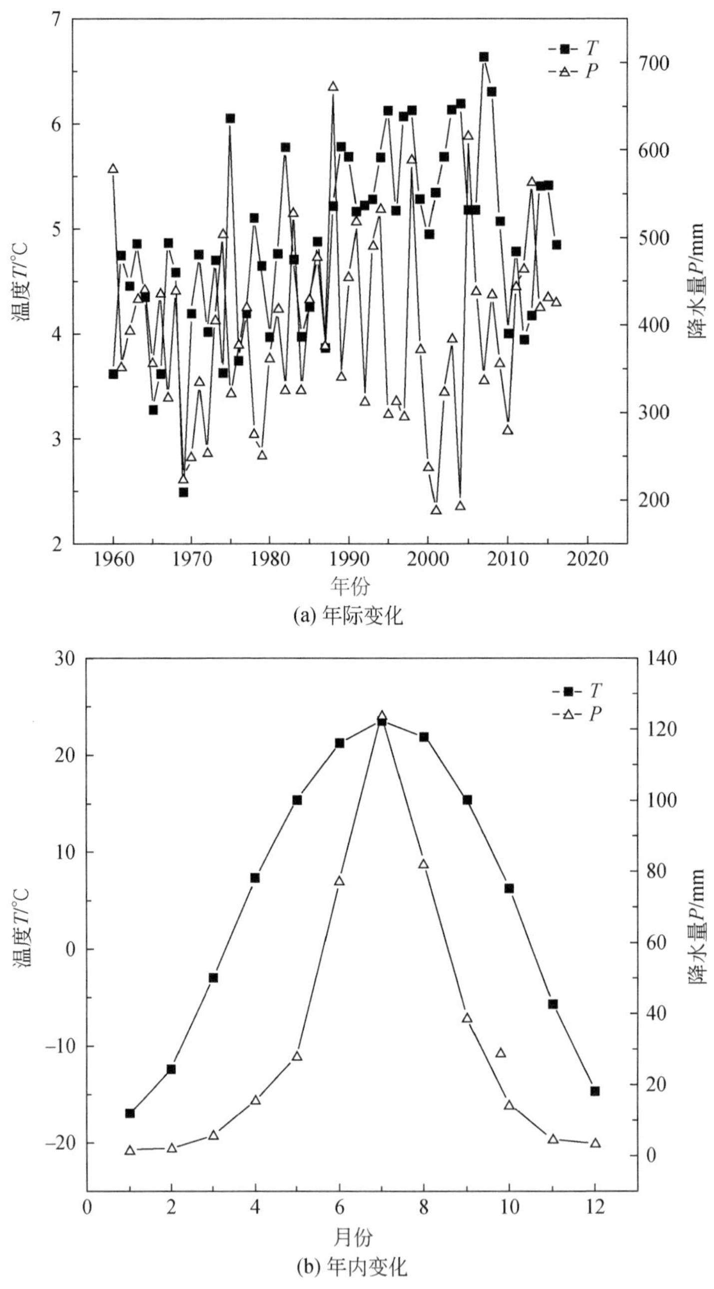

图 1-12　莫莫格湿地气温与降水量变化

大气降水是保护区重要补给水源之一，保护区多年平均降水量 393.7mm，多年平均蒸发量 996mm。降水年内分配不均，全年降水集中在 6～8 月（约 80%），降水量达 282mm，占全年降水总量的 71%，降水量最大值出现在 7 月，为 123mm。

3）社会经济概况

研究区地处吉林省白城市镇赉县，截至 2017 年，全县总人口为 27.2 万人，生产总值为 130 亿元，地区经济发展水平较低。自然资源基础薄弱，社会经济发展以第一产业为主，其中保护区内第一产业收入占比约 80%，农业人口所占总人口比例约为 75%，且以种植业为主，牧业收入和其他收入所占比例很小，乡镇企业占经济总收入不足 0.5%。

2008 年开始，由于《吉林省增产百亿斤商品粮能力建设总体规划》的实施，力争用 5 年或更长一段时间将吉林省全省商品粮产量由 500 亿斤（1 斤 = 500g）提高到 600 亿斤。在一定程度上刺激了区域的土地开发活动以及相关的区域水利工程的修建。2007 年镇赉县农作物播种总面积为 107 784hm^2，截至 2016 年末农作物播种总面积已达 204 362hm^2，10 年间播种面积增加 89.6%，其中增长面积较大的为玉米和水稻（图 1-13）。

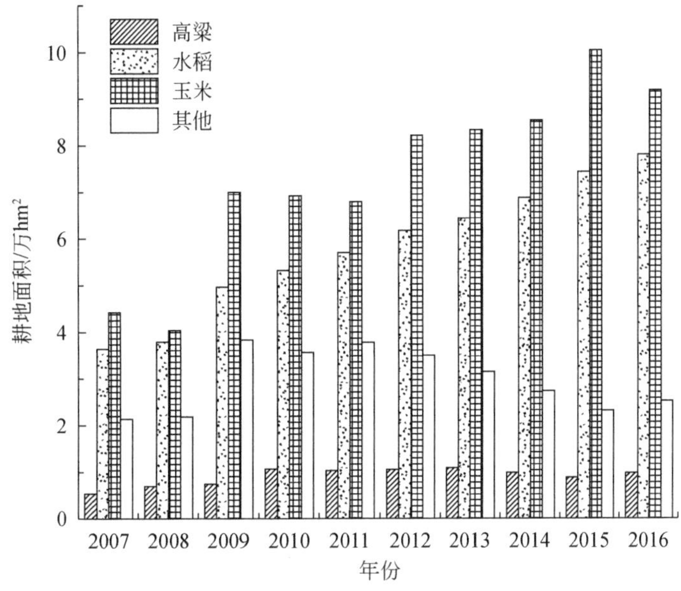

图 1-13　镇赉县农作物播种面积变化情况

充足的水资源补给，是保证大幅增长的农业播种面积的产量、增产工程顺利实施的关键之一。根据《水稻稻瘟病抗性鉴定与评价技术规程》（DB22/T 2389—2018），核算得到镇赉县 2007 年农业需水量为 $4.026\times10^8 \sim 4.757\times10^8 m^3$，到了 2016 年农业需水量增长为 $8.371\times10^8 \sim 9.877\times10^8 m^3$（图 1-14）。因此粮食增产工程还包括引水、灌溉等区域型水利工程的规划和建设，在研究区服务于农业生产的水利工程不断增多。主要水利工程有：白沙滩灌区和洮儿河灌区、镇赉县域湿地湖泡连通应急工程、镇赉县白鹤湖应急泄水工程、白城市月亮泡蓄滞洪区它拉红泡防护堤应急工程、白城市引嫩入白供水工程，以及吉林西部供水工程。

4）生态环境现状

特殊的地形条件使得莫莫格自然保护区内湖泡沼遍布，其中核心区总面积达 523.4km^2，占保护区总面积的 36.3%。保护区东部为哈尔挠核心区，分布于嫩江岸边，该区湿地类型为浅水沼泽型湿地，是东方白鹳主要栖息地。保护区南部为胡家窝棚核心区，该区域分布有大量芦苇，是丹顶鹤的主要栖息地之一。保护区西北部为哈拉塔核心区，为碱草甸分布区和白鹤的主要栖息地。保护区以外设有缓冲区，鹤鹳等鸟类多在此栖息。最

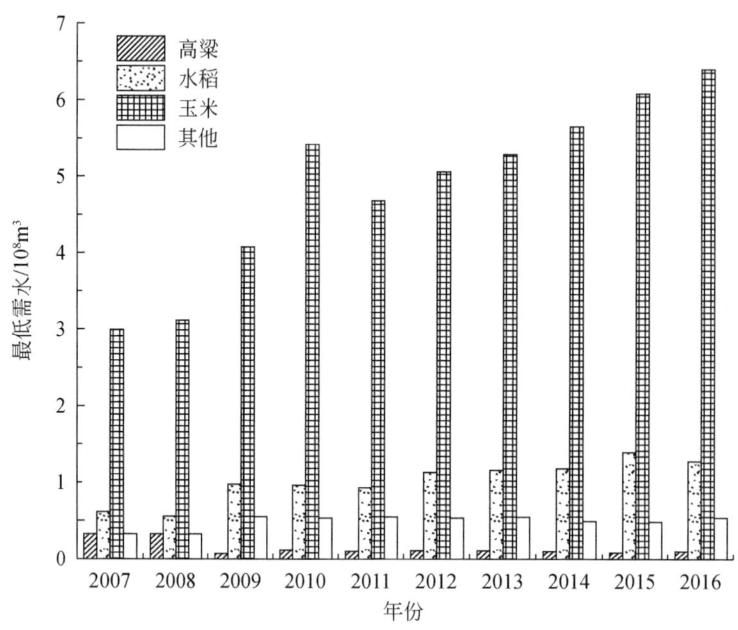

图 1-14　镇赉县不同种类作物需水情况

外部为实验区，其面积占保护区总面积的 25.3%，该区域人为干扰较强，有较多居民区和农业用地。1997 年，国家环境保护局（现生态环境部）将莫莫格湿地保护区列入国家级自然保护区（杨成玉，2008；徐网谷等，2010）。

莫莫格自然保护区位于东亚阔叶林带和草原带之间的过渡地带，物种丰富度较高，以泛北极种为主的广泛分布于湿地的动植物占比最高，其中维管束植物 469 种，分属 78 科 271 种，可分为阔叶林、灌丛、草原、草甸、沼泽和栽培植物六种植被类型，分别占 7.44%、0.13%、12.21%、23.04%、1.57% 和 55.61%。其中具有经济与医药价值的植物达到 300 余种。不同植物类型构成了莫莫格四种湿地类型，即湖泊型湿地、苔草小叶章混合型湿地、芦苇沼泽湿地和碱草草甸湿地。保护区内野生动物种类繁多，两栖类共有 6 种、爬行类共有 8 种、兽类共有 29 种、鱼类共有 52 种，鸟类有 298 种，包括国家一级保护动物丹顶鹤、白头鹤、白鹤等 10 余种。

良好的湿地环境也为珍稀白鹤、丹顶鹤等水禽候鸟提供了适宜的栖息繁衍场所。世界的白鹤种群主要有三个，分别为东部、中部和西部种群，其中东部种群占总数量的 98%，莫莫格湿地是东部种群迁徙的重要停歇地。全世界鹤类总计 15 种，莫莫格保护区是其中 6 种鹤类的重要迁徙停歇地。自 2007 年春天，研究区内白鹤迁徙种群日最高统计数逐年增加，至 2022 年其数量达到 4000 只，占世界东部白鹤种群数量的 80% 以上（Jiang et al., 2015）。保护区内白鹤湖水面广、水浅，总面积为 39.61km²，平均水深约为 1 m，为浅水草型湿地，是白鹤食源物种扁秆藨草（*Bolboschoenus plainicalmis*（F. Schmidt）Egorova）和三江藨草（*Scirpus nipponicus*）的集中分布区，白鹤迁移的主要停歇区。

在气候变化和人类活动的复合影响下，莫莫格湿地水生环境不断变化，生态系统退化（张慧哲，2015）。由于气候暖干性趋势，研究区内蒸发量呈上升趋势，多年平均蒸发量高达多年平均降水量的 3 倍多，降水时间分配极其不均，春季降水极少，蒸发量大，多大风天气，土地极易累积盐碱成分。对粮食需求的增加带来的是农田灌溉用水的持续上升，水库蓄水量以及闸坝的拦截作用导致湿地天然来水量日益减少，自然补给河流基本断流，水面面积锐减，土地盐碱化程度加剧。农业用地面积的增加导致湿地不断萎缩（章光新等，2004），白鹤食源性物种的生长条件受到破坏，白鹤停歇数量急剧下降。白鹤湖紧邻嫩江的东部，是莫莫格湿地内最大的湖泊，总面积约 15km^2。白鹤湖是中国境内白鹤的重要迁移中转站，因此对该湖泊的修复工程的建设已成为保护区当局的重要任务。

第2章 嫩江流域湿地系统水文功能网络稳健性演变及驱动因子

湿地在结构中是流域水循环的重要一环，功能中起到涵养水源、调节水量、改善水质和降低洪涝灾害的作用，同时，流域的水文过程和土地利用变化将直接或间接地影响流域生态系统的稳定性和健康。将湿地群作为湿地节点纳入流域水资源综合规划与管理中，从流域尺度分析湿地系统的源与汇水文功能性（供水、耗水）变化，系统性识别湿地退化的驱动因子，有利于恢复效果保持长期稳定性，避免单一因子的限制。

生态网络分析（ENA）通过不同单元之间直接/间接路径和流量的分布，对网络的节点和路径进行分析，旨在探索节点和功能群的相互依赖性。本章为识别扰动具体作用路径，综合考虑各供水单元和用水单元及水文单元，构建一个流域湿地水文水资源网络，并将湿地作为重要节点，通过系统效率和冗余来表征网络稳健性变化，通过网络控制分析和网络效用分析来分析驱动因子，并对节点生态关系结构占比进行了分析。根据本章研究结果，提出嫩江流域国家湿地公园建设的必要性，最后通过情景分析来探寻因子作用的效果。

本章的研究目标主要包括以下3个方面。

（1）嫩江流域社会经济发展和降水对湿地系统生态网络冗余与效率的影响；

（2）辨识生态网络变化的驱动因子；

（3）基于NCA、NUA及情景分析结果，剖析决定网络功能的主导生态关系类型，提出湿地保护和管理建议。

2.1 研究内容与方法

2.1.1 流域水文功能网络模型构建

生态网络分析（ENA）通过分析子系统之间以及其与网络外部环境之间的流，来得到节点之间的生态关系（Allesina and Bondavalli，2004）。在投入产出分析的基础上（Ulanowicz et al.，2004），通过矩阵计算研究了生态系统的结构和功能（Schaubroeck et al.，2012）。流域水资源系统复杂，系统分析理论是实现水资源合理配置的基础（Yang et al.，2007）。

在系统分析的基础上，将水资源系统分为供水系统和耗水系统。供水系统分为地表径流、地下水和大气降水；耗水系统包括工业用水、农业用水、生活用水和生态用水。由于研究区湿地密布，将湿地群概化为湿地节点，并以湿地耗水来指代系统生态用水。同时，设置两个虚拟节点：水资源分配系统和水处理系统。每个节点相互依存，构成具有特定属性的整个组织。基本模型如图 2-1 所示。

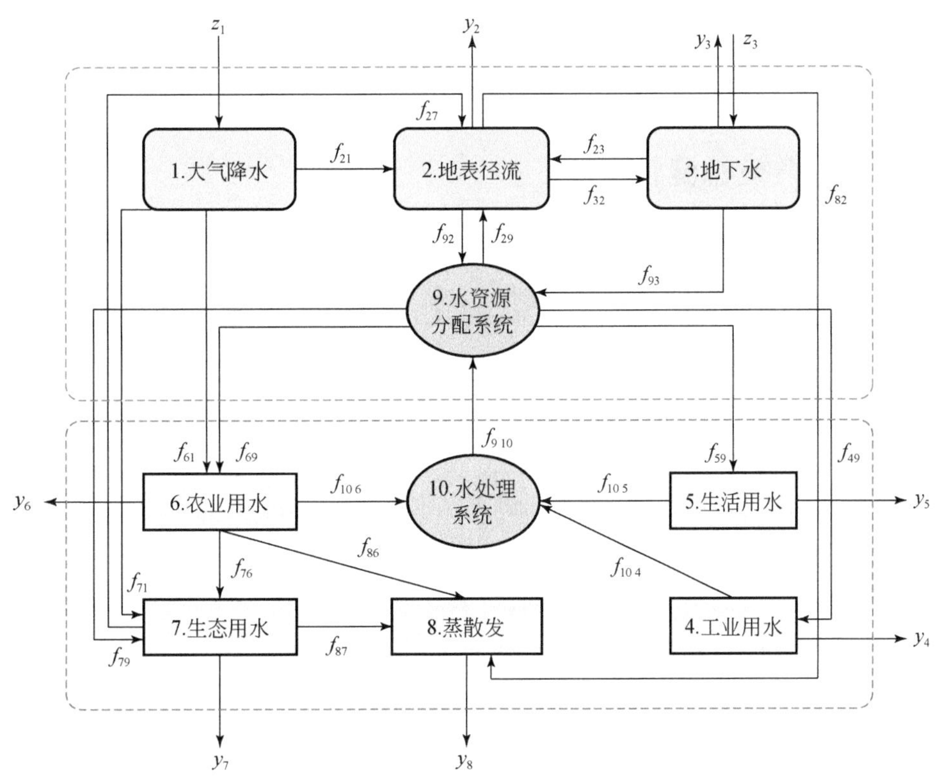

图 2-1　流域水文功能网络

注：f_{ij}表示从节点 j 到节点 i 的流量，z_i表示外界对节点 i 的流入量，y_i表示节点 i 对外界的流出量

基于生态网络方法理论，本章构建了一个包含 10 个节点的网络模型。在图 2-1 中，f_{ij}表示从节点 j 到节点 i 的流，z_i表示外界对节点 i 的流入量，y_i表示节点 i 对外界的流出量。节点 1、2 和 3 是供水子系统，节点 1 是大气降水；节点 2 是地表径流，y_2代表径流损失；节点 3 是地下水。节点 4、5、6 和 7 分别代表工业用水、生活用水、农业用水和生态用水（湿地）。此外，研究区的湿地不仅是消耗者，而且还是水资源供给者。每年大量的湿地水被排入河流，或被用作农业生产。为了表明蒸散发的影响，设置节点 8 以表示蒸散发。考虑到水资源的分配，建立虚拟节点 9 作为水资源分配子系统，y_9代表传输过程中的耗损量。虚拟节点 10 设置为水处理系统，y_{10}表示水处理过程中的耗损量。此外，由于污水处理系统，污水将进入水资源分配系统进行水的再利用。在嫩江流域，农业回流是湿地的重要补水来源，设置节间流 f_{76}代表进入湿地的农田退水。

模型分析所需数据时间为 2007 ~ 2016 年。本章用于地表水、地下水的数据由水利部松辽水利委员会提供。降水数据来自嫩江流域气象站，为了分析整个流域，选择了嫩江流域 76 个水文站的实测数据。系统工业用水、农业用水、生活用水及再生水的数据来自黑龙江、吉林和内蒙古的水资源公报和统计年鉴。由于灌溉和水利工程的建设，每年都有大量的农田退水流入湿地，湿地面积和农田退水量的数据由国家统计局和松辽水利委员会提供。通过查阅植物蒸散发系数，与面积相乘，分别得到农田和景观的蒸发蒸腾量（Akiyama et al.，2012）。使用 Pennman-Moniteith 公式（Yue et al.，2002）计算湿地的蒸发蒸腾量。同时，为了更好地了解水文变化，研究人员于 2014 ~ 2016 年春季、夏季和秋季对嫩江流域进行了实地调查，主要调查了相关水利设施的应用和径流方向的变化。

2.1.2 网络系统稳健性分析

流域是一个完整的自组织网络，系统级和子系统相关的指标有助于显示水文水资源系统的属性。对于每个节点，由于守恒原理，总输入量等于总输出量，以 T_i 表示包括节点之间的流量和边界输入输出流：

$$T_i = \sum_{j=1}^{n} f_{ij} + z_i = \sum_{j=1}^{n} f_{ji} + y_i$$

冗余反映了系统的不确定性和低效率性。复杂系统的冗余流无疑可以提高维持稳定的能力，同时提供充足的选项以通过各种低效路径消除变化，并降低面对内部或外部变化时系统崩溃的可能性（Fang and Chen，2015）。系统冗余通过剩余不确定性 H_c 来计算：

$$H_c = -\sum_{i,j} (f_{ij}/T)\log_2(f_{ij}^2/T_{i.}T_{.j}) \tag{2-1}$$

平均互信息（AMI）表示由变量 j 引起的变量 i 产生的不确定性的减少，并且通过考虑变量 i 出现的不确定性和变量 j 出现时变量 i 的不确定性来计算（Lombardo，1988）；它从结构的角度说明了系统的效率（Lombardo，1988）。受信息理论的启发（Shannon，1948；Reza，1961；Jelinek，1968；Ulanowicz，1997），利用 AMI 分析了生态系统和生态网络。AMI 值越高，表明系统媒体流量的结构约束越强。更高的 AMI 值表明系统组织更好，效率更高。AMI 计算方法为

$$\mathrm{AMI} = \sum_{ij} T_{ij}\log_2(T_{ij}T_{..}/T_{i.}T_{.j}) \tag{2-2}$$

系统效率越高，冗余度越低（Kharrazi et al.，2016）。因此，生态网络的特征描述应考虑效率所施加的约束与冗余所提供的灵活性之间的平衡。系统的稳健性与系统的效率和冗余有关，并且取决于系统的有序和无序部分。有序部分可以从相对序 a 得出

$$a = \mathrm{AMI}/(\mathrm{AMI}+H_c) \tag{2-3}$$

系统的无序部分可以通过玻尔兹曼算法测量，其通过 a 的负对数计算（Ulanowicz，2004）。因此，可以根据 AMI 和冗余计算稳健性 R：

$$R = -[\mathrm{AMI}/(\mathrm{AMI}+H_c)]\lg[\mathrm{AMI}/(\mathrm{AMI}+H_c)] = -a\lg a \tag{2-4}$$

2.1.3 网络控制分析

网络控制分析可以用来评估一个节点对于系统的控制程度或依赖程度。该控制性可以由一个分布式控制矩阵来显示（Mao et al.，2013；Whipple et al.，2014）。积分流矩阵包括直接流和间接流，它们定义为 $\boldsymbol{N}$ 和 $\boldsymbol{N}'$：

$$N = n_{ij} = (I - G)^{-1}$$
$$N' = n'_{ij} = (I - G')^{-1} \tag{2-5}$$

式中，n_{ij}为由节点 j 到节点 i 的积分流；n'_{ji}为由节点 i 到节点 j 的积分流。

I 为单位矩阵；**G** 为输出效率，**G'**为输入效率：

$$G = [g_{ij}] = [f_{ij}/T_j]$$
$$G' = [g'_{ij}] = [f_{ij}/T_i] \tag{2-6}$$

式中，T_i 和 T_j 分别为节点 i 和 j 的总流量。

然后可以通过方程计算控制差分矩阵（**CD**）：

$$\mathbf{CD} = [\mathrm{cd}_{ij}] = [n_{ij} - n_{ji}] \tag{2-7}$$

通过对控制差分矩阵求和，进而计算系统的控制矢量矩阵（**SC**）：

$$\mathbf{SC} = [\mathrm{sc}_j] = [\sum_{k=1}^{n} \mathrm{cd}_{kj}] \tag{2-8}$$

无量纲控制比率矩阵（**CR**）计算得到节点间控制或依赖关系：

$$\mathbf{CR} = [\mathrm{cr}_{ij}] = \begin{cases} \dfrac{n_{ij} - n'_{ij}}{\max(n_{ij}, n'_{ij})}, & n_{ij} \geqslant n'_{ij} \\ 0, & n_{ij} \leqslant n'_{ij} \end{cases} \tag{2-9}$$

CR 是值为 0 ~ 1 的量纲为 1 的矩阵。如果该值更接近 1，则该节点的成对关系具有较强的控制性；否则，节点的成对关系较弱。因此，更强或更弱的控制关系将反映在路径上。如果 cr_{ij}接近 1，则可以将成对路径定义为具有确定方向的更强路径；相反，如果该值接近于 0，则该路径可以描述为方向不确定的较弱路径，因为这两个方向具有相对相等的强度。

2.1.4 网络效用分析

网络效用分析可以用来分析不同节点之间的生态关系。节点之间的直接关系用直接效用矩阵 **D** 表示：

$$D = (f_{ij} - f_{ji})/T_i \tag{2-10}$$

式中，T_i为节点 i 的总流量。然而，节点之间的关系还包括隐藏在系统中的间接关系，因此整体关系可以通过积分效用矩阵 **U** 来评估：

$$U = (u_{ij}) = D^0 + D^1 + D^2 + \cdots + D^n \tag{2-11}$$

式中，D^0为初始流；D^1为直接效用关系；D^n为通过扩展路径获得的效用关系。节点之间的关系由积分效用矩阵 **U** 的符号决定。生态关系可分为四类：

（Su_{ij}，Su_{ji}）=（-，+）表示节点 i 捕食节点 j；

（Su_{ij}，Su_{ji}）=（+，-）表示节点 j 捕食节点 i；

（Su_{ij}，Su_{ji}）=（+，+）表示互利共生关系；

（Su_{ij}，Su_{ji}）=（-，-）表示竞争关系。

此外，通过对系统中节点位置的网络效用分析，并基于节点在捕食和猎物关系中的角色，可以将层次结构底部的节点定义为生产者，而在层级顶部的节点定义为主要消费者或次要消费者。这些生态层次可以反映每个节点的本质关系（Zhang et al., 2015）。

为了综合表征网络的共生状态，在生态关系辨识的基础上，通过计算效用强度矩阵中积极关系与消极关系（正负号数量）的比值，得到网络共生指数（mutualism index）M：

$$M = J(U) = \frac{S_+}{S_-} \tag{2-12}$$

式中，J（$\boldsymbol{U}$）为效用矩阵 $\boldsymbol{U}$ 中正向符号与负向符号的比率，其中：

$$S_+ = \sum_{i=1}^{n}\sum_{j=1}^{n}\max[\operatorname{sgn}(u_{ij},0)]$$

$$S_- = \sum_{i=1}^{n}\sum_{j=1}^{n}\{\sum_{i=1}^{n}\sum_{j=1}^{n} - \min[\operatorname{sgn}(u_{ij},0)]\} \tag{2-13}$$

当共生指数值大于 1 时，网络符号矩阵中负向符号数量小于正向符号，表明系统中负向效应弱于正向效应，且指数越大，系统的共生性就越强。

2.2 研究结果

2.2.1 网络节点间水通量特征

图 2-2 显示了 2007 年和 2016 年的网络节点间水流量，反映了内部关系和流量变化。在图中，流量的宽度表明流量大小。根据流向和流量，可以总结出降水、地下水和湿地是主要的供水节点；虽然河流提供水资源，但也接受来自地下水和湿地的水流补给。代表生活用水量和工业用水量的扇形区域变小，这表明其在网络中流量份额减少。农业用水单元面积的增大主要是由于耕地面积翻了一番，导致农业用水量增加，同时排入其他单元的农田退水量也有所增加。湿地扇形面积的增大是由于进入湿地的农田退水量增加，以及由于人为排水，湿地水资源流入河流。

图 2-3 显示了 2007 年至 2016 年每个节点的输入和输出流量的类型比例。对于河流系统，来自湿地的流量增加（从 14% 增加到 27%），而地下水流量减少（从 42% 减少到 29%）。与此同时，从河流到地下水的流量减少，表明河流与地下水之间的水文平衡发生了变化。农业单元中流入量基本没有变化，但由于农田退水利用率的提高，流出量发生了变化。农田退水主要用于满足湿地生态用水需求（从 11% 到 17%）。随着湿地水资源通过人工渠道排入地表水流，湿地水资源的消耗量增加。降水、地表水、地下水和再生水是重要的供水节点。与此同时，生态补水量不断增加，但水资源的耗损量也在增加。

系统的稳健性 R 和 a 之间的关系图如图 2-4 所示。从 2007 年到 2016 年，系统的稳健性呈现上升趋势，最大值出现在 2015 年，而最低值出现在 2007 年。然而，在 2007 年，a 的最大值为 0.4303，表明该系统的效率在此时是最高的。系统中 a 的所有值都分布在曲线的右侧，这表明系统具有高效率，低冗余和低稳定性。然而，随着时间的推移，a 值减小，这表明系统冗余正在增加，稳定性增加，并且效率正在降低。系统抵抗由内部或外部变化引起的崩溃的能力不断增加。

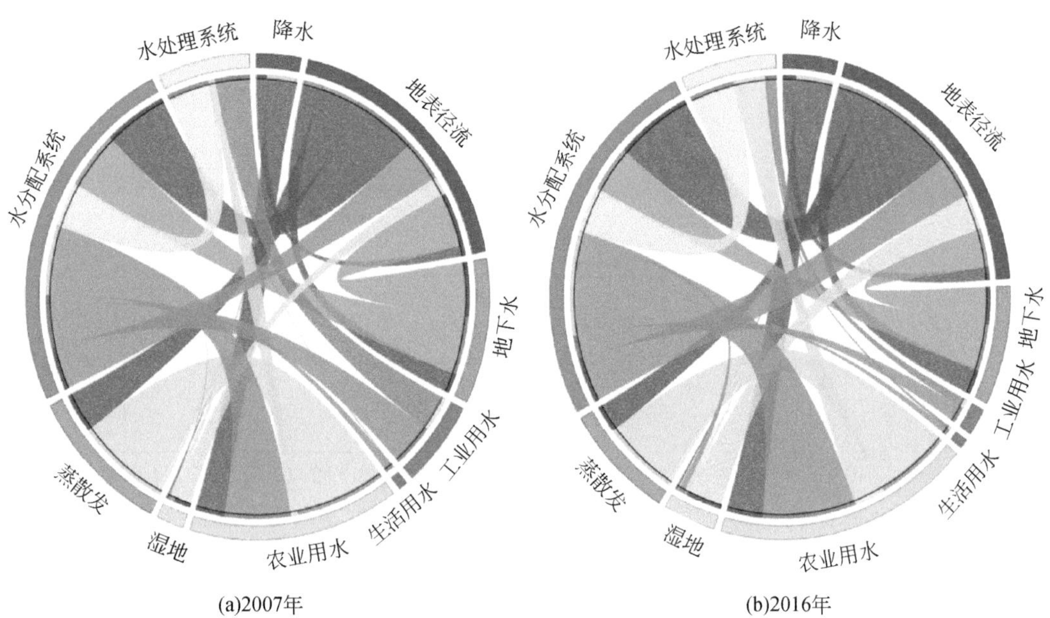

(a)2007年　　(b)2016年

图 2-2　2007 年和 2016 年嫩江流域节点间水通量

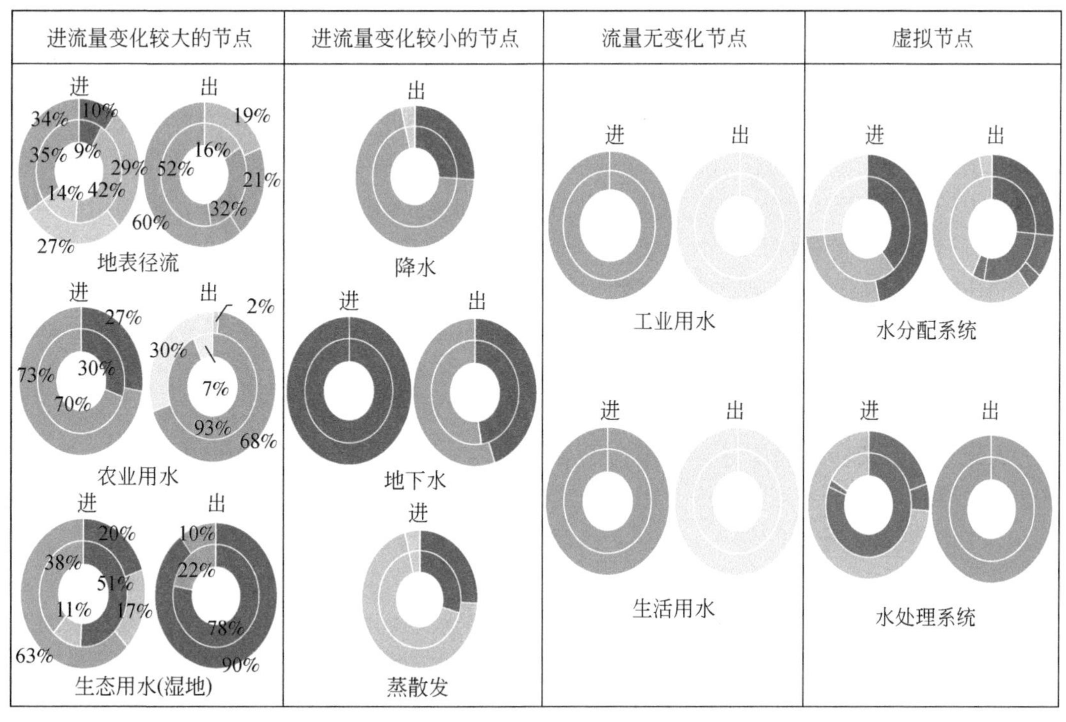

图 2-3　2007 年和 2016 年单一节点的流入和流出比例

注：内圈显示 2007 年结果，外圈显示 2015 年结果；节点颜色表征含义与图 2-2 一致

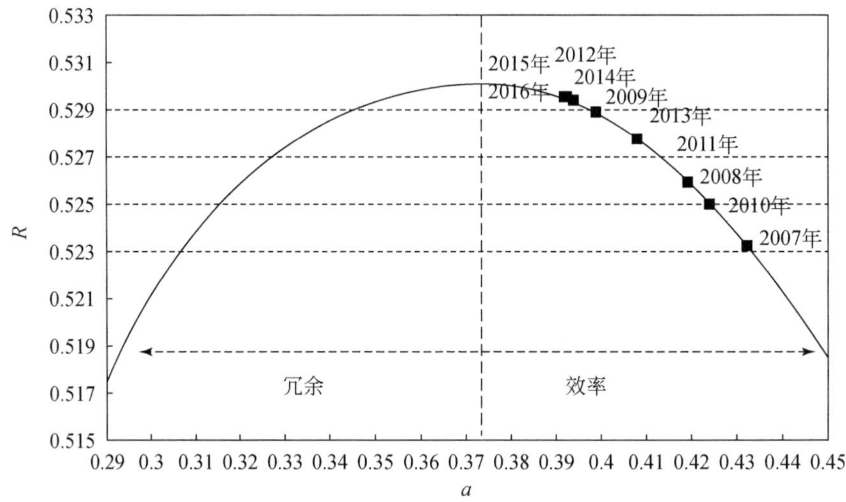

图 2-4　系统的稳健性 R 与 a 之间的关系

注：a 由 AMI 和 H_c 计算；当点向右移动时，效率呈上升趋势，弹性呈下降趋势。相反，效率水平下降，而弹性呈现增加趋势

2.2.2　网络系统中生态关系分析

表 2-1 显示了水资源系统中节点之间的生态关系。选取 2007 年、2011 年和 2016 年的数据作为典型年份进行比较分析。通过分析 2007 年、2011 年和 2016 年的生态关系，可以看出剥削型关系占主导地位（50% ~ 60%），而竞争关系和共生关系的比例基本相同。2007 ~ 2016 年，各部门之间的共生关系比例下降，而剥削和竞争关系增加，水资源使用压力较大。对于供水子系统，降水、地表水和地下水流之间存在捕食关系，其中地表水和地下水利用降水（+，-），地下水被河流（+，-）开采。由于其生态涵养水源的功能，湿地也是供水节点之一。湿地和河流之间存在着捕食关系，湿地水资源流入河流系统。对于地表径流，入流主要来自湿地节点。湿地和地下水之间的关系从竞争（-，-）转变为剥削（+，-）。因此，可以得出结论，湿地与地下水之间的水文关系已从最初的地表径流竞争变为地下水补给湿地的情况。在用水子系统中，工业用水、农业用水和生活用水之间存在竞争关系（-，-）。此外，工业用水和生活用水与地表水和地下水具有共生关系（+，+），这表明废水在处理后排入自然系统。然而，由于对湿地水资源的“剥削”，农业与地表水之间存在竞争关系。虽然农业消耗湿地水资源，但农业退水也补给湿地生态系统。湿地与农业之间的竞争反映在对地表水和地下水的需求上，表明嫩江流域农业发展与湿地保护的关系需要进一步协调，水资源利用效率应提高。大气降水与地表径流，湿地和农业之间的关系主要是剥削性的（+，-），但 2007 年农业与降水之间存在共生关系（+，+）。

表 2-1　嫩江流域网络模型符号矩阵及节点之间的生态关系

表 2-1（a）2007 年网络符号矩阵及节点间生态关系

sgn（U）	PR	RI	GW	IN	DO	AG	WE	EV	WAS	WTS
PR	+	−	−	+	+	−	−	+	−	−
RI	+	+	+	+	+	−	+	−	−	−
GW	+	−	+	+	+	+	−	+	−	−
IN	−	+	+	+	−	−	+	+	+	−
DO	−	+	+	−	+	−	+	+	+	+
AG	+	−	+	−	−	+	−	−	+	+
WE	−	−	−	−	−	−	+	+	+	+
EV	+	+	+	−	−	+	+	+	+	+
WAS	−	+	+	−	−	−	+	+	+	+
WTS	+	−	−	+	+	+	−	−	−	+

表 2-1（b）2011 年网络符号矩阵及节点间生态关系

sgn（U）	PR	RI	GW	IN	DO	AG	WE	EV	WAS	WTS
PR	+	−	−	+	+	−	−	+	−	+
RI	+	+	+	+	+	−	+	−	−	+
GW	+	−	+	+	+	+	−	−	−	−
IN	−	+	+	+	−	−	+	+	+	−
DO	−	+	+	−	+	−	+	+	+	−
AG	+	−	+	−	−	+	−	−	+	−
WE	−	−	−	−	−	−	+	+	+	+
EV	+	+	+	−	−	+	+	+	+	−
WAS	−	+	+	−	−	−	+	+	+	+
WTS	+	−	−	+	+	+	−	−	−	+

表 2-1（c）2016 年网络符号矩阵及节点间生态关系

sgn（U）	PR	RI	GW	IN	DO	AG	WE	EV	WAS	WTS
PR	+	−	−	+	+	−	−	+	−	+
RI	+	+	+	+	+	−	+	−	−	−
GW	+	−	+	+	+	+	−	−	−	−
IN	−	+	+	+	−	−	+	+	+	−
DO	−	+	+	−	+	−	+	+	+	−
AG	+	−	+	−	−	+	−	−	+	−
WE	−	−	+	−	−	−	+	+	+	+
EV	+	+	+	−	−	+	+	+	+	−
WAS	−	+	+	−	−	−	+	+	+	+
WTS	+	−	−	+	+	+	−	−	−	+

注：红色代表开发，黄色代表竞争，绿色代表共生；节点描述，下同：PR，降水；RI，地表径流；GW，地下水；IN，工业用水；DO，生活用水；AG，农业用水；WE，生态用水（湿地）；EV，蒸散发；WAS，水分配系统；WTS，水处理系统

如图 2-5 所示，在研究时间段内，水文功能网络的网络共生指数 M 值均值为 0.98，数值接近于 1，可知系统中竞争与共生强度占比接近，网络协作性好，网络体系稳定。但由于 $M<1$，网络中各单元之间呈现的积极关系弱于消极关系，共生指数整体呈现下降趋势，说明对网络的正效用逐渐减少。在 2012 ~ 2013 年的大幅波动，主要由于降水量较多，网络中水通量充足，竞争强度较小。

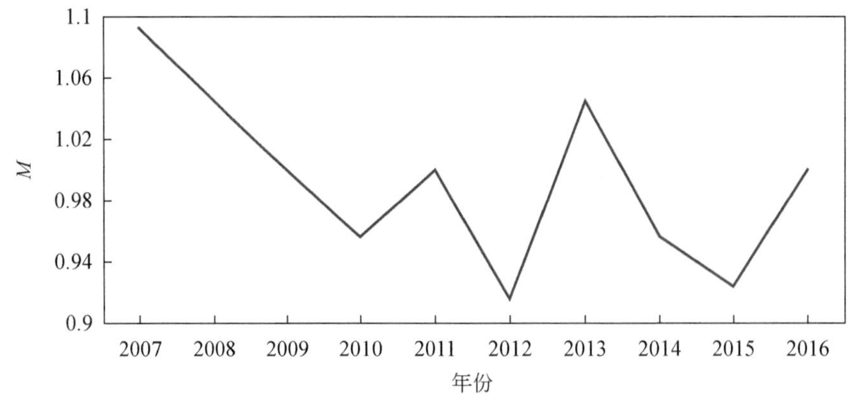

图 2-5　水文功能网络 M 值

根据表 2-1 中的生态关系分析，可以确定 2007 年、2011 年和 2016 年中每个节点的层次级别。在图 2-6 中，纵轴表示系统中的节点生态层次。由于水分配系统和水处理系统是虚拟节点，因此它们被视为特殊级别。从图 2-6 中可以得出结论：系统的层次结构不断变化，系统的层次结构趋于逐渐稳定。降水、地下水和湿地是生产者，处于第一级生态结构，其贡献率分别为 23.84%、63.07% 和 13.09%（2007 年），26.62%、56.89% 和 16.49%（2011 年），18.35%、29.15% 以及 13.93%（2015 年）。改变的原因是农业从二级消费者转变为生产者，其在 2015 年贡献率为 38.57%。河流层次不断变化，从初级消费者变为次级消费者，这表明从其他节点排入河流的水量不断增加。工业用水和生活用水一直是次要消费者，但其份额比例从 2007 年的 21.76% 和 0.57% 变为 2016 年的 6.35% 和 1.83%。

2.2.3　网络系统中节点控制强度与成对控制关系

系统控制矩阵的计算结果如图 2-7 所示，显示了网络中每个节点对系统的控制或依赖强度。降水、工业用水和湿地是系统控制节点。2012 年之前，在所有节点中，湿地的控制强度最高，平均为 3.1994。2013 年，工业控制强度最高，为 2.8167，但之后湿地再次成为最高控制点。这说明嫩江流域湿地丰富，湿地水资源外流的变化对水系结构影响很大。在系统控制节点中，降水和蒸散发控制强度较低，平均强度分别为 1.4953 和 0.043。结果表明，降水对嫩江流域水资源系统有影响，但不是关键驱动因子。地下水、地表径流和农业用水是系统依赖节点。其中，地下水的依赖性逐渐减少，控制性不断增加。2015 年，地下水成为系统控制节点。湿地和农田退水是地表径流的主要补给水源；虽然地表径流也为

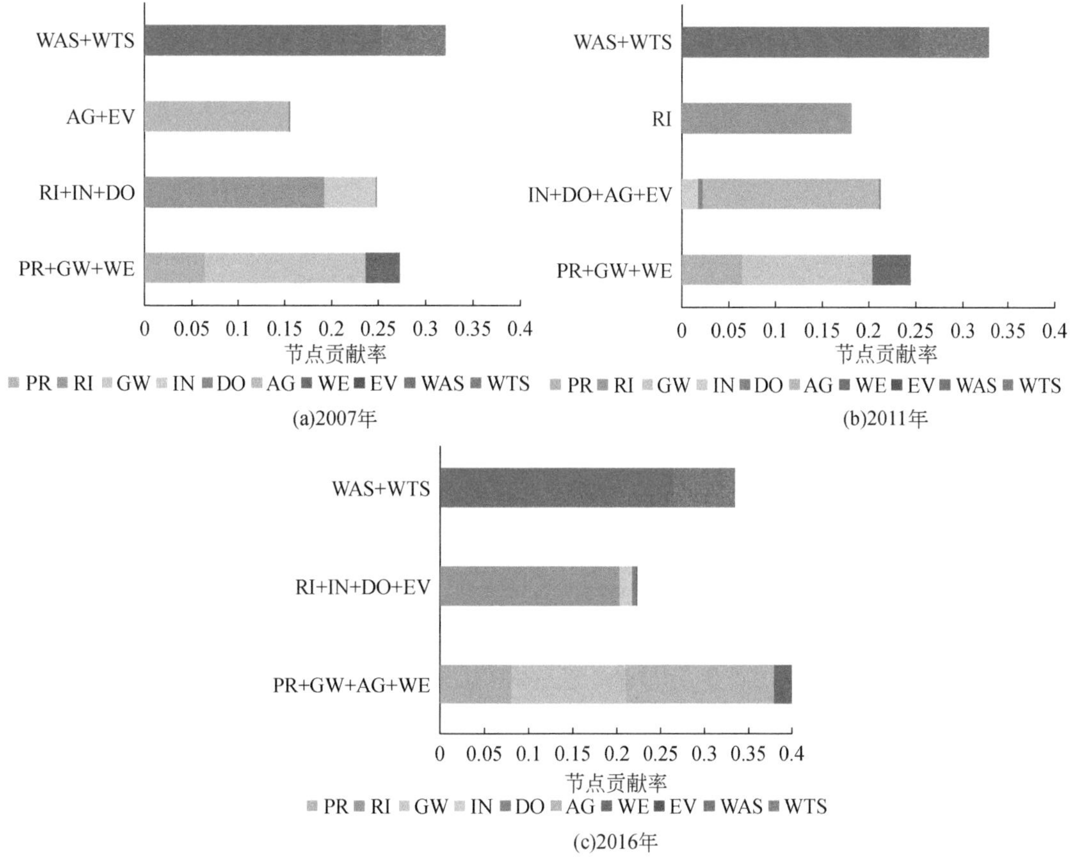

图 2-6　系统节点的层次结构

注：纵轴表示系统中的节点生态等级；PR，降水；RI，地表径流；GW，地下水；IN，工业用水；DO，生活用水；AG，农业用水；WE，湿地；EV，蒸散发；WAS，水分配系统；WTS，水处理系统

系统提供水资源，但它们对系统的依赖性仍然很强。农业对系统的控制逐渐减少，依赖性逐渐增加。在 2007 年，农业用水（0.088）是系统的控制节点，但随后它成为一个依赖节点。虚拟节点 WAS 是网络依赖节点，平均强度为-5.7747，而 WTS 是网络控制节点，平均值为 1.9743。废水处理可再利用量对系统有很大影响。每个系统的控制或依赖强度是分散的，并且所有节点的控制功率相对均匀地分布。

图 2-8 表明了每个节点的控制比率，可根据其大小分为两类：第一类，矩阵元素等于 1，通常意味着某个单元被另一个单独的单元完全控制；第二类，矩阵元素小于 1，意味着水文单元之间存在一定程度的相互依赖关系。2007～2016 年，降水对节点地下水，工业用水、生活用水和农业用水，湿地，蒸散发，水分配系统和水处理系统，呈现完全控制，矩阵元素均为 1，且保持稳定。降水对地表径流的控制性不断下降，表明降水对于地表径流的水量补给作用不断下降。水文的单元中，湿地对地表径流节点呈现完全控制性，湿地对地下水节点的控制性关系减弱，由 0.67 变为 0.27，相对控制关系值小于 0.5，相互依赖和互补性增加，地下水对地表径流的控制程度增大，cr 值由 0.71 变为 0.93，这表明地表

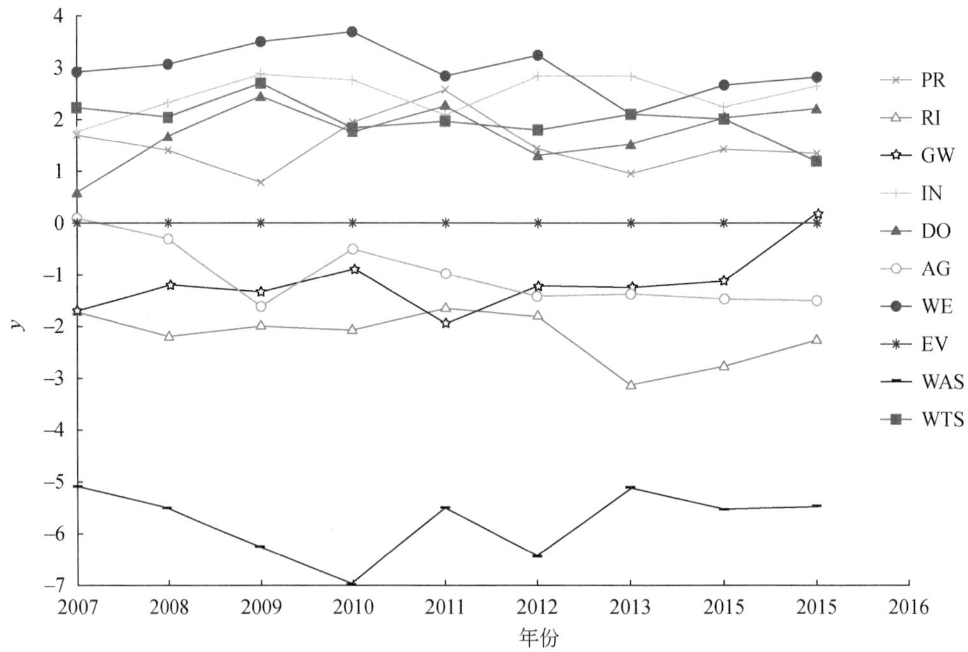

图 2-7　网络模型中节点系统控制或依赖强度

注：纵轴表示控制或依赖强度；当 $y>0$ 时，表示节点对系统表现为控制性；当 $y<0$ 时，表示节点对系统表现为依赖性；PR，降水；RI，地表径流；GW，地下水；IN，工业用水；DO，生活用水；AG，农业用水；WE，湿地；EV，蒸散发；WAS，水分配系统；WTS，水处理系统

径流的补水严重依赖于湿地与地下水，极少有水量输出。地表径流、地下水对农业耗水节点呈现强控制性，表明农业用水主要来自地下水开采及地表径流。耗水节点中，农业部门对工业部门依赖程度增大，cr 值由 0.87 增至 0.95。水分配系统对生活部门及农业部门有较强控制性，cr 值分别为 0.73 及 0.94。

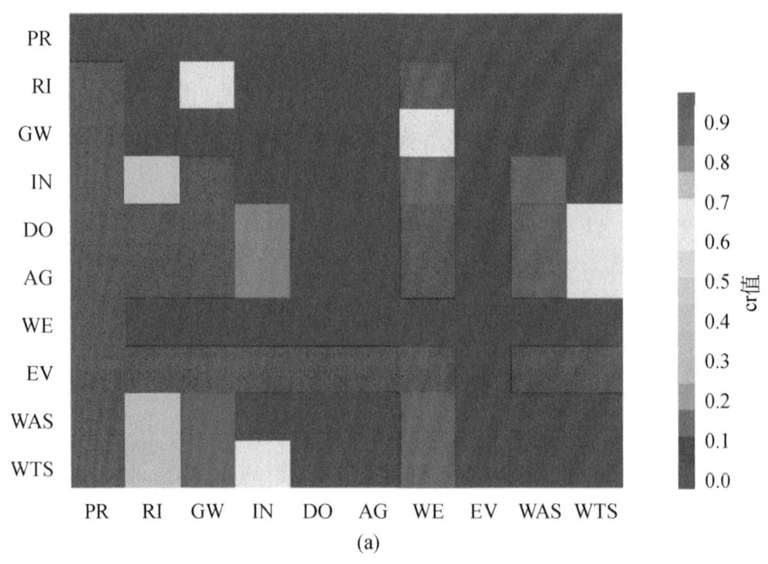

(a)

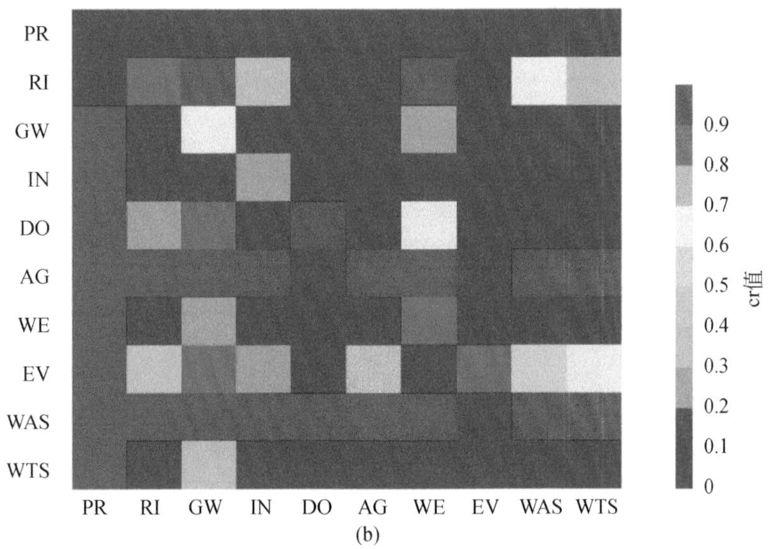

(b)

图 2-8 不同节点间成对控制关系

注：基于控制比矩阵 CR 计算所得；PR，降水；RI，地表径流；GW，地下水；IN，工业用水；DO，生活用水；AG，农业用水；WE，湿地；EV，蒸散发；WAS，水分配系统；WTS，水处理系统

2.2.4 情景分析

基于图 2-4，可以看出嫩江流域的网络结构趋向于弹性较弱的状态，流域的稳定性和效率主要受三个方面的影响：大气降水、湿地水资源补给模式改变、流域水资源分配与供需模式改变。因此，我们设置了 8 个情景，所有情景都基于 2015 年的网络配置，情景设置见表 2-2。情景中百分比与年平均变化率相似，情景也是可行的。水资源利用的变化在流域的承载能力范围内，并且所有情景在环境、经济和社会方面都是可行的。

表 2-2 情景设置及描述

情景	序号	情景描述
大气降水	情景 1	枯水年（降水量减少 25%）
	情景 2	丰水年（降水量增加 25%）
	情景 3	平水年（降水量为多年平均值）
湿地水资源补给模式改变	情景 4	湿地补水量增加 30%
	情景 5	湿地-河流水文关系改变
流域水资源分配与供需模式改变	情景 6	废水处理率提高 15%
	情景 7	农田退水增加 20%
	情景 8	工业用水增加 15%

1）大气降水

湿地降水量的变化导致供给水资源和水文的变化。因此，分析水文水资源系统对降水的响应非常重要。根据松辽流域水资源公报，与正常流量年相比，嫩江流域干湿年间降水量与平水年差异约为 25%。例如，2012 年的降水量比嫩江流域的平均降水量高 26%。为了反映这种响应，降水年分为：情景 1 枯水年（降水量减少 25%）；情景 2 丰水年（降水量增加 25%）；情景 3 平水年（降水量为多年平均值）。

每种情景稳健性分析如图 2-9 所示。当大气降水减少时，系统的稳健性降低，但系统的效率增加；当降水增加时，情景 2 的效率值位于系统的左侧，表明稳健性增加，冗余度高。因此，降水量的增加可以提高系统的稳定性。

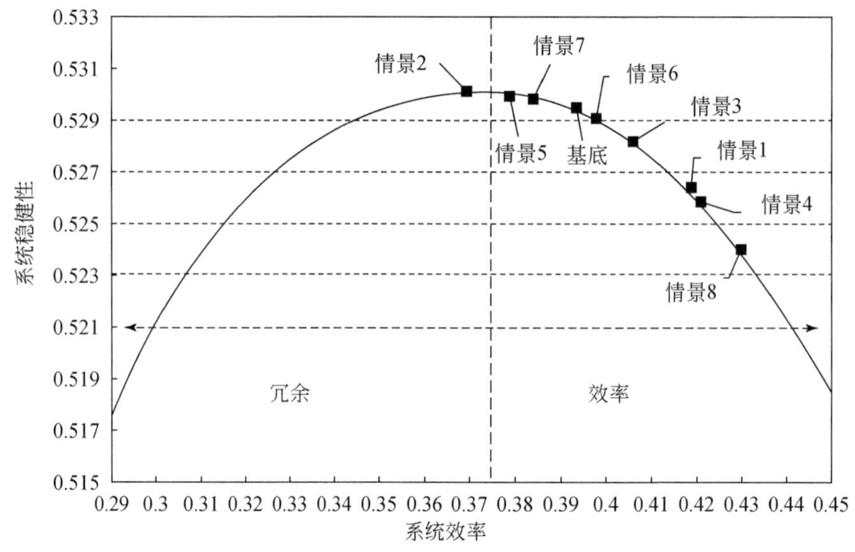

图 2-9　情景稳健性分析

2）湿地水资源补给模式改变

河流、湿地和地下水之间的水文关系的变化导致自然补水模式的变化。为了进一步探索水文关系变化对系统的影响，建立了两种情景，包括：情景 4 湿地补水量增加 30%；情景 5 湿地–河流水文关系改变。为了提高情景的可行性，将变化率设定为与年平均变化率相似。对于前者，我们创建了一个场景，根据 2007 ~ 2015 年 f_{79} 和 f_{76}（人为调水补给湿地及农田退水）的变化趋势，设置情景进入湿地的农田退水的量增加了 30%。对于后者，改变湿地和河流之间的流动并增加流量（f_{72} 与 f_{27} 值相同）。

对于湿地，系统的效率随着补充水的增加而增加，但冗余此时降低，表明系统抵抗崩溃的能力变差。地表径流和湿地的流向和大小发生变化，湿地河水补充与自然生态补给状态相似，将增加系统的稳健性和冗余。

3）流域水资源分配与供需模式改变

根据之前的分析，可以看到工业用水、农田退水和废水处理再利用是供需体系的敏感因子。对于供水和配水，根据上述研究表明，工业用水、农田退水和废水处理再利用对系统具有很高的可控性/依赖性。因此，建立了三种情景，包括：情景 6 废水处理率提高 15%；情景 7 农田退水增加 20%；情景 8 工业用水增加 15%。废水处理率的增加将增加系统内部的流量，提高系统的效率，并减少系统的冗余。农田退水可以增加多个节点的供水，防止系统对少数节点的依赖，提高系统的稳健性。总之，在水资源总量不变的情况下，增加湿地供水配额将降低系统在面临内外变化时抵御崩溃的能力，包括极端干旱和人口急剧增长造成的水资源短缺。此外，增加农田退水和恢复湿地自然补给模式对于维持嫩江流域水系统的稳定至关重要。

2.3 讨 论

ENA 在分析网络结构及节点之间的相互作用的基础上，通过考虑生态网络流量的方向和大小的变化，从整个系统的角度揭示隐藏在网络系统中的间接影响，这有助于解释系统的结构和功能。与其他方法不同，生态网络分析研究了系统的效率和冗余，并通过计算稳健性来分析它们之间的平衡。此外，NCA 和 NUA 揭示网络系统中不同节点之间的生态关系和节点与系统之间的控制或依赖关系。

近年来，随着经济的快速发展和人口的增加，嫩江流域水资源利用程度的不断增加，水资源利用不合理性增加。水系统的效率和冗余不断变化。每个系统的值都位于 R 曲线的右侧，这表明系统具有高效率但冗余度低。具体而言，AMI 显示流域水资源系统的主导地位从 2007 年到 2015 年下降了 8.3%；同时，冗余度增加，这表明系统在面对由冗余流量增加引起的变化时保持稳定性的能力有所提高，因为除了直接流动路径之外，沿间接路径流动的水量增加，导致更高的冗余度。然而，系统的低效率不利于节点之间的有效流动。该系统的冗余性提高了其避免由各种内部和外部变化引起的故障的能力，包括降水、水通量波动和水资源匮乏系统。2010 年和 2012 年的波动主要是由于用水量增加和降水量增加。根据水资源公报、黑龙江省统计年鉴、吉林省统计年鉴和内蒙古自治区，2010 年，农田面积大幅增加，农业用水量和退水量增加；结果表明，农业节点的总投入增加。2012 年，东北地区降水量较往年增加 26.8%，增加了系统水资源，减少了对其他水资源节点的依赖。因此农田用水与退水及降水是系统的波动因子。

降水、地下水和湿地是三个主要的供水节点。地表径流不仅是供水节点，也是耗水节点。降水是气候变化的直接体现，对网络系统影响较大，在为系统供水方面发挥着重要作用。情景分析表明，降水量的增加可能导致效率增加趋势和冗余水平下降。虽然地表径流为其他节点提供水资源，但它们也接受经处理的废水和湿地通过人工渠道排出的水，是生态等级中的消费者，且与系统存在依赖关系。实地调查表明，嫩江流域的自然补给河流基本被切断，向湿地供应的水量很少。与此同时，湿地与地下水之间的关系从竞争性（-，-）转变为剥削性（+，-）。因此，水文单元之间的自然水文关系发生了变化，湿地地表地下水之间水交换平衡打破。

情景分析的结果表明，与仅通过水利工程增加湿地水供应相比，恢复河流和湿地之间的自然生态水文关系对提高系统的稳健性具有更大的影响。同时，观察发现，生态补水时间缺乏科学依据，不能满足用水需求季节的用水需求。农业、工业和生活用水是主要的用水部门，它们之间存在竞争关系（-，-）。工业和生活用水者消耗水资源，但它们与河流和地下水有共生关系（+，+），这表明两个部门产生的废水已被处理并排入河中。通过分析情景，发现工业用水量的增加会降低系统的稳健性，废水处理率的提高将提高系统的稳健性。农业是嫩江流域水资源的主要消费者。然而，由于农业回用水的使用增加，农业已成为该系统等级结构的生产者。地表水与地下水的竞争反映了农业与湿地的关系具有竞争性，必须协调嫩江流域湿地保护与农业生产的关系。虚拟节点水处理系统，情景分析表明可控性主要反映在废水处理率的变化上。因此，再生水与降水、地表水和地下水相同，已成为重要的供水部门。

农田退水是网络系统改变的主要人为驱动力，排入湿地的退水量超过了植被（如扁秆藨草）的生态需水量。因此，湿地保护与生态农业发展的协调引起了研究人员和管理者的关注。此外，为农业生产而建的水利工程直接影响了湿地系统的水文连通性，进而改变了湿地、河流和地下水之间的水文关系。由于河流和湿地的连通性，内陆湿地强烈依赖河流和其他外部水源。湿地和河流流域处于统一的整体，形成了通过河流和湖泊的湿地网络。由于水利工程阻碍了水文过程，改变了与其他水文单位的生态水文关系，湿地变得地理孤立。恢复河流、湖泊和湿地的连通性，建设湿地生态网络，划定补水时间和数量对提高系统效率及面临外部变化时的稳健性具有重要意义。

在考虑生产和生态保护时，流域尺度的生态水文模型和水资源分配框架可以对生态环境和水循环过程进行动态模拟，从而促进水资源的合理配置。管理系统可以通过建立国家湿地公园来实施，从而避免多个部门和多个行政区域承担重复和低效的管理责任问题。

2.4 本章小结

本章从流域角度出发，将水文单元及供需水单元概括为节点，建立生态网络模型，计算节点间的直接或间接关系。研究了嫩江流域水资源系统的结构效率和稳健性的变化过程。通过分析节点之间的生态关系和系统控制关系，将部门划分为不同生态层次，明确了水文变化和水资源利用带来的问题。对关键节点和关键流程的分析显示了它们如何影响系统。

（1）2007～2015 年，嫩江流域水网的结构效率一直在下降，其冗余度也在增加。NUA 表明，竞争（-,-）和剥削（+,-）的比例有所增加，在该系统中水资源利用不合理情形加剧。网络共生指数呈现下降趋势，系统积极关系弱于消极关系。

（2）湿地对系统控制强度最高。湿地和河流以及湿地和地下水之间水文关系的变化也会影响系统的阻力和可持续性。

（3）人为水利工程阻断了流域的水文过程，改变了湿地与其他水文单元之间的生态水文关系，形成地理孤立湿地。嫩江流域湿地系统水文关系的时空特征的改变是湿地水文情势改变的关键。

（4）大气降水、农田退水以及闸坝引起的水文连通性改变是网络系统的主要驱动因子。

（5）主要由人为干扰导致水文连通性阻断，使得水文关系发生改变，因此水文连通性改变是东北地区嫩江流域湿地退化的关键驱动过程之一。

第 3 章　嫩江流域下游湿地群系统空间结构特征分析

从生态水文学的角度来看，水文连通性（HC）是指以水为介质在水文单元之间的物质流、能量流和信息流（Chen et al.，2018）。合理的水文连通性可以促进河流生态系统的物质和能量转移，通过一系列水文过程，如收集、储存、过滤或排放、沉积和溶解，来实现湿地生态系统服务功能（Carr et al.，2015），为水生生物和鸟类创造良好的生存环境（Reid et al.，2016）。维持湿地系统的水文连通性对于维持整个生态系统的稳定性和效率是必要的（Means et al.，2016）。基于第 2 章的研究，可知在气候变化和人类活动的交织影响下，湿地系统生态网络稳健性发生改变，其中水文关系的改变直接体现在湿地系统水文连通性变化上（Finlayson et al.，2013），湖泊和湿地之间水系连通模式的变化将影响水循环过程和河流调节和储存的能力，引起湿地水不平衡（Zhou et al.，2016）。

掌握湿地内部与湿地单元之间的水文关系是量化湿地系统的水文连通性演变机制，确定恢复区域的优先次序的关键，并为进一步研究湿地系统结构网络变化驱动机制提供支持。本章对传统图论法进行改进，提出了一种流域尺度湿地系统连通性评价方法，基于对偶法，针对嫩江流域下游湿地群，构建系统网络拓扑模型，基于加权邻接矩阵和判断矩阵计算，定量化描述了水文连通性时空演变特征，并定性分析 HC 周期性变化，使用小波分析法来研究湿地群系统及湿地节点 HC 变化特征。通过贡献率分析揭示湿地恢复的关键节点或连通路径，为之后探寻湿地群生态关系及湿地水文过程退化机制提供理论根据。

本章的研究目标包括以下 3 个方面。

（1）确定湿地群系统结构连通性的动态变化及驱动因子；

（2）阐明湿地群恢复的关键节点或连通路径；

（3）证明湿地之间存在的水文联系。

3.1　研究内容与方法

3.1.1　湿地群系统拓扑网络模型构建

在描述拓扑网络时，有必要确定使用哪种拓扑方法来建模。根据分析对象，它可以分为原始方法和对偶方法（Porta et al.，2006a，2006b）。原始法以交叉点为研究对象，将网络中的交叉点（或枢纽）抽象为拓扑图中的节点，并将交叉点之间的河流或水系统抽象为路径。对偶法中的分析对象是水文单元，例如河流和湖泊，将这些实体抽象为节点，并基于图论将这些实体的内聚关系抽象为边缘。原始方法缺乏对网络细节的描述，并且难以支持对水文网络元素的连接特征的解释。对偶法可用于研究网络中每个实体节点的规律性，并为识别系统中的关键节点和供水路径提供基础（Porta et al.，2006a，2006b）。

本章在研究中使用基于数字高程模型（digital elevation model，DEM）数据的水文分析来提取河网。我们在嫩江流域下游湿地以及与之相连的河流和湖泊周围建立了包含 4 个湿地保护区（扎龙湿地、向海湿地、莫莫格湿地和查干湖湿地）的湿地群系统网络。网络主要包含 15 个水文单元，这些单元被抽象为网络中的节点，它们之间的连接关系被抽象为路径（图 3-1）。因此，我们开发了一个包含 15 个单元和 17 个路径的稳态模型。

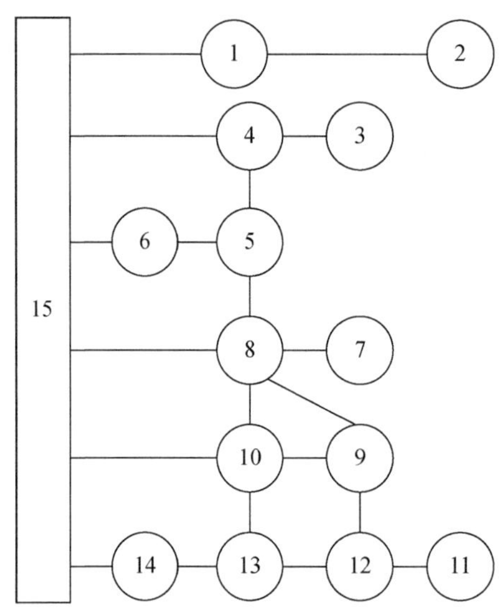

图 3-1　嫩江流域下游湿地群网络拓扑图

注：1-乌裕尔河；2-扎龙湿地；3-绰尔河上中游河段；4-绰尔河下游河段；5-莫莫格湿地；6-月亮泡水库；7-察尔森水库；8-洮儿河；9-蛟流河；10-霍林河支流；11-霍林河上游；12-向海湿地；13-霍林河下游河段；14-查干湖；15-嫩江

3.1.2　拓扑网络加权邻接矩阵和判断矩阵构建

图 3-1 是湿地群结构拓扑图。本章使用邻接矩阵 $\boldsymbol{A} = (A_{ij})_{n\times n}$来表示系统。河道中的水流量在水文连通性中起着重要作用。径流是指在特定时间内通过某个横截面的水的总量，其可以在视觉上反映水文单元之间的水输送能力。因此，径流被用作路径的权重以建立加权邻接矩阵 $\boldsymbol{B} = (b_{ij})_{n\times n}$。

b_{ij}表示点对（v_i，v_j）之间的路径权重，以径流量对其进行赋值。对于具有 n 个节点的图，$\boldsymbol{B}$ 的 k 次方为

$$\boldsymbol{B}^k = (b_{ij}^{(k)})_{n\times n} \tag{3-1}$$

式中，k 为节点 v_i和 v_j之间的长度（$k=1$，2，3，…，$n-1$）。

当 v_i通过 k 个中间顶点到达 v_j时，$\boldsymbol{B}^k$是连通因子。因为具有 n 个节点的拓扑图的极限长度是 $n-1$，所以 $k_{\max}=n-1$。判断矩阵是根据加权邻接矩阵的模拟计算出来的：

$$\boldsymbol{S} = (s_{ij}^{(k)}) = \sum_{k=1}^{n-1} \boldsymbol{B}^k (b_{ij}^{(k)}) \tag{3-2}$$

式中，s_{ij}为从点 v_i到 v_j，分别通过长度为 1，2，3，…，n–1 的链接的路径的权重之和。

s_{ij}的平均值表征顶点 v_i的加权连通性：

$$D_i = \frac{1}{n-1} \sum_{j=1}^{n} s_{ij} (i \neq j) \tag{3-3}$$

湿地群系统的总水文连通性由所有顶点的连通性的平均值表示：

$$D_{\text{totoal}} = \frac{1}{n} \sum_{i=1}^{n} D_i \tag{3-4}$$

式中，D_i为顶点 v_i的加权连通性。

由于水文单元中的径流被用作本章研究的加权值，因此判断矩阵中的计算值很大。为了便于分析，获得单元值的对数作为水文连通性指数。

3.1.3 系统结构网络 HC 的 Morlet 小波分析

在长序列数据研究中，Morlet 小波分析法具有时频多分辨功能，基本思想是用一簇小波函数系来表示或逼近函数。该方法能较为准确地发现在时间序列中隐藏的多种变化周期，表征时间气象序列数据中不同的时间尺度，波长与波长之间的波幅变化特征。本章中使用小波分析法来研究湿地系统及湿地节点 HC 变化特征。

对于给定的能量有线信号 $\psi(t) \in L^2(R)$，满足：

$$\int_{-\infty}^{+\infty} \psi(t) \mathrm{d}t = 0 \tag{3-5}$$

其中，$\psi(t)$ 为基小波函数：

$$\psi_{a,b}(t) = |a|^{-\frac{1}{2}} \psi\left(\frac{t-b}{a}\right) \tag{3-6}$$

式中，a，$b \in R$，$a \neq 0$；$\psi_{a,b}(t)$ 为子小波；a 和 b 分别为尺度因子和平移因子，表示小波的周期长度和随时间的平移值。

对于给定的能量有线信号 $f(t) \in L^2(R)$，连续小波变换为

$$W_f(a,b) = |a|^{-\frac{1}{2}} \int_R f(t) \overline{\psi}\left(\frac{t-b}{a}\right) \mathrm{d}t \tag{3-7}$$

式中，$W_f(a, b)$ 为小波变换系数；$f(t)$ 为一个信号或平方可积函数；a 为伸缩尺度；b 为平移参数；$\overline{\psi}(x-b)$ 为 $\psi(x-b)$ 的复共轭函数。本章采用 Matlab 小波分析工具箱中的 Morlet 小波为小波母函数，对 HC 序列数据进行连续小波变换。其解析形式为

$$\psi(x) = \mathrm{e}^{-\frac{x^2}{2}} \cos(5x) \tag{3-8}$$

小波方差计算公式为

$$\mathrm{Var}(a) = \int_{-\infty}^{+\infty} |W_f(a,b)|^2 \mathrm{d}b \tag{3-9}$$

小波方差是小波系数 $W_f(a, b)$ 的平方在 b 域上积分结果，描述了波动的能量随尺度 a 的分布状况，其结果可用来确定不同种尺度扰动的相对强度和存在的主要时间尺度，

即主周期。

3.2 研究结果

3.2.1 湿地群系统水文连通性时空变化特征

1）湿地系统水文连通性时间变化特征

嫩江流域下游湿地群、河流、湖泊和其他水文单元组成的湿地群系统的总体水文连通性如图 3-2 所示。2009～2015 年，系统连通性的年度波动很小，平均为 112.87。然而，该系统的水文连通性年内波动较大，其中，春季和夏季的连通性较高，而冬季的连通性较低。在春季，温度升高，导致冰雪融化，径流增加；在夏季，降水集中，导致径流量增加；在冬季，由于降水量较少且河流冻结，河道径流量较少，水文连通性较低。然而，在研究期间系统连通性的波动减小，在没有其他系统的情况下，主要由人为干扰的外部水源（如水库的消减洪峰和进入湿地的农田退水量的增加），导致水文情势发生改变。

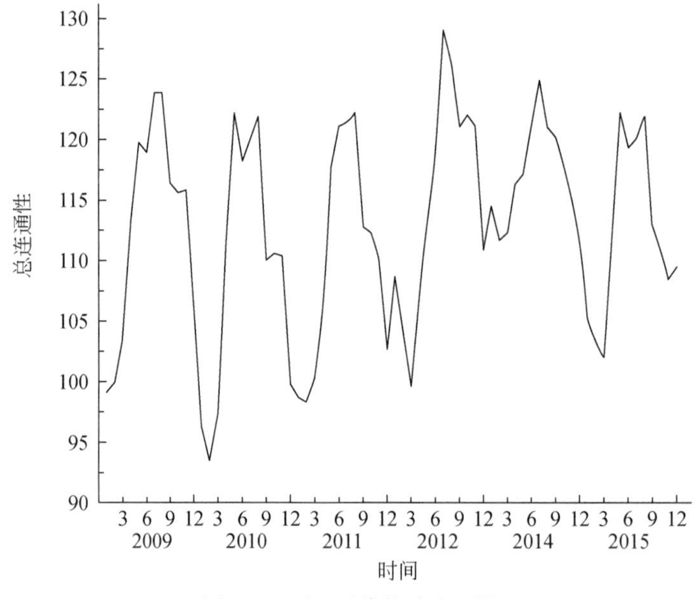

图 3-2　湿地系统的总连通性

2）系统水文连通性空间变化特征

图 3-3 显示了系统内不同节点水文连通性的时间和空间差异。月亮泡水库上游和下游河段的平均连通性分别为 102.85 和 110.83。嫩江流域西部水文单元的水文连通性（平均为 110.53）也高于流域东部（平均为 92.75）。沿着河流流向，水文连通性不断增加。这种增加是因为进入下游后，地形趋于平坦，河道下切能力降低，河网密度增加，支流增加，导致了水文连通性的升高。除嫩江外，绰尔河和乌裕尔河的水文连通性最高，分别为 113.04 和 92.75。对于湿地节点，莫莫格湿地和向海湿地具有较高的水文连通性值（分别

为 105.11 和 101.11)，扎龙湿地的水文连通性值最低（65.69）。这是因为与扎龙湿地直接相连的水文单元只有乌裕尔河。由于温度升高，冰雪融化和降水增加，春季和夏季各节点的水文连通性较高。

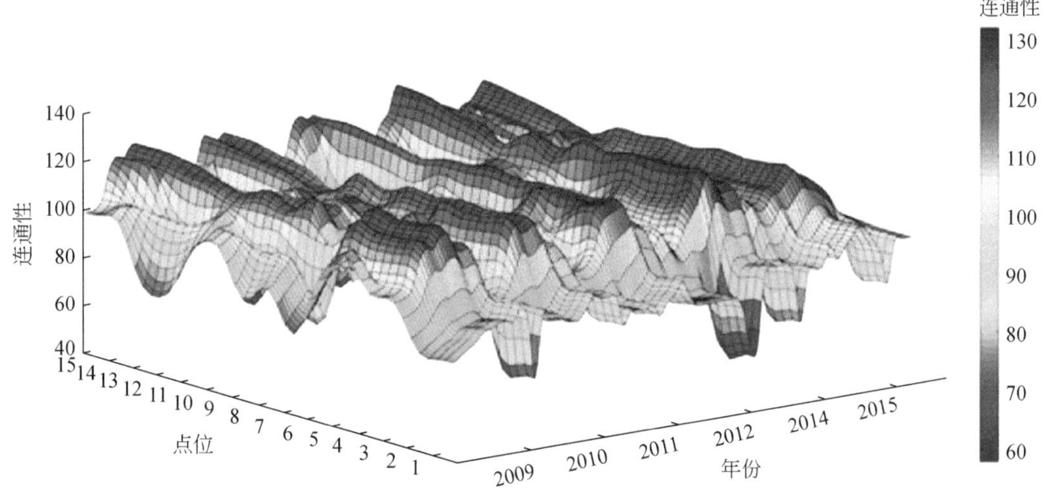

图 3-3　湿地系统水文连通性时间和空间差异

3.2.2　系统 HC 周期性分析

根据图 3-4，正值区（红色）表示总水文连通性（total hydrological connectivity，THC）

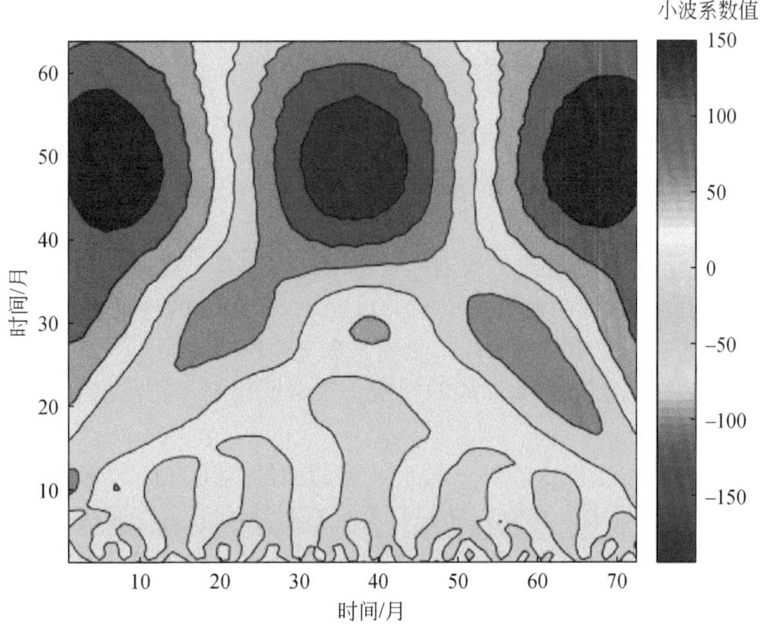

图 3-4　小波变换系数等值线填色图

偏高，负值区（蓝色）表示总连通性偏低，可知在45～55月时间尺度上系统（THC）具有明显的周期性变化规律。在0～20月、20～50月、50～72月出现了高低值交替变化。

由图3-5可知，湿地系统THC存在3个峰值，依次为10月、30月和50月。其中，最大峰值出现在第50月，表明湿地系统THC在50月左右的周期性震荡最强，为流域年THC变化的主周期；30月时间尺度峰值高度次于50月时间尺度，为THC变化的第二主周期；10月的时间尺度的峰值最低，是流域中湿地系统THC周期性震荡的第三主周期。10月、30月和50月的周期性波动控制着流域THC在近预测期限内的周期性变化特征。

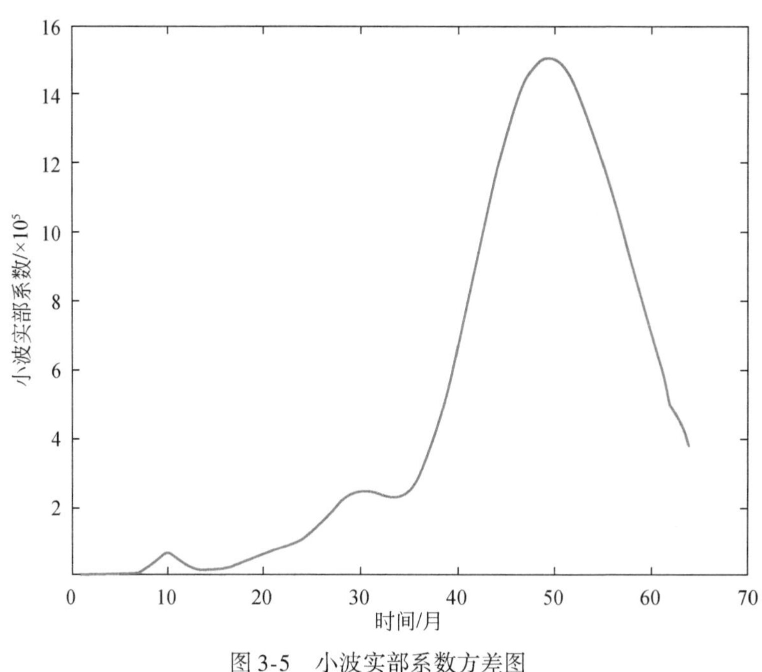

图3-5　小波实部系数方差图

3.2.3　单一湿地节点HC演变特征

图3-6显示了系统中四个湿地的连通性变化的时间序列。连通性最高的湿地节点为莫莫格湿地（105.11），其次为向海湿地（101.11），扎龙湿地的连通性较低（65.69），这是因为与其直接相连的水文单元只有乌裕尔河，水文连通网络简单。乌裕尔河的水文情势是导致湿地水文连通性波动和湿地形成的因素。年内变化中，扎龙湿地4月和10月的水文连通性最高。

莫莫格湿地是白鹤的迁移中转站，其水文连通性的变化直接影响湿地的生态系统健康。从图3-6（b）可以看出，在研究期间，莫莫格湿地的水文连通性年际波动较小，春季和夏季水文连通性较高，冬季水文连通性较低。在冬季，由于降水量少，冬季结冰，有径流变为零的现象，导致湿地与其他水文单元之间不存在水文连通。莫莫格湿地与嫩江干流、绰尔河和洮儿河相连存在直接水文连通，连通性指数分别为128.35、127.25和116.88。此外，网络分析表明，察尔森水库（114.85）与霍林河（102.66）和莫莫格湿地

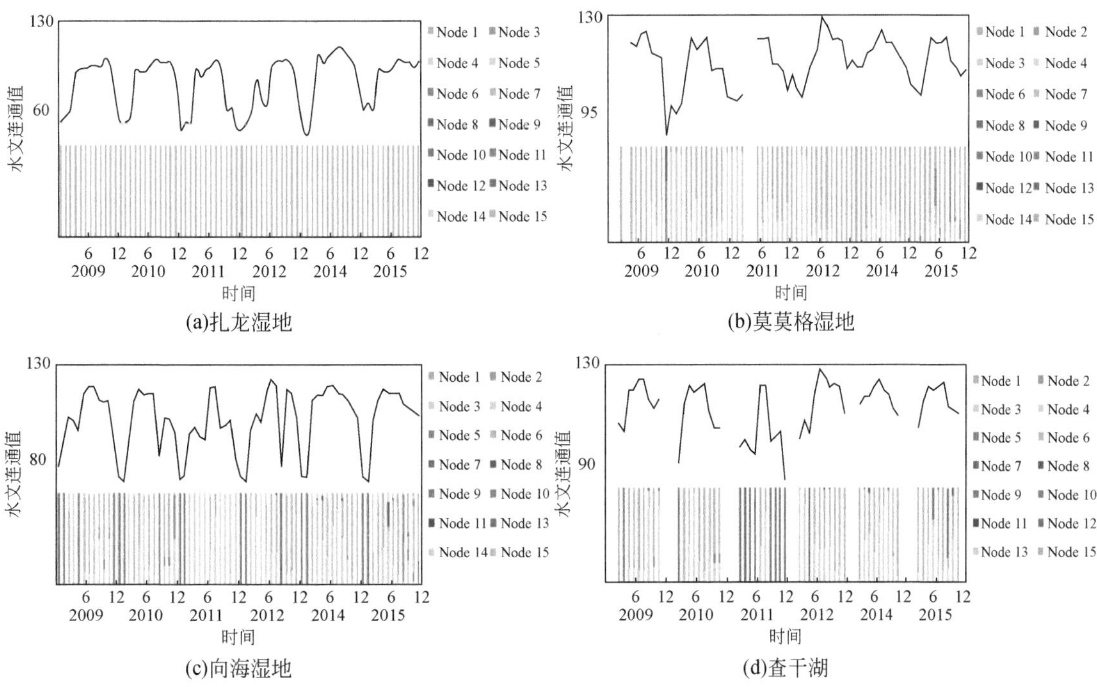

(a)扎龙湿地 (b)莫莫格湿地

(c)向海湿地 (d)查干湖

图 3-6 湿地节点的水文连通性及节点的贡献率

注：线图表示不同时间的湿地连通性；堆积的百分比柱形图表示不同节点在不同时间对湿地水文连通性的贡献

之间还有间接水文联系。莫莫格湿地的主要水源是绰尔河和洮儿河。然而，它们之间的水文连通性一直在下降，表明莫莫格湿地的自然补给水量一直在下降。绰尔河上游对莫莫格湿地的水文连通性影响较大。洮儿河上游察尔森水库对湿地连通性的贡献增加，表明水利工程通过改变供应湿地的河流径流直接影响湿地的水文连通性。因此，要确保莫莫格湿地自然河流的补给模式，关键是要保持与绰尔河上游和洮儿河合理的水文连通性。同时，要科学管理水利工程的运行方式，满足湿地生态需水的要求。

图 3-6（c）显示了向海湿地水文连通性的时间演变特征以及不同节点对向海湿地水文连通性的贡献率。向海湿地是沼泽湿地，水文连通性年际波动较小，年内春季和夏季水文连通性最高，冬季最低。与其他湿地相比，向海湿地和水文单元全年都有径流，因为有更多的水文单元与之相连。水文连通性贡献率较大的节点有绰尔河（121.17）、月亮泡水库（121.40）、洮儿河（119.35）、查干湖（119.65）、嫩江（113.87）、莫莫格湿地（112.46）和霍林河下游（109.95）。研究结果表明，向海湿地水文连接网络中可依赖的关键节点较多，保证了湿地有更多的供水水源和排水渠道，提高了湿地水文网络的稳定性。然而，它与直接补给河流霍林河上游的水文连通性较低，与自然补给河流洮儿河的水文连通性也低于绰尔河和月亮泡水库，表明水利工程对其水文连通性的影响较大。

查干湖位于霍林河下游，是一个湖泊型湿地。根据图 3-6（d），可以看到查干湖与其他湿地类似，水文连通性的年际变化很小，年内波动相对较大，春季和夏季水文连通性较高。由于降水较少，河流结冰，冬季水文连通性相对较低。在此期间，湿地和其他水文单元之间没有河流，也没有水文连接。月亮泡水库（127.46）、绰尔河（127.18）、洮儿河

(125.40)、向海湿地(119.65)、嫩江(118.14)和莫莫格湿地(117.18)对查干湖水文连通性的贡献率较高，但与查干湖直接相连的霍林河水文连通性很低，表明查干湖的自然补给河基本上是断流的。这是由于引水渠的建设，湿地的补给河的径流量不断减少，自然补给模式的恢复迫在眉睫。与此同时，其他湿地与查干湖之间的水文连通性正在下降。对于查干湖湿地，水文连通网络的关键节点是莫莫格湿地和向海湿地。

3.2.4 湿地节点 HC 周期性分析

由图 3-7 可知，扎龙湿地水文连通性（HC）存在 3 个峰值，分别依次为 10 月、21 月和 49 月。其中，最大峰值出现在 49 月，表明扎龙湿地 HC 在 49 月左右的周期性震荡最强，为 HC 变化的主周期；10 月时间尺度峰值高度次于 49 月时间尺度，为 HC 变化的第二主周期；21 月的时间尺度的峰值最低，是扎龙湿地 HC 周期性震荡的第三主周期。10 月、21 月、49 月的周期性波动控制着扎龙湿地 HC 的周期性变化特征。根据图 3-8，可知在 40～55 月时间尺度上扎龙湿地 HC 具有明显的周期性变化规律。在 0～24 月、25～55 月、55～72 月出现了高低值交替变化。

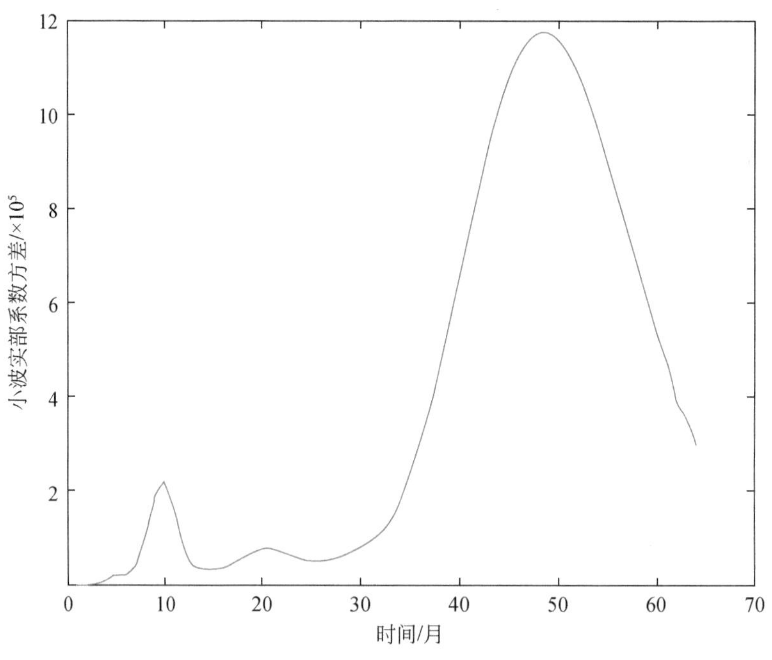

图 3-7 小波实部系数方差图（扎龙湿地）

由图 3-9 可知，莫莫格湿地水文连通性（HC）存在 3 个峰值，分别依次为 10 月、25 月和 45 月。其中，最大峰值出现在第 45 月，表明莫莫格湿地 HC 在 45 月左右的周期性震荡最强，为 HC 变化的主周期；25 月时间尺度峰值高度次于 45 月时间尺度，为 HC 变化的第二主周期；10 月的时间尺度的峰值最低，是莫莫格湿地 HC 周期性震荡的第三主周期。10 月、25 月和 45 月周期性波动控制着莫莫格湿地 HC 在近 10 年的周期性变化特征。根据

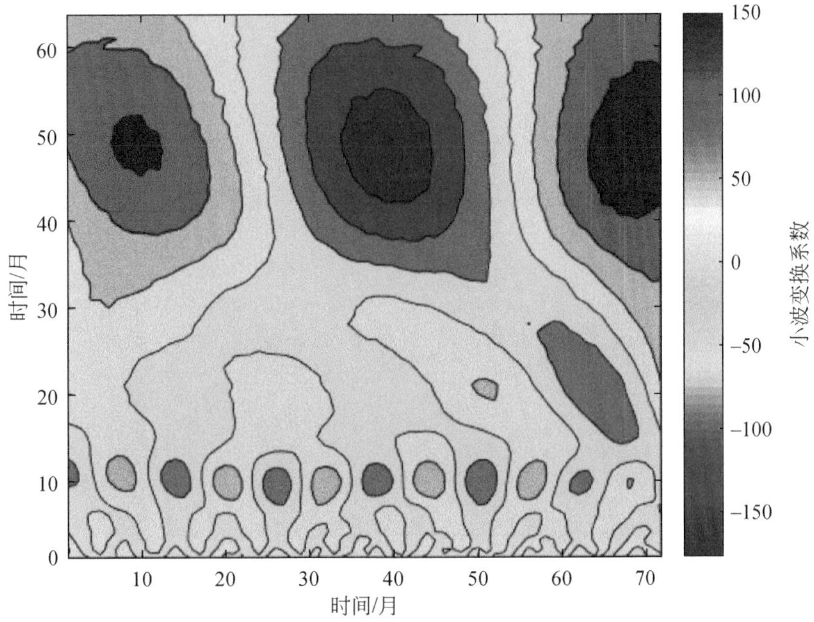

图 3-8　小波变换系数等值线填色图（扎龙湿地）

图 3-10，可知在 40～50 月和 20～30 月时间尺度上莫莫格湿地 HC 具有明显的周期性变化规律。在 0～25 月、25～55 月、55～72 月出现了高低值交替变化。在 2011～2015 年表现出了比较强的 25 个月左右的时间振荡。

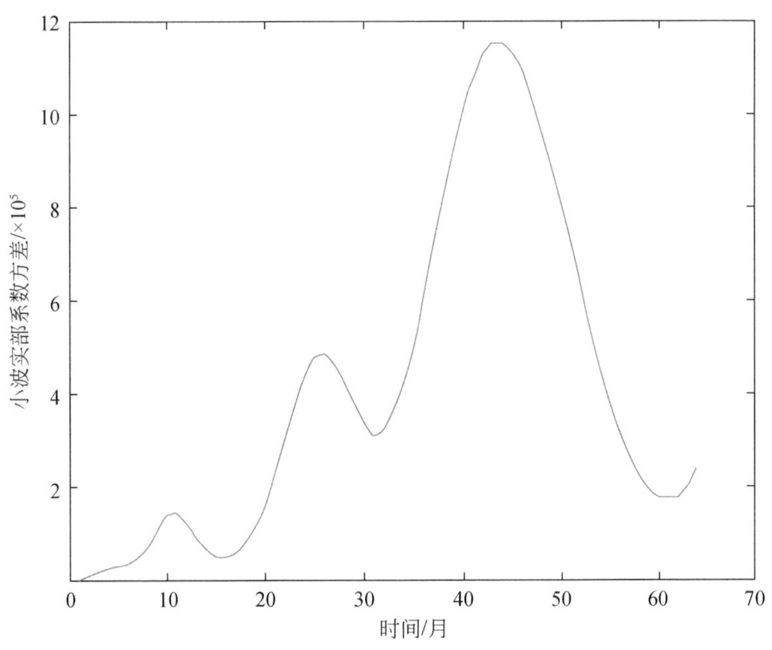

图 3-9　小波实部系数方差图（莫莫格湿地）

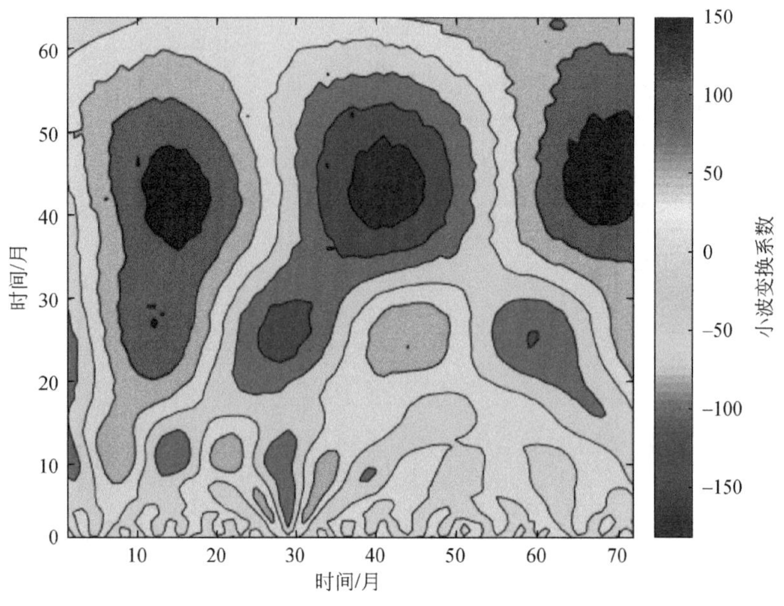

图 3-10　小波变换系数等值线填色图（莫莫格湿地）

由图 3-11 可知，向海湿地水文连通性（HC）存在 2 个峰值，分别依次为 10 月和 50 月。其中，最大峰值出现在第 50 月，表明向海湿地 HC 在 50 月左右的周期性震荡最强，为 HC 变化的主周期；10 月时间尺度峰值高度次于 50 月时间尺度，为 HC 变化的第二主周期。上述 2 个时间尺度的周期性波动控制着向海湿地 HC 的周期性变化特征。根据图 3-12，可知在 45～55 月时间尺度上向海湿地 HC 具有明显的周期性变化规律。在 0～20 月、20～55 月、55～72 月出现了高低值交替变化。

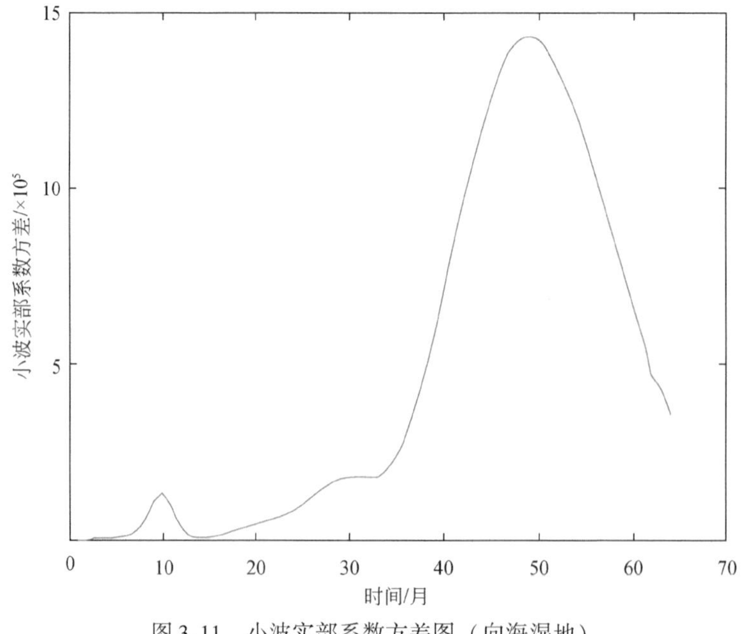

图 3-11　小波实部系数方差图（向海湿地）

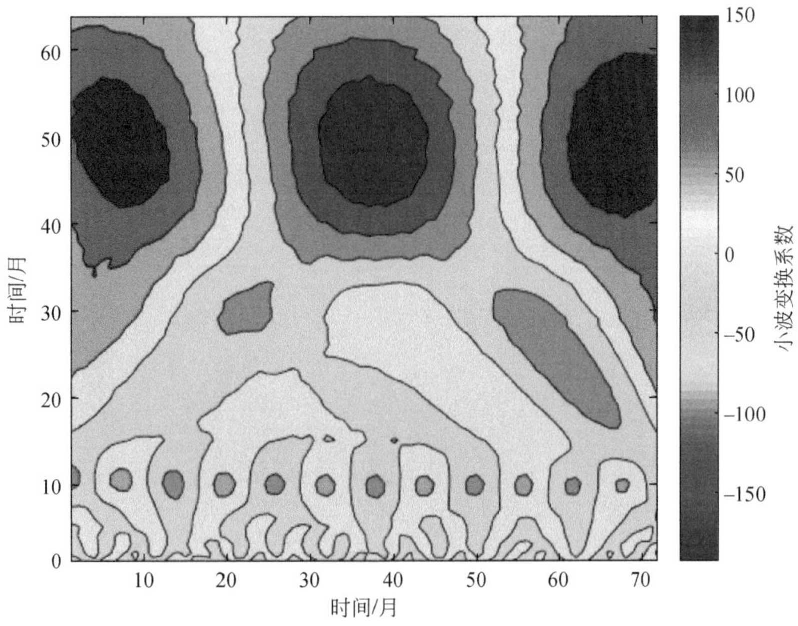

图 3-12　小波变换系数等值线填色图（向海湿地）

由图 3-13 可知，查干湖水文连通性（HC）存在 4 个峰值，分别依次为 5 月、10 月、25 月和 40 月。其中，最大峰值出现在第 10 月，表明查干湖 HC 在 10 月左右的周期性震荡最强，为 HC 变化的主周期；40 月时间尺度峰值高度次于 10 月时间尺度，为 HC 变化的

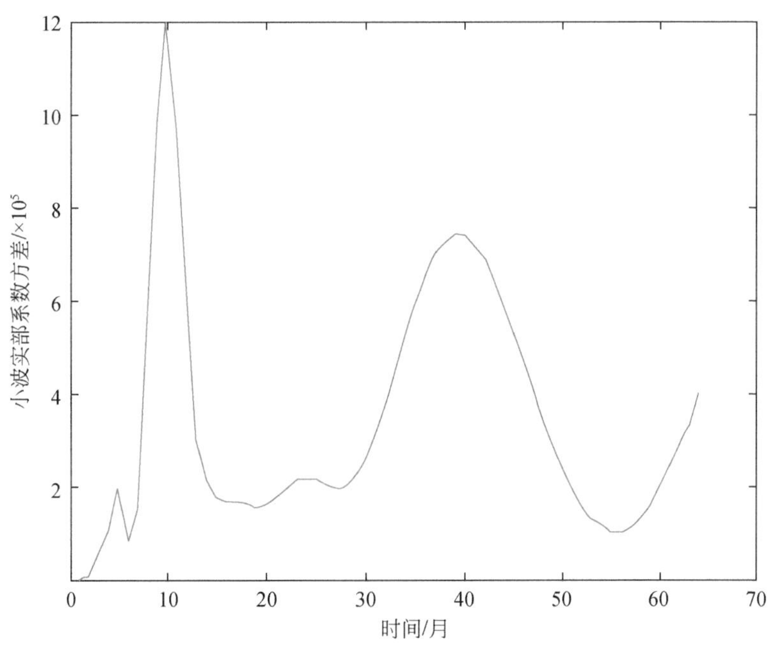

图 3-13　小波实部系数方差图（查干湖）

第二主周期；25 月的时间尺度的峰值较低，是查干湖湿地 HC 周期性震荡的第三主周期。5 月的时间尺度的峰值最低，是周期性震荡的第四主周期。上述 4 个时间尺度的周期性波动控制着查干湖湿地 HC 的周期性变化特征。根据图 3-14，可知在 8～15 月和 30～45 月时间尺度上查干湖 HC 具有明显的周期性变化规律。整个时间尺度，出现了 6 次高低震荡。

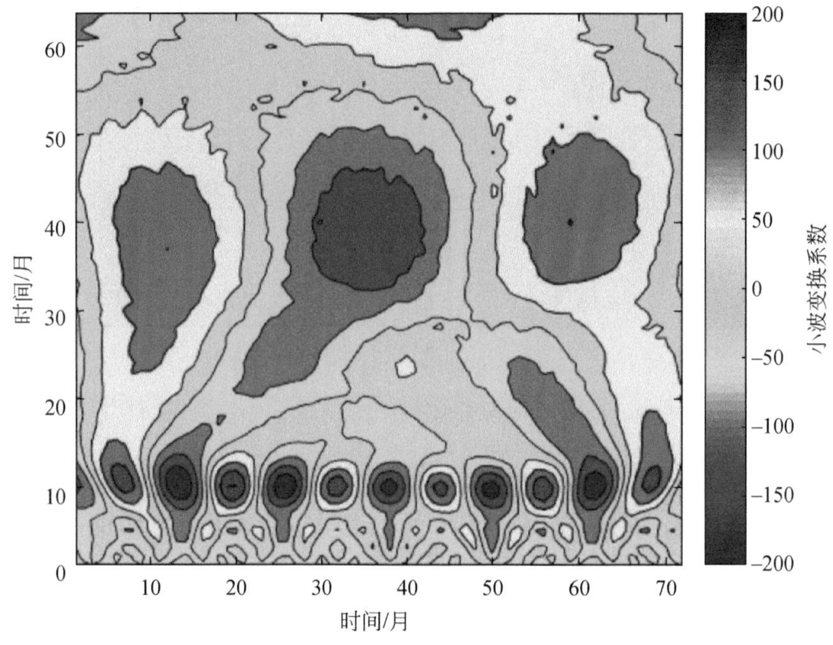

图 3-14　小波变换系数等值线填色图（查干湖）

3.2.5　湿地群内部湿地节点之间的水文连通性

通过对拓扑网络节点的分析，查干湖与向海湿地、查干湖和莫莫格湿地、莫莫格湿地和向海湿地的平均连通性分别为 119.65、117.18 和 112.46，湿地之间彼此通过河流连接，存在水文连通。单一湿地自然连接河流径流减少不仅影响湿地本身的水文连通性，还影响与其他湿地之间的连通性。因此，为了保护湿地和恢复水文连通性，研究者和管理者不仅要考虑单一的湿地，还要从生态恢复流域湿地系统的角度全面分析水文单元之间的相互作用。

通过分析系统与不同水文单元之间的水文关系，可以掌握湿地系统的整体运行机制，实现对湿地水资源的有效保护和合理利用。本章的研究结果与 Mao 等（2013）的研究结果一致。以前的大多数研究都集中在单一湿地水文水动力特征上，缺乏对湿地生态系统各要素的分析，并没有突出湿地的整体特征，也没有给予不同的单元间水文过程对湿地系统的影响以足够的重视。基于对偶法构建的拓扑网络，假设系统是由一系列节点（也称为隔间或单元）和连接弧组成的网络，还包括单元与系统之间的直接和间接反馈关系。由于水文单元之间的间接性，该方法具有其他方法在分析间接关系方面没有的优点。

3.3 水文连通性变化驱动因素

3.3.1 基于图论的湿地群系统结构网络

湿地的水文过程确定了湿地及其周围的水文单元通过水流（如地表水或地下水）相连形成湿地系统。传统的图论法只可定性评价大尺度研究区的水文连通性（HC）评价。本章采用对偶法，针对嫩江流域下游地区湿地群，建立系统结构网络模型，以水文单元作为网络节点。将水文单元之间的径流量赋值路径，建立路径加权矩阵，通过计算网络判断矩阵定量评价湿地系统水文连通性。对于路径的加权，可以定量评价连通性，而非过去单一评价系统中各节点是否连通。同时采用对偶法可以判别不同水文单元的连通性，以及相互之间连通机制。

基于图论法的网络拓扑模型可以表征河湖网络的空间形状和结构，并评价河湖湿地的连通性。理论基础是将流域内河网作为一个整体，河流与湖泊视为构成整体的“生成元”，流域河网与河、湖之间可以形成基本的相似关系。相关研究主要集中在河网构建、最佳路径和最优路径选取和河网的连通性评价。本章并未考虑垂向水文连通。湿地地表水和浅层地下水的水量交换频繁，湿地地下水与湿地表层水之间的联系和水量交换过程是湿地系统水文循环过程的重要环节之一，这种垂向连通直接关系到湿地系统的水量平衡；而这些垂向过程受湿地水文地质的影响较大，如基质结构、水力梯度、水力传导系数等。因此，下一步水文连通性的研究应考虑横向、纵向和垂向连通，构建一个多方向连通网络。

3.3.2 湿地节点之间的水力连通

本章通过对拓扑网络中节点的分析，发现莫莫格湿地、向海湿地和查干湖之间存在着间接水文连通。因此，对于湿地的研究更应该从整体的角度去分析。分析系统内部和不同水文单元之间的水文关系，把握湿地系统的整体运行机制，才能实现湿地水资源有效保护与合理利用。

嫩江流域下游有多个湿地，形成湿地群。湿地的补给水源包括农田退水、溢出河道的洪水和常规人工调水，由于时空分布不均匀，水源可控性差，尤其是洪水，给水资源的调度安排带来了挑战。建立合理优化的河湖湿地系统连通网络，分析湿地的时空分布特征及其间的物质流和生态流，明确湿地恢复的优先顺序，是解决复杂多样的湿地供水和排水问题的关键。

3.3.3 湿地节点 HC 值震荡周期影响因素

经对比可知，系统的水文连通性呈现周期性变化，在 50 月出现峰值，在 45 ~ 55 月时间尺度出现显著性周期震荡；对于湿地节点，扎龙湿地、莫莫格湿地和向海湿地出现了 40 ~55 月的显著周期性震荡，实部系数方差峰值分布在 45 ~ 50 月的时间区间，与整体系统变化趋势一致；而查干湖则是在 10 月时出现了实部系数方差峰值，在 8 ~ 15 月时间尺度呈现显著性周期震荡，主周期要短于系统整体和其他湿地节点，但第二主周期与其他湿地节点比较接近（表 3-1）。

表 3-1　系统及各湿地节点 HC 值震荡周期

湿地	小波实部系数方差峰值/月	显著性周期震荡时间尺度/月
湿地系统	50	45 ~ 55
扎龙湿地	49	40 ~ 55
莫莫格湿地	45	40 ~ 50
向海湿地	50	45 ~ 55
查干湖	10	8 ~ 15

扎龙湿地、莫莫格湿地和向海湿地均为浅水草型湿地，湿地补水水源包括大气降水、农田退水和地表水补给，由于湿地内部湖沼密布，生长有大量植被，在进行湿地补水时，往往难以及时有效反馈补水效果，因此响应补水调度及径流响应具有一定滞后性。而查干湖为湖泊型湿地，湿地主体为湖泊，水体集中，当地管理部门为保证湖区水量充足，修建了引松工程，年均从第二松花江引水量达 $1.65\times10^8 m^3$，同时每年人为排入大量农田退水，使得湖区水位达到水利工程设计水位 130.0 m，为保持湖区水位恒定，当地人为调控农田退水量和第二松花江引水量。因此，在每年干湿季，随着水位变化，径流量不断改变，HC 值也随之呈现周期性变化，震荡时间幅度约为一年。

3.3.4 水库对湿地群网络水文连通性的影响

在湿地群系统拓扑网络中，有两个水库节点：月亮泡水库和查尔森水库。连通性贡献率显示水库对系统的整体连通性的贡献超过 14%。月亮泡水库对莫莫格湿地、向海湿地和查干湖水文连通贡献率均超过 10%，而察尔森水库贡献率也超过了 8%。此外，月亮泡水库对向海湿地和查干湖 HC 值贡献率最高，是水文连通网络的关键节点（表 3-2）。

表 3-2　水库对于湿地 HC 值贡献率

水库	湿地节点名称	HC 值贡献率
察尔森水库	莫莫格湿地	9.3
	向海湿地	8.9
	查干湖湿地	8.1

续表

水库	湿地节点名称	HC 值贡献率
月亮泡水库	莫莫格湿地	10.7
	向海湿地	11.1
	查干湖	14.1

因此湿地水文连通性的恢复应充分发挥水库的调节作用。水库对湿地不仅存在水文源的功能，如察尔森水库向洮儿河的开闸泄水，补给了河流下游的莫莫格湿地和向海湿地；还存在水文汇的功能，当莫莫格湿地的总输入水量减去总输出水量大于其蓄水能力时，溢出的地表水将湿地与下游水域连通，进入到月亮泡水库中。

3.4 本章小结

根据嫩江下游湿地群的特点，基于图论中的对偶法，建立了湿地群系统的拓扑网络模型，将河流、湖泊等水文单元抽象为节点。以节点间径流作为路径权重建立加权邻接矩阵，并计算判断矩阵以评估河流和湖泊湿地网络的连通性。通过分析系统和节点连通性的时空变化，辨识湿地水文连通性的关键节点。基于 NUA 得到网络生态关系结构占比变化。

(1) 2009 ~ 2015 年，湿地群系统连通性的年际波动较小，但年内波动较大，春季和夏季的连通性最高，冬季最低。绰尔河对整体连通性的贡献最大，同时还是莫莫格湿地、向海湿地和查干湖的重要节点。莫莫格湿地、向海湿地和查干湖之间存在间接的水文关系。湿地群及各湿地节点水文连通性均呈现周期性变化。

(2) 不同的湿地类型导致修复管理效果的反馈时间不同，这种滞后性是改变湿地 HC 周期性震荡的关键因素。浅水草型湿地（扎龙湿地、莫莫格湿地和向海湿地）与系统的 HC 值周期性震荡一致，呈现 40 ~ 50 月的显著周期性震荡，并且峰值分布在 45 ~ 50 月的时间区间。而湖泊型湿地（查干湖）周期尺度要小于其他湿地。

(3) 月亮泡水库和查尔森水库连通性贡献率显示水库对系统的整体连通性的贡献超过 14%，也是莫莫格湿地、向海湿地和查干湖的关键连通节点。扎龙湿地、莫莫格湿地、向海湿地和查干湖与其自然补水单元的水文连通性不断降低，其中由于察尔森水库的截流，莫莫格湿地自然补水河流基本断流，且该湿地与其主要排水单元——月亮泡水库之间水文连通性也较低。察尔森水库对于下游湿地的补给较少，水文源功能较弱，上游来水不足，导致月亮泡水库与查干湖和向海湿地表现为竞争关系。

(4) 进一步的研究应首先优化拓扑网络，同时考虑水平和垂直水文连通性，以反映湿地地下水与湿地地表水和水交换过程之间的联系。湿地 HC 演变特征对于湿地水文水动力过程的影响机制，是恢复生态系统健康，维护生态系统稳定性，明确连通性阈值，探索良好的水文连通模式的科学前提。对于水利工程等人为干扰的影响机制，也需要做进一步分析。

（5）最后，建议有关部门在恢复湿地水文连通性时，通过调水充分发挥水库的源和汇的功能。同时，建立可持续流域管理的河湖湿地水文连通优化网络。分析湿地系统的节点、路径、频率和水文情势，以平衡不同水域的矛盾，建立不同生长年份和水文年份的湿地补水和排水机制。

第 4 章 湿地群网络关系分析及关键调控节点识别

掌握湿地群整体与湿地单元，以及湿地单元之间的生态关系是识别关键调控湿地节点、确定恢复区域的优先次序的关键，并为进一步研究关键湿地的退化机制提供支持。本章基于第 3 章所构建的结构网络，进行完善，根据生态网络功能关系特征分析方法，结合网络中路径流量，识别系统网络模型内部单元之间的生态关系及网络共生指数，并对这些生态关系和网络特征开展不同时间序列对比分析，剖析决定网络结构与功能的主导生态关系类型以及变化过程。分别从网络中生态关系占比、节点拉动力和推动力等方面对所构建的湿地群结构网络开展节点-节点、节点-整体之间相互关系的分析，进而为嫩江流域湿地群的有效恢复与保护提供有针对性的指导建议。

本章的研究目标包括以下 3 个方面。

（1）阐明湿地群网络节点间的生态关系及变化特征；

（2）阐明湿地节点之间及湿地与网络整体之间的需求/供给关联；

（3）识别结构网络湿地中的关键调控节点。

4.1 研究内容与方法

4.1.1 湿地群水文单元网络效用分析

为进一步分析湿地系统中不同湿地节点之间的相互作用关系，基于第 3 章结构网络，构建包含 15 个节点输入输出的湿地群生态网络模型，如图 4-1。以节点间的水通量来赋值节点间的路径，通过网络效用分析（NUA）来定量分析不同水文单元之间的关系。

通过定义节点之间的生态关系（类似于生态系统中营养级之间的关系）来分析节点之间的物质利用关系。积分效用强度矩阵 $\boldsymbol{U}$ 通过以下矩阵运算从直接效用强度矩阵 $\boldsymbol{D}$ 中获得：

$$\boldsymbol{U}=(u_{ij})=D^0+D^1+D^2+\cdots+D^n \tag{4-1}$$

式中，u_{ij}为节点 j 与节点 i 的流程的效用。效用符号矩阵 sgn（U）中的元素为 su_{ij}（即节点 j 与节点 i 的流的效用的符号+或-），每对节点的已签名效用的组合（su_{ij}，su_{ji}）刻画了节点之间的生态关系：（+，-）表示节点 i 利用节点 j；（-，+）表示节点 i 被节点 j 利用，代表控制关系；（-，-）表示节点之间的竞争，其中两个节点都受该关系的影响；（+，+）表示互利共生，其中两个节点都从该关系中受益。由于开发和控制关系仅在开发方向上有所不同，因此可以将它们视为相同类型的关系。网络中的节点不是孤立的（即，它们

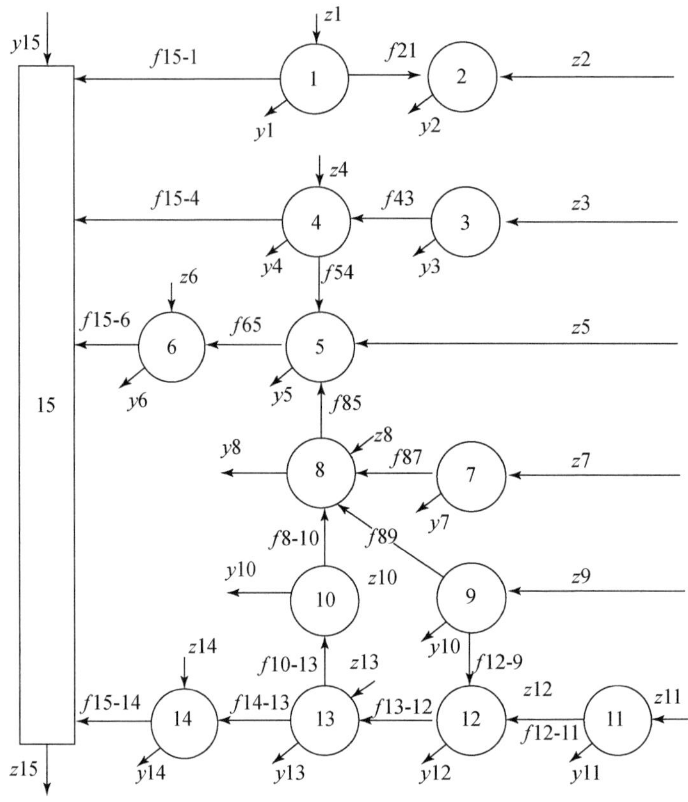

图 4-1　嫩江流域下游湿地群系统的生态网络分析图

注：1-乌裕尔河；2-扎龙湿地；3-绰尔河上中游河段；4-绰尔河下游河段；5-莫莫格湿地；6-月亮泡水库；7-察尔森水库；8-洮儿河；9-蛟流河；10-霍林河支流；11-霍林河上游；12-向海湿地；13-霍林河下游河段；14-查干湖；15-嫩江

都连接到至少一个其他节点)，并且每个节点的物料流直接或间接地受到来自其他节点的流的影响。因此，有必要使用这种方法来识别网络中的湿地节点之间的利用关系。

4.1.2　节点的拉动性与推动性

根据图 4-1 的节点流量 f_{ij} 和节点总通量的比值可以得到无量纲的直接流量强度矩阵 $\boldsymbol{G}$：

$$g_{ij}=\frac{f_{ij}}{T_i} \tag{4-2}$$

基于直接流量强度矩阵 $\boldsymbol{G}$，计算网络的综合流量强度矩阵 $\boldsymbol{N}$：

$$\boldsymbol{N}=(G)^0+(G)^1+(G)^2+(G)^m \tag{4-3}$$

式中，$(\boldsymbol{G})^0$ 为自网络反馈矩阵，表征了是经过各单元的路径流量产生的自反馈效应；$(\boldsymbol{G})^m$ 为路径 $n=m$ 时的流量强度矩阵，通过流量强度矩阵 $\boldsymbol{G}$ 的高级次幂来表征不同路径长度 m 下的转移流量强度，同理，$(\boldsymbol{G}')^m$ ($m\geqslant 2$) 表示长度为 m 的转移流量强度。则综合

能量转移流量矩阵 $\boldsymbol{Y}$ 为

$$\boldsymbol{Y}=\mathrm{diag}(T_i)N \tag{4-4}$$

综合转移流量矩阵 $\boldsymbol{Y}$ 中，行向量矩阵 $\boldsymbol{y}_i=(y_{i1}, y_{i2}, \cdots, y_{in})$ 表征了其他各节点对节点 i 的通量的贡献，$\sum_{j=1}^{n} y_{ij}$ 表征整个网络对节点 i 的贡献。由此得到响度贡献权重 W_i，表征了节点通过前关联（需求关联）对于网络和其他节点的拉动作用，意义为该节点单元对系统的依赖性。

$$W_i=\frac{\sum_{j=1}^{n} y_{ij}}{\sum_{i=1}^{n}\sum_{j=1}^{n} y_{ij}} \tag{4-5}$$

矩阵 $\boldsymbol{Y}$ 中，列向量矩阵 $y_j=(y_{1j}, y_{2j}, \cdots, y_{nj})$ 表示节点 j 对其他各节点的通量的贡献，$\sum_{i=1}^{n} y_{ij}$ 表征将节点 j 对整个网络的总通量的贡献。由此得到的相对贡献率表征了节点通过后关联（供给关联）对于网络和其他节点的推动作用，意义为该节点单元对系统的的被依赖性，既推动系数。

$$W_j=\frac{\sum_{i=1}^{n} y_{ij}}{\sum_{i=1}^{n}\sum_{j=1}^{n} y_{ij}} \tag{4-6}$$

4.2 研究结果

4.2.1 结构网络生态关系占比结构

根据计算结果，存在 79 对生态关系，如表 4-1 所示。其中，开发（捕食）关系最为普遍（占总数的 54.1%），其次是互利共生关系（23.5%）和竞争（23.4%）。共生关系由 25.3% 减少至 24%，最后变为 21%。对于湿地节点，扎龙湿地直接相连节点仅为乌裕尔河，且乌裕尔河与其他水文单元间流量较小，因此，扎龙湿地与其他节点之间基本不存在生态关联。莫莫格湿地与其他节点间的开发（捕食）关系比例由 50% 增加至 58.3%，竞争关系比例由 25% 增加至 33.3%，共生关系比例由 25% 下降为 8.3%。向海湿地与其他节点间的开发（捕食）关系比例由 41.7% 增加至 58.3%，竞争关系比例由 33.3% 降低至 25%，共生关系比例保持不变为 16.7%。查干湖与其他节点间的开发（捕食）关系比例由 50% 增加至 58.3%，竞争关系比例保持不变为 25%，共生关系比例由 25% 下降为 16.7%。

表 4-1　嫩江流域湿地系统不同水文单元间生态关系

（a）2007 年不同水文单元间生态关系

sgn（U）	1	2	3	4	5	6	7	8	9	10	11	12	13	14	15
1															
2	+														
3															
4			+												
5			+	+											
6			−	−	+										
7			−	−	−	+									
8			+	+	+	−	+								
9			+	+	+	+	+	+							
10			−	−	−	+	−	−	+						
11			+	+	+	+	+	+	−	−					
12			−	−	−	−	−	−	+	+	+				
13			+	+	+	+	+	+	+	−	+	+			
14			−	−	+	−	+	+	+	−	+	+	+		
15			+	+	+	+	−	−	+	−	+	+	+	+	

（b）2012 年不同水文单元间的生态关系

sgn（U）	1	2	3	4	5	6	7	8	9	10	11	12	13	14	15
1															
2	+														
3															
4			+												
5			+	+											
6			−	−	+										
7			−	−	−	+									
8			+	+	+	−	+								
9			+	+	−	+	−	−							
10			−	−	−	+	−	−	+						
11			+	+	+	+	+	+	−	−					
12			−	−	−	−	−	−	+	+	+				
13			+	+	+	+	+	+	+	−	+	+			
14			−	−	+	−	+	+	+	−	+	+	+		
15			+	+	+	+	−	−	+	−	+	+	+	+	

续表

(c) 2017 年不同水文单元间的生态关系

sgn (U)	1	2	3	4	5	6	7	8	9	10	11	12	13	14	15
1															
2	+														
3															
4			+												
5			+	+											
6			−	−	+										
7			−	−	−	+									
8			+	+	+	−	+								
9			−	−	−	+	−	−							
10			−	−	−	+	−	−	−						
11			+	+	+	+	+	+	−	−					
12			−	−	−	−	−	−	+	+	+				
13			+	+	+	+	+	+	+	−	+	+			
14			−	−	+	−	+	+	+	−	+	+	+		
15			+	+	−	+	+	+	+	−	+	+	+	+	

注：红色代表开发，黄色代表竞争，绿色代表共生

为进一步分析水文单元间生态关系的年内变化，计算了春季、夏季和秋季符号矩阵，由于冬季嫩江流域气温低，河流结冰，水文单元间基本不存在流量，因此未予考虑。根据计算结果，存在 79 对生态关系。总体而言，如表 4-2 所示，开发（捕食）关系最为普遍（占总数的 53%），其次是竞争（25.2%）和互利共生关系（21.8%）。春季降水少，霍林河上游河段基本断流，导致其与其他单元间基本不存在水文关系，同时，植被生长，生态需水量大，导致开发关系和竞争关系比例较高。各节点中，夏季降水量多，水量充足，网络开发关系的比例最低（49.37%），同时，秋季虽然降水量减少，但大量农田退水进入湿地，使得开发关系和竞争关系比下降，共生关系比例最高。对于湿地节点，莫莫格湿地开发关系在三个季节分别为 45.5%、41.7%、50%，竞争关系分别为 45.5%、33.3%、25%，共生关系分别为 9%、25%、25%。因此，降水量的增加可以增加莫莫格湿地与其他节点的共生（+，+）比例。另外，秋季大量农田退水进入湿地，减少了湿地与其他节点的开发（+，-）或竞争（-，-）关系的比例。向海湿地开发关系在三个季节分别为 54.5%、58.3%、50%，竞争关系分别为 27.3%、33.3%、33.3%，共生关系分别为 18.2%、8.4%、16.7%。查干湖开发关系在三个季节分别为 54.5%、58.3%、50%，竞争关系分别为 18.2%、33.3%、25%，共生关系分别为 27.3%、8.4%、25%。因此，降水量的增加可以增加节点间的共生（+，+）比例。

表 4-2　嫩江流域湿地系统不同水文单元间生态关系

（a）春季不同水文单元间生态关系

sgn（U）	1	2	3	4	5	6	7	8	9	10	11	12	13	14	15
1															
2	+														
3															
4			+												
5			+	+											
6			−	−	+										
7			−	−	−	+									
8			+	+	+	−	+								
9			+	+	−	+	+	+							
10			−	−	−	+	−	−	+						
11															
12			−	−	+	−	−	−	+	+					
13			+	+	−	+	+	+	+	−		+			
14			−	−	+	−	+	+	+	−		+	+		
15			+	+	−	+	+	+	+	+		+	+	+	

（b）夏季不同水文单元间的生态关系

sgn（U）	1	2	3	4	5	6	7	8	9	10	11	12	13	14	15
1															
2	+														
3															
4			+												
5			+	+											
6			−	−	+										
7			−	−	−	+									
8			+	+	+	−	+								
9			−	−	−	+	−	−							
10			−	−	−	+	−	−	−						
11			+	+	+	+	+	+	−	+					
12			−	−	−	−	−	−	+	−	+				
13			+	+	−	+	−	−	+	−	+	+			
14			−	−	−	−	−	−	+	−	+	+	+		
15			+	+	+	+	−	−	+	−	+	+	+	+	

续表

(c) 秋季不同水文单元间的生态关系															
sgn (U)	1	2	3	4	5	6	7	8	9	10	11	12	13	14	15
1															
2	+														
3															
4			+												
5			+	+											
6			−	−	+										
7			−	−	−	+									
8			+	+	+	−	+								
9			+	+	+	+	+	+							
10			−	−	−	+	−	−	+						
11			+	+	+	+	+	+	−	−					
12			−	−	−	−	−	−	+	+	+				
13			+	+	+	+	+	+	+	−	+	+			
14			−	−	+	−	+	+	+	−	+	+	+		
15			+	+	+	+	−	−	+	−	+	+	+	+	

注：红色代表开发，黄色代表竞争，绿色代表共生

如图 4-2 所示，在研究时间段内，湿地群结构网络的网络共生指数 M 值均值为 1.01，数值大于 1，可知系统中共生强度占比高于竞争强度，网络协作性好，网络体系稳定。由于 $M>1$，网络中各单元之间呈现的积极关系强于消极关系，但共生指数整体呈现下降趋势，说明对网络的正效用逐渐减少，尤其在 2015 年之后，$M<1$，此时网络中各单元之间呈现的积极关系弱于消极关系。2012 年、2013 年和 2014 年的共生指数 M 大幅波动，主要由于降水量较多，网络中水通量充足，竞争强度较小。

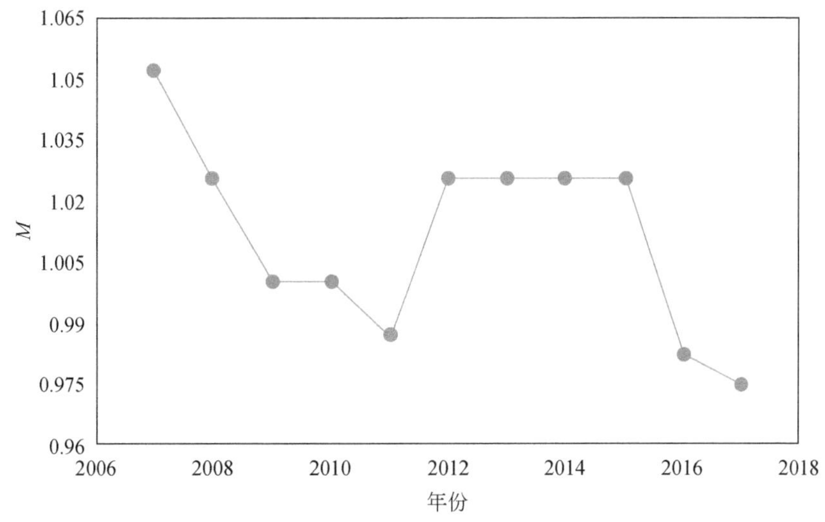

图 4-2　湿地群结构网络 M 值

表4-3表明了察尔森水库、月亮泡水库与各湿地节点之间的生态关系。察尔森水库与莫莫格湿地间保持竞争关系（-，-），对向海湿地由竞争变为摄取捕食（+，-），表明其对于湿地补给较弱，源功能未发挥。月亮泡水库对莫莫格湿地为捕食关系，起到了水文汇的功能，与向海湿地和查干湖则保持竞争关系，主要是对于上游来水（蛟流河、洮儿河）水量的竞争。

表4-3　湿地节点与水库之间生态关系

湿地节点	察尔森水库			月亮泡水库		
	春	夏	秋	春	夏	秋
莫莫格湿地	（-，-）	（-，-）	（-，-）	（+，-）	（+，-）	（+，-）
向海湿地	（-，-）	（+，-）	（-，-）	（-，-）	（-，-）	（-，-）
查干湖	（+，+）	（+，-）	（+，+）	（-，-）	（-，-）	（-，-）

4.2.2　湿地的拉动力与推动力

嫩江流域湿地群网络15个水文单元的拉动力系数如图4-3所示。绰尔河、月亮泡水库、洮儿河和嫩江的拉动力系数在三个时间点始终处于较高的位置，在2007年，拉动力系数超过10%的单元为月亮泡水库（19.03%）和嫩江（49.07%）。2012年则为月亮泡水库（16.96%）、绰尔河（12.23%）和嫩江（48.78）。2017年则为绰尔河（13.27%）、月亮泡水库（10.36%）、洮儿河（12.72%）、查干湖（11%）和嫩江（39.79%）。在15个水文单元中，嫩江中所占比例最高，但其拉动呈现下降趋势，此外，月亮泡水库（19.03%→10.36%）、霍林河支流（1.52%→0.39%）的拉动系数也降低，表明节点对网络的需求性降低；扎龙湿地（2.06%→5.3%）、绰尔河上游（4.24%→6.06%）和下游（9.17%→13.27%）、莫莫格湿地（3.76%→4.49%）、察尔森水库（0.10%→2.62%）、洮儿河（6.92%→12.72%）的拉动系数增加。

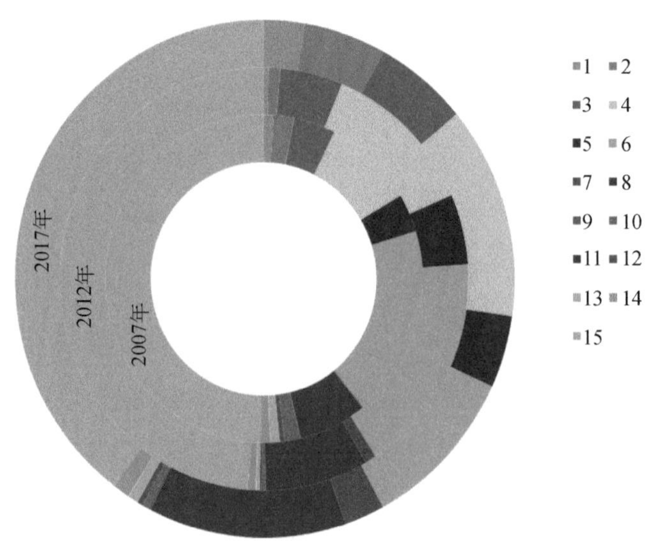

图4-3　湿地群网络拉动力系数

嫩江流域湿地群网络 15 个水文单元的推动力系数如图 4-4 所示。绰尔河、月亮泡水库、洮儿河和嫩江的推动力系数在三个时间点始终处于较高的位置。在 2007 年，推动力系数超过 10% 的单元有绰尔河上游（13.69%）和下游（11.01%）、月亮泡水库（35.35%）和嫩江（22.13%）。2012 年依然为绰尔河上游（16.14%）和下游（16.58%）、月亮泡水库（30.76%）和嫩江（21.57%）。2017 年为绰尔河上游（18.93%）和下游（15.35%）、月亮泡水库（19.57%）和嫩江（16.54%）。在 15 个水文单元中月亮泡水库中所占比例最高，但其推动性呈现下降趋势（35.35%→19.57%），此外，嫩江（22.13%→16.54%）、霍林河支流（2.79%→0.60%）推动性也降低，网络对节点的需求性降低。绰尔河上游（13.69%→18.93%）和下游（11.01%→15.35%）、莫莫格湿地（5.18%→6.40%）、察尔森水库（0.18%→5.23%）、洮儿河（2.90%→5.66%）、蛟流河（0.21%→0.52%）的推动系数增加。

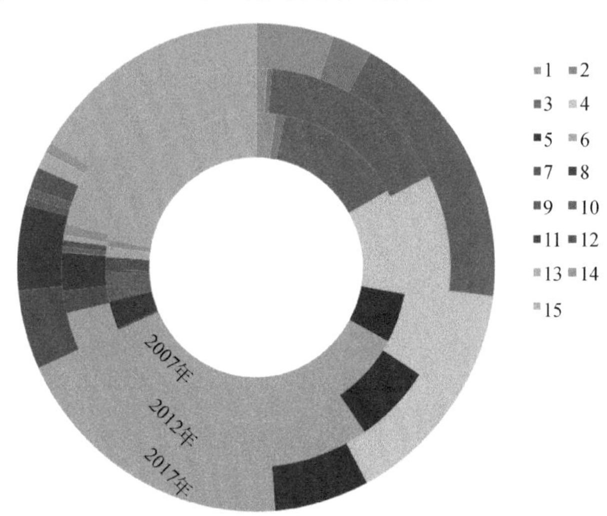

图 4-4　湿地群网络推动力系数

网络中，嫩江、月亮泡水库的推动力和拉动力系数均下降，该节点与网络整体的相互依赖性降低，水文连通性下降。月亮泡水库推动性系数高于拉动力系数，网络对其主要表现出依赖性，主要拉动节点为嫩江干流，主要依赖节点为莫莫格湿地，但依赖性降低，表明湿地排入水库量降低，水文连通性降低。察尔森水库拉动力和推动力系数均增加，其对上游汇水量和向下游泄水量均增加，主要推动节点为绰尔河，进而影响到湿地的自然河流补水量。此外，洮儿河作为湿地重要补给河流，其推动力性强于拉动性，对莫莫格湿地、查干湖源的作用弱。

4.3　关键调控湿地节点识别

4.3.1　基于个体与整体关系分析的关键调控节点识别

嫩江流域分布有扎龙湿地、莫莫格湿地、向海湿地和查干湖，由实地调研可知，扎龙湿地与系统的水文连通性较低，与网络整体相互作用低，因此本章在分析节点生态关系时并未考虑。莫莫格湿地对系统的拉动性系数（4.55%）和推动性系数最高（6.02%），不仅通过前向关联（需求关联）对于其他节点的拉动作用最高，对网络依赖性最大，而且通过后向关联（供给关联）对于其他节点的推动作用最强，网络对该节点的需求最高。拉动性最低的湿地节点其次为向海湿地（0.35%），推动性最低的湿地节点为查干湖（0.75%）（图4-5，图4-6）。因此，综合考虑个体–整体之间的相互作用强度，湿地节点中，莫莫格湿地是湿地群结构网络的关键。

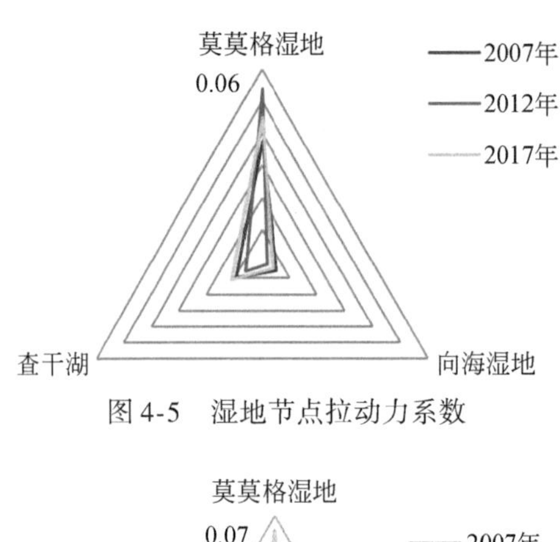

图4-5　湿地节点拉动力系数

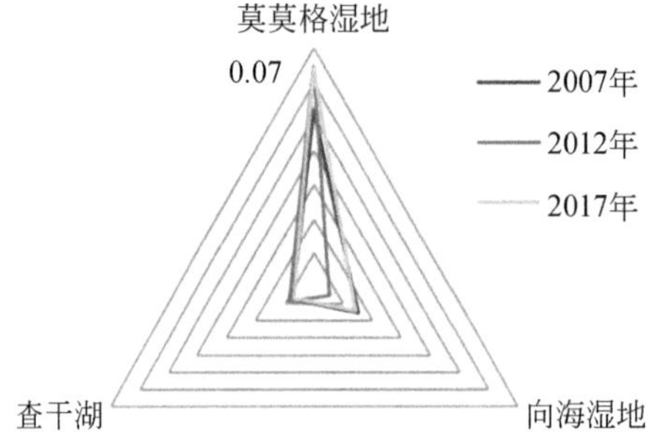

图4-6　湿地节点推动力系数

各湿地节点关键拉动力与推动力节点如表4-4所示。扎龙湿地的主要水文连通单元及补水单元为乌裕尔河。莫莫格湿地的主要拉动节点为绰尔河，绰尔河起到源的作用，是湿地重要自然补给河流；推动节点为月亮泡水库、洮儿河和嫩江，月亮泡水库为湿地的排水单元，起到汇的作用，其推动性大小反映了湿地排水量，进而影响到湿地水量平衡，洮儿河原为莫莫格湿地和洮儿河补给单元，人为影响使补给河道断流，且存在人工渠道排湿地水量入洮儿河的情况，导致其成为湿地起推动作用节点。霍林河是向海湿地和查干湖的重要补给水源。因此，对于湿地群结构恢复和保护中，洮儿河的自然补给路径恢复及霍林河、绰尔河补水路径的稳定，水库源、汇功能的保持至关重要。

表4-4　各湿地主要拉动力节点及推动力节点

湿地节点	拉动力节点	推动力节点
扎龙湿地	—	乌裕尔河
莫莫格湿地	绰尔河上游、绰尔河下游	月亮泡水库、洮儿河、嫩江

续表

湿地节点	拉动力节点	推动力节点
向海湿地	蛟流河、霍林河	洮儿河、霍林河、查干湖、嫩江
查干湖	蛟流河、霍林河、向海湿地	嫩江

4.3.2 基于湿地节点间关系分析的关键调控节点的识别

由于扎龙湿地与其他湿地间无明显的生态关系，因此本章不予考虑。其中向海湿地和查干湖之间保持互利共生（+，+）关系稳定，湿地水量供给充足。莫莫格湿地和向海湿地之间的生态关系由竞争（-，-）变为开发（+，-），主要由于节点 9（蛟流河）对二者的补给量减少，同时，由向海湿地经节点 13—10—8（霍林河—洮儿河）路径进入莫莫格湿地流量占主导地位，莫莫格湿地使用了通过向海湿地的间接流量。莫莫格湿地与查干湖则由互利共生（+，+）变为开发（-，+）关系（表 4-5）。

表 4-5　不同湿地 2007 年（a）、2012 年（b）和 2017 年（c）生态关系

（a）2007 年不同湿地间生态关系			
sgn（*U*）	莫莫格湿地	向海湿地	查干湖
莫莫格湿地			
向海湿地	-		
查干湖	+	+	
（b）2012 年不同湿地间生态关系			
sgn（*U*）	莫莫格湿地	向海湿地	查干湖
莫莫格湿地			
向海湿地	-		
查干湖	+	+	
（c）2017 年不同湿地间生态关系			
sgn（*U*）	莫莫格湿地	向海湿地	查干湖
莫莫格湿地			
向海湿地	-		
查干湖	+	+	

注：红色代表开发，黄色代表竞争，绿色代表共生

湿地之间，其中向海湿地和查干湖之间全年保持互利共生（+，+）关系稳定，湿地水量供给充足。莫莫格湿地和向海湿地之间在春季呈现被开发关系（-，+），夏季呈现开发关系（+，-），秋季呈现竞争关系（-，-），表明降水量增加均可使路径 9—8—5（蛟流河—洮儿河—莫莫格湿地）和 12—13—10—8—5（向海湿地—霍林河下游河段—洮儿河—莫莫格湿地）流量增加，但后者增加更为明显，呈现主导性关系。而在秋季路径 12—13—10—8—5 流量减少幅度也大于路径 9—8—5，湿地呈现对节点 9（蛟流河）水量

的竞争关系。莫莫格湿地和查干湖之间生态关系在春季呈现被开发关系（-，+），夏季呈现开发关系（+，-），秋季呈现互利共生关系（+，+）（表4-6）。因此，莫莫格湿地与向海湿地和查干湖的生态关系变化最为明显，对网络影响较大，是重要的湿地恢复节点。同时，应提高湿地补水效率，使补水方式多样化，提高共生比例，优化内部节点流量。

表4-6　不同湿地春季（a），夏季（b）和秋季（c）生态关系

（a）春季不同湿地间生态关系

sgn（U）	莫莫格湿地	向海湿地	查干湖
莫莫格湿地			
向海湿地	+		
查干湖	+	+	

（b）夏季不同湿地间生态关系

sgn（U）	莫莫格湿地	向海湿地	查干湖
莫莫格湿地			
向海湿地	-		
查干湖	-	+	

（c）秋季不同湿地间生态关系

sgn（U）	莫莫格湿地	向海湿地	查干湖
莫莫格湿地			
向海湿地	-		
查干湖	+	+	

注：红色代表开发，黄色代表竞争，绿色代表共生

由于莫莫格湿地与其他湿地节点之间变化幅度较大，在嫩江流域中，莫莫格湿地是水禽集中分布区，生态服务功能重大，保护价值巨大，是优先保护区。其中，莫莫格湿地受气候变化和人类活动影响较大，湿地大面积萎缩，干扰因子种类具有代表性，因此，本章选取莫莫格湿地作为典型退化湿地进行水文水动力研究，并验证网络演变驱动因子分析结果。

4.4　本章小结

根据嫩江下游湿地群的特点，基于本书前文研究结果，通过网络效用分析（NUA）及节点拉动力与推动力分析，得到网络生态关系结构占比变化，及网络节点的拉动力与推动力。从节点-节点关系分析、节点-整体关系分析的角度识别湿地群网络恢复关键调控节点。

（1）湿地群网络之间开发（捕食）关系占主导（54.1%），其次是互利共生关系（23.5%）和竞争关系（23.4%），共生关系由25.3%减少至21%。春季开发关系和竞争关系比例较高，夏季中网络开发关系的比例最高（49.37%），秋季共生关系比例最高，农田退水使得开发关系和竞争关系比下降。系统共生指数呈现下降趋势，网络的正效用逐渐

减少，尤其在 2015 年之后，$M<1$，各单元之间呈现的积极关系弱于消极关系。降水量变化导致共生指数 M 波动。

（2）对于湿地节点，莫莫格湿地和向海湿地之间生态关系由竞争（-，-）变为开发（+，-），与查干湖则由互利共生（+，+）变为开发（-，+）关系，莫莫格湿地与向海湿地和查干湖的生态关系变化最为明显，基于节点-节点间生态关系，莫莫格湿地是重要的湿地恢复节点。

（3）嫩江是网络主要的拉动节点，绰尔河、月亮泡水库、洮儿河和嫩江是网络主要推动力节点。嫩江、月亮泡水库的推动力和拉动力系数均下降，该节点与网络整体的相互依赖性降低，水文连通性下降。基于节点-整体的需求/供给关联分析，在湿地节点中，莫莫格湿地是关键调控节点。

（4）对于湿地群结构恢复和保护中，洮儿河的自然补给路径恢复及霍林河、绰尔河补水路径的稳定，水库源、汇功能的保持至关重要。

第5章 莫莫格湿地白鹤湖食物网季节特征及白鹤食源分析

动物食性研究是动物生活史研究中较重要的研究领域，是了解动物与环境之间关系、掌握食物来源和营养水平、进行资源管理和物种保护的前提和基础。传统的食源分析方法包括直接观察法（Wallmo et al.，1973；Wu et al.，2009；Lavoie et al.，2012）、胃容量分析法（Jobling and Breiby，1986；Ryan and Jackson，1986；Baldoa and Drake，2002）和粪便镜检法（Eastman and Jenkins，1970；Hobbs，1987；Fox et al.，2006）等，这些方法可以在一定的时间范围内直接反映动物的主要食物来源。随着人类认知能力和研究水平的提高，这些方法则表现出一定的时空偶然性（Hobson et al.，1994），不能充分反映食物在能量流动过程中的同化率（Tieszen et al.，1983），不能提供动物长期的摄食信息以及食性转化情况，且不能区分所摄食物消化吸收的难易程度，往往结果偏向于较难消化的食物，因此存在较大的不确定性（李由明等，2007；徐军等，2010）。近年来，随着白鹤在中国的数量不断增加，对白鹤的食性研究逐渐增多。目前关于白鹤食源组成的定量研究鲜有报道，还是多以定性研究为主（Hume，1868；Uspenski，1962；Sauey，1985；Spitzer，1979；Li et al.，2012b；Jia et al.，2013；Burnham et al.，2017）。

稳定同位素分析（stable isotope analysis，SIA）自20世纪70年代引入生态学领域以来，在确定动物食物来源、构建食物链与食物网，以及追踪动物迁徙等方面取得了重要进展。在动物食性研究方面，稳定同位素技术不仅克服了传统方法的局限性，还展示了其独特的优势：①可以反映动物与食物之间较长时间的取食关系（Gannes et al.，1997；Faye et al.，2011；Le et al.，2017；Bongiorni et al.，2018；Golubkov et al.，2018；Jankowska et al.，2018；蔡德陵等，2003）；②可以连续测出动物在食物网中的营养位置，真实反映动物在生态系统中的位置和作用（Arcagni et al.，2015；Han et al.，2015；Briand et al.，2016；Preciado et al.，2017；Ridzuan et al.，2017；Vinagre et al.，2018；万祎等，2005）；③可以通过对古化石的研究确定灭绝物种的食性信息（Hobson and Montevecchi，1991；Norris et al.，2007）；④还可以通过对濒临灭绝物种的稳定同位素的研究指导动物觅食栖息地的修复与重建（Barrett et al.，2007；Ramírez et al.，2011；Yohannes et al.，2014；Varela et al.，2018）。随着稳定同位素技术的发展，鸟类学家在食物来源和营养级研究中极大地丰富和完善了这项技术（Hobson，1992；Kudrin et al.，2015；Sierszen et al.，2019）。稳定同位素技术目前被认为是研究候鸟空间和时间变化的最佳手段（Ramos et al.，2011；Ramírez et al.，2012）。

本章以莫莫格国家级自然保护区中的白鹤湖为研究对象，研究的主要目标包括以下4个方面。

(1) 利用稳定同位素技术分析不同水生生物的碳、氮稳定同位素的季节变化特征；

(2) 构建白鹤湖食物网结构及研究不同食源对白鹤的贡献率；

(3) 利用多元回归分析和通径系数分析研究不同环境变量对白鹤主要食源碳、氮稳定同位素的影响；

(4) 分析白鹤主要食源的生物量对水深梯度的响应。

5.1 研究内容与方法

5.1.1 样品采集与样品处理

2017 年春季（4 月和 5 月）和秋季（9 月和 10 月）在白鹤湖采集水生生物样品（图 5-1），采样点的信息如图 5-2 和表 5-1 所示。

图 5-1　水生生物样品采集

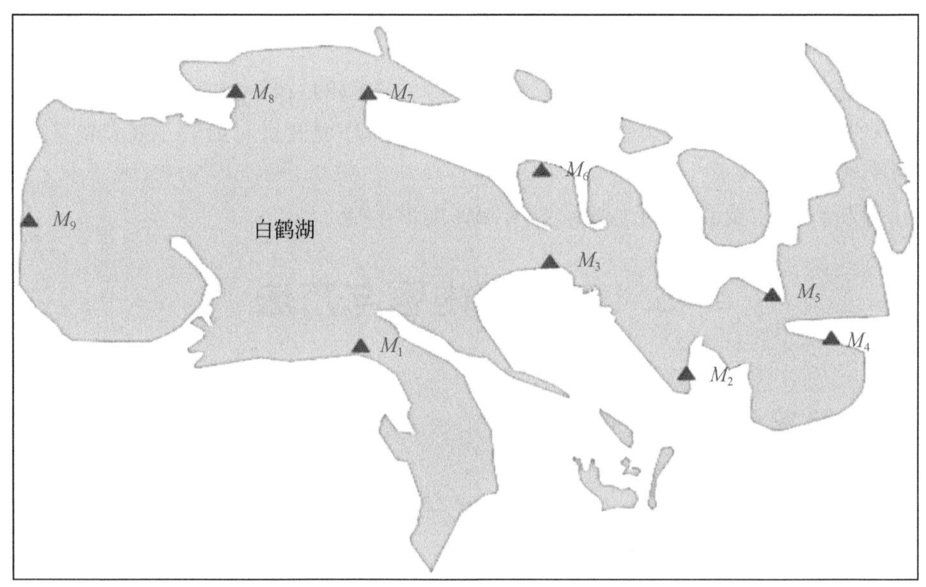

图 5-2　莫莫格国家级自然保护区地理位置及采样点分布图

表 5-1　采样点基本信息

采样点位	北纬	东经	土地利用特征
M_1	45°53′38. 90″	123°39′44. 86″	农田
M_2	45°53′14. 75″	123°43′42. 13″	农田、出水口
M_3	45°54′30. 38″	123°41′51. 50″	农田、村庄
M_4	45°53′48. 05″	123°45′34. 13″	农田、村庄
M_5	45°54′13. 14″	123°44′45. 67″	农田、入水口
M_6	45°55′24. 24″	123°41′40. 92″	畜禽养殖
M_7	45°55′53. 65″	123°39′47. 56″	农田
M_8	45°55′54. 59″	123°38′49. 20″	农田
M_9	45°54′57. 78″	123°36′26. 64″	村庄

1）浮游藻类和浮游动物

浮游藻类取样采集 10 L 水样至塑料桶（如有较多泥沙，需沉淀 10 min），取 1000 mL 上清液至 1 L 塑料瓶，加 15 mL 鲁氏碘液，摇动，用于鉴定浮游藻类。浮游动物取样取 10 L 水样过 25 号浮游生物网，至 20 mL 塑料瓶，样品加 0. 5 ~1. 0 mL 甲醛固定。

浮游藻类和浮游动物取生物个体的全体，所有样品首先用匀浆机磨成均质浆状，然后经过冷冻干燥得到干粉状样品。称取约 100 mg 生物样品，加入约 10 mL 甲醇振荡并静置一晚用于去除生物样品中的脂肪（脂肪会影响碳稳定同位素丰度的测定），受甲醇浸泡过的样品再用约 10 mL 甲醇洗一次，并在 60℃ 下烘干且稳定 48h。准确称取 0. 5 mg 处理好的样品，将其装在锡制的胶囊中，并将胶囊压实成锡球（其间不留空气）。

2）底栖藻类

若基质为底泥，样方面积划定为 1.0 m × 1.0 m，然后取底栖藻类；若基质为石头、木头或是水草等基质，固定采样面积（如两个瓶盖），刷去瓶盖以外表面部分，将留下的瓶盖内的底栖藻类全部取至塑料瓶中，记录采样面积，如样品量较少可适当增大采样面积，务必记录采样面积。加 50 mL 蒸馏水和 3% ~5% 甲醛保存，冰盒保存后带回实验室。

用蒸馏水清洗除去表面黏附杂物即可作干燥处理。干燥采用冷冻干燥机于-20℃下冻干两次，每次 6 h。首次冻干后，用 10% 的盐酸浸泡 3 h。浸泡后，用滤纸尽量吸干样品里的残留盐酸，进行再次冻干后即可研磨。最后将其装在锡制的胶囊中，并将胶囊压实成锡球（其间不留空气）。

3）底栖动物

使用不锈钢抓斗式采样器具有明显的优越性。使用不锈钢抓斗式采样器，每个采样点采集 3 ~4 次，以减少随机误差，一次采集面积为 0.045 m^2。采集的泥样用 200 μm 的不锈钢筛过滤，用镊子挑取螺类等全部底栖动物，至 60 mL 塑料瓶中，加入 5% 甲醛溶液保存，并记录采样面积。带回实验室进行鉴定分析。优势种类鉴定到种，其他种类至少鉴定到属。底栖动物每个样点按不同种类准确称重，要求标本表面水分已用吸水纸吸干，软体动物外套腔内的水分已从外面吸干。

冷冻样品在实验室解冻后，螺类和蚌类取腹足肌肉组织，置于 60℃ 的烘箱烘 48 h 以上，然后用石英研钵研磨成细粉末状，并加入 10% 的盐酸酸化处理后再烘干，最后装在锡制的胶囊中，并将胶囊压实成锡球（其间不留空气）。

4）大型水生植物

选取典型样带，样方大小为 2.0m×2.0m。在采样点，将铁夹完全张开，投入水中，待铁夹沉入水底后将其关闭，拉出后倒出网内植物。去除枯死的枝、叶及杂质，放入有编号的自封样品袋中，置于冰盒中运回实验室。

冷冻样品在实验室解冻后，每个样品由 10 株植物的叶子混合而成。所有的样品用蒸馏水冲洗几次以除去附着的碎屑物，在 60℃ 的烘箱烘 48 h 以上，然后研磨成细粉末状，最后将其装在锡制的胶囊中，并将胶囊压实成锡球（其间不留空气）。

5）鱼类

采用渔民捕鱼的渔网进行鱼类采样，采集后放入自封塑料袋中，置于冰盒中运回实验室。在称重过程中，所有的样品鱼应保持标准湿度，以免因失重而造成误差。鱼体重量单位以 g 表示。

冷冻样品在实验室解冻后，在剥取肌肉组织前，先测定每个个体的体长和体重。对于鱼类，选择大小相近的 5 ~10 个体，从每个个体上剥取相等重量的肌肉组织混合成 1 个样品。样品置于 60℃ 的烘箱烘 48h 以上，然后用石英研钵研磨成细粉末状，并加入 10% 的盐酸酸化处理后再烘干，最后将其装在锡制的胶囊中，并将胶囊压实成锡球（其间不留空气）。

6）白鹤

获得林业部门的许可后。首先用酒精棉球对白鹤翅下肱静脉处进行消毒，然后使用一次性采血针（规格为 28G）刺破翅下肱静脉，最后用 20μL 的毛细管多次吸取静脉血 0.2mL，保存于 1.5mL 采血管内，共收集健康血液样品 10 份。

首先用离心机低速离心，保证离心管管壁和盖上的血液样品沉到底部。为防止血液外溅并保证真空条件下水分升华，使用封口膜将离心管口封上，用无菌针在膜上扎 10 个左右通气孔。然后置于真空冷冻干燥机（Alpha 1-2 LD plus，Germany）中干燥 12～24h（Ogden，2004）。最后，将样品研磨成均匀的粉末并置于干燥的离心管中。

5.1.2 稳定同位素分析

稳定同位素由中国农业科学院环境稳定同位素实验室测定。使用元素分析仪（Flash 200，Thermo Fisher Scientific，USA）和稳定同位素质谱仪（Thermo Scientific MAT 253，Finnigan，Germany）测定所有处理的样品的 $\delta^{13}C$ 和 $\delta^{15}N$ 含量。

生物组织中的碳稳定同位素比值（$^{13}C/^{12}C$）与其食物较接近（分馏值为 1.0‰～2.0‰），可以提供一个长期的摄食信息，因此常用来确定消费者的食物来源。消费者和食物间的 $\delta^{15}N$ 差异就是营养分馏，随着营养级增加，$\delta^{15}N$ 值不断增加，氮稳定同位素比值（$^{15}N/^{14}N$）会在生物体内形成比其食物高出 3.0‰～4.0‰的富集效应，可以用来估测消费者的营养级，通过比较消费者与基准生物的 $\delta^{15}N$ 及其在营养级之间的富集常数可以计算出营养级位置。计算公式为

$$\delta^{13}C(‰)=\left(\frac{^{13}C/^{12}C_{sample}}{^{13}C/^{12}C_{VPDB}}-1\right)\times 1000 \tag{5-1}$$

$$\delta^{15}N(‰)=\left(\frac{^{15}N/^{14}N_{sample}}{^{15}N/^{14}N_{air}}-1\right)\times 1000 \tag{5-2}$$

式中，$^{13}C/^{12}C_{VPDB}$ 为国际标准物（Vienna Pee Dee Belemnite，VPDB）的碳稳定同位素比值；$^{13}C/^{12}C_{sample}$ 为所采集样品的稳定同位素比值。$^{15}N/^{14}N_{air}$ 为标准大气氮稳定同位素比值；$^{15}N/^{14}N_{sample}$ 代表所采集样品的稳定同位素比值。

5.1.3 消费者营养级

营养级关系是群落内各生物成员之间最重要的联系，是群落赖以生存的基础，也是了解生态系统能量流动的核心。消费者和食物间的 $\delta^{15}N$ 差异就是营养分馏，随着营养级增加，氮稳定同位素比值（$^{15}N/^{14}N$）会在生物体内形成比其食物高出 3.0‰～4.0‰的富集效应，所以可以用来估测食物网中消费者的营养级，计算公式为

$$\text{Trophic Level}=\lambda+\frac{\delta^{15}N_{consumer}-\delta^{15}N_{baseline}}{\Delta\delta^{15}N} \tag{5-3}$$

式中，$\delta^{15}N_{baseline}$ 为生态系统食物网中初级生产者或初级消费者的氮稳定同位素比率（当 $\lambda=1$ 时，$\delta^{15}N_{baseline}$ 为初级生产者的 $\delta^{15}N$ 值；当 $\lambda=2$ 时，$\delta^{15}N_{baseline}$ 为初级消费者的 $\delta^{15}N$ 值；当消费者的营养级大于 2 时，营养级通常是非整数值），$\delta^{15}N_{consumer}$ 为消费者的氮稳定同位素比率，$\Delta\delta^{15}N$ 为营养级转移期间的富集值（平均值大约为 3.4‰）。因此在本章，3.4‰作为基线值（Post，2002），因底栖动物取食范围较固定，个体寿命较长，可以避免浮游生物稳定同位素特征值因季节变化而引起的影响，故在营养级分析中常选取底栖动物为食物链

基线生物（Vander and Rasmussen，1999）。本章以中国圆田螺（*Cipangopaludina chinensis*）（初级消费者）作为基线生物来计算白鹤湖各消费者的营养级，因此，λ 的值等于 2。

物种间稳定同位素差异性用 SPSS 20.0 软件中的单因素方差分析（one-way ANOVA with Tukey test）来计算，以 $p<0.01$ 作为差异显著水平。所有统计值以平均值±标准误差（Mean±SE）来表示。

5.1.4 数据分析

1）白鹤食源分析

利用 IsoSource 线性混合模型估算基于稳定同位素的每种白鹤食物来源的相对贡献率（图 5-3）。IsoSource 线性混合模型可以用于计算每种食物来源对消费者的贡献率，其原理是基于质量守恒定律：

$$\delta J_M = f_A \delta J_A + f_B \delta J_B \\ 1 = f_A + f_B \tag{5-4}$$

式中，J_M 为消费者 M 的 J 稳定同位素比例；A 和 B 为食物资源；f 为食物资源对消费者的贡献率。

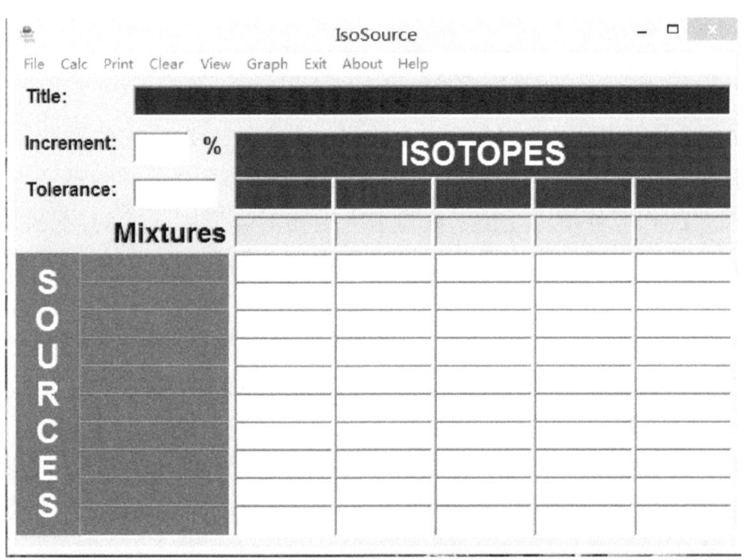

图 5-3 IsoSource 模型界面

当食物资源有多种时，可通过测定多种同位素组成来判定食物资源的贡献度比例，例如，当有 3 种食物资源时，可利用同位素质量平衡方程确定 3 种食物资源的相对贡献：

$$\delta J_M = f_A \delta J_A + f_B \delta J_B + f_C \delta J_C \\ \delta K_M = f_A \delta K_A + f_B \delta K_B + f_C \delta K_C \\ 1 = f_A + f_B + f_C \tag{5-5}$$

式中，J_M 和 K_M 为消费者 M 的两种稳定同位素 J 和 K 的比值；A、B 和 C 为食物资源；f 为食物资源对消费者的贡献率。本章利用 Phillips 和 Gregg（2003）基于质量守恒原理反复叠加编写的 IsoSource 线性混合模型来计算每种食物资源对消费者的贡献率。

计算时按照指定的增量范围（increment）叠加运算出资源所有可能的百分比组合（和为 100%），每一个组合的加权平均值与混合物（消费者）实际测定的同位素值进行比较，将给定忍受范围（tolerance）内（± 0. 1‰）的组合认定为可行解。在所有可行解中，对每种资源贡献百分比的出现频率进行分析，得到饵料生物的贡献比例。

$$\text{组合数量}=\frac{(100/i)+(S-1)}{S-1}=\frac{[(100/i)+(S-1)]!}{(100/i)!\ (S-1)!} \tag{5-6}$$

式中，i 为增量范围（increment）（%）；S 为食物资源数量。

2）基于高斯模型的白鹤主要食源对水深梯度的响应

在大多数情况下，水生生物与环境因子之间的关系满足非线性关系中的二次曲线模型，其中最具代表性的是高斯模型（Gaussian model）。高斯模型是正态曲线，意味着水生生物的生态指数随着环境因子值的增加而增加。当环境因子增加到一定值时，水生生物的生态指标达到最大值，称为水生生物的最佳值。然后，当环境因子值继续增加时，水生生物的生态指标逐渐减少，直至最终消失。本章利用 Origin 2017 软件分析白鹤主要食源对水深梯度的响应特征，高斯模型公式为

$$y=y_0+A\exp\left[-\frac{1}{2}(x-x_0)^2/w^2\right] \tag{5-7}$$

式中，y 为白鹤的食物资源的生态特征（生物量）；y_0 和 A 为公式的系数，y_0 和 A 之和的生态意义为 y 指标在环境因子 x 最适点的最大值；x_0 为环境因子 x 的最适点，即相应生态指标达到最大值时的相应环境因子值；w 为水生生物对环境因子 x 的耐受程度，是描述水生生物生态振幅的指标。通常，水生生物的适宜水深范围是 $[x_0-2w,\ x_0+2w]$，最适水深范围是 $[x_0-w,\ x_0+w]$。

3）不同环境变量对白鹤主要食源碳、氮稳定同位素的影响的通径系数分析

通径系数分析是研究变量间相互关系以及自变量 X 对因变量 Y 作用方式、程度的多元统计分析技术。通径系数分析是在多元回归的基础上将相关系数进行分解，采用直接通径系数、间接通径系数及总通径系数分别表示某一变量 X 对因变量 Y 的直接影响、间接影响和总影响。通径系数分析不要求变量之间相互独立。通径系数可以通过求解以下方程获得：

$$\begin{cases} P_1+r_{12}P_2+r_{13}P_3+\cdots+r_{1k}P_k=r_{1y} \\ r_{21}P_1+P_2+r_{22}P_3+\cdots+r_{2k}P_k=r_{2y} \\ \vdots \\ r_{k1}P_1+r_{k2}P_2+r_{k3}P_3+\cdots+P_k=r_{ky} \end{cases} \tag{5-8}$$

式中，r_{ij}为因素 X_i 与因素 X_j 的简单相关系数（皮尔逊相关系数）；r_{iy}为因素 X_i 与因变量 Y 的简单相关系数，也称因素 X_i 对因变量 Y 的总影响；P_i 为直接通径系数，表示因素 X_i 对

因变量 Y 的直接影响，通过求解多元线性方程获得；$r_{ij}P_j$ 为间接通径系数，表示 X_i 通过 X 对因变量 Y 的间接影响效应；$r_{iy}P_i$ 表示因素 X_i 对因变量 Y 的总贡献。

决定系数表示相关因素对因变量 Y 的相对决定程度，包括单因素和双因素共同对因变量 Y 的决定作用，计算公式为

$$d_i = P_i^2$$
$$d_{ij} = 2P_i r_{ij} P_j \tag{5-9}$$

式中，d_i 为因素 X_i 对因变量 Y 的决定系数；d_{ij}为因素 X_i 和因素 X_j 共同对因变量 Y 产生影响的决定系数。

而剩余项的通径系数 e 表示为

$$e = \sqrt{1-d} \tag{5-10}$$

若 e 数值较大，就表明误差较大或还有其他更重要的因素没有考虑在内。

在本章研究中，基于 SPSS 20.0 软件，应用通径系数分析反映环境变量之间的相互作用对白鹤主要食源的碳、氮稳定同位素产生的不同效应。

5.2 研究结果

5.2.1 白鹤湖水生生物的碳、氮稳定同位素季节特征

2017 年春季（4 月和 5 月）和秋季（9 月和 10 月）从白鹤湖采集到 14 类优势水生生物样品，其中，包括 6 类初级生产者（浮游藻类、底栖藻类、芦苇、水烛、扁秆荆三棱和三江藨草），5 类初级消费者（河蚌（Mussel）、东北田螺、浮游动物、摇蚊科幼虫和蜻蜓目））和 3 类次级消费者（葛氏鲈塘鳢、龙虱和白鹤），表 5-2 和图 5-4 为水生生物的 $\delta^{13}C$ 和 $\delta^{15}N$ 值。结果表明，初级生产者的 $\delta^{13}C$ 和 $\delta^{15}N$ 值在春季和秋季分别为 −29.18‰ ~ −25.84‰（春季）、−28.81‰ ~ −25.36‰（秋季）、2.37‰ ~ 7.75‰（春季）和 2.59‰ ~ 7.83‰（秋季）（表 5-2 和图 5-4）。初级生产者之间的 $\delta^{13}C$ 和 $\delta^{15}N$ 值在春季和秋季分别存在显著性差异（one-way ANOVA，春季，$\delta^{13}C$：$F=4.682$，$p=0.005$，$\delta^{15}N$：$F=60.759$，$p=0.000$；秋季，$\delta^{13}C$：$F=8.186$，$p=0.000$，$\delta^{15}N$：$F=26.384$，$p=0.000$）。初级消费者的 $\delta^{13}C$ 和 $\delta^{15}N$ 值在春季和秋季分别为 −30.87‰ ~ −24.87‰（春季）、−28.78‰ ~ −25.57‰（秋季）、2.56‰ ~ 9.11‰（春季）和 3.28‰ ~ 9.17‰（秋季）（表 5-2 和图 5-4）。初级消费者之间的 $\delta^{13}C$ 值在春季和秋季都没有显著性差异（one-way ANOVA，春季：$F=3.047$，$p=0.021$；秋季：$F=1.769$，$p=0.143$），但是初级消费者之间的 $\delta^{15}N$ 值在春季和秋季分别存在显著性差异（one-way ANOVA，春季：$F=50.725$，$p=0.000$；秋季：$F=46.099$，$p=0.000$）。次级消费者的 $\delta^{13}C$ 和 $\delta^{15}N$ 值在春季和秋季分别为 −28.74‰ ~ −25.24‰（春季）、−28.59‰ ~ −25.11‰（秋季）、5.33‰ ~ 13.46‰（春季）和 4.87‰ ~ 13.59‰（秋季）（表 5-2 和图 5-4）。次级消费者之间的 $\delta^{13}C$ 值在春季和秋季都没有显著性差异（one-way ANOVA，春季：$F=2.434$，$p=0.098$；秋季：$F=3.784$，$p=0.029$），而对于次级消费者的 $\delta^{15}N$ 值，在春季和秋季分别表现出显著性差异（one-way ANOVA，春

季：$F=17.162$，$p=0.000$；秋季：$F=16.097$，$p=0.000$）。

表 5-2　白鹤湖 14 种水生生物的碳、氮稳定同位素特征（平均值±SE）

分类	物种	季节	δ^{13}C±SE/‰	范围/‰	δ^{15}N ± SE/‰	范围/‰
初级生产者	浮游藻类	春季	−27.85±0.76	−28.85 ~ −26.48	3.35 ± 0.77	2.37 ~ 4.85
		秋季	−27.59 ± 0.46	−28.32 ~ −26.48	3.46 ± 0.71	2.59 ~ 4.89
	底栖藻类	春季	−27.98±0.80	−28.89 ~ −26.65	4.65 ± 0.68	3.49 ~ 5.73
		秋季	−27.74±0.47	−28.37 ~ −26.55	4.50 ± 0.95	3.61 ~ 7.03
	芦苇	春季	−27.17 ± 0.75	−29.18 ~ −25.84	5.65 ± 0.75	4.52 ~ 6.73
		秋季	−26.83 ± 0.56	−27.45 ~ −25.56	5.08 ± 0.89	3.93 ~ 6.82
	水烛	春季	−27.77 ± 0.33	−28.88 ~ −27.23	6.65 ± 0.77	4.67 ~ 7.75
		秋季	−27.42 ± 0.71	−28.81 ~ −25.54	6.38 ± 0.95	4.66 ~ 7.83
	扁秆荆三棱	春季	—	—	—	—
		秋季	−26.92 ± 0.68	−28.09 ~ −25.36	5.70 ± 0.81	4.26 ~ 7.29
	三江藨草	春季	—	—	—	—
		秋季	−26.80 ± 0.67	−27.67 ~ −25.54	5.98 ± 0.85	4.51 ~ 7.48
初级消费者	河蚌	春季	−26.95 ± 0.87	−28.32 ~ −25.44	7.15 ± 0.33	6.41 ~ 7.73
		秋季	−26.81 ± 0.66	−28.64 ~ −25.57	7.23 ± 0.74	6.11 ~ 8.63
	东北田螺	春季	−27.35 ± 0.62	−28.64 ~ −26.02	6.79 ± 0.90	5.31 ~ 9.11
		秋季	−27.12 ± 0.70	−28.56 ~ −25.71	7.11 ± 0.86	5.97 ~ 9.17
	浮游动物	春季	−26.90 ± 0.72	−28.52 ~ −25.69	5.51 ± 0.45	4.68 ~ 6.19
		秋季	−26.70 ± 0.63	−28.28 ~ −25.73	5.61 ± 0.38	4.86 ~ 5.97
	摇蚊科幼虫	春季	−28.11 ± 1.74	−30.77 ~ −24.87	4.26 ± 0.94	2.56 ~ 6.17
		秋季	−27.21 ± 0.70	−28.78 ~ −25.94	4.60 ± 0.94	3.76 ~ 7.13
	蜻蜓目	春季	−27.87 ± 1.85	−30.87 ~ −23.85	4.32 ± 1.02	2.69 ~ 6.69
		秋季	−27.01 ± 0.58	−27.85 ~ −26.24	4.61 ± 0.87	3.28 ~ 6.79
	葛氏鲈塘鳢	春季	−27.54 ± 0.80	−28.74 ~ −26.02	7.43 ± 1.76	5.33 ~ 10.58
		秋季	−27.31 ± 0.67	−28.59 ~ −26.33	7.54 ± 1.82	4.87 ~ 10.88
	龙虱	春季	−26.98 ± 0.71	−28.49 ~ −25.68	9.34 ± 0.44	8.67 ~ 9.87
		秋季	−26.72 ± 0.86	−28.32 ~ −25.37	9.41 ± 0.67	8.16 ~ 10.51
	白鹤	春季	−26.94 ± 1.10	−28.49 ~ −25.24	10.47 ± 1.93	5.48 ~ 13.46
		秋季	−26.64 ± 0.78	−27.77 ~ −25.11	10.61 ± 1.96	6.74 ~ 13.59

注：春季不是扁秆藨草和三江藨草的生长季

白鹤湖主要初级生产者分为两类：微型藻类和 C3 植物。根据 C3 植物和 C4 植物 δ^{13}C 组成的区别，C3 植物组成通常处于−34‰ ~ −23‰，C4 植物组成通常处于−22‰ ~ −6‰（丁喜桂等，2011；宋正城等，2019），可知白鹤湖主要优势植物如芦苇、水烛、扁秆荆三棱和三江藨草均属于 C3 植物。微型藻类主要包括浮游藻类和底栖藻类，研究发现所有

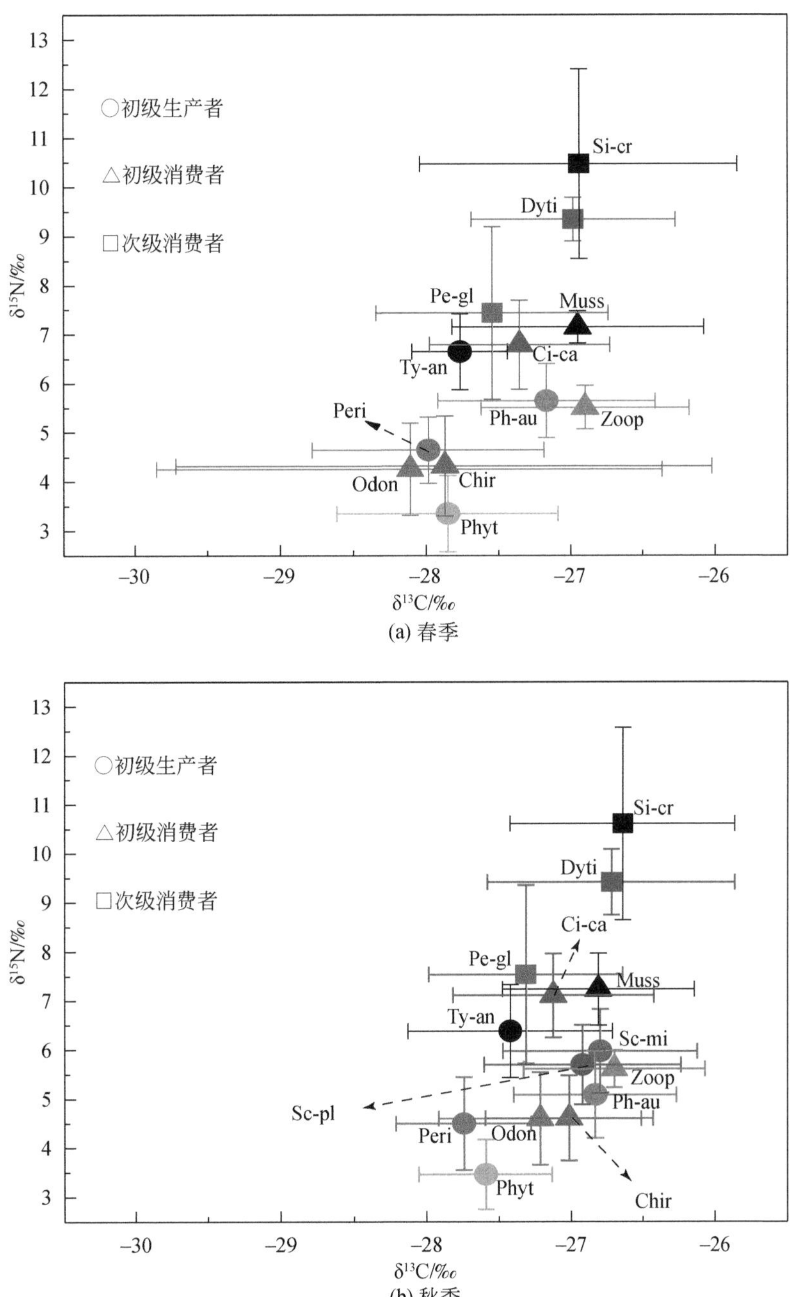

(a) 春季

(b) 秋季

图 5-4　白鹤湖水生生物的碳、氮稳定同位素特征

注：Ty-an：水烛（大型水生植物）；Ph-au：芦苇（大型水生植物）；Peri：底栖藻类；Phyt：浮游藻类；Sc-mi：三江藨草（大型水生植物）；Sc-pl：扁秆藨草（大型水生植物）；Muss：河蚌（底栖动物）；Zoop：浮游动物；Ci-ca：东北田螺（底栖动物）；Chir：摇蚊科幼虫（底栖动物）；Odon：蜻蜓目（底栖动物）；Si-cr：白鹤（鸟类）；Dyti：龙虱（底栖动物）；Pe-gl：葛氏鲈塘鳢（鱼）

消费者的 $\delta^{13}C$ 值与浮游藻类和底栖藻类的 $\delta^{13}C$ 值较为接近，表明白鹤湖中的浮游藻类和底栖藻类是食源构成的重要部分。此外，初级生产者的 $\delta^{13}C$ 值范围为-29.18‰～-25.84‰（春季），-28.81‰～-25.36‰（秋季），且存在显著性差异（$p<0.01$），这是因为光合作用的途径不同，不同初级生产者吸收碳源的时候存在同位素分馏。白鹤湖大型水生植物的 $\delta^{15}N$ 值（春季：5.65‰ ± 0.75‰～6.65‰ ± 0.77‰；秋季：5.08‰ ± 0.89‰～6.38‰ ± 0.95‰）与青藏高原纳木措湖和羊卓雍湖中的大型水生植物的 $\delta^{15}N$ 值相比较高（2.00‰～4.00‰）（Xu et al.，2016），也高于 Ridzuan 等（2017）对 Belum-Temengor 森林系统河流大型水生植物的研究（2.00‰ ± 1.23‰）。白鹤湖浮游动物的 $\delta^{15}N$ 值（春季：5.51‰ ± 0.45‰；秋季：5.61‰ ± 0.38‰）与同处中国高纬度地区（黑龙江）的小兴凯湖中的浮游动物的 $\delta^{15}N$ 值相近（5.99‰ ± 0.71‰），但与小兴凯湖临近的大兴凯湖中的浮游动物的 $\delta^{15}N$ 值相差较大（3.74‰ ± 0.20‰）（袁宇翔，2018），表明浮游动物在白鹤湖湿地生态系统中的营养层次相对较高。本章研究中的底栖动物的 $\delta^{13}C$ 和 $\delta^{15}N$ 值（-28.11‰ ± 1.74‰～-26.72‰ ± 0.86‰；4.26‰ ± 0.94‰～7.23‰ ± 0.74‰）与小兴凯湖中的底栖动物的 $\delta^{13}C$ 和 $\delta^{15}N$ 值（-29.82‰ ± 0.12‰～-24.16‰ ± 5.31‰；5.31‰± 0.21‰～10.90‰ ± 0.83‰）相比较低（袁宇翔，2018），这种差异可能是地理环境和生态系统不同造成的（丁薇等，2016）。

5.2.2 白鹤湖食物网的季节变化特征

本章利用 IsoSource 线性混合模型估算基于碳、氮稳定同位素的白鹤湖主要食源对各级消费者的主要贡献率的季节变化特征（图 5-5 ～图 5-8），并以此为基础构建以白鹤（*Grus leucogeranus*）为关键物种的白鹤湖食物网结构（图 5-9 和图 5-10）。其中，沉积物、底栖藻类、浮游藻类和大型水生植物是驱动白鹤湖食物网物质和能量流转的主要动力。在春季，作为顶级消费者的白鹤主要有 3 种碳源（葛氏鲈塘鳢、东北田螺和水烛）；葛氏鲈塘鳢主要有 3 种碳源（浮游动物、底栖藻类和浮游藻类）；龙虱主要有 4 种碳源（芦苇、水烛、底栖藻类和沉积物）；河蚌主要有 3 种碳源（浮游动物、浮游藻类和沉积物）；东北田螺主要有 3 种碳源（底栖藻类、浮游藻类和沉积物）；浮游动物有一种碳源（浮游藻类）。从能量流动的途径来看，底栖藻类对葛氏鲈塘鳢、龙虱和东北田螺的碳源贡献最高，分别为 36.2% ± 14.6%、34.2% ± 13.8% 和 37.2% ± 8.6%；浮游藻类对河蚌和浮游动物的碳源贡献最高，分别为 37.1% ± 16.2% 和 83.9% ± 9.2%；水烛对白鹤的碳源贡献最高，为 58.4% ± 9.3%。在秋季，白鹤主要有 5 种碳源（葛氏鲈塘鳢、东北田螺、水烛、扁秆荆三棱和三江藨草）；葛氏鲈塘鳢主要有 5 种碳源（浮游动物、底栖藻类、浮游藻类、蜻蜓目和摇蚊科幼虫）；龙虱主要有 8 种碳源（蜻蜓目、摇蚊科幼虫、芦苇、水烛、扁秆荆三棱、三江藨草、底栖藻类和沉积物）；河蚌主要有 3 种碳源（浮游动物、浮游藻类和沉积物）；东北田螺主要有 3 种碳源（底栖藻类、浮游藻类和沉积物）；蜻蜓目主要有 1 种碳源（沉积物）；摇蚊科幼虫主要有 1 种碳源（沉积物）；浮游动物主要有 1 种碳源（浮游藻类）。从能量流动途径来看，沉积物对蜻蜓目和摇蚊科幼虫等底栖动物的碳源贡献最高，分别为 85.8% ± 10.4% 和 80.8% ± 14.5%；浮游藻类对河蚌、东北田螺和浮游动物的碳源贡献最高，分别为 44. 2% ± 17. 5%、37. 2% ± 13. 4% 和 81. 1% ± 13. 8%；蜻蜓目对龙虱的碳源贡献最高，为 28. 2% ±12. 4%；摇蚊科幼虫和蜻蜓目对葛氏鲈塘鳢的碳源贡献较高，分别为 33. 2% ±18. 5% 和 28. 2% ±10. 5%；三江藨草和扁秆荆三棱对白鹤的碳源贡献较高，分别为 62. 0% ±12. 7% 和 21. 2% ±17. 3%。

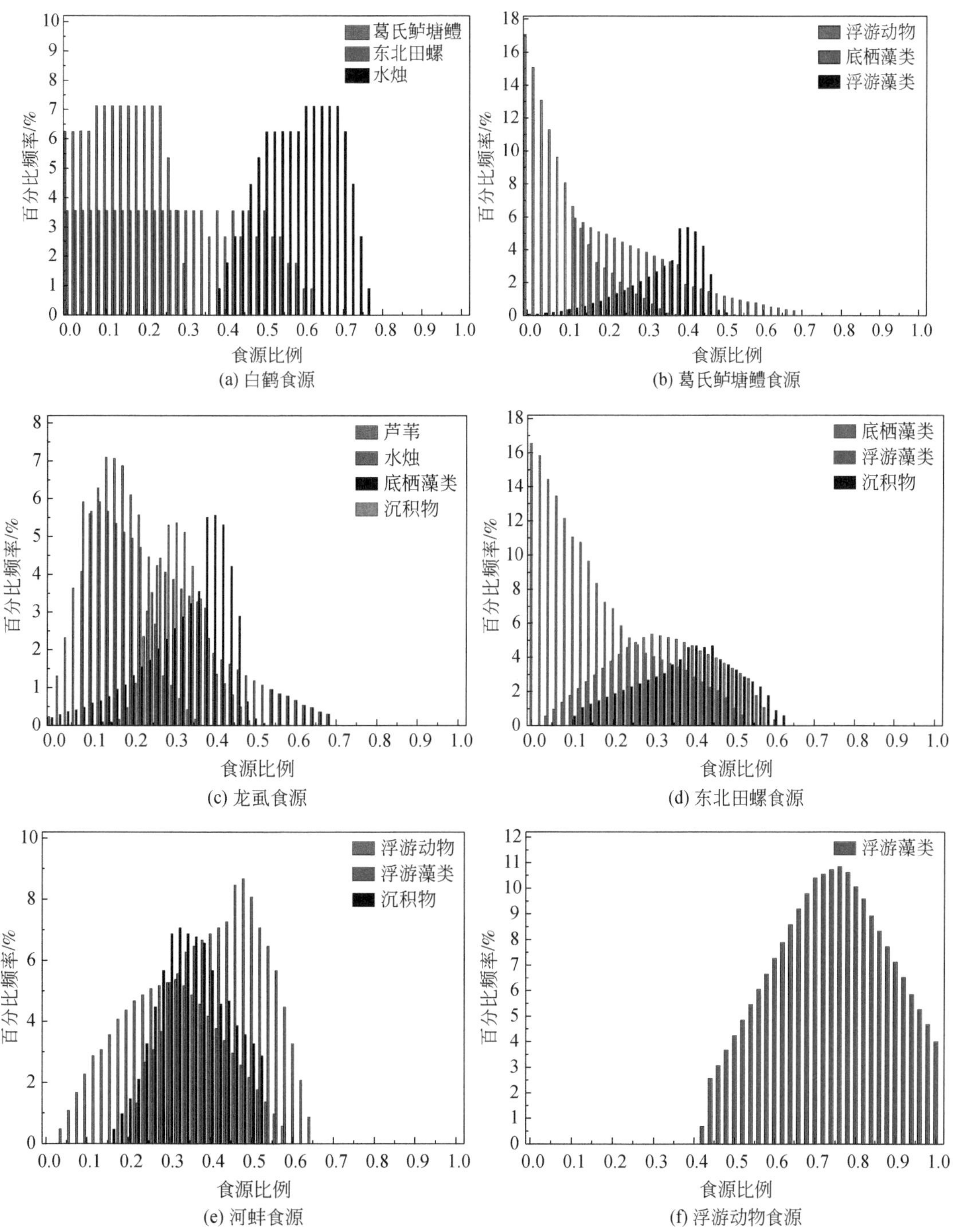

图 5-5　不同食源对白鹤湖水生消费者的贡献的频率分布图（春季）

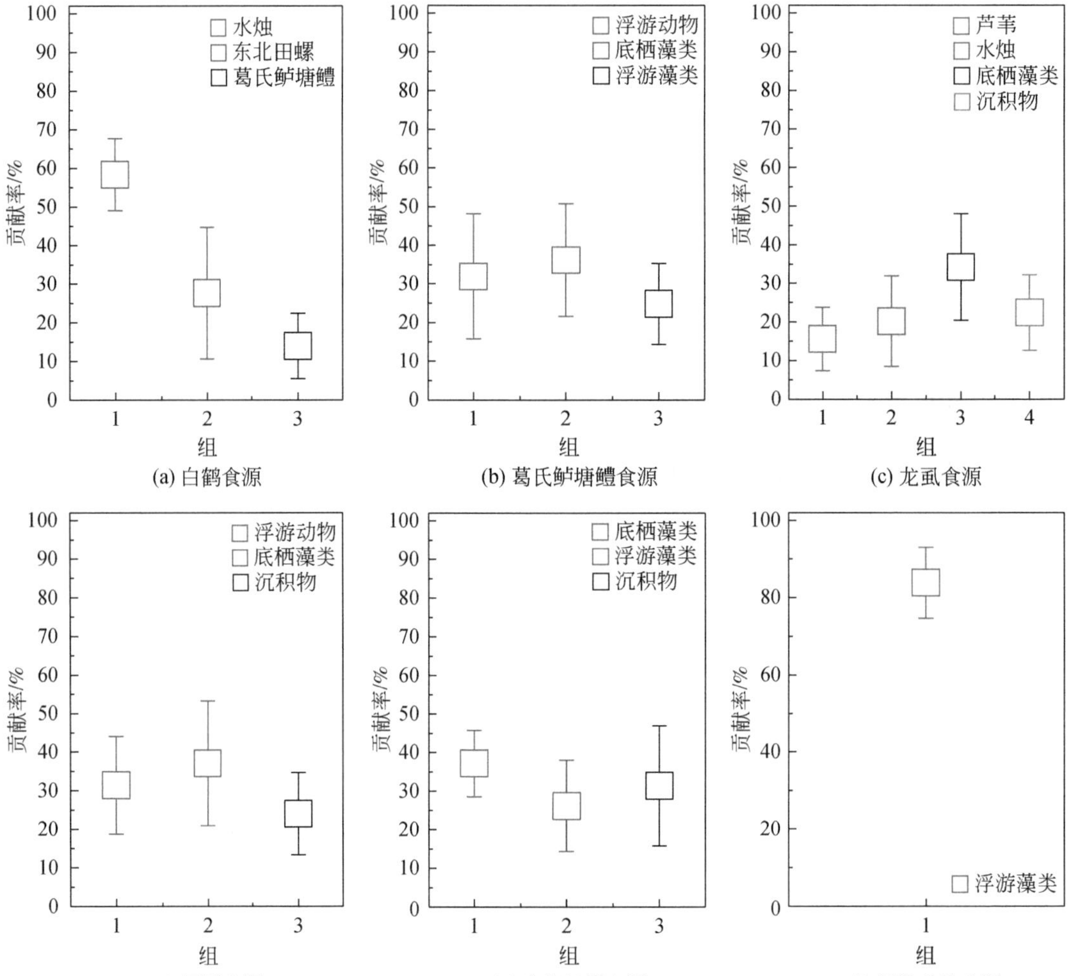

(a) 白鹤食源　(b) 葛氏鲈塘鳢食源　(c) 龙虱食源

(d) 河蚌食源　(e) 东北田螺食源　(f) 浮游动物食源

图 5-6　不同食源对白鹤湖水生消费者的贡献率（春季）

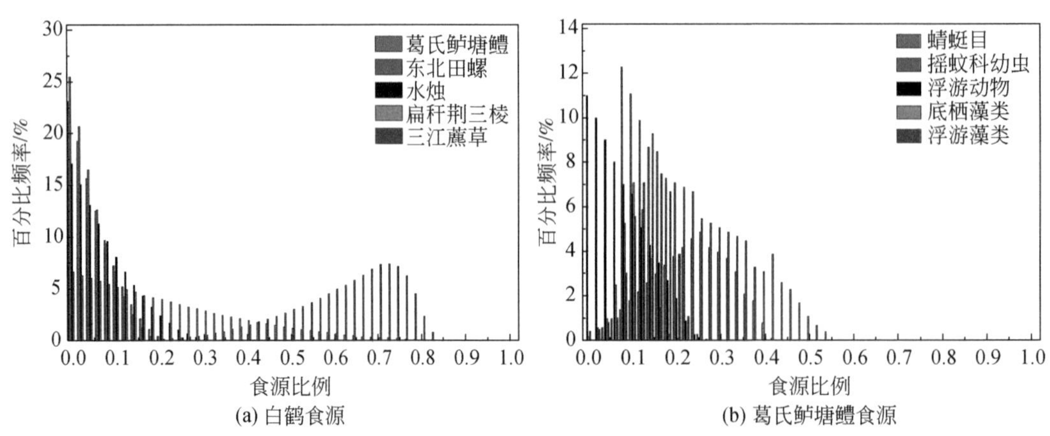

(a) 白鹤食源　(b) 葛氏鲈塘鳢食源

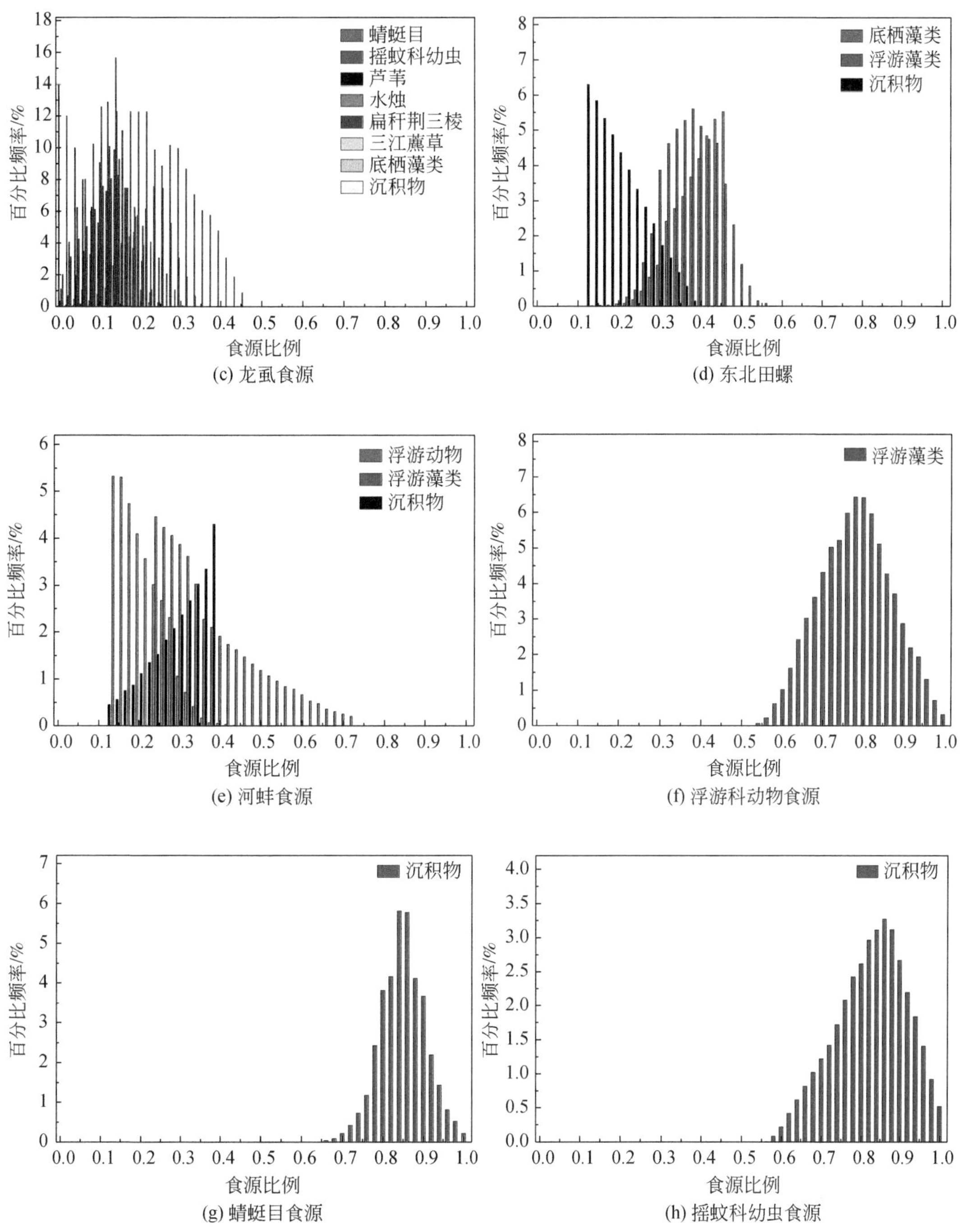

图 5-7　不同食源对白鹤湖水生消费者的贡献的频率分布图（秋季）

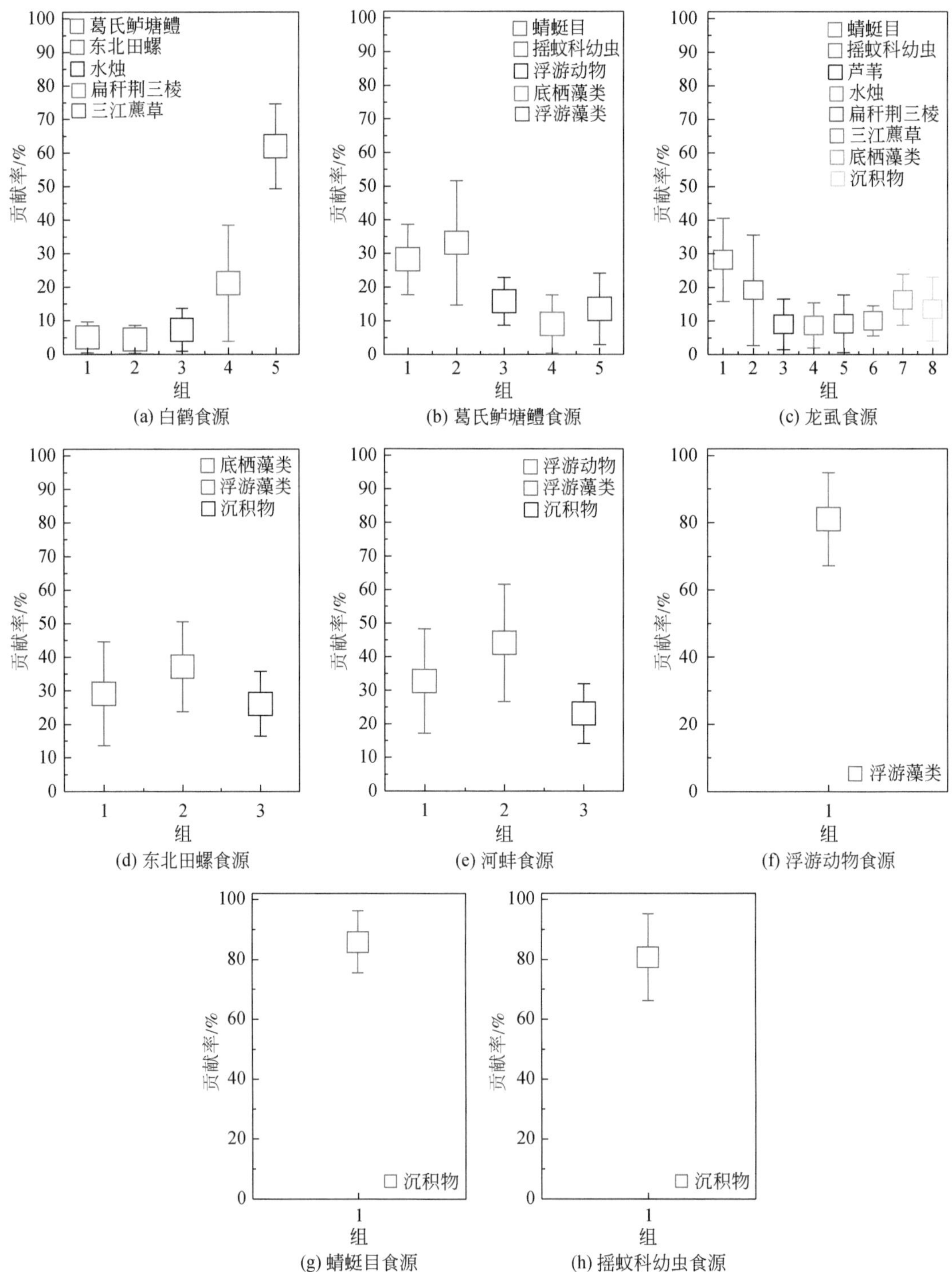

图 5-8　不同食源对白鹤湖水生消费者的贡献率（秋季）

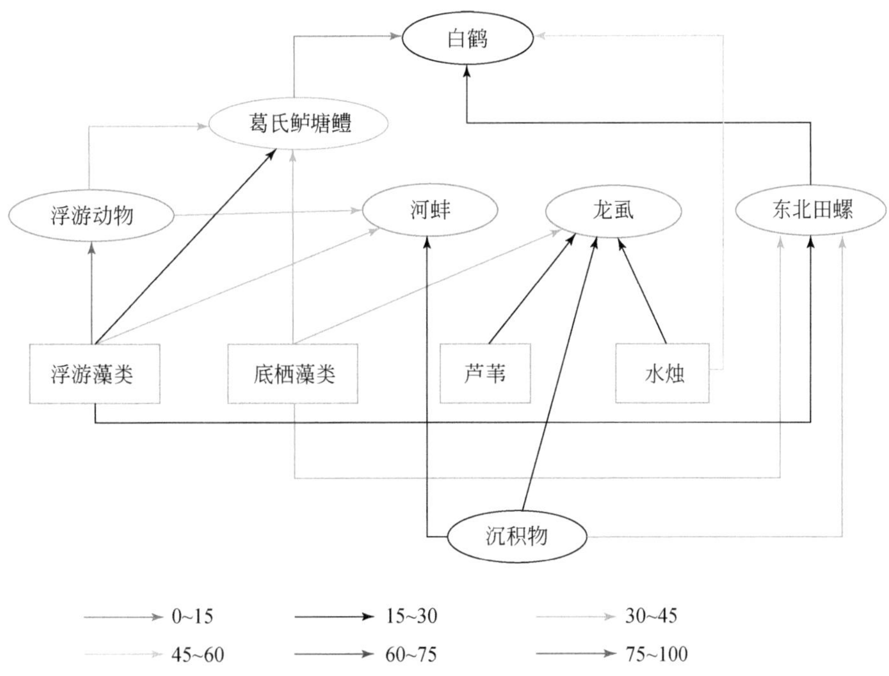

图 5-9　白鹤湖食物网模型构建（春季）

注：不同箭头形式表示不同食源贡献率/%

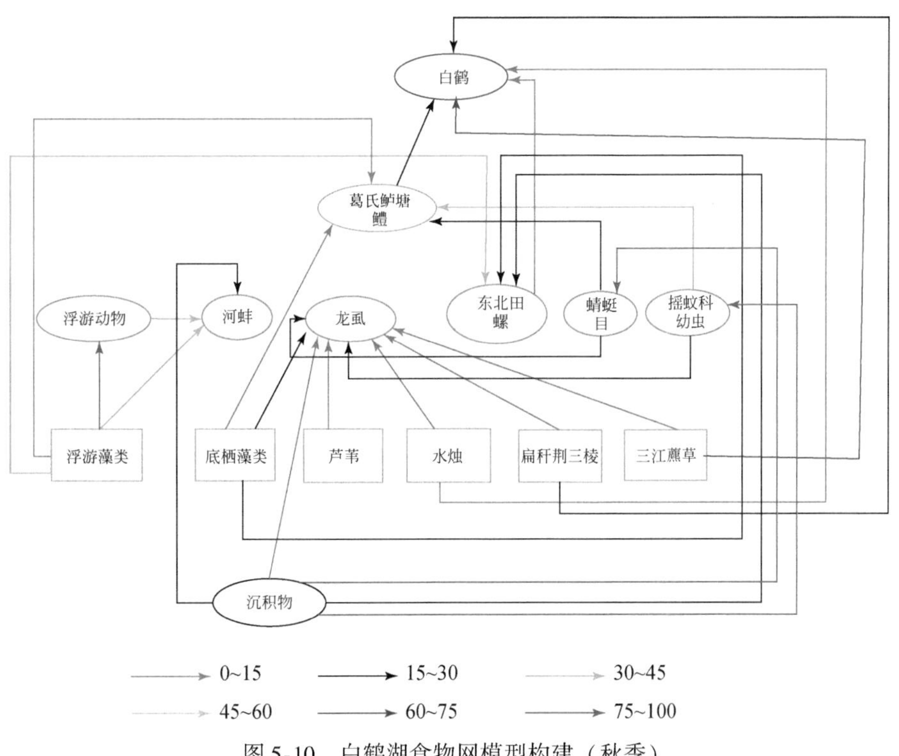

图 5-10　白鹤湖食物网模型构建（秋季）

注：不同箭头形式表示不同食源贡献率/%

稳定同位素技术已被证明可用于追踪水生食物网中营养结构的变化、物质循环和能量流动，稳定同位素提供了碳源、营养位置和能量利用的时间积分量度，并且在过去的三十年中极大地促进了食物网研究的发展（Minagawa and Wada，1984；Post et al.，2000）。由于碳稳定同位素（$\delta^{13}C$）与食物来源的相关性更高，而在代谢方面几乎没有区别，因此它们更适合用作食物来源的分析（Vander Zanden and Rasmussen，2001；Michener and Lajtha，2007；Cherel et al.，2010）。而氮稳定同位素（$\delta^{15}N$）则在代谢过程中通过同位素分馏随消费者营养位置的变化而变化（Fry and Sherr，1984；Fry，2006）。控制实验表明，动物的氮稳定同位素值（$\delta^{15}N$）与所消耗食物的氮稳定同位素值（$\delta^{15}N$）呈正相关，因此，氮稳定同位素值（$\delta^{15}N$）可作为营养位置的时间积分指标（Wada et al.，1991；Vander Zanden and Rasmussen，1999，2001）。基于这些分馏值，建立了稳定同位素混合模型以评估具有多种食物来源的食物网的营养结构（Phillips and Koch，2002；Deehr et al.，2014）。此外，多种稳定同位素的统一使用可以加强对各种食物来源的区分，特别是在不同来源重叠的情况下（Peterson et al.，1985；Masese et al.，2015）。因此，采样时应考虑时空模式，因为浮游藻类等初级生产者的稳定同位素组成可能随季节和空间而变化（Hadwen et al.，2010；Pingram et al.，2014）。

5.2.3 白鹤湖主要水生消费者的营养级

在本章中，以东北田螺作为白鹤湖能量传输途径的基线生物，对不同消费者的营养级位置进行了计算。由于 $\delta^{15}N$ 在食物网中的富集明显（通常为3.4‰），所以 $\delta^{15}N$ 更多地用于评价消费者在食物网中的营养级位置，白鹤湖主要消费者营养级组成见图5-11。在春季，白鹤、葛氏鲈塘鳢、河蚌、龙虱、蜻蜓目、摇蚊科幼虫和浮游动物的营养级分别为（平均值 ± SE）：3.08 ± 0.58、2.19 ± 0.52、2.11 ± 0.10、2.75 ± 0.13、1.27 ± 0.30、1.26 ± 0.28 和 1.62 ± 0.13。在秋季，白鹤、葛氏鲈塘鳢、河蚌、龙虱、蜻蜓目、摇蚊科幼虫和浮游动物的营养级分别为（平均值 ± SE）：3.03 ± 0.58、2.13 ± 0.53、2.04 ± 0.22、2.68 ± 0.20、1.27 ± 0.26、1.26 ± 0.28 和 1.56 ± 0.11。白鹤湖水生消费者之间的营养级存在着显著性差异（one-way ANOVA，春季：$F=72.938$，$p=0.000$；秋季：$F=63.717$，$p=0.000$）。研究结果表明：白鹤湖水生食物网中消费者营养级可分为三个等级，即东北田螺、蜻蜓目、摇蚊科幼虫和浮游动物处于消费者营养级的第一营养级；河蚌、龙虱和葛氏鲈塘鳢处于消费者营养级的第二营养级；白鹤则处于消费者营养级的第三营养级。

营养关系是生物群落之间最重要的联系，是了解生态系统能量流动的核心，也是生物群落生存的基础。氮稳定同位素常用于确定生物的营养水平，不同营养级别之间的营养富集量为3.4‰（Post，2002；Lemons et al.，2011）。在本章中，白鹤湖水生消费者的营养级分别为1.26 ± 0.28 ~ 3.08 ± 0.58（春季）和1.26 ± 0.28 ~ 3.03 ± 0.58（秋季），此外，春季和秋季的水生消费者营养级之间没有显著性差异（$p>0.01$）（图5-11）。一般来说，稳定的生态系统中，物种的营养级不会出现较大的波动。Yang（1982）对北海34种鱼类的平均营养级在1947 ~ 1977年的变化情况进行了研究，发现营养级的波动不大（3.62 ~

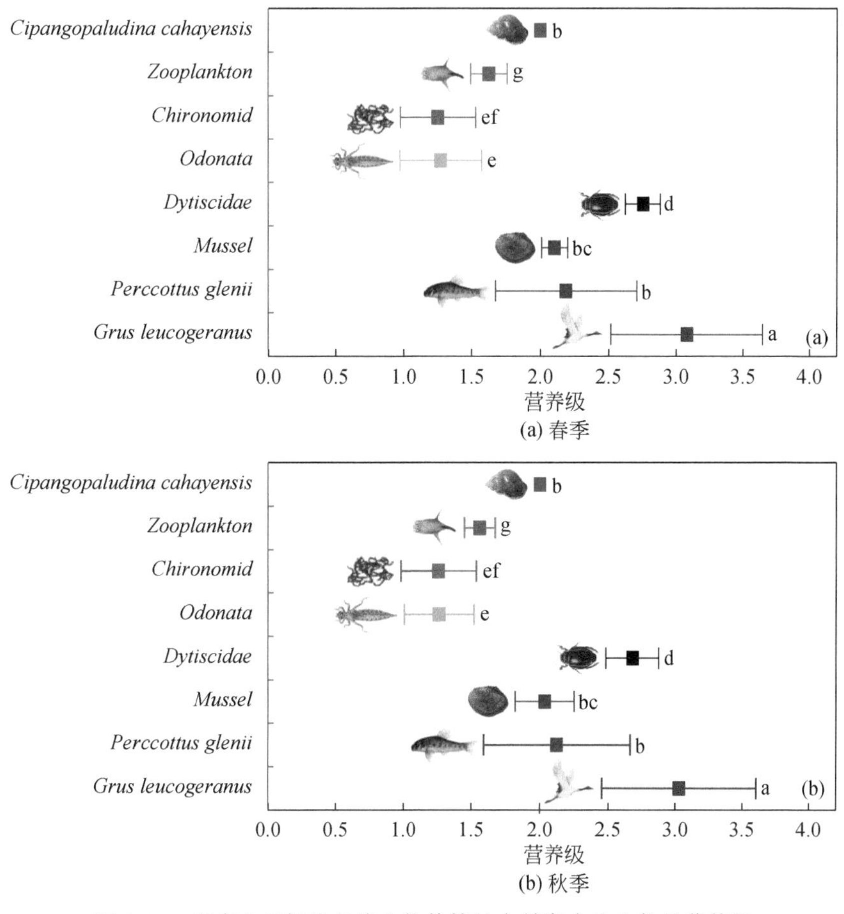

(a) 春季

(b) 秋季

图 5-11　以东北田螺为基线生物估算的白鹤湖水生生物的营养级

注：不同的小写字母表示数据之间存在显著差异（$p<0.01$）

3.76)，捕捞并没有打破该海区的生态平衡。Vizzini 和 Mazzola（2009）在地中海西部的意大利埃加迪群岛对碳、氮稳定同位素进行分析，结果表明，不同混合来源和营养途径的碳稳定同位素导致不同岛屿之间鱼类种类出现差异，不同岛屿之间捕食底栖生物者与捕食浮游生物者相比同位素组成差异较大，但营养级并没有显著差异。麻秋云等（2015）对胶州湾食物网进行研究发现，绝大多数生物种类都属于初级和中级肉食性种类，与历史资料相比，某些鱼类的营养级下降，这些鱼种摄食饵料生物营养级的下降是导致其营养级降低的一个主要原因。Guzzo 等（2011）对美国伊利湖的初级消费者碳、氮稳定同位素的时空变化进行分析，发现湖泊环境的时空异质性会使生物营养级发生变动。营养级的变动往往意味着水生态环境大的改变，加强对营养级变化影响因素的研究有助于古环境的反演和对未来水环境的预测。

5.2.4　白鹤主要食源分析

通过对白鹤湖主要水生生物种群碳、氮稳定同位素组成的分析，利用 IsoSource 线性混合模型计算了主要食源对各级消费者的主要贡献率，获得了白鹤在白鹤湖春季和秋季的主要食物来源（图5-12）。在春季，白鹤的食物来源为三种水生生物：水烛（食源贡献范围：38.0%～76.0%；平均值±SE：58.4%±9.3%）、东北田螺（食源贡献范围：0～62.0%；平均值±SE：27.7%±17.2%）和葛氏鲈塘鳢（食源贡献范围：0～30.0%；平均值±SE：14.0%±8.4%），由食源贡献率来看，水烛和东北田螺为白鹤的主要食物来源；在秋季，白鹤在白鹤湖有五种主要食物来源：三江藨草（食源贡献范围：14.0%～84.0%；平均值±SE：62.0%±12.7%）、扁秆荆三棱（食源贡献范围：0～86.0%；平均值±SE：21.2%±17.3%）、水烛（食源贡献范围：0～32.0%；平均值±SE：7.3%±6.4%）、东北田螺（食源贡献范围：0～20.0%；平均值±SE：4.4%±4.2%）和葛氏鲈塘鳢（食源贡献范围：0～22.0%；平均值±SE：5.0%±4.6%），由食源贡献率来看，三江藨草和扁秆荆三棱为白鹤的主要食物来源。同时结果还表明，四种食物来源对白鹤的贡献在春季和秋季之间存在着显著性差异（one-way ANOVA，水烛：$F=125.966$，$p=0.000$；东北田螺：$F=13.038$，$p=0.001$；三江藨草：$F=194.676$，$p=0.000$；扁秆荆三棱：$F=123.267$，$p=0.000$）。

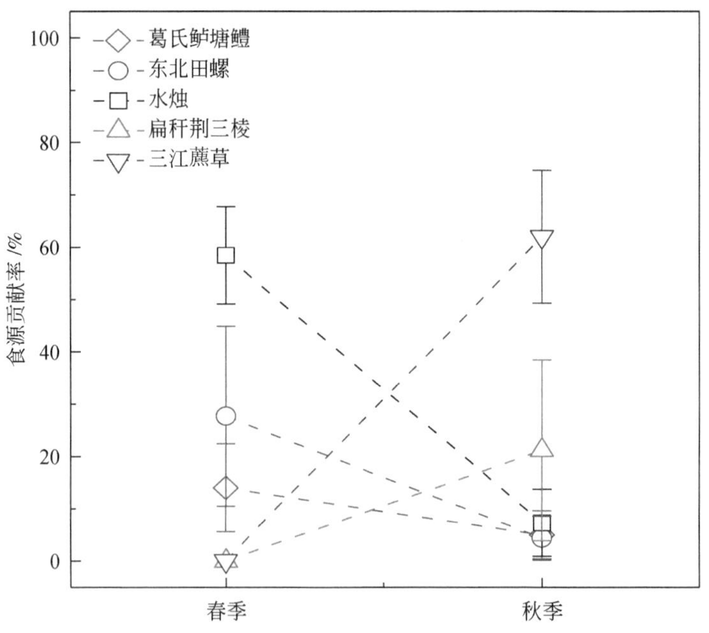

图5-12　主要食物对白鹤的食源贡献

目前关于白鹤食源组成的定量分析鲜有报道，多以定性分析为主。较早的研究表明，白鹤在越冬地印度主要取食藨草属（*Scirpus*）、荸荠属（*Eleocharis*）植物的块茎或球茎（Sauey，1985；Spitzer，1979）。而在越冬地鄱阳湖，稻（*Oryza sativa*）、莲（*Nelumbo nucifera*）和紫云英（*Astragalus sinicus*）已经成为白鹤的主要食物来源（侯谨谨等，2019），而以往研究表明，白鹤在鄱阳湖越冬地的主要食物来源为苦草（*Vallisneria natans*）、下江委陵菜（*Potentilla imprichtii*）、马来眼子菜（*Potamogeton wrightii* Morong）、蓼子草（*Polygonum criopolitanum*）、荸荠（*Eleocharis dulcis*）、矮秆荸荠（*Eleocharis* parvula）、芫荽菊（*Cotula anthemoides*）、肉根毛茛（*Ranunculus polii*）和老鸦瓣（*Amana edulis*）的嫩芽或根茎，有时白鹤也会以少量的蚌、虾和小型鱼类等水生动物为食（Li et al., 2012b；Jia et al., 2013；胡振鹏，2012；贾亦飞，2013；吴建东等，2013）。因此，白鹤在越冬地鄱阳湖的食物组成已经发生了变化，大量的白鹤离开自然生境，前往农业用地（稻田和藕田）觅食，而农作物已成为白鹤的重要食物来源（吴建东，2017；雷小勇，2018）。而本研究结果表明，白鹤在莫莫格国家级自然保护区停歇时的取食偏好明显存在季节差异，主要是由于这两个时期（春季和秋季）生境中食物组成不同。在春季，白鹤的主要食源为水烛的地下根茎（食源贡献率：58.4% ± 9.3%），其次为东北田螺（底栖动物）（食源贡献率：27.7% ± 17.2%）。因此，在春季，白鹤的取食偏好为杂食性（图 5-11）。由于三江藨草和扁秆荆三棱根部的地下球茎比其地上部分更柔软，淀粉含量也更高，在此停歇的白鹤喜好取食三江藨草和扁秆荆三棱的地下球茎。因此，在秋季，白鹤的主要食源为三江藨草（食源贡献率：62.0% ± 12.7%）和扁秆荆三棱（食源贡献率：21.2% ± 17.3%），在此期间，白鹤的取食偏好为植食性（图 5-11）。Hume（1868）解剖在印度越冬的野生白鹤时发现，白鹤胃里只有植物性食物（Hume，1868），而 Uspenski（1962）解剖雅库特白鹤东部繁殖个体时，发现在白鹤的胃里存在动物性食物，认为只有在早春或繁殖地植物性食物无法获得时，或繁殖期白鹤出于能量的需求，动物性食物才会成为白鹤取食的对象（Uspenski，1962）。食物资源是影响鸟类数量和分布的重要因素（Percival and Evans，1997；Fox et al.，2011；Wang et al.，2013a，2013b）。当觅食地的食物资源低于鸟类可利用的阈值时，鸟类会离开该觅食地，前往其他地方觅食（Jonzén et al.，2002；Sponberg and Lodge，2005）。近年来，世界范围内自然湿地的退化导致水鸟食物资源匮乏，大量水鸟转移至食物资源丰富的人工生境中觅食，因此人工生境已成为水鸟重要的觅食地（Czech and Parsons，2002；Elphick，2010；Fox et al.，2017）。

5.2.5 环境变量对白鹤主要食源碳、氮稳定同位素的影响

除了 pH 和 Na^+之外，在研究期间，白鹤湖的环境变量表现出相似的变化趋势（图 5-13）。特别是，总氮（TN）、氨氮（$N\text{-}NH_4^+$）、硝氮（$N=NO_3^-$）、pH、溶解氧（DO）和水深（water depth）的变化存在季节性显著性差异（one-way ANOVA，TN：$F=63.548$，$p=0.000$；NH_4^+：$F=52.135$，$p=0.000$；NO_3^-：$F=44.554$，$p=0.000$；pH：$F=16.391$，$p=0.000$；DO：$F=9.783$，$p=0.004$；water depth：$F=14.655$，$p=0.001$）。在秋季，周边农田排出的大量农田退水进入白鹤湖，导致白鹤湖水位整体上升，由于农田退水中含有大量的营养盐，因此，白鹤湖水中的总氮（TN）、氨氮（$N-NH_4^+$）和硝氮（$N-NO_3^-$）的浓度均高于春季。此外，白鹤湖是以钠盐为主的碱性水体，Na^+浓度在春季（平均值±SE：193.30 ± 66.60mg/L）和秋季（平均值±SE：183.23±60.90mg/L）均高于其他金属离子（Mg^{2+}、K^+和 Ca^{2+}）浓度。

应用逐步多元回归分析，探讨白鹤主要食源的碳、氮稳定同位素对白鹤湖环境变量变化的响应。分析中需先对因变量 y 进行正态性检验，Kolmogor-ov-Smirnov Test 输出结果也显示因变量 y 服从正态分布。本章所研究的白鹤湖的环境变量为：TN（X_1）、TP（X_2）、

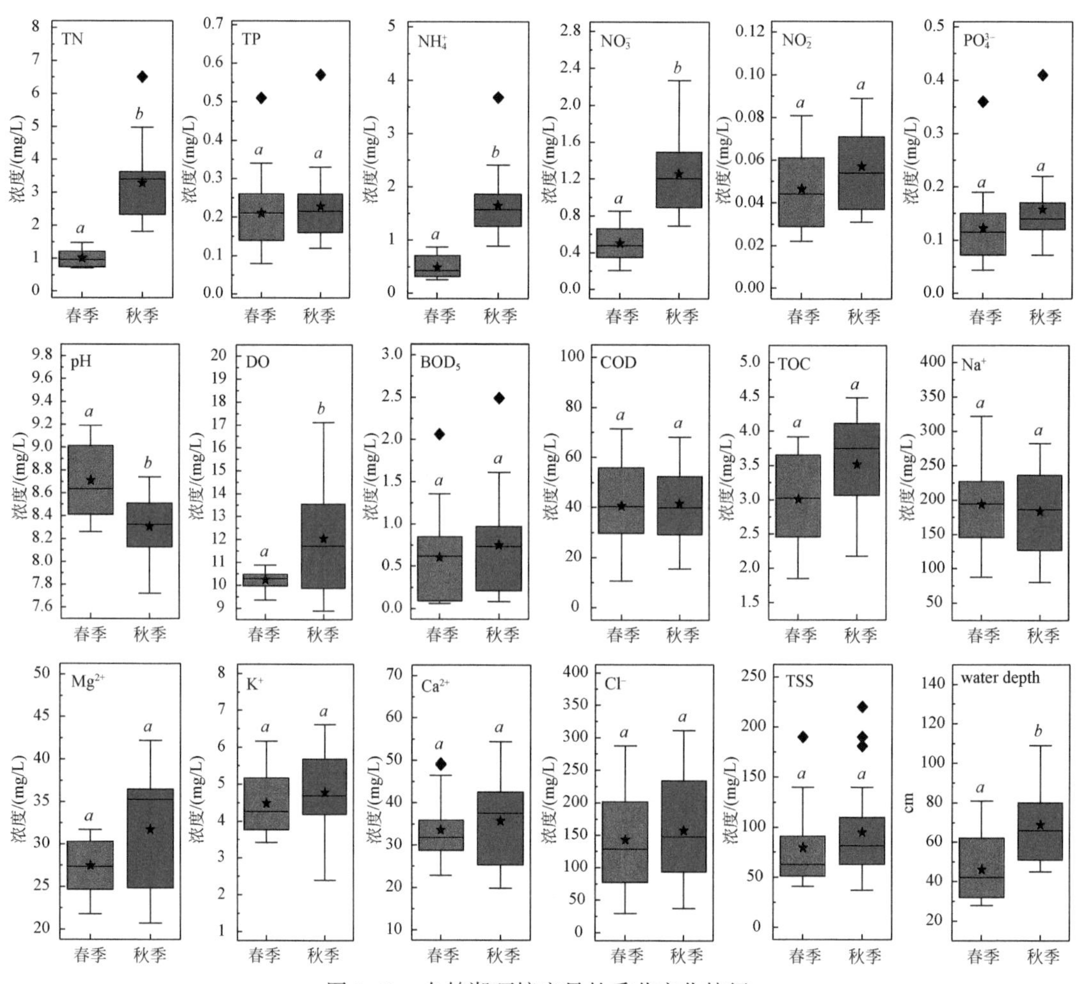

图 5-13　白鹤湖环境变量的季节变化特征

注：不同的小写字母表示数据之间的显著差异（$p<0.01$）

NH_4^+（X_3）、NO_3^-（X_4）、NO_2^-（X_5）、PO_4^{3-}（X_6）、pH（X_7）、DO（X_8）、BOD_5（X_9）、COD（X_{10}）、TOC（X_{11}）、Na^+（X_{12}）、Mg^{2+}（X_{13}）、K^+（X_{14}）、Ca^{2+}（X_{15}）、Cl^-（X_{16}）、TSS（X_{17}）和 water depth（X_{18}）。应用逐步多元回归分析方法，以选定的参数分别对 18 个环境变量进行逐步多元回归，依据决定系数（d）、F 检验和 t 检验及共线性分析选出最优回归方程（表 5-3）。在经过逐步多元回归得到 8 个回归模型，经 F 检验，因变量和自变量相关性达到显著水平（$p<0.05$）。由表 3-3 可知，白鹤湖不同环境变量对白鹤主要食源的碳、氮稳定同位素贡献各不相同。TP、TOC、water depth、COD 和 Ca^{2+} 对白鹤主要食源——水烛的 $\delta^{13}C$ 值贡献较大，拟合方程的决定系数（d）为 0.898。DO、NO_2、water depth 和 pH 对白鹤主要食源——东北田螺的 $\delta^{13}C$ 值贡献较大，拟合方程的决定系数（d）为 0.936。TOC、water depth、DO、PO_4^{3-}、TN、NO_2^-、BOD_5 和 TSS 对白鹤主要食源——扁秆荆三棱的 $\delta^{13}C$ 值贡献较大，拟合方程的决定系数（d）为 0.936。Mg^{2+}、pH、K^+、Na^+ 和 NO_2^- 对白鹤主要食源——三江藨草的 $\delta^{13}C$ 值贡献较大，拟合方程的决定系数（d）为

0.994。BOD_5、COD、water depth 和 pH 对白鹤主要食源——水烛的 $\delta^{15}N$ 值贡献较大，拟合方程的决定系数（d）为 0.881。Ca^{2+}、COD、TOC、pH 和 PO_4^{3-} 对白鹤主要食源——东北田螺的 $\delta^{15}N$ 值贡献较大，拟合方程的决定系数（d）为 0.986。BOD_5、TSS、Cl^-和 Mg^{2+} 对白鹤主要食源——扁秆荆三棱的 $\delta^{15}N$ 值贡献较大，拟合方程的决定系数（d）为 0.774。TN、Na^+、DO、Cl^-、Mg^{2+}、K^+和 BOD_5 对白鹤主要食源——三江藨草的 $\delta^{15}N$ 值贡献较大，拟合方程的决定系数（d）为 0.869。计算剩余因子（e），其剩余因子（e）分别为 0.319、0.253、0.253、0.077、0.345、0.118、0.475 和 0.362。很显然，白鹤的主要食源——水烛、东北田螺和扁秆荆三棱的 $\delta^{13}C$ 值以及水烛、扁秆荆三棱和三江藨草的 $\delta^{15}N$ 值对应的剩余因子（e）较大，说明对其有影响的自变量不仅有以上 18 个环境变量，还有一些影响因素没有考虑到。对白鹤主要食源的碳、氮稳定同位素影响因素的全面分析有待进一步研究。

表 5-3　白鹤主要食源的碳、氮稳定同位素与环境变量间的回归模型

季节	稳定同位素	回归方程	d	e	P
春季	$\delta^{13}C$（水烛）	$Y=-25.318+8.186X_2-0.017X_{10}-0.943X_{11}-0.056X_{15}+0.014X_{18}$	0.898	0.319	0.042
	$\delta^{15}N$（水烛）	$Y=55.11-5.187X_7+1.072X_9-0.048X_{10}-0.061X_{18}$	0.881	0.345	0.045
	$\delta^{13}C$（东北田螺）	$Y=16.217-37.721X_5-10.369X_7+5.018X_8-0.106X_{18}$	0.936	0.253	0.017
	$\delta^{15}N$（东北田螺）	$Y=-6.561-0.645X_6+0.672X_7+0.051X_{10}+0.004X_{11}+0.170X_{15}$	0.986	0.118	0.004
秋季	$\delta^{13}C$（扁秆荆三棱）	$Y=-19.547-1.131X_1+7.641X_5-1.344X_6-0.586X_8-1.78X_9-0.12X_{11}-0.034X_{17}+0.052X_{18}$	0.936	0.253	0.022
	$\delta^{15}N$（扁秆荆三棱）	$Y=6.558+1.282X_9-0.016X_{13}-0.006X_{16}+0.014X_{17}$	0.774	0.475	0.041
	$\delta^{13}C$（三江藨草）	$Y=-30.674-87.557X_5+1.404X_7-0.015X_{12}+0.067X_{13}-0.57X_{14}$	0.994	0.077	0.016
	$\delta^{15}N$（三江藨草）	$Y=4.086+0.552X_1+0.004X_8-1.094X_9+0.005X_{12}-0.006X_{13}-0.033X_{14}+0.407X_{16}$	0.869	0.362	0.032

逐步多元回归分析能较好地反映白鹤主要食源的碳、氮稳定同位素与各环境变量之间的相关性，却不能充分反映出各环境变量之间的复杂关系。事实上，由于受到多种环境变量的影响，环境变量之间的相互作用会对白鹤主要食源的碳、氮稳定同位素产生不同的效应。因此，本研究采用通径系数分析进一步阐明环境变量对白鹤主要食源的碳、氮稳定同位素的影响（表 5-4 ~ 表 5-11）。

表 5-4　水烛的碳稳定同位素与环境变量间的通径系数分析

环境变量	直接通径系数	间接通径系数					
		X_2	X_{10}	X_{11}	X_{15}	X_{18}	合计
X_2	0.798		0.146	−0.074	−0.107	−0.175	−0.210
X_{10}	−0.292	−0.399		0.078	0.054	0.101	−0.166
X_{11}	0.589	0.099	0.039		−0.157	−0.184	−0.203
X_{15}	−0.415	0.206	0.038	−0.223		−0.243	−0.222
X_{18}	0.576	−0.243	−0.051	0.188	0.175		0.069

表 5-5　水烛的氮稳定同位素与环境变量间的通径系数分析

环境变量	直接通径系数	间接通径系数				
		X_7	X_9	X_{10}	X_{18}	合计
X_7	−0.870		−0.0003	−0.007	0.295	0.288
X_9	0.318	0.001		0.004	−0.011	−0.006
X_{10}	−0.438	−0.014	−0.003		0.033	0.016
X_{18}	−0.608	0.423	0.006	0.024		0.453

表 5-6　东北田螺的碳稳定同位素与环境变量间的通径系数分析

环境变量	直接通径系数	间接通径系数				
		X_5	X_7	X_8	X_{18}	合计
X_5	−0.386		−0.287	0.053	0.496	0.262
X_7	−1.992	−0.056		0.549	0.911	1.404
X_8	1.144	−0.018	−0.956		0.097	−0.877
X_{18}	−1.143	0.168	1.588	−0.097		1.659

表 5-7　东北田螺的氮稳定同位素与环境变量间的通径系数分析

环境变量	直接通径系数	间接通径系数					
		X_6	X_7	X_{10}	X_{11}	X_{15}	合计
X_6	−0.314		−0.039	0.034	0.135	−0.018	0.112
X_8	0.142	0.086		−0.143	−0.003	0.456	0.396
X_{10}	0.564	−0.019	−0.036		−0.020	−0.068	−0.143
X_{11}	0.201	−0.210	−0.002	−0.056		0.456	0.188
X_{15}	0.805	0.007	0.081	−0.048	0.114		0.154

表 5-8 扁秆荆三棱的碳稳定同位素与环境变量间的通径系数分析

环境变量	直接通径系数	间接通径系数								
		X_1	X_5	X_6	X_8	X_9	X_{11}	X_{17}	X_{18}	合计
X_1	-1.167		1.176	0.044	0.442	-0.723	-0.222	0.145	0.551	1.413
X_5	-1.602	-0.857		0.034	0.344	-0.761	-0.114	0.868	-0.046	-0.532
X_6	-0.066	0.779	-0.820		-0.527	-0.145	0.881	0.515	-0.150	0.533
X_8	0.703	-0.734	0.785	0.049		0.150	0.048	-0.799	0.682	0.181
X_9	-1.629	-0.518	0.748	-0.006	-0.065		-0.434	1.047	0.125	0.897
X_{11}	1.928	0.134	0.095	-0.030	0.018	0.367		-0.238	0.338	0.589
X_{17}	-1.765	0.096	-0.788	0.019	0.318	0.966	0.260		0.539	1.410
X_{18}	1.203	-0.534	-0.061	0.008	0.399	-0.169	0.542	-0.791		-0.606

表 5-9 扁秆荆三棱的氮稳定同位素与环境变量间的通径系数分析

环境变量	直接通径系数	间接通径系数				
		X_9	X_{13}	X_{16}	X_{17}	合计
X_9	0.538		-0.110	0.083	0.069	0.042
X_{13}	-0.569	0.104		0.196	0.039	0.339
X_{16}	0.389	0.114	-0.287		0.003	-0.170
X_{17}	0.479	0.078	-0.047	0.003		0.064

表 5-10 三江藨草的碳稳定同位素与环境变量间的通径系数分析

环境变量	直接通径系数	间接通径系数					
		X_5	X_7	X_{12}	X_{13}	X_{14}	合计
X_5	-1.098		0.114	0.196	0.031	0.094	0.435
X_7	0.231	-0.544		0.134	-0.170	0.230	-0.350
X_{12}	-0.606	0.354	-0.051		-0.038	0.041	0.306
X_{13}	0.357	-0.096	-0.110	0.065		0.229	0.088
X_{14}	-0.523	0.197	-0.102	0.048	0.156		0.299

表 5-11 三江藨草的氮稳定同位素与环境变量间的通径系数分析

环境变量	直接通径系数	间接通径系数							
		X_1	X_8	X_9	X_{12}	X_{13}	X_{14}	X_{16}	合计
X_1	0.852		0.004	-0.686	-0.339	-0.021	0.015	0.008	-1.019
X_8	0.020	0.249		0.026	-0.004	-0.025	-0.051	0.000	0.195
X_9	-1.050	0.556	-0.001		-0.345	-0.031	0.070	-0.002	0.247

续表

环境变量	直接通径系数	间接通径系数							
		X_1	X_8	X_9	X_{12}	X_{13}	X_{14}	X_{16}	合计
X_{12}	0.514	-0.561	0.000	0.706		0.008	-0.041	-0.007	0.105
X_{13}	-0.096	0.184	0.005	-0.342	-0.042		-0.046	-0.009	-0.250
X_{14}	-0.119	-0.105	0.009	0.616	0.176	-0.037		-0.001	0.658
X_{16}	-0.017	-0.401	0.000	-0.150	0.198	-0.049	-0.008		-0.410

由分析结果可知：环境变量直接影响水烛、东北田螺、扁秆荆三棱和三江藨草。其 $\delta^{13}C$ 值的顺序分别为：TP>TOC>water depth>COD>Ca^{2+}、DO>NO_2^->water depth>pH、TOC>water depth>DO>PD_4^{3-}>TN>NO_2^->BOD_5>TSS 和 Mg^{2+}>pH>K^+>Na^+>NO_2^-。water depth 对水烛和东北田螺的 $\delta^{13}C$ 值的正向间接作用最大，其分别通过 TOC 和 Ca^{2+}、NO_2^- 和 pH 对水烛和东北田螺的 $\delta^{13}C$ 值产生了较大正值的间接作用。TN 对扁秆荆三棱的 $\delta^{13}C$ 值正向间接作用最大，其通过 NO_2^- 和 pH 对扁秆荆三棱的 $\delta^{13}C$ 值产生了较大正值的间接作用。NO_2^- 对三江藨草的 $\delta^{13}C$ 值正向间接作用最大，其通过 pH 和 Na^+对三江藨草的 $\delta^{13}C$ 值产生了较大正值的间接作用。

环境变量直接影响水烛、东北田螺、扁秆荆三棱和三江藨草的 $\delta^{15}N$ 值。其顺序分别为：BOD_5>COD>water depth>pH、Ca^{2+}>COD>TOC>pH>PO_4^{3-}、BOD_5>TSS>Cl^->Mg^{2+}和 TN>Na^+>DO>Cl^->Mg^{2+}>K^+>BOD_5。water depth 对水烛的 $\delta^{15}N$ 值的正向间接作用最大，其通过 pH 和 COD 对水烛的 $\delta^{15}N$ 值产生了较大正值的间接作用。pH 对东北田螺的 $\delta^{15}N$ 值的正向间接作用最大，其通过 PO_4^{3-} 和 Ca^{2+}对东北田螺的 $\delta^{15}N$ 值产生了较大正值的间接作用。Mg^{2+}对扁秆荆三棱的 $\delta^{15}N$ 值的正向间接作用最大，其通过 BOD_5、Cl^-和 TSS 对扁秆荆三棱的 $\delta^{15}N$ 值产生了较大正值的间接作用。K^+对三江藨草的 $\delta^{15}N$ 值的正向间接作用最大，其通过 BOD_5 和 Na^+对三江藨草的 $\delta^{15}N$ 值产生了较大正值的间接作用。

5.2.6 白鹤主要食源的生物量对水深梯度的响应

将白鹤主要食源的生物量（水烛、东北田螺、扁秆荆三棱和三江藨草）与水深数据进行一元二次曲线拟合，所得到的一元二次曲线符合高斯模型（Gaussian model），如图 5-14 所示。基于高斯模型，水烛、东北田螺、扁秆荆三棱和三江藨草的适宜水深分别为 [20.10cm，52.62cm]、[13.31cm，110.27cm]、[-6.10cm，59.58cm] 和 [20.04cm，72.36cm]，以及最适水深分别为 [28.23cm，44.49cm]、[37.55cm，86.03cm]、[10.32cm，43.16cm] 和 [33.12cm，59.28cm]。当水深分别为 36.36cm、61.79cm、26.74cm 和 46.20cm 时，水烛、东北田螺、扁秆荆三棱和三江藨草的生物量达到最大值，最大值分别为 1915.68g/m²、50.31g/m²、415.54g/m² 和 479.99g/m²。当水深低于最适水深时，水烛、东北田螺、扁秆荆三棱和三江藨草的生物量随着水深的增加而增大；当水深高于最适水深时，水烛、东北田螺、扁秆荆三棱和三江藨草的生物量随着水深的增加而减小。

本章分析了白鹤主要食源的生物量对水深梯度的响应。基于高斯模型，获得了白鹤主要食源的适宜水深和最适水深范围（图 5-14）。水鸟对栖息地特征具有很强的特异性和喜好，如水深和食物（Safran et al.，1997；Elphick，1998；Isola et al.，2000；Hartke et al.，2009）。其中水深是限制湿地水鸟对栖息地利用的最重要因素（Isola et al.，2000；Taft，2000；Lantz et al.，2010；Ma et al.，2010）。水深决定了湿地水鸟是否能够利用栖息地，同时水深也会影响湿地水鸟的摄食行为和取食能耗（Nolet et al.，2002；Taft et al.，2002；Shao et al.，2014）。食物资源的丰富程度会直接影响湿地水鸟使用觅食地的程度，而水深则决定了湿地水鸟觅食地和停歇区能否被湿地水鸟所利用。例如，涉禽无法在水深太深的场所生活，即便那里有着丰富的食物资源；另外，在水分太少、基质过于干燥的地方，涉禽取食时需耗费太多的体能或者根本啄不出食物。此外，水深也会影响涉禽食物资源的分配，从而影响涉禽对觅食场所的利用（Bolduc et al.，2004；Klaassen et al.，2006）。近几十年来，气候变化和人类活动（湿地开垦、农田退水和石油开采等）造成的长期干旱和偶尔的极端洪水导致这种珍稀水鸟（白鹤）的重要停歇地出现退化，因此威胁着该重要停歇地（莫莫格自然保护区）的存在（Pan et al.，2006；Jiang et al.，2016；Wang et al.，2018）。白鹤是专性栖息于浅水生境的鸟类，对自然生境的依赖使其易受生境退化和人为干扰的影响，导致种群数量较小，濒危程度较高（Harris et al.，2013）。水深则会直接影响白鹤对食物资源利用的能力，进而影响白鹤利用湿地的能力（Mia et al.，2008；Shao et al.，2014；Jiang et al.，2015）。以往研究表明，白鹤在停歇区对适宜水深的基本要求为 0cm ~ 50cm，因在此水深为白鹤在水中行走和从土壤中挖掘食物提供了合适的条件（Bysykatova et al.，2010；Jia et al.，2013；相桂权等，2010；姜海波，2016）。湿地水文过程对湿地水鸟的影响因物种而异，也就是说，某种湿地水鸟的种群不仅体现水位波动对该物种食物数量和质量的影响，还对栖息地结构变化产生影响，水位波动不仅改变了鸟类栖息的微生境，还会影响湿地水鸟的取食效率（Bolduc and Afton，2008；Jobin et al.，2009；Farago and Hangya，2012）。当该水位的波动范围超过物种的适应范围时，湿地水鸟种群数量减少，并且可能会被迫前往其他栖息地（Jia et al.，2013）；湿地生态特征的许多方面也可能会受到影响，并影响生态系统的功能（Kushlan，1986）。在这个过程中，即使植物种群能够保持平衡，湿地水鸟种群的稳定性也可能受到严重影响（Zhang et al.，2010）。

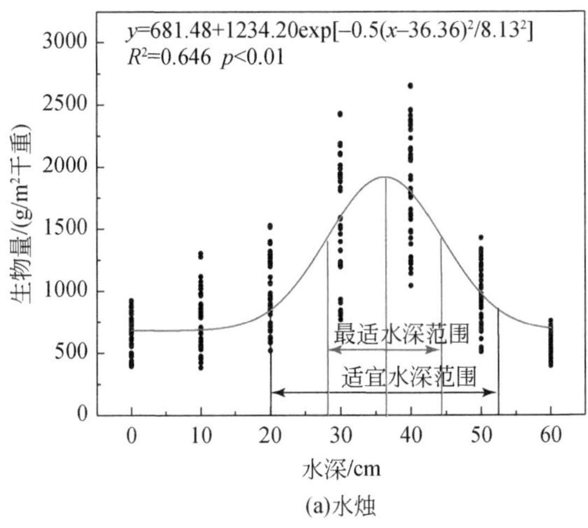

(a)水烛

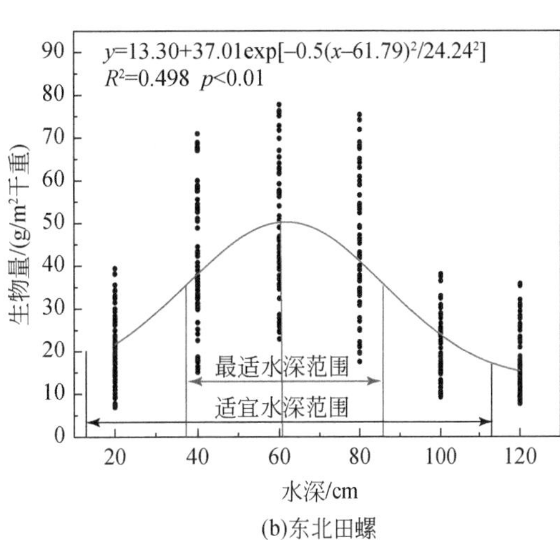

(b)东北田螺

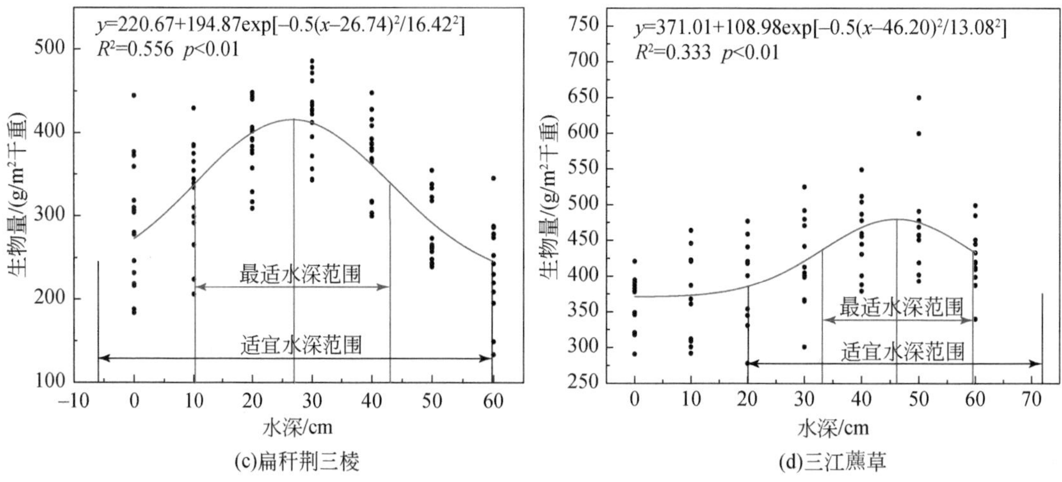

图 5-14　基于白鹤主要食源的生物量与水深的高斯模型的二次非线性回归

5.3　本章小结

本章基于稳定同位素技术分析了白鹤湖水生生物的 $\delta^{13}C$ 和 $\delta^{15}N$ 值。初级生产者、初级消费者和次级消费者的 $\delta^{13}C$ 值分别为-31.48‰～-20.65‰、-30.78‰～-20.33‰和-31.65‰～-20.71‰。初级生产者、初级消费者和次级消费者的 $\delta^{15}N$ 值分别为 1.59‰～10.73‰、2.35‰～12.24‰和 3.16‰～13.59‰。并利用 IsoSource 线性混合模型估算了基于碳、氮稳定同位素的白鹤湖主要食源对不同消费者的主要贡献率的季节变化特征，并以此为基础构建了以白鹤为关键物种的白鹤湖食物网结构。其中，沉积物、底栖藻类、浮游藻类和大型水生植物共同构成了白鹤湖食物网的能量基础。研究结果还表明，水生消费者的营养级范围为 1.26±0.28～3.08±0.58（春季）和 1.26±0.28～3.03±0.58（秋季），其中白鹤处于食物链的营养级最顶端（TL>3）。

通过对白鹤湖主要水生生物种群碳、氮稳定同位素组成的分析，获得了白鹤湖春季和秋季白鹤的主要潜在食源。研究结果表明，白鹤在莫莫格自然保护区的取食偏好存在季节性的差异。在春季，水烛（食源贡献范围：38.0%～76.0%；平均值 ± SE：58.4% ± 9.3%）和东北田螺（食源贡献范围：0～62.0%；平均值 ± SE：27.7% ± 17.2%）为白鹤在莫莫格自然保护区停歇时的主要食源，此时白鹤的取食偏好为杂食性。在秋季，三江藨草（食源贡献范围：14.0%～84.0%；平均值 ± SE：62.0% ± 12.7%）和扁秆荆三棱（食源贡献范围：0～86.0%；平均值 ± SE：21.2% ± 17.3%）为白鹤在莫莫格自然保护区停歇时的主要食源，此时白鹤的取食偏好为植食性。

通过多元回归分析和通径系数分析研究白鹤主要食源碳、氮稳定同位素对白鹤湖环境变量的响应。研究结果表明，TP、TOC、COD、DO、pH、TN、BOD_5、TSS、NO_2^-、PO_4^{3-}、Ca^{2+}、Mg^{2+}、K^+、Na^+和 water depth（水深）是影响白鹤主要食源碳稳定同位素（$\delta^{13}C$）的主要环境变量；TN、TOC、COD、pH、DO、BOD_5、TSS、Ca^{2+}、Cl^-、Mg^{2+}、K^+、Na^+、

PO_4^{3-} 和 water depth（水深）是影响白鹤主要食源氮稳定同位素（$\delta^{15}N$）的主要环境变量。

从保护白鹤种群的角度出发，基于高斯模型获得了适宜白鹤主要食物生存的水深范围。研究结果表明，水烛、东北田螺、扁秆荆三棱和三江藨草的适宜水深分别为［20.10cm，52.62cm］、［13.31cm，110.27cm］、［-6.10cm，59.58cm］和［20.04cm，72.36cm］，以及最适水深分别为［28.23cm，44.49cm］、［37.55cm，86.03cm］、［10.32cm，43.16cm］和［33.12cm，59.28cm］。

第6章 水文变化下白鹤湖食物网时空特征

水文条件（水位波动、水深和流量等）是各种湿地生物依赖的生态系统的重要组成部分（Elderd and Nott，2008；Royan et al.，2014），是影响水鸟繁殖和栖息（Kingsford and Thomas，2004；Timmermans et al.，2008；Bellio and Kingsford，2013；Jiang et al.，2015）、植物吸收和生物脱氮（Xu et al.，2016）、食物链长度（Haas et al.，2007）、生物生产力和生物多样性（Boudewijin et al.，2007；Alexander et al.，2008）的重要非生物因子。水文条件可以有效保护自然条件下的生物多样性和湿地生态系统的完整性（Yang et al.，2016）。湿地水量的短期增加可以通过稀释效应来改善水质，湿地水量的长期增加可以通过提高自净能力和稀释度的综合效应来改善水质（Yang and Yang，2014）。缺乏长期的水文干扰，导致木屑的耗竭和入侵大型植物的扩张，从而减少了大型水生植物、底栖生物膜和底栖无脊椎动物的生物量与可利用性（Sheldon and Walker，1997；Kingsford et al.，2004）。水文干扰的频率和季节变化也会影响初级生产者的营养质量和可获得性。水文条件也会影响生物过程（生物繁殖和生物竞争等），通过改变物理栖息地的数量、类型和连通性来影响生态系统的食物网（Barbara et al.，2017）。目前，水文条件是如何影响整个食物网的研究还存在不足（Barbara et al.，2017）。

为了评估水生生态系统的生态状况，在环境评估研究中使用了一些生态指标（Molozzi et al.，2013），这些生态指标是基于种群、群落和生态系统过程的更为普遍的属性（Salas et al.，2005）。生态能质（eco-exergy，Ex）是过去20年作为生态指标提出的数学函数（Molozzi et al.，2013）。生态能质可以用来表达生态系统的复杂性，并提供有关生态系统稳定性的有用信息（Li et al.，2016b；Marden et al.，2018）。特定生态能质（specific eco-exergy，Exsp）可以定义为总生态能质除以总生物量，它可以反映生态系统的复杂程度和发展程度（Patrício et al.，2009；Silow and Mokry，2010；Molozzi et al.，2013）。生态能质和特定生态能质越高，生物多样性、缓冲能力、恢复能力和功能冗余度就越高，生态系统就越复杂（Salas et al.，2005）。生态能质和特定生态能质被视为超级整体指标（Jørgensen et al.，2016），在过去几十年中已成功应用于各种生态系统，如湖泊（Marchi et al.，2011；Xu et al.，2013；Yang et al.，2016）、河口（Tang et al.，2015，2018；Veríssimo et al.，2017）、河流（Zhai et al.，2010；Chen et al.，2019）、溪流（Linares et al.，2018）和水库（Joseline et al.，2013；Molozzi et al.，2013；Yue et al.，2016；Banerjee et al.，2017；Linares et al.，2017）等。然而，从生态能质的角度来看，关于水文条件对食物网影响的研究较少（Yang et al.，2012，2016）。

本章以莫莫格国家级自然保护区中的白鹤湖为研究对象，研究的主要目标包括以下 3 个方面。

（1）分析不同水深梯度下的白鹤湖水生态系统的时空变化趋势；

（2）基于生态能质指标（Ex）和特定生态能质指标（Ex_{sp}）探讨不同水深梯度下白鹤湖食物网时空特征；

（3）分析不同水深条件下生产者和消费者对食物网生态能质的贡献差异。

6.1 研究内容与方法

6.1.1 样品采集与处理

莫莫格国家级自然保护区（45°42′25″~46°18′0″N，123°27′0″~124°4′33.7″E）位于松辽沉降带北段和松嫩平原西部边缘，是松嫩平原典型的内陆盐碱湿地。保护区总面积 $14.40\times10^4hm^2$，核心区面积为 $5.18\times10^4hm^2$，实验区面积为 $4.32\times10^4hm^2$，缓冲区面积为 $4.90\times10^4hm^2$（Jiang et al.，2016），是吉林省最大的湿地保护区。莫莫格国家级自然保护区是防止松嫩平原西部盐碱地荒漠化的生态屏障（Pan et al.，2006），其中湿地面积占保护区总面积的 80% 以上。莫莫格国家级自然保护区于 2013 年入选《国际重要湿地名录》，是世界级濒危物种白鹤的重要停歇地，在此停留的白鹤种群约占全球总数的 95%（Li et al.，2012b；Dong et al.，2013），莫莫格国家级自然保护区在保护世界珍稀濒危物种方面有着特殊的重要地位。同时，在调节区域气候、调蓄洪水、净化水体等方面也起到重要作用（佟守正和吕宪国，2007）。该地区气候属温带大陆性季风气候，年平均气温 4.2℃，年降水量 392mm，主要集中在 7~8 月的夏季（刘琪琛和范亚文，2015），春季和秋季干旱多风，夏季炎热多雨，冬季寒冷干燥。白鹤湖位于莫莫格国家级自然保护区的缓冲区，是白鹤的主要停歇地和夏季候鸟的繁殖和栖息地（Wang et al.，2013b）。大气降水和农田退水是白鹤湖的主要水源，白鹤湖每年会接收 2~3 次周边农田的退水。白鹤湖大部分水域的水深不超过 1.0m，是典型的浅水沼泽。根据白鹤湖土地利用特征，选择 9 个采样点，分析受水文条件影响的水生生态系统食物网结构和生态能质的时空变化（表 6-1 和图 6-1）。

表 6-1 采样点基本信息

采样点位	北纬	东经	土地利用特征
M_1	45°53′38.90″	123°39′44.86″	农田
M_2	45°53′14.75″	123°43′42.13″	农田、出水口
M_3	45°54′30.38″	123°41′51.50″	农田、村庄
M_4	45°53′48.05″	123°45′34.13″	农田、村庄
M_5	45°54′13.14″	123°44′45.67″	农田、入水口

续表

采样点位	北纬	东经	土地利用特征
M_6	45°55′24.24″	123°41′40.92″	畜禽养殖
M_7	45°55′53.65″	123°39′47.56″	农田
M_8	45°55′54.59″	123°38′49.20″	农田
M_9	45°54′57.78″	123°36′26.64″	村庄

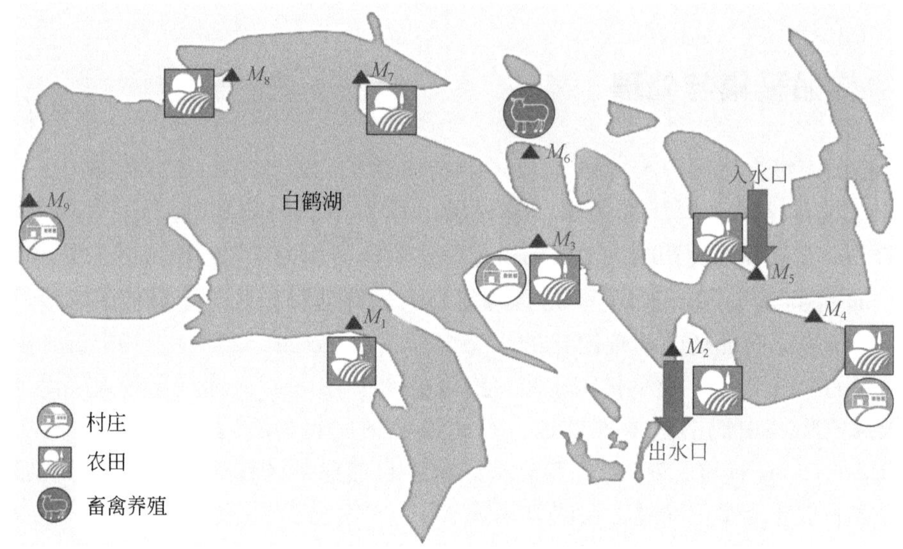

图6-1　莫莫格国家级自然保护区地理位置及采样点分布图

作者于2017年4~10月（4月20日、5月20日、6月20日、7月20日、8月20日、9月20日和10月20日）在莫莫格自然保护区白鹤湖水域采集水生生物样品，主要包括大型水生植物、浮游藻类、浮游动物、底栖藻类、底栖动物和鱼类。

1）大型水生植物

根据白鹤湖大型水生植物的分布规律，在每个采样点，沿着水陆交错带设置三条样线，每条样线中包含7个样方（图6-2），每个样方沿着水深梯度设置（0cm、10cm、20cm、30cm、40cm、0cm和60cm），每个样方大小为100cm×100cm。在采样点，将铁夹完全张开并沉入水底后将其关闭，拉出铁夹后倒出网内的水生植物，仔细去除里面枯死的枝、叶及其他杂质，放入自封塑料袋中，编号，置于样品箱中冷藏保存。在实验室，所有的植物样品用蒸馏水反复冲洗几次，去除植物表面附着的碎屑物，然后在60℃的烘箱中烘干并称重。

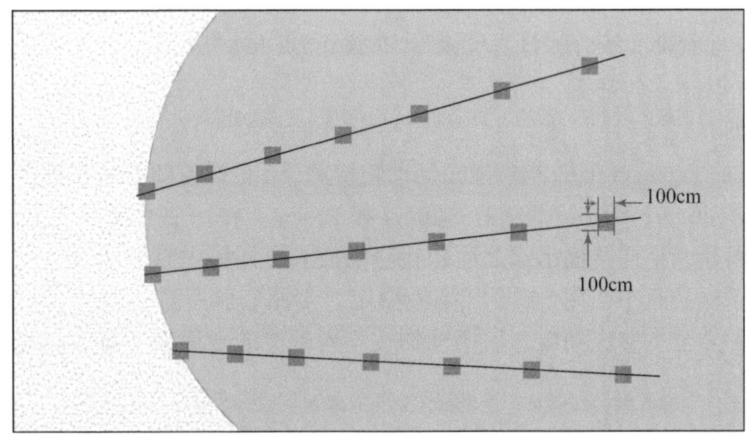

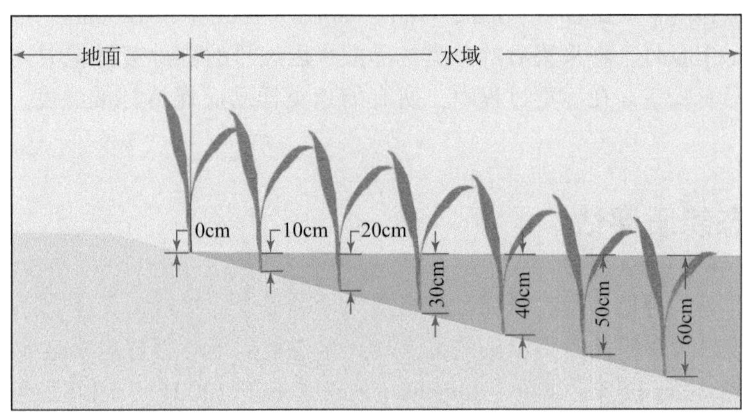

图 6-2　大型水生植物采样示意图

2）浮游藻类和浮游动物

在开阔水域上随机选择 3 条样线，每条样线由 6 个样方组成，每个样方随着水深梯度设置，水深梯度分别为 20cm、40cm、60cm、80cm、100cm 和 120cm。浮游藻类：使用采水器采集 1L 水样，装入样品瓶后立即加 15mL（1.0%~1.5%）的鲁氏碘液固定。浮游动物：使用采水器采集 10L 水样，再用 25 号浮游生物网过滤浓缩至 50mL，水样装入样品瓶后立即加 0.5~1.0mL 的福尔马林溶液（5%）固定。根据《湖泊生态系统观测方法》中的测定方法确定浮游藻类和浮游动物的生物量（陈伟明等，2005）。

3）底栖藻类

使用活性碳纤维材料作为用于培养底栖藻类的人造基质（比表面积：1500m^2/g；长度和宽度：10cm×2cm）。在开放水域上随机设置 3 条样线，每条样线设置 6 个样方，并将基质分别置于 20cm、40cm、60cm、80cm、100cm 和 120cm 深的水下，并连续培养 10d。用塑料刀刮擦附着的藻类并用去离子水洗涤，用 0.2μm 的玻璃纤维膜过滤样品并使用采样点的水悬浮样品。在每个样方收集样品 3 次，并储存在冰盒中运回实验室进行测定。在实验室，将样品悬浮在 2mL 蒸馏水中，然后通过孔径为 0.2μm 的玻璃纤维膜过滤，称重，然后在105℃下干燥24h，再次称重，并在马弗炉（SX-4-10 Fiber Muffle，Test China）中500℃烘干1h，称量样品灰分，计算无灰干质量（ash free dry mass，AFDM）（Tlili et al.，2008），单位为 g/m^2。

4）底栖动物

用 $1/16m^2$ 的 Peterson 采样器采集底栖动物样品，6个样方随着水深梯度设置，水深梯度分别为20cm、40cm、60cm、80cm、100cm和120cm。在每个水深梯度下采集样品3~4次以减少随机误差，采样器提出水面后，将底泥放入分样筛中直接清洗、筛选，检出的底栖动物样品置于样品瓶中，用5%甲醛溶液固定，带回实验室进行鉴定分析，优势种类鉴定到种，其他种类至少鉴定到属。底栖动物按不同种类准确称重，将样品表面水分用吸水纸吸干。

5）鱼

在不同水深梯度下（20cm、40cm、60cm、80cm、100cm和120cm）设置地笼（长度和宽度：300cm×30cm），将采集后的鱼类样品放入已编号的自封塑料袋中，置于样品箱中冷藏保存并运回实验室。在称重过程中，所有的鱼类样品应保持标准湿度。鱼类重量以g表示。

6.1.2 生态能质评估

生态能质作为一种整体生态指标，源自热力学的概念，被认为是生态系统在与周围的非生物环境实现热力学平衡时可以做的最大功。生态能质能够很好地表达生态系统的发展水平和发展趋势（Jørgensen，2006；Jørgensen and Nielsen，2007），因此生态能质可以很好地揭示湖泊生态系统的健康状态（Ludovisi and Poletti，2003；Silow and In-Hye，2004）。Jørgensen（1995）提出的生态能质被定义为存储在生物质中的化学能和基因信息，特定生态能质可以解释为生态系统利用可用资源的能力，并被定义为生态能质（Ex）除以总生物量。生态能质（Ex）和特定生态能质（Ex_{sp}）已被广泛用作湖泊生态系统健康状况的生态指标。湖泊生态系统越健康，生态能质（Ex）和特定生态能质（Ex_{sp}）就越高。根据Jørgensen等（1995）提出的方法计算生态能质（Ex）和特定生态能质（Ex_{sp}），计算方法如下：

$$\mathrm{Ex} = \sum_{i=1}^{n} \beta_i B_i \tag{6-1}$$

$$\mathrm{Ex}_{sp} = \frac{\sum_{i=1}^{n} \beta_i B_i}{B_t} \tag{6-2}$$

式中，Ex为生态能质（kJ/m^2，或 kJ/L）；β_i 为生态系统中第 i 种有机生物的权重因子（表6-2）（Jørgensen et al.，2005）；B_i 为生态系统中第 i 种有机生物的生物量或浓度（g/m^2，或 g/L）；Ex_{sp}为特定生态能质（kJ/g）；B_t 为生态系统的总生物量或浓度（g/m^2，或 g/L）；n 为有机生物的总个数。

表 6-2 生态能质计算中各有机生物的 β 值

有机生物	β
大型水生植物	393
浮游藻类-绿藻	20
浮游藻类-蓝绿藻	20
浮游藻类-硅藻	66
浮游动物-轮虫	163
底栖藻类-绿藻	20
底栖动物-河蚌	297
底栖动物-龙虱	156
底栖动物-东北田螺	312
底栖动物-蜻蜓目	191
底栖动物-摇蚊科幼虫	322
鱼	499

为了计算作为生态指标的生态能质（Ex）和特定生态能质（Ex_{sp}），选择大型水生植物、浮游藻类、浮游动物、底栖藻类、底栖动物和鱼类等水生生物为研究对象。白鹤湖大部分大型水生植物属于单子叶植物（芦苇、水烛、扁秆荆三棱和三江藨草等），其中大型水生植物的权重因子为 393。

本章对白鹤湖食物网的生态能质进行分类。如果某一采样点的 Ex 值和 Exsp 值均高于生态系统的平均值（高-高），则该采样点最健康，可以归为 I_E 类状态（$\mathrm{I}_E=1$）；类似地，如果 Ex 值高于生态系统的平均值，而 Ex_{sp} 值低于生态系统的平均值（高-低），则该采样点可以归为 II_E 类状态（$\mathrm{II}_E=2$）；如果 Ex 值低于生态系统的平均值，而 Ex_{sp} 值高于生态系统的平均值（低-高），则该采样点可以归为 III_E 类状态（$\mathrm{III}_E=3$）；如果 Ex 值和 Ex_{sp} 值均低于生态系统的平均值（低-低），则该采样点可以归为 IV_E 类状态（$\mathrm{IV}_E=4$）。

6.2 研究结果

6.2.1 水深变化对大型水生植物生物量、栖息密度和多样性的影响

水深是影响湿地植物生长和繁殖策略的重要因子之一，湿地植物在其生长和繁殖过程中受水深影响十分明显，水深的变化能够影响湿地植物的生长繁殖、生物量分配以及空间分布等特征（Hugo et al., 1996；陈家宽，1999）。基于历史数据，并结合野外调查数据，得到不同水深梯度下不同优势种和亚优势种的植物群落的优势度（图 6-3）。在 0 ~ 10cm 的水深范围内，植被覆盖主要由扁秆荆三棱和碱蓬（*Suaeda*）的混合群落为主导，辅以单

一的扁秆荆三棱群落。在10~20cm的水深范围内，植被覆盖主要为扁秆荆三棱和三江藨草混合群落、扁秆荆三棱群落，而碱蓬等旱生植物逐渐消失。在20~30cm的水深范围内，植被覆盖以扁秆荆三棱群落为主，芦苇和水烛等优势种群逐渐出现。在30~50cm的水深范围内，植被覆盖主要为三江藨草群落、水葱（*Scirpus validus Vahl*）群落、芦苇群落、三江藨草和扁秆荆三棱混合群落，以及芦苇和三江藨草混合群落。在50~70cm的水深范围内，植被覆盖主要为芦苇群落、三江藨草群落、芦苇和水烛混合群落，狐尾草（foxtail）和浮叶植物等沉水植物开始少量出现，而扁秆荆三棱则消失。在70~100cm的水深范围内，沉水植物的数量逐渐增加，并且水烛群落、芦苇群落和三江藨草群落的覆盖面积仍然较大。

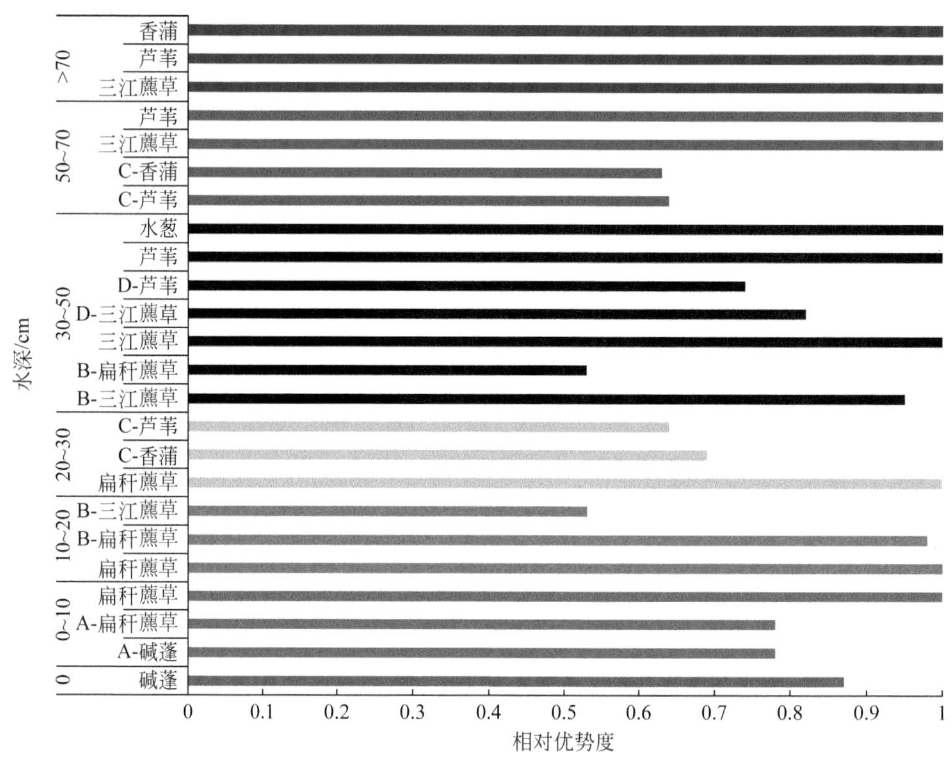

图6-3　白鹤湖植物群落随水深变化分类

注：A为碱蓬+扁秆荆三棱群落；B为三江藨草+扁秆荆三棱群落；C为芦苇+水烛群落；D为三江藨草+芦苇群落

分析4~10月受水深变化影响的9个采样点的大型水生植物的生物量、栖息密度和多样性的时空变化特征（图6-4~图6-6）。在0~30cm的水深范围内，扁秆荆三棱的生物量和密度呈增加趋势。当水深为30cm时，扁秆荆三棱的生物量（平均值：418.2g/m^2，干重；最大值：489.5g/m^2，干重）和栖息密度（平均值：164ind/m^2；最大值：211ind/m^2）达到最高。在30~60cm的水深范围内，扁秆荆三棱的生物量和栖息密度呈下降趋势，水深的变化对扁秆荆三棱的生长有显著影响（$p<0.05$）[图6-4（a）和图6-5（a）]。三江藨草的生物量在0~50cm水深范围内呈增加趋势，生物量在50cm处达到最高值（平均值：425.0g/m^2，干重；最大值：499.0g/m^2，干重）。三江藨草的生物量在水深为0cm和

50cm 时存在显著性差异（$p<0.05$）［图 6-4（b）］。随着水深的增加，三江藨草的栖息密度趋于降低，三江藨草的栖息密度在 0cm 和 40cm、0cm 和 50cm、0cm 和 60cm 的水深处有显著差异（$p<0.05$）［图 6-5（b）］。在 0cm～30cm 和 30cm～60cm 的水深范围内，水深的变化对芦苇的生物量有显著影响（$p<0.05$）。当水深为 30cm 时，芦苇的生物量达到最高（平均值：963.9g/m^2，干重；最大值：1683.5g/m^2，干重）［图 6-4（c）］。随着水深的增加，芦苇的栖息密度降低，特别是在 30～60cm 的水深范围内，水深的变化对芦苇的分布有显著影响（$p<0.05$）［图 6-5（c）］。在 0～40cm 和 40～60cm 的水深范围内，水深的变化对水烛生物量有显著影响（$p<0.05$）。当水深为 40cm 时，芦苇的生物量达到最高（平均值：1850.8g/m^2，干重；最大值：2684.4g/m^2，干重）［图 6-4（d）］。随着水深的增加，水烛的栖息密度降低，水深的变化对水烛的分布有显著影响（$p<0.05$）［图 6-5（d）］。从水深变化的角度来看，水深的变化对大型水生植物的多样性没有显著影响（$p<0.05$）。从季节变化来看，6～9 月的大型水生植物多样性显著高于 4 月、5 月和 10 月（$p<0.05$）（图 6-6）。

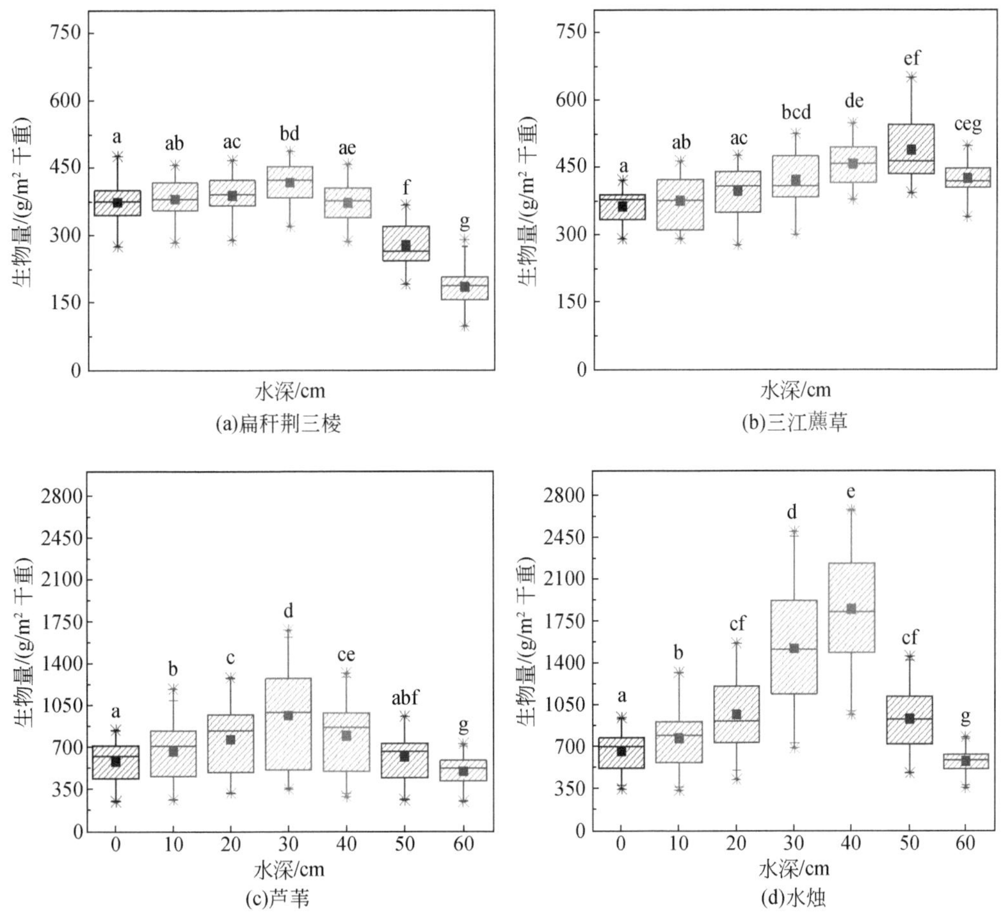

图 6-4　水深变化对大型水生植物生物量的影响

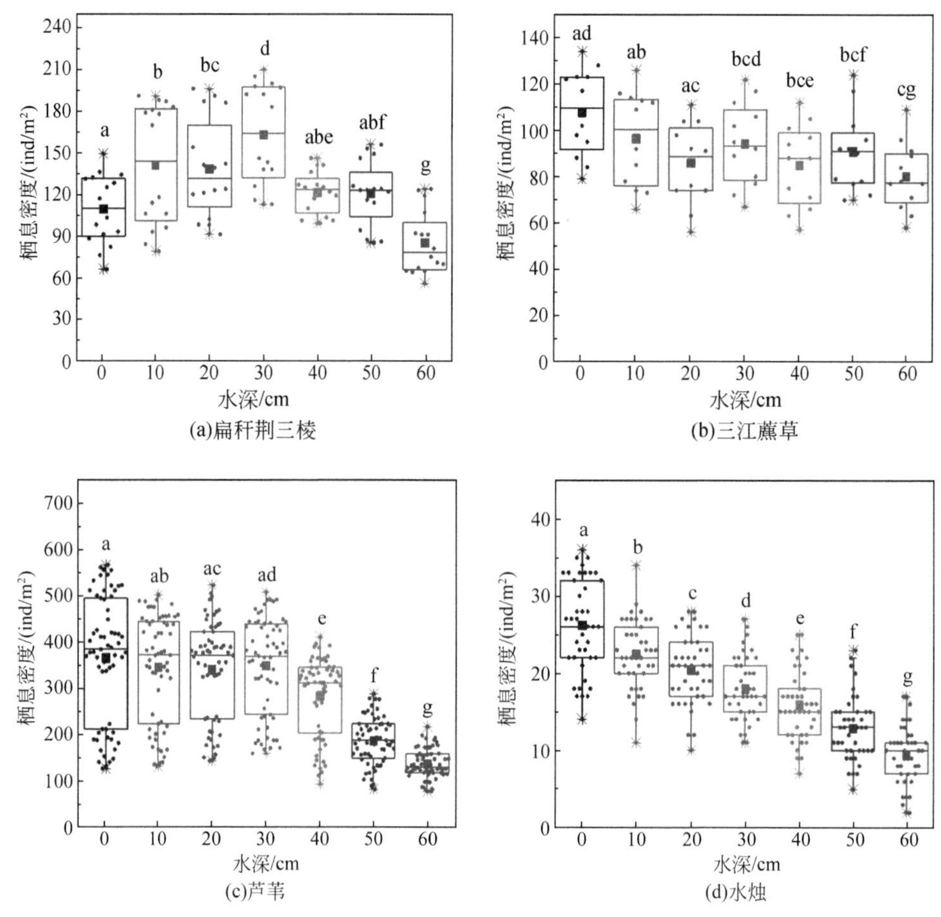

图 6-5　水深变化对大型水生植物栖息密度的影响

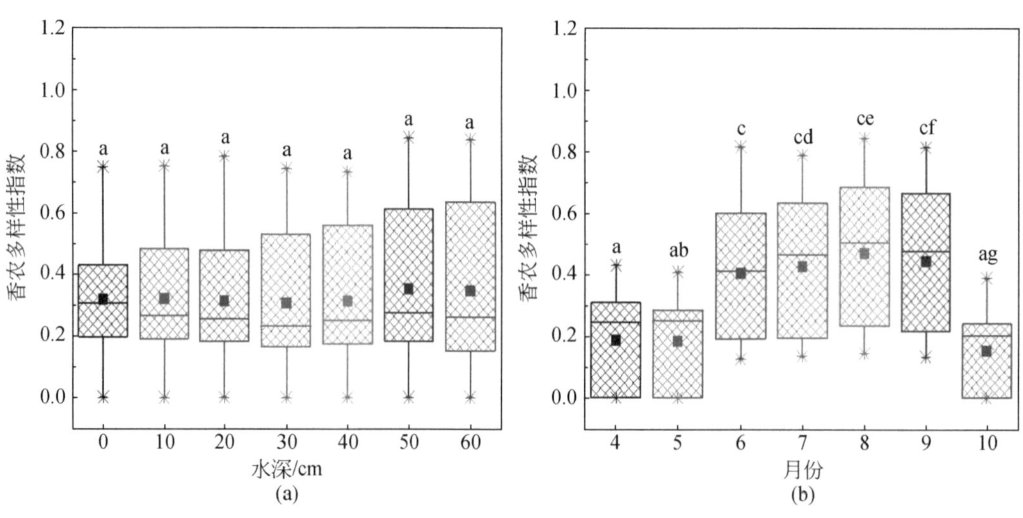

图 6-6　大型水生植物多样性的时空特征

6.2.2 水深变化对底栖生物生物量、栖息密度和多样性的影响

分析 4 ~ 10 月受水深变化影响的 9 个采样点的底栖生物的生物量、栖息密度和多样性的时空变化特征（图 6-7 ~ 图 6-9）。白鹤湖底栖动物优势种类为河蚌、龙虱、东北田螺、蜻蜓目和摇蚊科幼虫，底栖藻类优势种类为绿藻。水深变化对河蚌生物量有显著影响，在 40 ~ 120cm 的水深范围内河蚌生物量显著高于水深 20cm 时的生物量（$p<0.05$），河蚌生物量在水深 80cm 处最高（平均值：439.1g/m^2，干重；最大值：611.1g/m^2，干重）[图 6-7（a）]。龙虱生物量随着水深（20 ~ 80cm）的增加而增加，在 40 ~ 100cm 的水深范围内，龙虱的生物量处于较高水平（平均值：33.2 ~ 48.9g/m^2，干重；最大值：83.4 ~ 93.5g/m^2，干重）（$p<0.05$）[图 6-7（b）]。在 40 ~ 80cm 的水深范围内，东北田螺的生物量显著高于水深 20cm、100cm 和 120cm 处的生物量（$p<0.05$），生物量在 60cm 处达到最高（平均值：47.9g/m^2，干重；最大值：87.4g/m^2，干重）[图 6-7（c）]。在 40 ~ 100cm 的水深范围内的蜻蜓目生物量显著高于水深 20cm 处的生物量（$p<0.05$），平均值为 1.46 ~ 1.60g/m^2（干重），最大值为 2.33 ~ 2.50g/m^2（干重）[图 6-7（d）]。水深变化对摇蚊科幼虫生物量有显著影响（$p<0.05$），在水深 80cm 时摇蚊科幼虫生物量最高（平均值：0.61g/m^2，干重；最大值：1.26g/m^2，干重）[图 6-7（e）]。在 20 ~ 80cm 的水深范围内，底栖藻类的生物量差异显著（$p<0.05$），生物量在 80cm 处达到最高（平均值：36.8g/m^2，干重；最大值：127.4g/m^2，干重）[图 6-7（f）]。从图 6-8 可以看出，在 40 ~ 100cm 的水深范围内，河蚌、蜻蜓目、摇蚊科幼虫和底栖藻类的栖息密度均处于较高水平（平均值：10 ~ 13ind/m^2、31 ~ 38ind/m^2、104 ~ 124ind/m^2 和 3.32×10^7 ~ 4.61×10^7ind/m^2；最大值：14 ~ 22ind/m^2、48 ~ 58ind/m^2、141 ~ 173ind/m^2 和 7.10×10^7 ~ 9.46×10^7ind/m^2）。在水深 20 ~ 100cm 范围内，龙虱和东北田螺的栖息密度均处于较高水平（平均值：47 ~ 62ind/m^2 和 38 ~ 52ind/m^2；最大值：105 ~ 127ind/m^2 和 99 ~ 111ind/m^2）。水深的变化对底栖动物和底栖藻类的多样性没有显著影响（$p<0.05$）[图 6-9（a）和图 6-9（c）]；从季节变化来看，6 ~ 9 月的底栖生物多样性明显高于 4 月、5 月和 10 月（$p<0.05$）[图 6-9（b）]。对于底栖藻类来说，底栖藻类的多样性在 4 月和 8 月、8 月和 10 月存在显著性差异（$p<0.05$）[图 6-9（d）]。

6.2.3 水深变化对鱼类生物量、栖息密度和多样性的影响

分析 4 ~ 10 月受水深变化影响的 9 个采样点的鱼类的生物量、栖息密度和多样性的时空变化特征（图 6-10 和图 6-11）。水深的变化对葛氏鲈塘鳢的生物量和栖息密度有显著影响（$p<0.05$）。作为一种小型底栖鱼类，葛氏鲈塘鳢生物量（平均值：788.5 ~ 820.5g/m^2，干重；最大值：1581.1 ~ 1592.2g/m^2，干重）和栖息密度（平均值：19 ~ 21ind/m^2；最大值：29 ~ 35ind/m^2）在 80 ~ 100cm 的水深范围内处于较高水平（图 6-10）。从水深变化的角度来看，鱼类的多样性分别在 20cm 和 40cm、20cm 和 60cm、20cm 和 80cm、20cm 和 100cm、20cm 和 120cm 的水深处存在显著性差异；就季节变化而言，4 月和 5 月、5 月和 7 月、5 月和 8 月以及 5 月和 9 月的鱼类多样性差异显著（$p<0.05$）（图 6-11）。

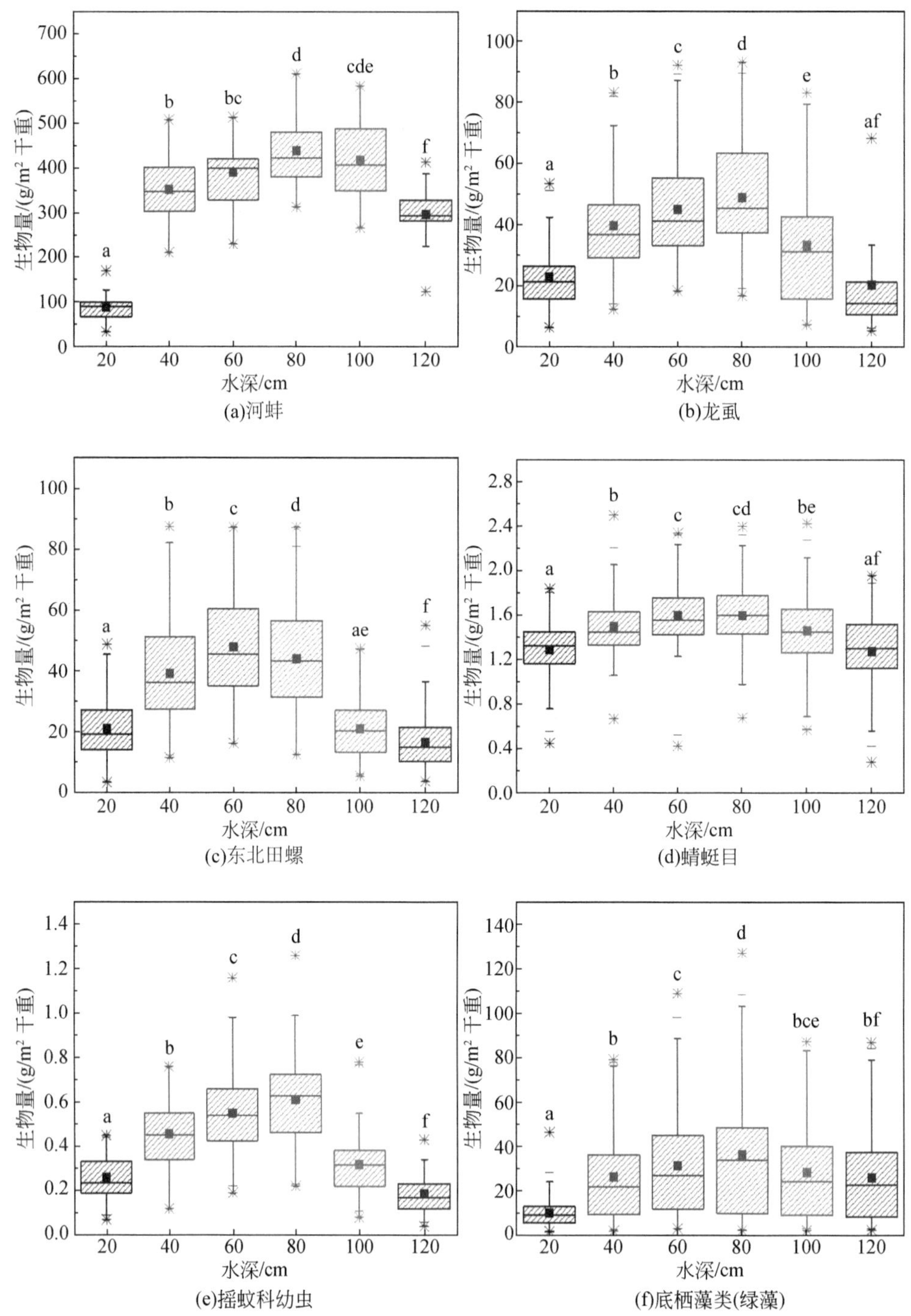

图 6-7　水深变化对底栖生物生物量的影响

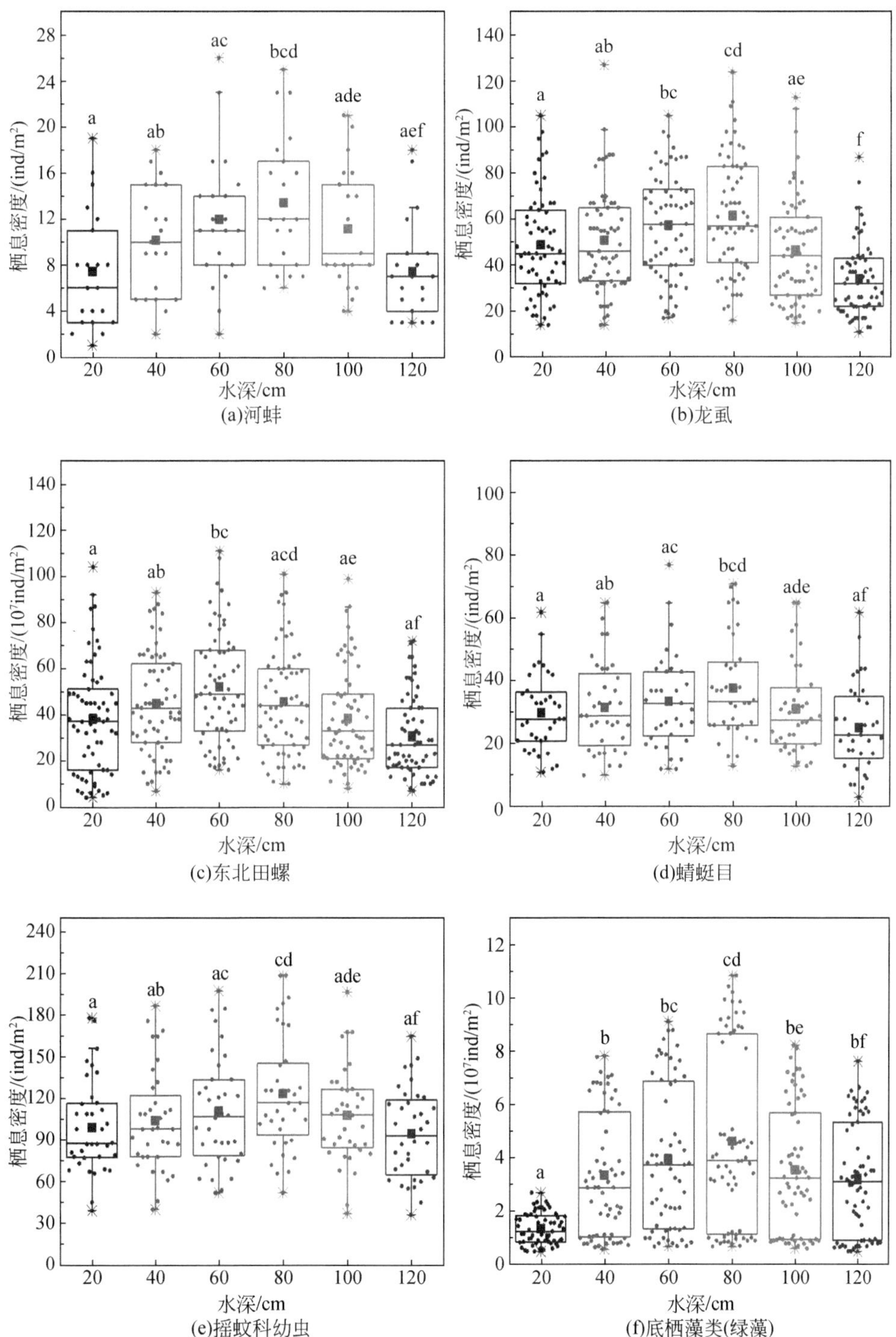

图 6-8 水深变化对底栖生物栖息密度的影响

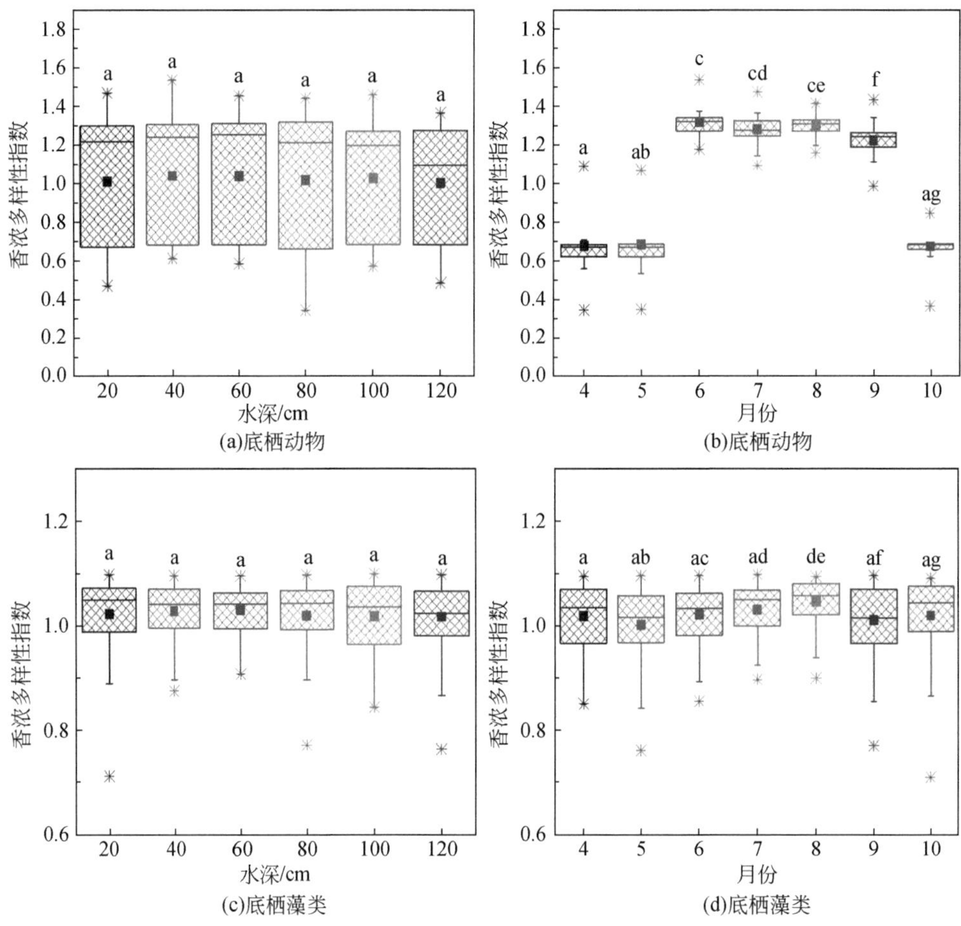

图 6-9　底栖生物多样性的时空特征

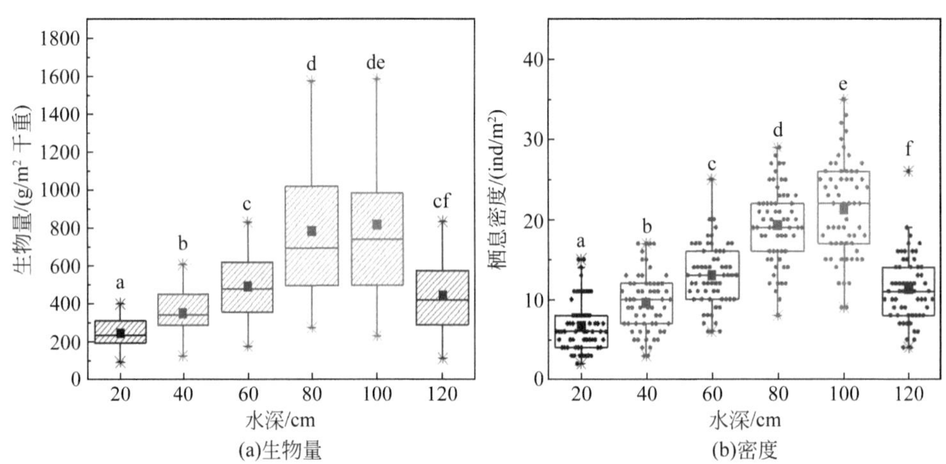

图 6-10　水深变化对葛氏鲈塘鳢生物量和栖息密度的影响

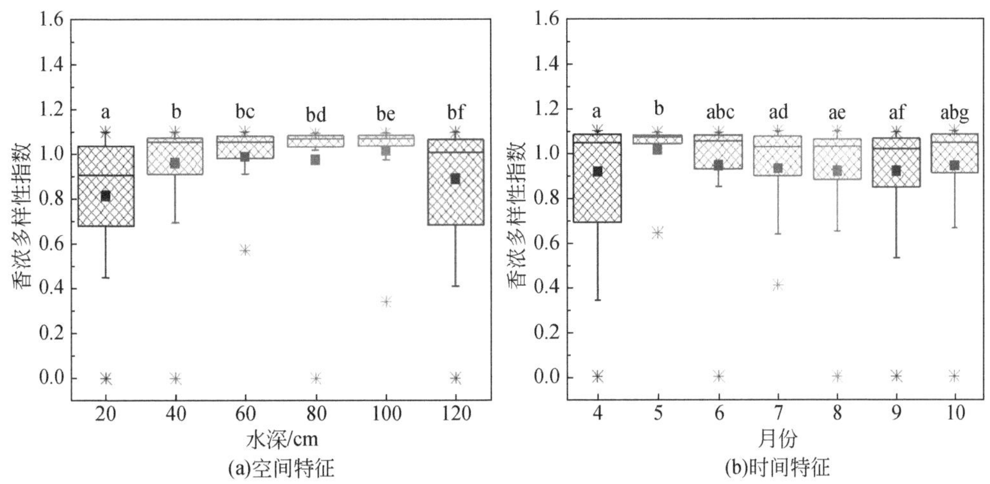

图 6-11　鱼类多样性的时空特征

6.2.4　水深变化对浮游生物生物量、栖息密度和多样性的影响

从4 月到10 月，分析了受水深变化影响的9 个采样点的浮游生物的生物量、栖息密度和多样性的时空变化特征（图6-12 ~ 图6-14）。白鹤湖浮游藻类优势种类为绿藻、蓝绿藻和硅藻，浮游动物优势种类为轮虫。绿藻生物量在 20 ~ 60cm 的水深范围内差异显著（$p<0.05$），生物量在 50cm 处达到最高（平均值：0.54mg/L；最大值：1.89mg/L）[图6-12（a）]。当水深为 20 和 60cm 时，绿藻的栖息密度差异显著（$p<0.05$）[图6-13（a）]。水深（20 ~ 100cm）的变化对蓝绿藻生物量有显著影响（$p<0.05$）。当水深为 40cm 时，蓝绿藻生物量达到最高水平，平均值为 0.64mg/L，最大值为 2.12mg/L [图 6-12（b）]。水深为 60cm 时蓝绿藻的栖息密度与水深 20cm 和 120cm 处的蓝绿藻栖息密度差异显著（$p<0.05$）[图6-13（b）]。硅藻的生物量与绿藻和蓝绿藻的生物量呈现出不同的变化趋势，并且在 20 ~ 120cm 的水深范围内硅藻生物量增加。水深变化对硅藻的生长有显著影响（$p<0.05$）。当水深为 120cm 时，硅藻的生物量达到最高水平，平均值为 0.31mg/L，最大值为 0.71mg/L [图6-12（c）]。水深 120cm 处的硅藻栖息密度与其他水深处的硅藻栖息密度差异显著（$p<0.05$）[图6-13（c）]。在 20 ~ 120cm 的水深范围内，浮游动物（轮虫）生物量出现显著性差异（$p<0.05$），生物量在 100cm 时达到最高值（平均值：0.36mg/L；最大值：1.22mg/L）[图6-12（d）]。水深的增加会影响浮游动物（轮虫）的分布，特别是在 80 ~ 120cm 的水深范围内，浮游动物（轮虫）的栖息密度处于较高水平（$p<0.05$）[图6-13（d）]。随着水深的变化，浮游藻类的多样性呈现增加趋势；而浮游动物的多样性则是先增加（20 ~ 40cm），然后减少（40 ~ 120cm）。从季节变化的角度来看，浮游藻类和浮游动物的多样性具有不规则的变化趋势。浮游藻类的多样性在 10 月最低，其次是 4 月和 8 月；浮游动物的多样性在 6 月最低，9 月最高（图6-14）。

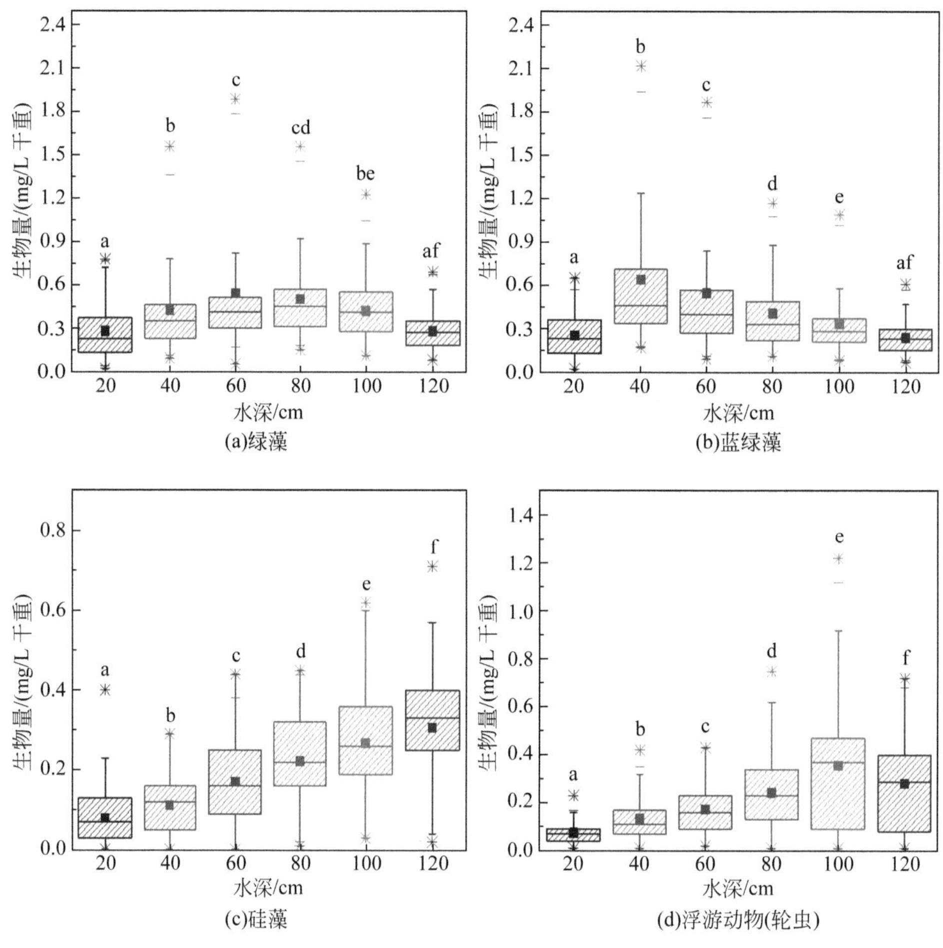

(a)绿藻

(b)蓝绿藻

(c)硅藻

(d)浮游动物(轮虫)

图 6-12　水深变化对浮游生物生物量的影响

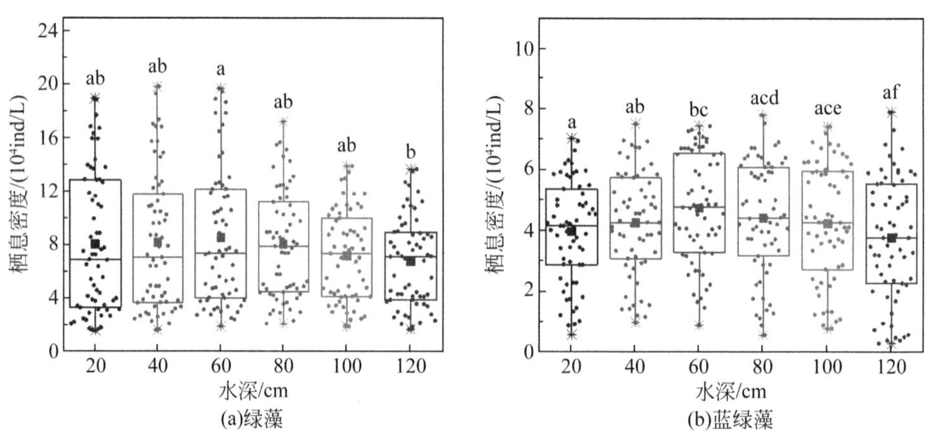

(a)绿藻

(b)蓝绿藻

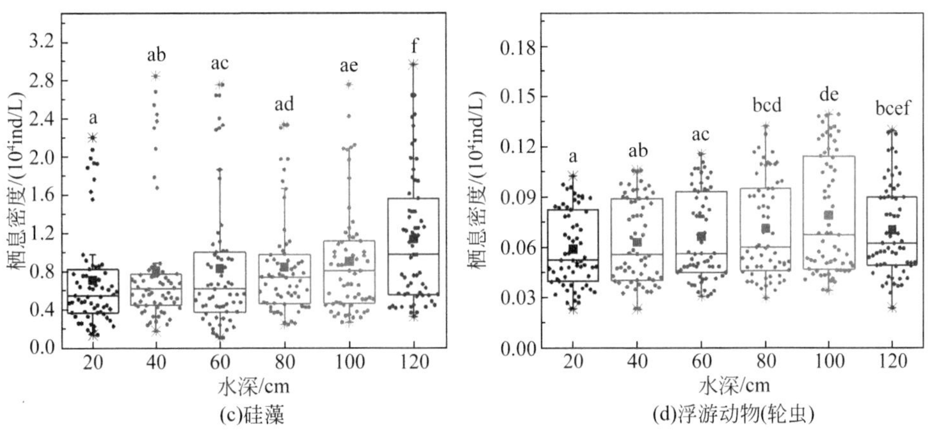

栖息密度/(10⁴ind/L)
水深/cm
(c)硅藻
(d)浮游动物(轮虫)

图 6-13　水深变化对浮游生物栖息密度的影响

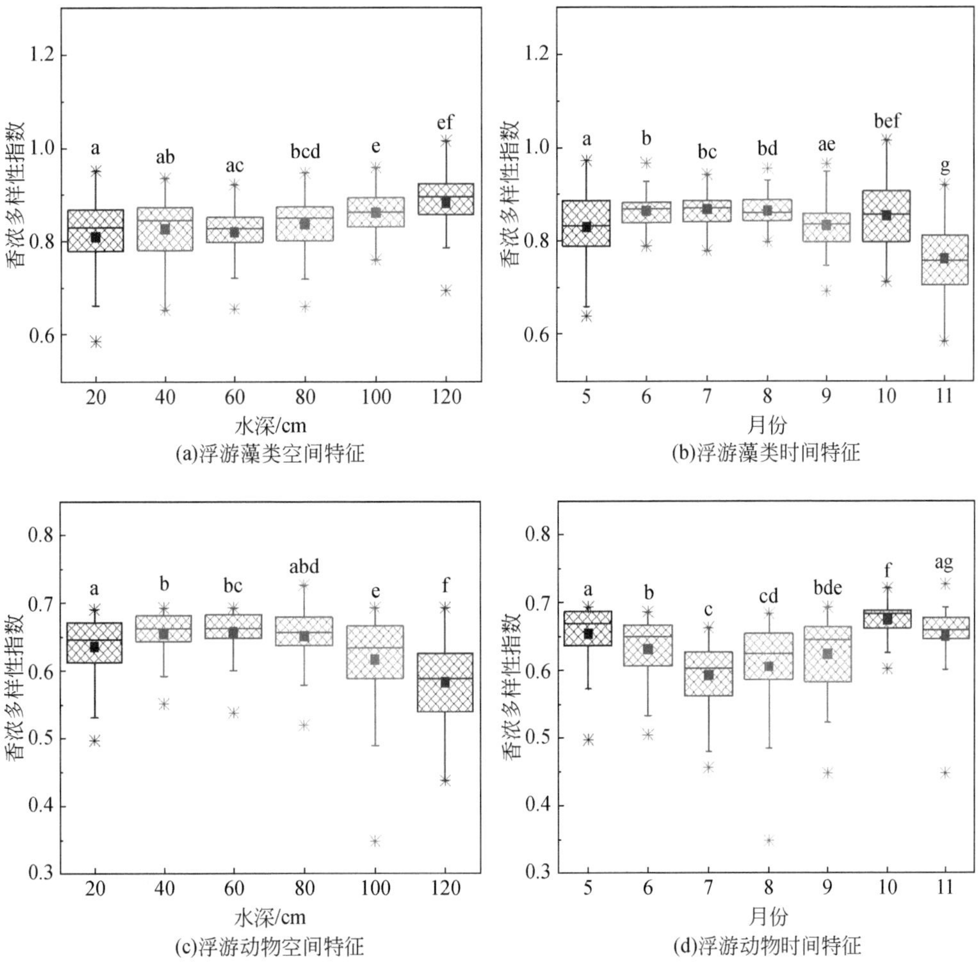

香浓多样性指数
水深/cm
月份
(a)浮游藻类空间特征
(b)浮游藻类时间特征
(c)浮游动物空间特征
(d)浮游动物时间特征

图 6-14　浮游生物多样性的时空特征

6.2.5 不同水深下生态能质的时空变化特征

白鹤湖食物网的生态能质（Ex）总体上呈现出先增加（20～40cm）后减少（40～120cm）的变化趋势。不同水深条件下的生态能质在8月最高（875.14～1881.01kJ/m^2），而在4月时最低（61.22～815.17kJ/m^2）。在相同水深条件下（20～40cm），M_1、M_7和M_8采样点的生态能质低于其他采样点（M_1：208.95～959.71kJ/m^2；M_7：207.10～890.89kJ/m^2；M_8：214.76～935.21kJ/m^2）（图6-15）。研究结果表明，白鹤湖浮游生物的生态能质显示出与其他水生生物相反的变化趋势，生态能质的最高值出现在100cm的水深条件下（图6-15）。这种情况可以解释为：轮虫的生物量随着水深（20～100cm）的增

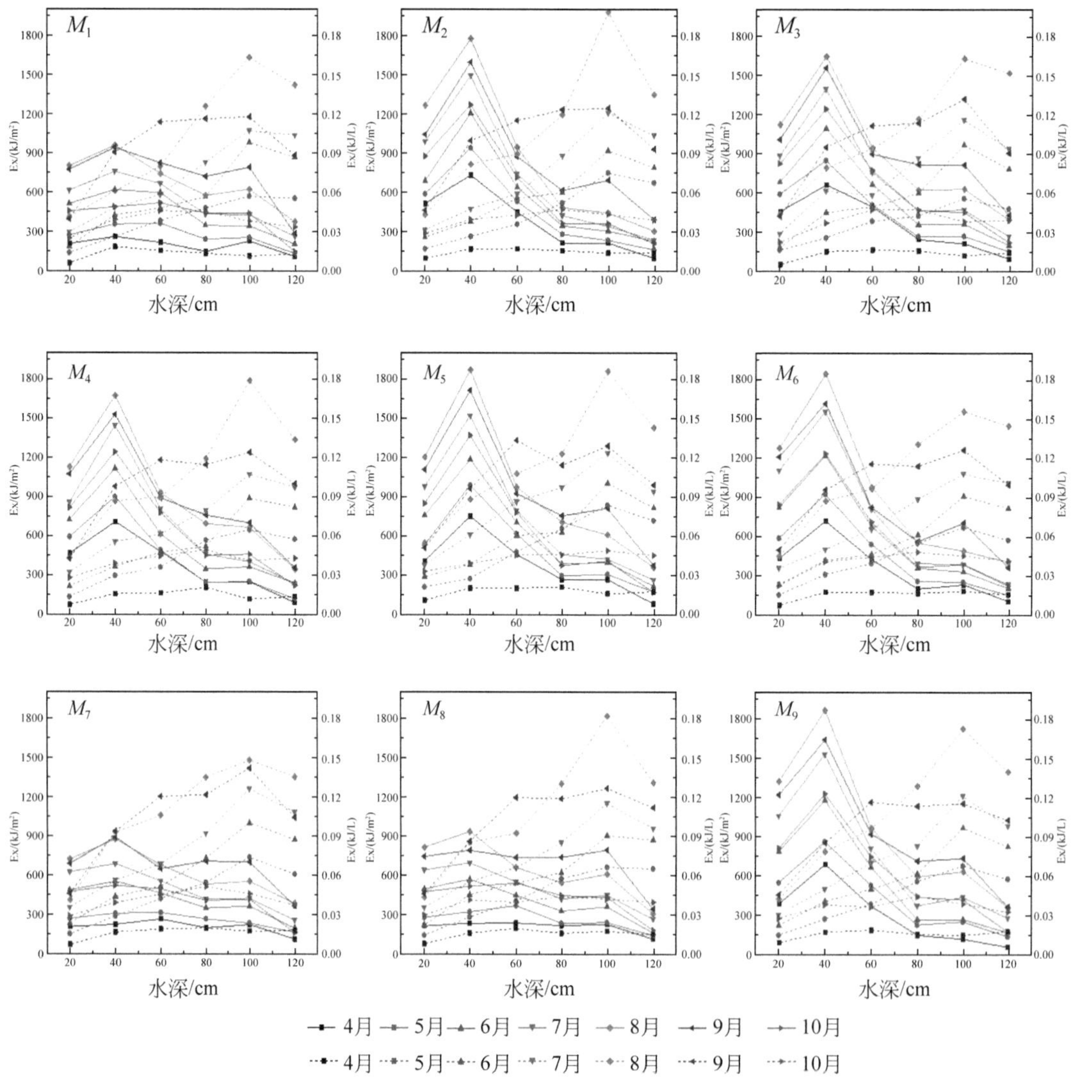

图6-15 不同水深下生态能质（Ex）的时空变化特征

加而增加，并且轮虫的 β 值（$\beta=163$）大于浮游藻类的 β 值（$\beta_{Green}=20$；$\beta_{Blue\text{-}green}=20$；$\beta_{Diatom}=66$），导致浮游生物的生态能质主要受浮游动物生物量的影响。因此，随着水深的增加（20～100cm），浮游生物的生态能质呈现增加的变化趋势。白鹤湖食物网的特定生态能质（Ex_{sp}）的变化趋势与生态能质不同，随着水深的增加，特定生态能质总体上呈现增加的变化趋势。在 80～120cm 的水深范围内显示出较高水平，在 20～60cm 的水深范围内则较低，浮游生物的特定生态能质的变化趋势与其他水生生物基本相同，但在月际有所不同，在 80～120cm 的水深范围内，浮游生物的特定生态能质在 8 月最低。总体上，当水深为 100cm 时白鹤湖食物网的特定生态能质达到最高（图 6-16）。

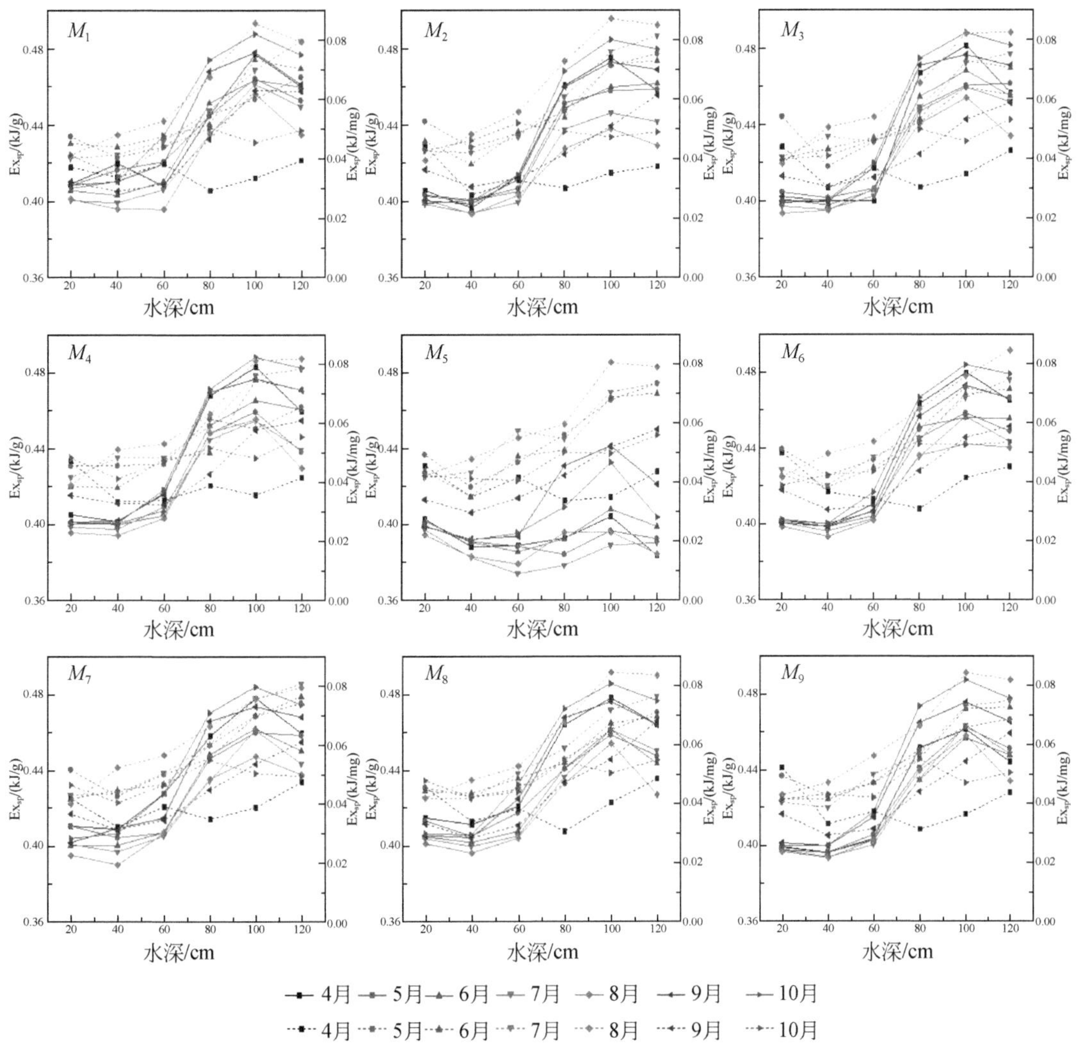

图 6-16　不同水深下特定生态能质（Ex_{sp}）的时空变化特征

在 20～40cm 的水深范围内，白鹤湖食物网的生产者和消费者对生态能质的贡献差异显著（$p<0.05$），生态能质的主要贡献者是以芦苇、水烛、扁秆荆三棱和三江藨草等大型

水生植物为主的生产者。当水深为 60cm 时，M_1、M_5、M_7 和 M_8 采样点的生产者和消费者对生态能质的贡献差异不显著（$p<0.05$），生态能质的贡献者为生产者和消费者，而其他采样点的生产者和消费者对生态能质的贡献差异显著（$p<0.05$），生态能质的贡献者主要为大型水生植物和底栖藻类为主的生产者。此外，在 80～120cm 的水深范围内，生产者和消费者对生态能质的贡献差异显著（$p<0.05$），在此水深范围内，大型水生植物消失，白鹤湖食物网的生产者以底栖藻类为主，因此生态能质的主要贡献者是以河蚌、龙虱、东北田螺、蜻蜓目和摇蚊科幼虫等底栖动物和葛氏鲈塘鳢等鱼类为主的消费者。在 20～120cm 的水深范围内，白鹤湖食物网的浮游藻类与浮游动物对生态能质的贡献差异不显著（$p<0.05$）。在 20～60cm 水深范围内，浮游藻类的生态能质高于浮游动物的生态能质，而在 80～120cm 水深范围内，浮游动物的生态能质则高于浮游藻类的生态能质（图 6-17）。

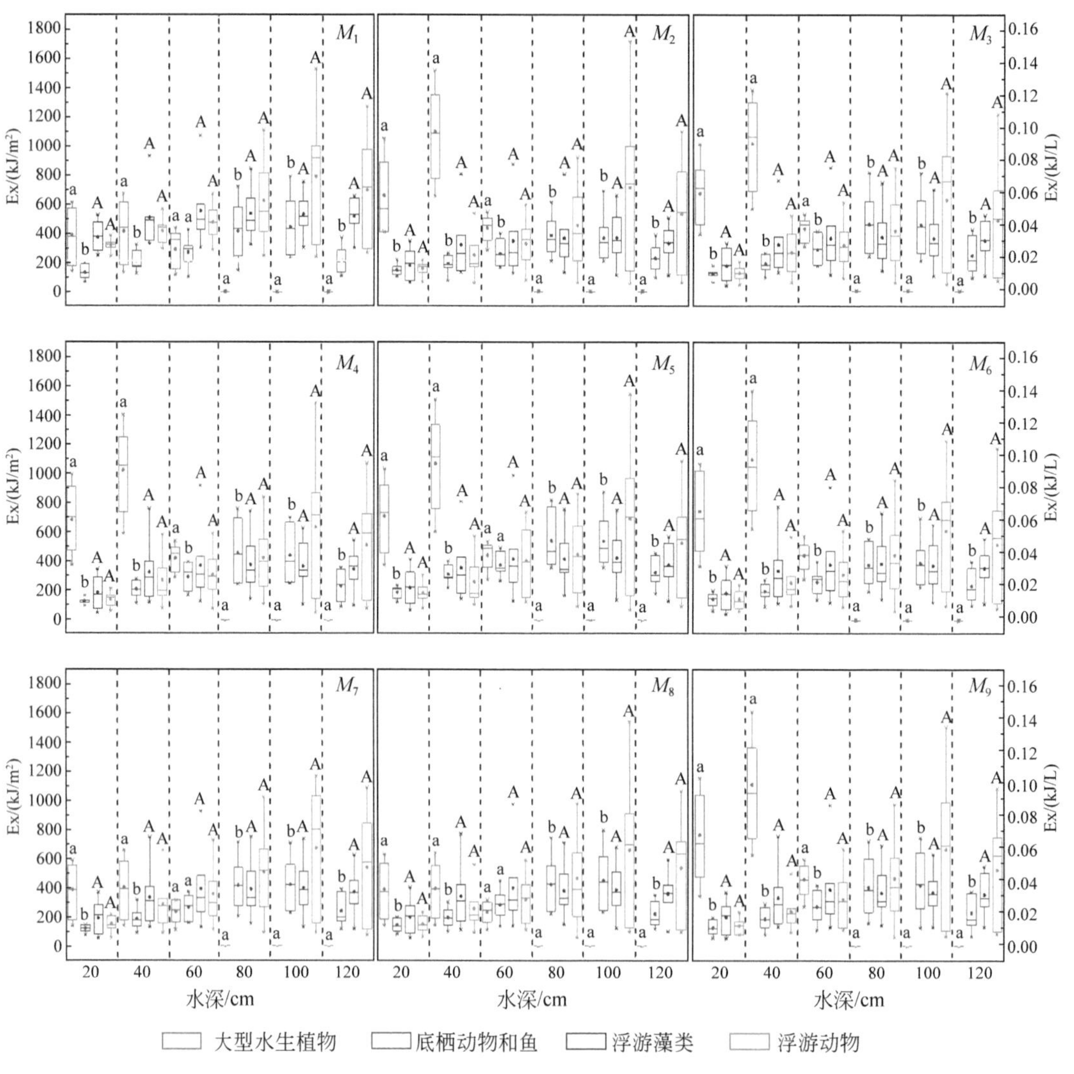

图 6-17　不同水深下生产者和消费者对生态能质（Ex）的贡献

水深与香农–威纳多样性指数（H'）、生态能质（Ex）、特定生态能质（Ex_{sp}）的相关性分析表明，20 ~ 60cm 的水深（$WD_{20\text{-}60}$）与消费者（底栖动物和鱼）的生态能质（Ex-C-1）、浮游藻类的生态能质（Ex-P-2）、浮游动物的生态能质（Ex-C-2）和特定生态能质（Ex_{sp}-C-2）呈显著正相关（$p<0.01$），还与香农–威纳多样性指数（H'）呈显著正相关（$p<0.05$）。此外，20 ~ 60cm 的水深（$WD_{20\text{-}60}$）与大型水生植物的生态能质（Ex-P-1）呈显著负相关（$p<0.01$），还与其特定生态能质（Ex_{sp}-P-1）呈显著负相关（$p<0.05$）。80 ~ 120cm 的水深（$WD_{80\text{-}120}$）与大型水生植物的生态能质（Ex-P-1）、消费者（底栖动物和鱼）的生态能质（Ex-C-1）和浮游动物的特定生态能质（Ex_{sp}-C-2）呈显著负相关（$p<0.01$），还与大型水生植物的特定生态能质（Ex_{sp}-P-1）呈显著负相关（$p<0.05$），此外，80 ~ 120cm 的水深（$WD_{80\text{-}120}$）与浮游藻类的特定生态能质（Ex_{sp}-P-2）呈显著正相关（$p<0.05$）（表 6-3）。

表 6-3　水深与香浓–威纳多样性指数、生态能质（Ex）、特定生态能质（Ex_{sp}）的相关性分析

项目	H'	Ex-P-1	Ex_{sp}-P-1	Ex-C-1	Ex_{sp}-C-1	Ex-P-2	Ex_{sp}-P-2	Ex-C-2	Ex_{sp}-C-2	$WD_{20\text{-}60}$	$WD_{80\text{-}120}$
H'	1										
Ex-P-1	0.070	1									
Ex_{sp}-P-1	-0.186**	-0.035	1								
Ex-C-1	0.416**	0.424**	-0.489**	1							
Ex_{sp}-C-1	-0.075	-0.173**	-0.412**	0.083	1						
Ex-P-2	0.375**	0.430**	-0.192**	0.707**	0.078	1					
Ex_{sp}-P-2	-0.064*	0.013	-0.623**	-0.242**	0.285**	0.171**	1				
Ex-C-2	0.253**	0.595**	-0.477**	0.662**	0.082	0.532**	0.337**	1			
Ex_{sp}-C-2	-0.066	0.036	0.067	0.375*	0.425**	0.311**	0.411**	0.092	1		
$WD_{20\text{-}60}$	0.060*	-0.266**	-0.180*	0.636**	-0.105	0.375**	-0.119	0.491**	0.402**	1	
$WD_{80\text{-}120}$	-0.045	-0.200**	-0.224*	-0.430**	0.137	-0.066	0.623*	0.077	-0.345**	0.172	1

注：* 表明显著性水平，* $0.01<p\leq0.05$，** $0.001<p\leq0.01$

6.2.6　基于生态能质（Ex）和特定生态能质（Ex_{sp}）的采样点分类

在不同水深条件下，基于生态能质（Ex）和特定生态能质（Ex_{sp}），对白鹤湖采样点进行分类（图 6-18 和图 6-19）。当水深为 20cm 时，在 4 ~ 8 月和 9 ~ 10 月，M_2、M_3、M_4、M_5、M_6 和 M_9 采样点处于 $Ⅱ_E$ 类状态，占总采样点的 66.7%；M_1、M_7 和 M_8 采样点处于 $Ⅲ_E$ 类状态，占总采样点的 33.3%。而在 7 月，M_2、M_3、M_5、M_6 和 M_9 采样点处于 $Ⅱ_E$ 类状态，占总采样点的 55.6%；M_1、M_7 和 M_8 采样点处于 $Ⅲ_E$ 类状态，占总采样点的 33.3%；而 M_4 采样点处于 $Ⅳ_E$ 类状态，占总采样点的 11.1%。

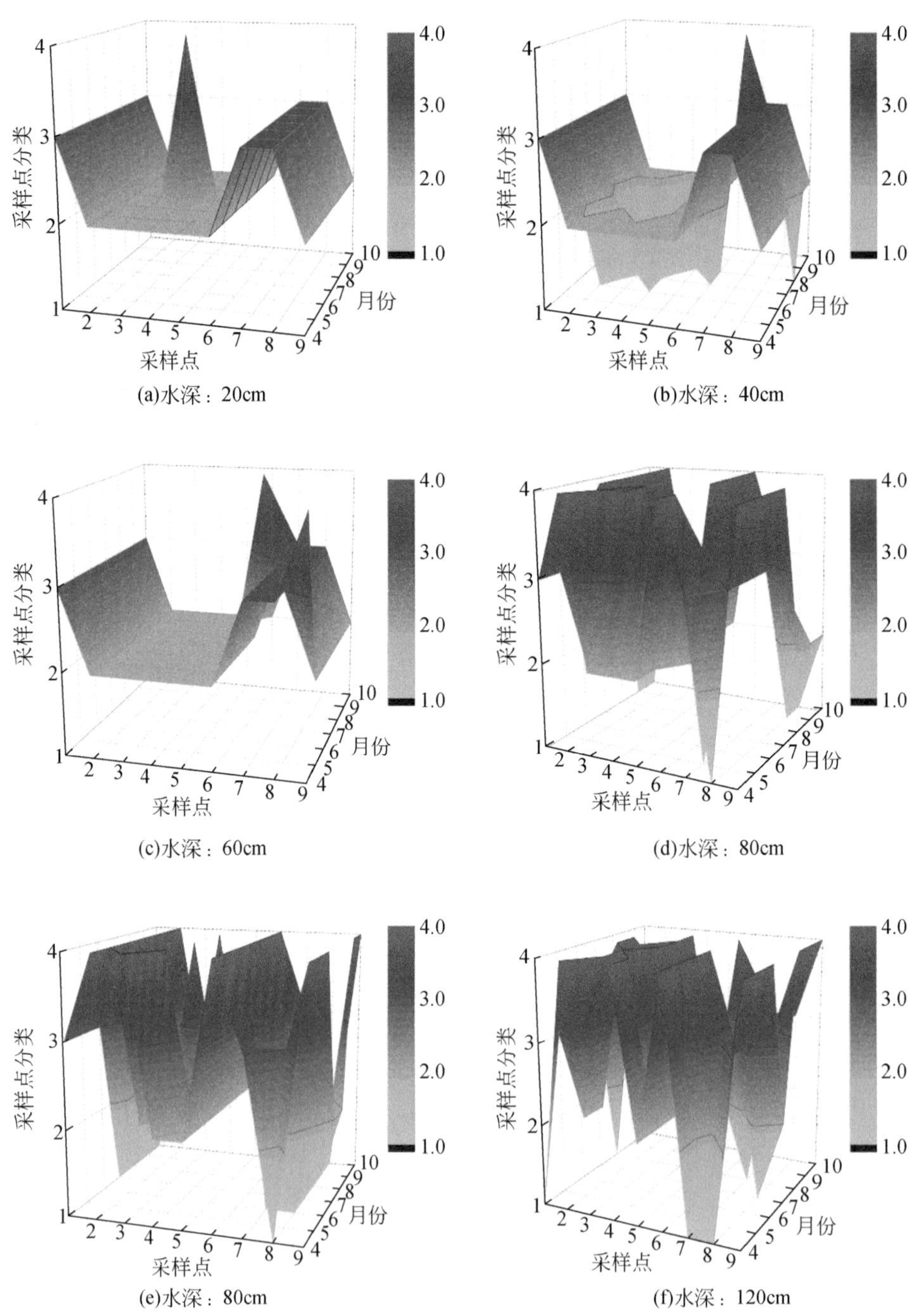

图 6-18　于生态能质（Ex）和特定生态能质（Ex_{sp}）的采样点分类

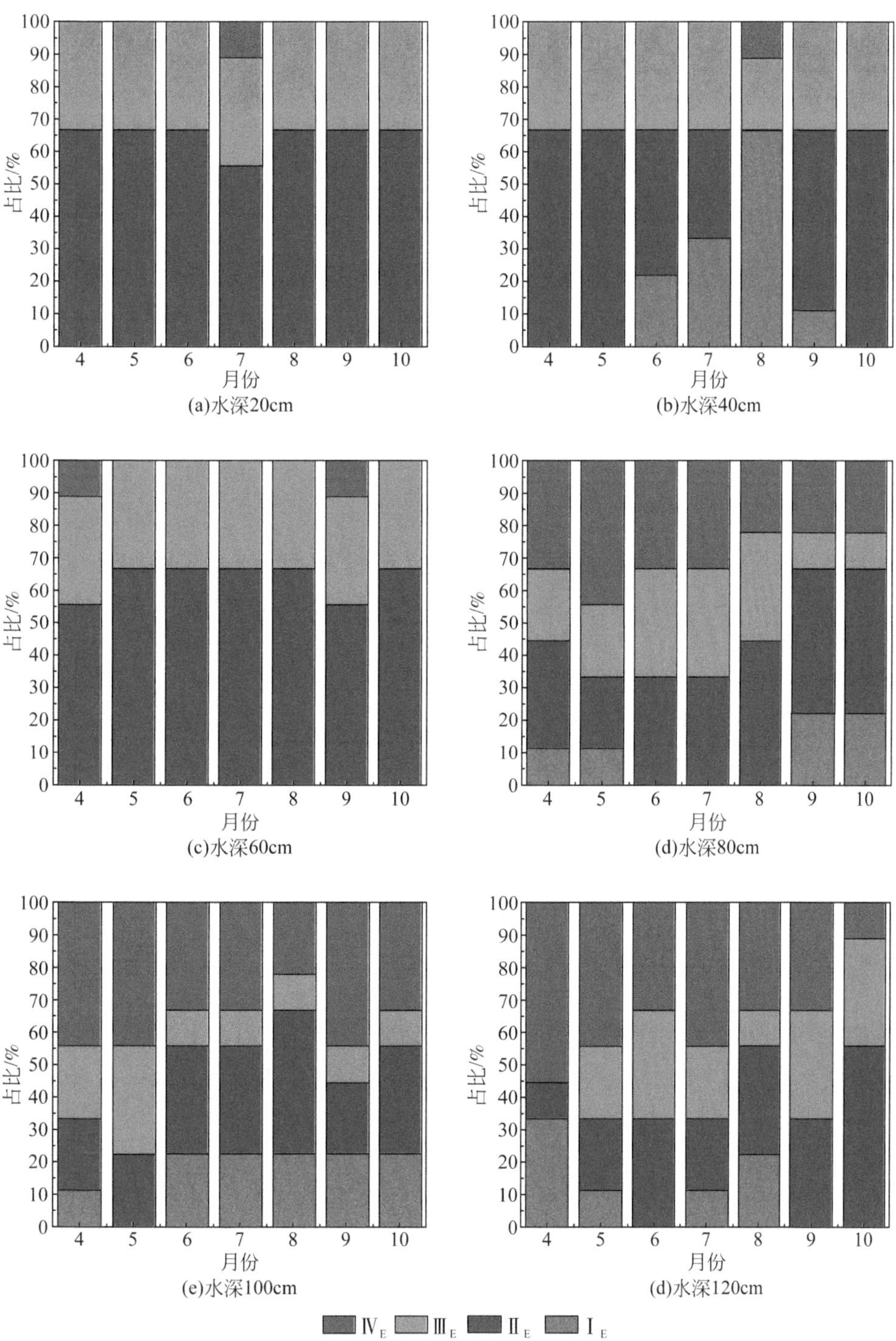

图 6-19 不同水深下各采样点分类的季节特征

当水深为40cm时，在4月、5月和10月，M_2、M_3、M_4、M_5、M_6和M_9采样点处于Ⅱ$_E$类状态，占总采样点的66.7%；M_1、M_7和M_8采样点处于Ⅲ$_E$类状态，占总采样点的33.3%。在6月，M_2和M_4采样点处于Ⅰ$_E$类状态，占总采样点的22.2%；M_3、M_5、M_6和M_9采样点处于Ⅱ$_E$类状态，占总采样点的44.4%；M_1、M_7和M_8采样点处于Ⅲ$_E$类状态，占总采样点的33.3%。在7月，M_2、M_4和M_6采样点处于Ⅰ$_E$类状态，占总采样点的33.3%；M_2、M_5和M_9采样点处于Ⅱ$_E$类状态，占总采样点的33.3%；M_1、M_7和M_8采样点处于Ⅲ$_E$类状态，占总采样点的33.3%。而在8月，M_2、M_3、M_4、M_5、M_6和M_9采样点处于Ⅰ$_E$类状态，占总采样点的66.7%；M_1和M_8采样点处于Ⅲ$_E$类状态，占总采样点的22.2%；M_7采样点处于Ⅳ$_E$类状态，占总采样点的11.1%。

当水深为60cm时，在5~8月和10月，M_2、M_3、M_4、M_5、M_6和M_9采样点处于Ⅱ$_E$类状态，占总采样点的66.7%；M_1、M_7和M_8采样点处于Ⅲ$_E$类状态，占总采样点的33.3%。在4月，M_2、M_3、M_4、M_5和M_6采样点处于Ⅱ$_E$类状态，占总采样点的55.6%；M_9采样点处于Ⅳ$_E$类状态，占总采样点的11.1%。在9月，M_2、M_3、M_4、M_5和M_9采样点处于Ⅱ$_E$类状态，占总采样点的55.6%；M_1、M_7和M_8采样点处于Ⅲ$_E$类状态，占总采样点的33.3%；M_6采样点处于Ⅳ$_E$类状态，占总采样点的11.1%。

当水深为80cm时，在4月，M_8采样点处于Ⅰ$_E$类状态，占总采样点的11.1%；M_3、M_4和M_5采样点处于Ⅱ$_E$类状态，占总采样点的33.3%；M_1和M_7采样点处于Ⅲ$_E$类状态，占总采样点的22.2%；M_2、M_6和M_9采样点处于Ⅳ$_E$类状态，占总采样点的33.3%。在5月，M_7采样点处于Ⅰ$_E$类状态，占总采样点的11.1%；M_2和M_5采样点处于Ⅱ$_E$类状态，占总采样点的22.2%；M_1和M_8采样点处于Ⅲ$_E$类状态，占总采样点的22.2%；M_3、M_4、M_6和M_9采样点处于Ⅳ$_E$类状态，占总采样点的44.4%。在6月，M_3、M_5和M_6采样点处于Ⅱ$_E$类状态，占总采样点的33.3%；M_1、M_7和M_8采样点处于Ⅲ$_E$类状态，占总采样点的33.3%；M_2、M_4和M_9采样点处于Ⅳ$_E$类状态，占总采样点的33.3%。在7月，M_3、M_4和M_5采样点处于Ⅱ$_E$类状态，占总采样点的33.3%；M_1、M_7和M_8采样点处于Ⅲ$_E$类状态，占总采样点的33.3%；M_2、M_6和M_9采样点处于Ⅳ$_E$类状态，占总采样点的33.3%。在8月，M_3、M_4、M_5和M_9采样点处于Ⅱ$_E$类状态，占总采样点的44.4%；M_1、M_7和M_8采样点处于Ⅲ$_E$类状态，占总采样点的33.3%；M_2和M_6采样点处于Ⅳ$_E$类状态，占总采样点的22.2%。在9月和10月，M_1和M_8采样点处于Ⅰ$_E$类状态，占总采样点的22.2%；M_3、M_4、M_5和M_9采样点处于Ⅱ$_E$类状态，占总采样点的44.4%；M_7采样点处于Ⅲ$_E$类状态，占总采样点的11.1%；M_2和M_6采样点处于Ⅳ$_E$类状态，占总采样点的22.2%。

当水深为100cm时，在4月，M_8采样点处于Ⅰ$_E$类状态，占总采样点的11.1%；M_4和M_5采样点处于Ⅱ$_E$类状态，占总采样点的22.2%；M_1和M_7采样点处于Ⅲ$_E$类状态，占总采样点的22.2%；M_2、M_3、M_6和M_9采样点处于Ⅳ$_E$类状态，占总采样点的44.4%。在5月，M_3和M_5采样点处于Ⅱ$_E$类状态，占总采样点的22.2%；M_1、M_7和M_8采样点处于Ⅲ$_E$类状态，占总采样点的33.3%；M_2、M_4、M_6和M_9采样点处于Ⅳ$_E$类状态，占总采样点的44.4%。在6月，M_7和M_8采样点处于Ⅰ$_E$类状态，占总采样点的22.2%；M_3、M_4和M_5采样点处于Ⅱ$_E$类状态，占总采样点的33.3%；M_1采样点处于Ⅲ$_E$类状态，占总采样点的 11.1%；M_2、M_6 和 M_9 采样点处于$Ⅳ_E$类状态，占总采样点的 33.3%。在 7 月，M_1 和 M_8 采样点处于$Ⅰ_E$类状态，占总采样点的 22.2%；M_3、M_5 和 M_9 采样点处于$Ⅱ_E$类状态，占总采样点的 33.3%；M_7 采样点处于$Ⅲ_E$类状态，占总采样点的 11.1%；M_2、M_4 和 M_6 采样点处于$Ⅳ_E$类状态，占总采样点的 33.3%。在 8 月，M_1 和 M_8 采样点处于$Ⅰ_E$类状态，占总采样点的 22.2%；M_3、M_4、M_5 和 M_9 采样点处于$Ⅱ_E$类状态，占总采样点的 44.4%；M_7 采样点处于$Ⅲ_E$类状态，占总采样点的 11.1%；M_2 和 M_6 采样点处于$Ⅳ_E$类状态，占总采样点的 22.2%。在 9 月，M_1 和 M_8 采样点处于$Ⅰ_E$类状态，占总采样点的 22.2%；M_3 和 M_5 采样点处于$Ⅱ_E$类状态，占总采样点的 22.2%；M_7 采样点处于$Ⅲ_E$类状态，占总采样点的 11.1%；M_2、M_4、M_6 和 M_9 采样点处于$Ⅳ_E$类状态，占总采样点的 44.4%。在 10 月，M_1 和 M_8 采样点处于$Ⅰ_E$类状态，占总采样点的 22.2%；M_3、M_4 和 M_5 采样点处于$Ⅱ_E$类状态，占总采样点的 33.3%；M_7 采样点处于$Ⅲ_E$类状态，占总采样点的 11.1%；M_2、M_6 和 M_9 采样点处于$Ⅳ_E$类状态，占总采样点的 33.3%。

当水深为 120cm 时，在 4 月，M_1、M_7 和 M_8 采样点处于$Ⅰ_E$类状态，占总采样点的 33.3%；M_5 采样点处于$Ⅱ_E$类状态，占总采样点的 11.1%；M_2、M_3、M_4、M_6 和 M_9 采样点处于$Ⅳ_E$类状态，占总采样点的 55.6%。在 5 月，M_7 采样点处于$Ⅰ_E$类状态，占总采样点的 11.1%；M_2 和 M_5 采样点处于$Ⅱ_E$类状态，占总采样点的 22.2%；M_1 和 M_8 采样点处于$Ⅲ_E$类状态，占总采样点的 22.2%；M_3、M_4、M_6 和 M_9 采样点处于$Ⅳ_E$类状态，占总采样点的 44.4%。在 6 月，M_2、M_4 和 M_5 采样点处于$Ⅱ_E$类状态，占总采样点的 33.3%；M_1、M_7 和 M_8 采样点处于$Ⅲ_E$类状态，占总采样点的 33.3%；M_3、M_6 和 M_9 采样点处于$Ⅳ_E$类状态，占总采样点的 33.3%。在 7 月，M_8 采样点处于$Ⅰ_E$类状态，占总采样点的 11.1%；M_5 采样点处于$Ⅱ_E$类状态，占总采样点的 11.1%；M_1 和 M_7 采样点处于$Ⅲ_E$类状态，占总采样点的 22.2%；M_2、M_3、M_4 和 M_6 采样点处于$Ⅳ_E$类状态，占总采样点的 44.4%。在 8 月，M_1 和 M_8 采样点处于$Ⅰ_E$类状态，占总采样点的 22.2%；M_3、M_5 和 M_6 采样点处于$Ⅱ_E$类状态，占总采样点的 33.3%；M_7 采样点处于$Ⅲ_E$类状态，占总采样点的 11.1%；M_2、M_4 和 M_9 采样点处于$Ⅳ_E$类状态，占总采样点的 33.3%。在 9 月，M_3、M_4 和 M_5 采样点处于$Ⅱ_E$类状态，占总采样点的 33.3%；M_1、M_7 和 M_8 采样点处于$Ⅲ_E$类状态，占总采样点的 33.3%；M_4、M_6 和 M_9 采样点处于$Ⅳ_E$类状态，占总采样点的 33.3%。在 10 月，M_2、M_3、M_4、M_5 和 M_6 采样点处于$Ⅱ_E$类状态，占总采样点的 55.6%；M_1、M_7 和 M_8 采样点处于$Ⅲ_E$类状态，占总采样点的 33.3%；M_9 采样点处于$Ⅳ_E$类状态，占总采样点的 11.1%。

本章分析了不同水深梯度下水生生物的生物量、栖息密度和多样性的变化趋势，以及不同水生生物的适宜水深范围（图 6-4 ~ 图 6-14）。近年来，白鹤湖的水深呈现增加的变化趋势，芦苇和水烛群落在白鹤湖中迅速扩张，而作为白鹤主要食源的扁秆荆三棱和三江藨草则逐渐减少（崔桢，2017）。水深的微小变化也会影响水生生物的生长特征，特别是湿地植物对水深变化的响应最直观地反映在植物的地上部分。水分是湿地植物发芽率、补苗率和后期生长最主要的限制因子之一，并调节着许多生态过程（Wu et al.，2014）。水位波动在湿地植被形成中的作用已被广泛研究（Casanova and Brock，2000；Nicol and Ganf，2000）。在干旱和半干旱地区，缺水会影响植物的分布和生产力，并在缺水加剧时造成植物的高死亡率（Touchette et al.，2007）。水深不仅直接影响湿地植被的物种组成、物种的多样性和植物群落演替，而且还间接影响水生生物赖以生存的水分、氧气和基质等环境因子（Yuan et al.，2017；王海洋等，1999；徐治国等，2006）。同一种物种生长于不同水深带时，会对不同的水分条件产生反映生境条件的生理生态特征。本章研究表明，水深是决定白鹤湖水生生物分布的关键因素。9 月份白鹤湖的水深明显大于其他月份（图 6-20），这一结果可归结为两个主要原因：首先，白鹤湖的主要水源为大气降水和农田退水，湖区的大部分大气降水发生在每年的 4 月下旬至 10 月上旬。虽然白鹤湖年均蒸发量大于降水量［图 6-20（a）］，但每年的 9 月是湿地周边农田的排水期，白鹤湖在此期间将接收大量的农田退水，会弥补湖区因蒸发而损失的水量，而且造成短时间内湿地水位急剧抬升。其次，由于为周边地区的水产养殖和农业生产活动储水，白鹤湖出水口（M_2）的闸门控制着湖水水位，全年大部分时间都处于关闭状态，造成湖区水面常年维持着一定的面积［图 6-20（b）］，因此白鹤湖是一个半封闭系统。大量的农田退水进入白鹤湖将打破湿地的自然季节性格局。而在干旱季节，保持低水位对新兴植物的生长起着重要作用（崔桢，2017）。

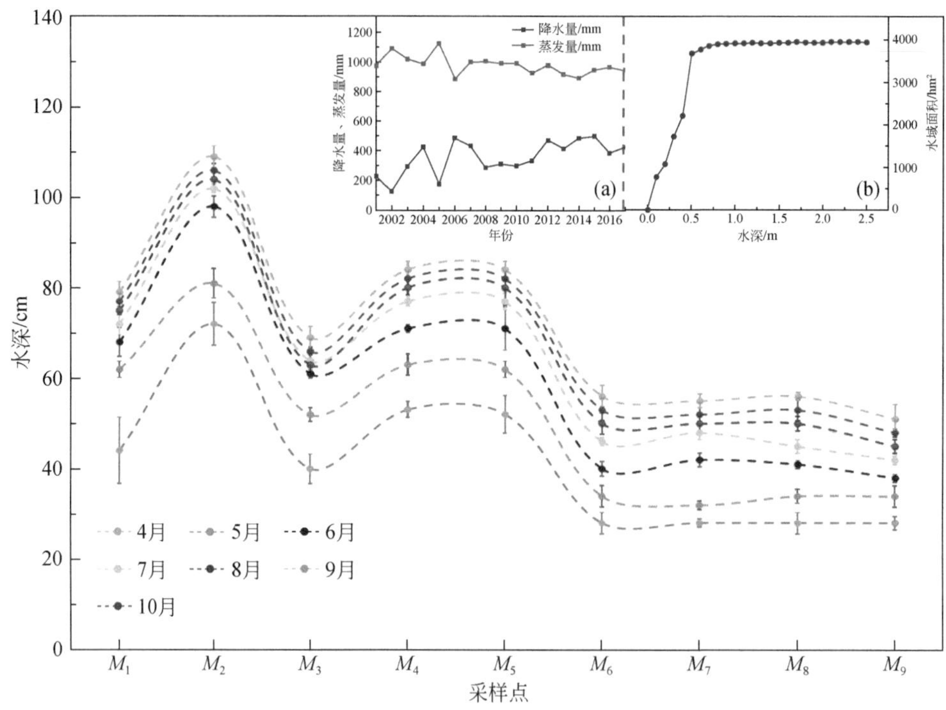

图 6-20　白鹤湖水深范围

注：（a）白鹤湖降水量和蒸发量的年均变化；（b）白鹤湖水面面积与水深的关系

生态能质和特定生态能质已被广泛用作湖泊生态系统健康状况和发展水平特征的整体指标。生态系统越健康，生态能质和特定生态能质就越高（Yang et al.，2012）。生态能质代表了生态系统的发展水平，特定生态能质表明生态系统利用现有资源的能力（Jørgensen and Nielsen，2007）。关于生态能质和特定生态能质，本章研究结果表明，从生态能质和特定生态能质能获得有关生态系统状态的有用信息。生态能质随生物量（或浓度）的增加而增加，而特定生态能质通过总生态能质除以总生物量（或浓度）获得。生态能质在 20～60cm 的水深范围内较高（图 6-15），然而，在这个水深范围内，特定生态能质较低（图 6-16）。

在水深 20～40cm 范围内，生态能质的主要贡献者是以大型水生植物为主的生产者。当水深为 60cm 时，M_1、M_5、M_7 和 M_8 采样点的生产者和消费者对生态能质的贡献差异不显著（$p<0.05$），而其他采样点的生产者和消费者对生态能质的贡献差异显著（$p<0.05$），主要贡献者为大型水生植物和底栖藻类为主的生产者，与其他水生生物相比，在此水深范围内，其中作为生产者的芦苇、水烛、扁秆荆三棱和三江藨草等大型水生植物具有相对更多的生物量和更高的 β 值（图 6-17）。此外，在 80～120cm 的水深范围内，水深的增加抑制了大型水生植物的生长，因此大型水生植物消失，生产者以底栖藻类为主，因此生态能质的贡献者主要是以河蚌、龙虱、东北田螺、蜻蜓目、摇蚊科幼虫等底栖动物和葛氏鲈塘鳢等鱼类为主的消费者。在本章研究中，浮游生物的生态能质显示出与其他水生生物相反的变化趋势，生态能质的最高值出现在 100cm 的水深条件下（图 6-15）。这种情况可以解释为：轮虫的生物量随着水深（20～100cm）的增加而增加，并且轮虫的 β 值（$\beta=163$）大于浮游藻类的 β 值（$\beta_{\text{Green}}=20$；$\beta_{\text{Blue-green}}=20$；$\beta_{\text{Diatom}}=66$），导致浮游生物的生态能质主要受浮游动物生物量的影响。本研究的结果证实，水深的变化对食物网的结构和功能具有显著影响。

在受干扰的采样点（如 M_1、M_7 和 M_8），生态能质明显较低，这可以解释为水生生物对各种类型污染物的响应，即污染物浓度增加导致生物量降低。M_1、M_7 和 M_8 采样点的生态能质较低是由于与其他采样点相比其食物链较短，这三个采样点食物链较短的原因是白鹤湖周边的农田每年会有两次（5 月和 9 月）向白鹤湖排入农田退水，而 M_1、M_7 和 M_8 采样点恰好位于农田退水的路径上，因此农田退水中的各种污染物首先会影响这三个采样点，导致这三个采样点的食物链变短，生态系统的总生物量也处于较低水平。

6.3 本章小结

本章的研究目标是使用生态能质方法分析不同水深变化对食物网结构和功能的影响。水深的变化限制了湿地植物类型的变化以及一些优势植物的生长和衰退，显示了水分条件下的渐进演替规律；低水深（0～50cm）的潮湿环境有利于大型水生植物的生长。底栖动物和浮游藻类的适宜水深为 40～100cm；底栖藻类、浮游动物和鱼类的适宜水深分别为 40～120cm、80～120cm 和 80～100cm。

本章分析了白鹤湖食物网的生态能质和特定生态能质沿着水深梯度的时空变化特征。研究结果表明，生态能质和特定生态能质可作为系统级生态指标，可以提供不同湖泊营养状况的可靠信息。生态能质或特定生态能质的变化可以表达生态系统结构或生态系统组成部分的变化。生态能质显示出先增加（20～40cm）后减小（40～120cm）的变化趋势。不同水深的生态能质在 8 月份最高，4 月最低。在相同水深条件下（20～40cm），M_1、M_7 和 M_8 采样点的生态能质低于其他采样点。浮游生物的生态能质显示出与其他水生生物相反的变化趋势，生态能质的最高值出现在100cm的水深条件下。特定生态能质在80～120cm的水深范围内显示出较高水平，在20～60cm的水深范围内较低，浮游生物的特定生态能质变化与其他水生生物基本相同，当水深为100cm时达到最高。

在水深20～40cm范围内，生态能质的主要贡献者是以大型水生植物为主的生产者。当水深为60cm时，M_1、M_5、M_7和M_8采样点的生产者和消费者对生态能质的贡献差异不显著（$p<0.05$），而其他采样点的生产者和消费者对生态能质的贡献存在显著性差异（$p<0.05$），主要贡献者为大型水生植物和底栖藻类为主的生产者。此外，在水深80～120cm范围内，生态能质的主要贡献者是以底栖动物和鱼类为主的消费者，在此水深范围内，M_1、M_7和M_8采样点的生态能质与其他采样点没有显著性差异（$p<0.05$），只有在20～60cm的水深范围内才有显著性差异（$p<0.05$）。此外，在20～120cm的水深范围内，浮游藻类与浮游动物对生态能质的贡献差异不显著（$p<0.05$）。当水深为20～60cm时，浮游藻类的生态能质高于浮游动物的生态能质，而当水深为80～120cm时，浮游动物的生态能质则高于浮游藻类的生态能质。

在不同水深条件下，基于生态能质（Ex）和特定生态能质（Ex_{sp}）来对采样点进行分类。当水深为20cm时，M_1、M_7和M_8采样点处于$Ⅲ_E$状态，M_4采样点在7月处于$Ⅳ_E$状态。当水深为40cm时，M_1、M_7和M_8采样点处于$Ⅲ_E$状态外，M_7采样点在8月处于$Ⅳ_E$状态。当水深为60cm时，M_1、M_7和M_8采样点处于$Ⅲ_E$状态，以及8月的M_6采样点和4月的M_9采样点处于$Ⅳ_E$状态。当水深为80cm时，M_2采样点除了在5月处于$Ⅱ_E$状态外，其他月份处于$Ⅴ_E$状态；M_3采样点在5月处于$Ⅴ_E$状态；M_4采样点在5月和6月处于$Ⅴ_E$状态；除了6月处于$Ⅱ_E$状态外，M_6采样点在其他月份均处于$Ⅴ_E$状态；M_9采样点从4月到7月处于$Ⅴ_E$状态。当水深为100cm时，M_2采样点和M_6采样点在4月到10月处于$Ⅴ_E$状态；M_3采样点在4月处于$Ⅴ_E$状态；M_4采样点在5月、7月和9月处于$Ⅴ_E$状态。当水深为120cm时，M_2采样点在4月、7月和8月处于$Ⅴ_E$状态；M3采样点在4月到7月处于$Ⅴ_E$状态；M_4采样点从5月到8月处于$Ⅴ_E$状态；M_6采样点在4月、5月、6月、7月和9月处于$Ⅴ_E$状态；M_9采样点除了在7月处于$Ⅱ_E$状态外，在其他月份处于$Ⅴ_E$状态。

第 7 章 基于 MBVI 的白鹤重要停歇地脆弱性评价

湿地不仅具有很高的生物生产力、巨大的资源潜力和环境功能，是地球上一个特殊的生态系统，而且是生物多样性和受威胁物种的聚集地。因为具有独特的水文环境，所以湿地能为包括珍稀水鸟在内的许多野生动物提供适宜的栖息环境，是水鸟的主要停歇、栖息和繁殖地，湿地生境状况直接关系到水鸟的迁徙和种群生存质量（卢卫民，2007）。栖息地的丧失是造成候鸟种群数量减少的重要原因之一（Sanderson et al.，2006；Iwamura et al.，2013；Studds et al.，2017；吴渊等，2017）。湿地水鸟是湿地生态系统的重要组成部分，是湿地最具象征意义的生态资产之一，是反映湿地生态环境变化和具有重要生态价值的自然资源（Mistry et al.，2008；Reid et al.，2013）。湿地水鸟在生态上依赖湿地，是评估湿地质量和重要性的关键生物学指标。由于栖息地丧失、污染、过度捕猎、生物入侵和气候变化等的影响，全球约 23% 的水鸟数量正在减少，国际自然与自然资源保护联盟（International Union for Conservation of Nature，IUCN）将 19% 的湿地水鸟列为受威胁物种（Wetlands International，2012）。鉴于湿地水鸟多样性迅速下降的严峻形势，湿地水鸟保护在世界范围内受到越来越多的关注。

湿地水鸟具有高度的流动性和聚集性，以应对资源的波动和不同的生活需求（Cumming et al.，2012）。生境质量的变化会影响湿地水鸟的分布、多样性和丰度（Zhang et al.，2016b）。越来越多的证据表明，由于水文变化、集约化农业、城市化和气候变化等原因，全球湿地的健康状况正在下降（Kingsford and Thomas，2004；McRae et al.，2008；Wang et al.，2013b；Zeng et al.，2013a，2013b；Ward et al.，2015），湿地水鸟对周围生境的变化非常敏感（Devictor and Jiguet，2007），在维持生态系统稳定性方面发挥着重要作用，是环境变化的良好指标。中国于 1992 年加入了《关于特别是水禽栖息地的国际重要湿地公约》，这是加强中国湿地保护和国际合作的重要一步。湿地保护已成为全球环境与资源合作领域的重要方面。

本章以莫莫格国家级自然保护区中的白鹤湖为研究对象，研究的主要目标包括以下 4 个方面。

（1）针对指示性物种白鹤的生境，利用“压力-状态-响应”模型，从白鹤生存压力、生境状态、种群数量等响应 3 个方面构建评价指标体系；

（2）基于“主成分分析-相关性分析-主成分分析”方法筛选出能够构建白鹤重要停歇地脆弱性指数（MBVI）的指标；

（3）通过对变异系数法、熵值法和复相关系数法求出的白鹤重要停歇地脆弱性指标的客观权重进行组合优化，获得白鹤重要停歇地脆弱性指标的权重值；

（4）应用综合评价法对白鹤重要停歇地生态脆弱性进行评价。

7.1 研究内容与方法

7.1.1 评价指标体系

评价指标体系的建立是进行湿地生态脆弱性评价的基础，目前比较成熟的指标体系构建方法有3类，分别是单（复合）指标法、特征法与模型法。其中模型法主要分为“压力(pressure)-状态（state)-响应（response)”模型和“因-果”模型两种。“压力-状态-响应”模型于1979年由加拿大统计学家Friend和Rapport提出，而后由经济合作与发展组织(Organization for Economic Cooperation and Development，OECD）和联合国环境规划署(United Nations Environment Programme，UNEP）共同发展成熟，是一种较为先进的资源环境管理体系，广泛应用于水、土壤、农业、生物和海洋等资源的管理保护，用来描述人类与环境之间相互作用的因果关系，在生态评价方面应用广泛（赵洋，2011；马骏等，2015)。该模型的切入点是湿地生态系统功能和结构，建立了包括环境、资源、生态、经济和社会等诸多方面的湿地生态系统脆弱性评价指标系统，由于对应性及科学理论依据较强，其多数指标得到了认可（尚二萍和摆万奇，2012)。因此，本章针对白鹤生境，选取“压力-状态-响应”模型作为评价工具来建立评价指标体系（图7-1)。

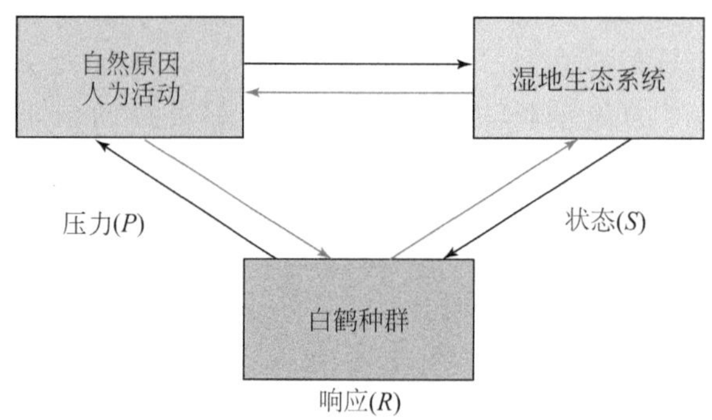

图7-1　压力-状态-响应模型

在“压力-状态-响应”模型的基础上，根据指标选取的全面性、代表性、可定性分析、可定量计算和可操作性的原则，尽可能全面地构建备选指标。

压力指标（P）反映的是外界干扰对白鹤生境产生的压力，表示白鹤生存的湿地生态系统所承受压力的程度。白鹤在重要停歇地的生境压力主要包括人类活动压力和自然压力，因此应从这两个方面选取湿地生态脆弱性评价压力指标。

状态指标（S）反映了在自然条件和人类活动的综合作用下，湿地生态系统表现出来的一种功能状态。本章围绕白鹤生境来构建白鹤重要停歇地脆弱性评价指标体系，因此，应从白鹤的栖息生境方面选取湿地生态脆弱性评价状态指标来反映湿地生态系统自身的结构和功能。

响应指标（R）反映了白鹤生境质量的好坏，生境质量决定物种繁殖种群数量（刘红玉等，2006），因此，本章选择湿地面积变化率、白鹤种群数量和植被覆盖度作为响应指标。

本章充分考虑指标的获取程度和精练性，基于“压力-状态-响应”模型，从生态系统的结构与功能的角度选取了表征白鹤重要停歇地脆弱性的 19 个候选指标（表 7-1）。

表 7-1　白鹤重要停歇地脆弱性评价候选指标

指标类别	编号	候选指标	指标性质
压力指标	D_1	月均温度（℃）	负向
	D_2	月均降水量（mm）	负向
	D_3	月均蒸发量（mm）	正向
	D_4	耕地面积（m^2）	正向
	D_5	人类干扰指数（无量纲）	正向
	D_6	农田退水量（万 m^3）	正向
	D_7	人口密度（人/km^2）	正向
	D_8	水质综合指数（无量纲）	负向
状态指标	D_9	湖面平均水深（m）	负向
	D_{10}	生物量（g/m^2）	负向
	D_{11}	生态能质（kJ/m^2）	负向
	D_{12}	特定生态能质（kJ/g）	负向
	D_{13}	湿地净生产力（Pg C/a）	负向
	D_{14}	香农-威纳多样性指数（无量纲）	负向
	D_{15}	丰富度指数（无量纲）	负向
	D_{16}	均匀度指数（无量纲）	负向
响应指标	D_{17}	湿地面积变化率（%）	负向
	D_{18}	白鹤种群数量（只）	负向
	D_{19}	植被覆盖度（%）	负向

注：正向指标：指标值越大，脆弱程度越高；负向指标：指标值越大，脆弱程度越低

7.1.2　评价指标量化

进行湿地生态脆弱性评价时，由于不同指标采用不同量纲（单位或数量级）计算，这给指标综合带来了难度，因此，先要对各指标进行标准化，即采用相同量纲的计算方法，以增强指标的区域对比和时间对比能力。本章指标量化采用归一化方法。评价指标与脆弱性的关系有的呈正相关关系，有的呈负相关关系，本章对原始数据的归一化处理采用相同的归一化计算公式。湿地生态脆弱性评价指标归一化计算公式如下。

对于正向指标标准化处理计算方式为

$$X_{ij}=\frac{x_{ij}-\min(x_i)}{\max(x_i)-\min(x_i)} \quad (0\leqslant X_{ij}\leqslant 1) \tag{7-1}$$

对于负向指标标准化处理计算方式为

$$X_{ij}=\frac{\max(x_i)-x_i}{\max(x_i)-\min(x_i)} \quad (0\leqslant X_{ij}\leqslant 1) \tag{7-2}$$

式中，x_i 为某评价因子实际值；$\min(x_i)$ 为同一评价指标中的最小值；$\max(x_i)$ 为同一评价指标中的最大值

7.1.3 评价指标筛选

本章通过“主成分分析-相关性分析-主成分分析”方法筛选出能够构建白鹤重要停歇地脆弱性指数（MBVI）的指标。

（1）针对每个方面的候选指标进行主成分分析，以每个主成分的方差贡献率为权重与候选指标的载荷系数乘积之和计算该指标对于反映研究对象信息的重要性水平。以 X_1，X_2，…，X_n 中的 X_n 为例，X_n 的重要性水平$=P_1\times C_1+P_2\times C_2+P_3\times C_3+\cdots+P_n\times C_n$。$P_1$，$P_2$，…，$P_n$ 为 X_n 的载荷系数；C_1，C_2，…，C_n 为各个主成分的方差贡献率。当该值接近于零时认为该指标重要性小，从候选指标中删除，剩余指标进入下一步。

（2）初步筛选出的指标，其包含的信息相互之间有一定共通性、重复性，指标体系包含的冗余指标越多，评价结果反映的信息就越混乱，经过相关性分析，剔除同一准则层中相关系数大的指标，避免指标信息的重复计算。通过 SPSS 20.0 软件将分级量化后的评价指标进行两两组合，在显著性 Sig 差异检验合格，即 p 值小于 0.05 的情况下，计算得出各组变量 Pearson 的相关系数 $|r|$ 有效。r 的绝对值为 0～0.09 时无相关性，0.1～0.3 时为弱相关，0.3～0.5 时为中等相关，0.5～0.8 时为强相关，0.8 以上为极度相关。按照此标准，对剩下的候选指标采用相关系数法检验指标间的相关系数，以 0.3 为阈值（弱相关），当某一指标与其他指标相关系数均小于 0.3 时，该指标直接进入最后的指标体系，剩余指标进入下一步。

（3）存在相关关系的指标再次使用主成分分析，选择重要性水平高的指标进入最后的指标体系，与之相关的指标删除。由此经过“主成分分析-相关性分析-主成分分析”3 个步骤，既消除了指标间的相关关系，也保留了重要性水平高的指标。

7.1.4 评价指标权重计算

1）基于变异系数法确定指标权重

变异系数法（co-efficient of variation method），又称标准差率，长期以来一直是生物和医学领域广泛使用的统计方法（Kelley，2007）。变异系数法可对评估指标进行客观赋权，能够客观反映评估指标变化的信息（赵宏等，2007）。变异系数法基于指标在各评估对象之间的差异大小（包含的信息量）来确定指标权重。它通过指标的变化程度来赋予权重值，这些指标基于对被评估对象的所有观测值。指标在各评估对象之间的差异越大，表明

其辨析能力越强，在评估中显示的作用越大，因此应该对相应的指标赋予的权重值就越大。相反，指标在各评估对象之间的差异越小，表明其辨析能力越弱，在评估中显示的作用越小，因此应该对相应的指标赋予的权重值就越小（孙凯等，2007；曹玮，2009）。将这种差异量化，就可以得到相应的权重（王芸，2010）。在统计学中，通常采用标准差来衡量变异程度。具体计算步骤如下。

如有 m 项评估指标，有 n 个评估对象，X 为原始数据矩阵，其中 X_{ij} 为第 i 个对象的第 j 个指标数值（以下同），则

$$X=\begin{bmatrix} X_{11} & X_{12} & \cdots & X_{1m} \\ X_{21} & X_{22} & \cdots & X_{2m} \\ \vdots & \vdots & & \vdots \\ X_{n1} & X_{n2} & \cdots & X_{nm} \end{bmatrix} \tag{7-3}$$

（1）计算各指标的标准差，反映各指标的绝对变异程度：

$$D_j = \sqrt{\frac{\sum_{i=1}^{n}(X_{ij}-\overline{X_j})^2}{n}} \tag{7-4}$$

式中，D_j 为第 j 个指标的标准差。

（2）计算各指标的变异系数，反映各指标的相对变异程度：

$$\mathrm{CV}_j = \frac{D_j}{\overline{X_j}} \tag{7-5}$$

式中，CV_j 为第 j 项指标的变异系数，也称为标准差系数；D_j 为第 j 项指标的标准差；$\overline{X_j}$ 为第 j 项指标的平均数。

（3）对各指标的变异系数进行归一化处理，得到各指标的权重：

$$W_j = \frac{\mathrm{CV}_j}{\sum_{j=1}^{m}\mathrm{CV}_j} \tag{7-6}$$

2）熵值法确定指标权重

熵值法（entropy method）是指用来判断某个指标的离散程度的数学方法。离散程度越大，对该指标对综合评价的影响越大。可以用熵值判断某个指标的离散程度。在信息论中，熵是对不确定性的一种度量。信息量越大，不确定性就越小，熵也就越小；信息量越小，不确定性越大，熵也越大。根据熵的特性，可以通过计算熵值来判断一个事件的随机性及无序程度，也可以用熵值来判断某个指标的离散程度，指标的离散程度越大，该指标对综合评价的影响就越大。因此，可根据各项指标的变异程度，利用信息熵这个工具，计算出各个指标的权重，为多指标综合评价提供依据。具体计算步骤如下。

（1）基于标准化数据 S_{ij}，计算第 i 个对象第 j 项指标的比重 P_{ij}：

$$P_{ij} = \frac{S_{ij}}{\sum_{i=1}^{n} S_{ij}} \quad (0<P_{ij}<1;1\leqslant i\leqslant n;1\leqslant j\leqslant m) \tag{7-7}$$

式中，m 为待评估对象个数；n 为评估指标个数。

（2）计算指标信息熵 e_j：

$$e_j = -k\sum_{i=1}^{n}(P_{ij}\ln P_{ij}) \tag{7-8}$$

式中，$k>0$，ln 为自然对数，$e_j \geqslant 0$。设 $k=\frac{1}{\ln m}$，于是有 $0 \leqslant e_j \leqslant 1$。

（3）求取指标差异性系数 g_j：

$$g_j = 1-e_j \tag{7-9}$$

（4）确定第 j 项指标的权重 W_j：

$$W_j = \frac{g_j}{\sum_{j=1}^{m} g_j} \tag{7-10}$$

3）基于复相关系数法确定指标权重

复相关系数（multiple correlation coefficient）是一个要素或变量同时与几个要素或变量之间的相关关系，是测量一个因变量与一组（两个或两个以上）自变量之间相关程度的指标，是度量复相关程度的指标。它不能直接测算，只能采取一定的方法进行间接测算，是度量复相关程度的指标，可利用单相关系数和偏相关系数求得。复相关系数越大，表明要素或变量之间的线性相关程度越密切。

复相关系数与简单相关系数的区别是简单相关系数的取值范围是［-1，1］，而复相关系数的取值范围是［0，1］。这是因为，在两个变量的情况下，回归系数有正负之分，所以在研究相关时，也有正相关和负相关之分；但在多个变量的情况下，偏回归系数有两个或两个以上，其符号有正有负，不能按正负来区别，所以复相关系数也就只取正值（贾俊平等，2015）。具体计算步骤如下。

（1）求出各指标的相关系数矩阵。如 m 个评价指标的相关系数矩阵为

$$R = \begin{bmatrix} r_{11} & r_{12} & \cdots & r_{1m} \\ r_{21} & r_{22} & \cdots & r_{2m} \\ \vdots & \vdots & & \vdots \\ r_{m1} & r_{m2} & \cdots & r_{mm} \end{bmatrix} \tag{7-11}$$

对于任意两个参数 x_k 和 x_i，其相关系数为

$$r_{ki} = \frac{\frac{1}{n}\sum_{i=1}^{n}(x_{ki}-\overline{x_{ki}})(x_{li}-\overline{x_l})}{\sqrt{\frac{1}{n}\sum_{i=1}^{n}(x_{ki}-\overline{x_k})^2}\sqrt{\frac{1}{n}\sum_{i=1}^{n}(x_{li}-\overline{x_l})^2}} \tag{7-12}$$

（2）计算参数 x_i 与其他 $m-1$ 个参数的复相关系数为

$$\rho_i = \sqrt{1-(1-r_{i1}^2)(1-r_{i2}^2)\cdots(1-r_{i(m-1)}^2)} \tag{7-13}$$

（3）将复相关系数求倒数并进行归一化处理得到各指标权重：

$$W_i = \frac{\frac{1}{\rho_i}}{\sum_{i=1}^{m}\frac{1}{\rho_i}} \tag{7-14}$$

4）确定组合权重

由变异系数法、熵值法和复相关系数法求出的权重都是基于客观数据求得的权重，但是它们所依据的理论方法不同，所求出的权重值也不同，通过对不同的评价方法所求得的权重值进行组合优化，从而实现评价方法更加客观和科学。

根据最小鉴别信息原理（朱雪龙，2001），设变异系数法求得的权重为 $W_1(j)$、熵值法求得的权重为 $W_2(j)$、复相关系数法求得的权重为 $W_3(j)$，组合权重为 $W(j)$，建立目标函数：

$$\min F = \sum_{j}^{m} W(j)\left[\ln \frac{W(j)}{W_1(j)}\right] + \sum_{j}^{m} W(j)\left[\ln \frac{W(j)}{W_2(j)}\right] + \sum_{j}^{m} W(j)\left[\ln \frac{W(j)}{W_3(j)}\right] \tag{7-15}$$

$$\text{s. t.} \quad \sum_{j=1}^{m} W(j) = 1; \quad W(j) > 0$$

根据拉格朗日乘子法，求式（7-15）的最优解：

$$W(j) = \frac{[W_1(j)W_2(j)W_3(j)]^{1/2}}{\sum_{j=1}^{m}[W_1(j)W_2(j)W_3(j)]^{1/2}} \tag{7-16}$$

7.1.5 脆弱性指数（MBVI）计算

1）综合评价法

湿地生态系统中每一个单项指标，都是从不同的侧面来反映生态系统脆弱状态的，想要了解整体状况需要进行综合评价，因此，本章使用加权求和的综合指数方法计算白鹤重要停歇地脆弱性指数（MBVI），其计算公式为

$$\text{MBVI} = \sum_{i=1}^{n} W_i \times X_i \tag{7-17}$$

式中，MBVI 为被评价对象得到的白鹤重要停歇地脆弱性指数评价值；W_i 为第 i 个评价指标的权重；X_i 为第 i 个评价指标标准化后的值；n 为评价指标个数。

2）评价标准

湿地生态脆弱性评判标准根据湿地生态脆弱性指标标准得来，本章建立湿地生态脆弱性指数分级制度（表 7-2），MBVI 值越高，脆弱程度越重，反之，脆弱程度则越轻。

表 7-2　白鹤重要停歇地脆弱程度分级

综合评价	潜在脆弱	微度脆弱	轻度脆弱	中度脆弱	重度脆弱
MBVI 值	0～0.2	0.2～0.4	0.4～0.6	0.6～0.8	0.8～1.0
湿地生态特征	结构完整，功能水平正常，活力很强，无生态异常，系统稳定，无退化现象，恢复能力很强	结构比较完整，功能水平正常，活力较强，无生态异常，系统较稳定，湿地有轻微退化现象，恢复能力较强	结构基本完整，功能出现一定的退化，有一定的活力，出现少量生态异常，湿地轻度退化，系统较不稳定，恢复能力减弱	结构破碎，功能出现很大退化，活力很差，生态异常较多，湿地中度退化，系统较不稳定，对外界干扰响应迅速	结构十分破碎，功能大部分丧失，活力极差，大面积生态异常出现，湿地严重退化，系统极不稳定，对外界干扰响应迅速

7.2 研究结果

7.2.1 评价指标筛选

本章通过“主成分分析-相关性分析-主成分分析”方法筛选出能够构建白鹤重要停歇地脆弱性指数（MBVI）的指标。

首先，对压力指标的 8 个候选指标进行主成分分析。D_1 的重要性水平 $=0.403\times C_1+0.265\times C_2-0.245\times C_3+0.000\times C_4+0.000\times C_5-0.113\times C_6+0.478\times C_7-0.335\times C_8$，其余指标类似，所得结果见表 7-3。

表 7-3 主成分分析结果（1）

指标	C_1	C_2	C_3	C_4	C_5	C_6	C_7	C_8	重要性水平
方差贡献率	0.376	0.209	0.129	0.092	0.078	0.054	0.040	0.022	—
D_1	0.403	0.265	−0.245	0.000	0.000	−0.113	0.478	−0.335	0.271
D_2	0.215	−0.588	−0.168	−0.332	−0.288	−0.197	−0.424	0.191	0.310
D_3	−0.184	0.000	0.000	0.468	−0.489	0.506	−0.301	0.202	0.194
D_4	0.391	−0.156	−0.190	0.354	0.284	0.119	−0.152	0.000	0.271
D_5	0.000	0.271	−0.156	0.373	−0.403	0.000	0.543	0.000	0.164
D_6	−0.211	0.299	−0.435	0.257	0.222	0.285	−0.562	−0.354	0.285
D_7	0.102	0.345	0.219	−0.462	−0.511	0.000	0.000	−0.314	0.228
D_8	0.212	0.000	0.474	−0.434	0.103	−0.132	−0.113	−0.631	0.214

从计算结果可以看出，候选指标的重要性水平都不接近零，全部保留，这也说明候选指标的选择科学合理。

接下来对这 8 个候选指标求相关系数矩阵，以 0.3 作为有无相关性的判断标准。以“1”表示有相关，“0”表示无相关，结果见表 7-4。

表 7-4 关系数矩阵表（1）

指标	D_1	D_2	D_3	D_4	D_5	D_6	D_7	D_8
D_1	—	0	0	1	0	1	0	0
D_2	0	—	0	0	0	0	0	0
D_3	0	0	—	0	0	0	0	1
D_4	1	0	0	—	1	1	1	1
D_5	0	0	0	1	—	1	1	1
D_6	1	0	0	1	1	—	1	1
D_7	0	0	0	1	1	1	—	1
D_8	0	0	1	1	1	1	1	—

由计算结果可知，月均降水量（D_2）与其他指标都不具有相关关系，因此直接进入最终指标体系。

对剩下的 7 个候选指标进行主成分分析，计算结果见表 7-5。在存在相关关系的指标中选择重要性水平高的指标进入最后的指标体系。以重要性水平大小为序，农田退水量（D_6）进入最终指标体系，与其具有相关关系的月均温度（D_1）、耕地面积（D_4）和人口密度（D_7）删除；水质综合指数（D_8）进入最终指标体系，与其具有相关关系的月均蒸发量（D_3）和人类干扰指数（D_5）删除。

表 7-5　主成分分析结果（2）

指标	C_1	C_2	C_3	C_4	C_5	C_7	C_8	重要性水平
方差贡献率	0. 419	0. 215	0. 136	0. 087	0. 067	0. 052	0. 024	—
D_1	0. 421	0. 000	0. 311	0. 000	-0. 143	0. 475	-0. 376	0. 262
D_3	-0. 142	0. 224	-0. 584	0. 354	0. 564	-0. 224	0. 214	0. 272
D_4	0. 214	-0. 488	-0. 287	-0. 488	0. 179	-0. 242	-0. 345	0. 309
D_5	0. 371	0. 398	-0. 186	-0. 247	0. 173	0. 000	-0. 206	0. 304
D_6	0. 318	-0. 447	-0. 627	-0. 218	0. 367	-0. 244	0. 330	0. 379
D_7	-0. 256	0. 611	0. 000	0. 257	-0. 218	0. 581	0. 244	0. 312
D_8	0. 378	0. 137	0. 457	-0. 484	-0. 187	-0. 212	-0. 512	0. 328

由此基于白鹤重要停歇地脆弱性指数的压力指标由原来的 8 个减为 3 个：月均降水量（D_2）、农田退水量（D_6）和水质综合指数（D_8）。

其次，对状态指标的 8 个候选指标进行主成分分析。D_9 的重要性水平 $= 0.337\times C_9 - 0.214\times C_{10} + 0.266\times C_{11} - 0.388\times C_{12} + 0.289\times C_{13} + 0.214\times C_{14} - 0.365\times C_{15} - 0.534\times C_{16}$，其余指标类似，所得结果见表 7-6。

表 7-6　主成分分析结果（3）

指标	C_9	C_{10}	C_{11}	C_{12}	C_{13}	C_{14}	C_{15}	C_{16}	重要性水平
方差贡献率	0. 316	0. 273	0. 177	0. 073	0. 061	0. 046	0. 034	0. 022	—
D_9	0. 337	-0. 214	0. 266	-0. 388	0. 289	0. 214	-0. 365	-0. 534	0. 292
D_{10}	0. 391	-0. 211	-0. 508	-0. 435	-0. 188	-0. 294	-0. 314	0. 354	0. 346
D_{11}	-0. 144	-0. 545	0. 000	-0. 291	0. 451	0. 511	0. 000	0. 182	0. 271
D_{12}	0. 267	0. 000	0. 310	-0. 588	0. 000	-0. 186	0. 000	0. 613	0. 204
D_{13}	0. 342	0. 282	0. 021	0. 089	-0. 215	-0. 182	0. 358	-0. 314	0. 236
D_{14}	-0. 183	-0. 444	0. 000	0. 177	0. 407	-0. 647	0. 214	-0. 151	0. 257
D_{15}	0. 000	-0. 459	0. 341	0. 000	-0. 611	0. 000	-0. 344	0. 323	0. 242
D_{16}	0. 295	-0. 260	-0. 131	0. 345	0. 000	0. 198	-0. 145	0. 273	0. 233

从计算结果可以看出，候选指标的重要性水平都不接近零，全部保留，其中，生物量（D_{10}）的重要性水平最高，因此可直接进入最终的指标体系。

对剩余 7 个候选指标求相关系数矩阵，以 0.3 作为有无相关性的判断标准。以“1”表示有相关，“0”表示无相关，结果见表 7-7。

表 7-7　相关系数矩阵表（2）

指标	D_9	D_{11}	D_{12}	D_{13}	D_{14}	D_{15}	D_{16}
D_9	—	0	0	0	0	0	0
D_{11}	0	—	1	1	0	0	0
D_{12}	0	1	—	1	0	0	0
D_{13}	0	1	1	—	0	0	0
D_{14}	0	1	0	1	—	1	1
D_{15}	0	0	1	0	1	—	1
D_{16}	0	1	0	0	1	1	—

由计算结果可以看出，湖面平均水深（D_9）与所有指标不相关，可直接进入最终的指标体系。

再对剩下的 6 个候选指标进行主成分分析，结果见表 7-8。在存在相关关系的指标中选择重要性水平高的指标进入最后的指标体系。以重要性水平大小为序，生态能质（D_{11}）进入最终指标体系，与其具有相关关系的特定生态能质（D_{12}）和净生产力（D_{13}）删除；香农-威纳多样性指数（D_{14}）进入最终指标体系，与其具有相关关系的丰富度指数（D_{15}）和均匀度指数（D_{16}）删除。

表 7-8　主成分分析结果（4）

指标	C_{11}	C_{12}	C_{13}	C_{14}	C_{15}	C_{16}	重要性水平
方差贡献率	0.407	0.270	0.131	0.091	0.071	0.030	—
D_{11}	0.211	-0.388	-0.488	0.504	-0.335	-0.310	0.334
D_{12}	0.389	-0.258	-0.115	0.352	0.213	-0.206	0.296
D_{13}	-0.225	-0.242	0.354	0.286	-0.571	0.250	0.277
D_{14}	-0.145	-0.581	0.223	-0.225	0.541	0.386	0.316
D_{15}	0.403	0.311	0.000	-0.126	0.000	0.481	0.274
D_{16}	0.287	0.244	0.587	-0.256	-0.213	0.000	0.298

由此基于白鹤重要停歇地脆弱性指数的状态指标由原来的 8 个减为 4 个：湖面平均水深（D_9）、生物量（D_{10}）、生态能质（D_{11}）和香农-威纳多样性指数（D_{14}）。

最后对响应指标的 3 个候选指标进行主成分分析。D_{17} 的重要性水平 $= 0.303\times C_{17} - 0.262\times C_{18} - 0.229\times C_{19}$，其余指标类似，所得结果见表 7-9。

表 7-9　主成分分析结果（5）

指标	C_{17}	C_{18}	C_{19}	重要性水平
方差贡献率	0. 323	0. 272	0. 227	—
D_{17}	0. 303	-0. 262	-0. 229	0. 221
D_{18}	0. 313	-0. 279	0. 310	0. 247
D_{19}	-0. 134	-0. 565	0. 000	0. 197

从计算结果可以看出，候选指标的重要性水平都不接近零，全部保留，这也说明候选指标的选择科学合理。

对 3 个候选指标求相关系数矩阵，以 0. 3 作为有无相关性的判断标准。以“1”表示有相关，“0”表示无相关，结果见表 7-10。

表 7-10　相关系数矩阵表（3）

指标	D_{17}	D_{18}	D_{19}
D_{17}	—	0	0
D_{18}	0	—	0
D_{19}	0	0	—

由计算结果可以看出，湿地面积变化率（D_{17}）、白鹤种群数量（D_{18}）和植被覆盖度（D_{19}）三个指标之间互不相关，因此可作为最终的指标。

综上，通过“主成分分析-相关性分析-主成分分析”方法，最终获得了白鹤重要停歇地脆弱性指数（MBVI）的评价指标体系，见表 7-11。

表 7-11　白鹤重要停歇地脆弱性评价指标体系

指标类别	编号	最终指标	指标性质
压力指标	D_2	月均降水量（mm）	负向指标
	D_6	农田退水量（万 m^3）	正向指标
	D_8	水质综合指数（无量纲）	负向指标
状态指标	D_9	湖面平均水深（m）	负向指标
	D_{10}	生物量（g/m^2）	负向指标
	D_{11}	生态能质（kJ/m^2）	负向指标
	D_{14}	香农-威纳多样性指数（无量纲）	负向指标
响应指标	D_{17}	湿地面积变化率（%）	负向指标
	D_{18}	白鹤种群数量（只）	负向指标
	D_{19}	植被覆盖度（%）	负向指标

7. 2. 2　评价指标量化

白鹤重要停歇地脆弱性评价指标标准化值见表 7-12。

表 7-12　白鹤重要停歇地脆弱性评价指标标准化值

评价指标	月份	M_1	M_2	M_3	M_4	M_5	M_6	M_7	M_8	M_9
D_2	4	0.862	0.956	1.000	0.582	0.866	0.596	0.906	0.000	0.958
	5	0.784	0.966	0.846	0.931	0.886	1.000	0.960	0.881	0.000
	9	0.491	0.770	1.000	0.630	0.608	0.000	0.006	0.107	0.612
	10	1.000	0.968	0.998	1.000	0.999	0.717	0.000	0.673	0.951
D_6	4	0.047	0.000	0.107	0.562	0.418	0.338	0.683	0.634	1.000
	5	0.087	0.000	0.098	0.414	0.426	0.455	0.695	0.682	1.000
	9	0.057	0.000	0.124	0.743	0.653	0.640	0.933	0.998	1.000
	10	0.073	0.000	0.233	0.631	0.508	0.630	0.721	0.611	1.000
D_8	4	0.793	0.333	0.067	0.000	0.267	0.467	1.000	0.600	0.267
	5	0.462	0.000	0.538	0.692	0.692	0.462	0.846	0.308	1.000
	9	0.000	0.333	0.000	0.667	0.722	1.000	0.278	0.611	0.722
	10	0.286	0.143	0.143	1.000	0.000	0.429	0.000	0.429	0.429
D_9	4	0.636	0.000	0.727	0.432	0.455	1.000	1.000	1.000	1.000
	5	0.247	0.000	0.377	0.234	0.247	0.610	0.636	0.610	0.610
	9	0.517	0.000	0.690	0.431	0.431	0.914	0.931	0.914	1.000
	10	0.492	0.000	0.695	0.407	0.407	0.915	0.915	0.915	1.000
D_{10}	4	1.000	0.220	0.274	0.248	0.000	0.313	0.991	0.985	0.392
	5	0.436	0.101	0.155	0.149	0.000	0.135	0.438	0.434	0.146
	9	0.902	0.269	0.268	0.293	0.000	0.156	1.000	0.981	0.060
	10	1.000	0.189	0.192	0.195	0.000	0.246	0.999	0.967	0.232
D_{11}	4	1.000	0.177	0.207	0.194	0.000	0.276	0.983	0.975	0.381
	5	0.995	0.214	0.317	0.311	0.000	0.275	1.000	0.990	0.305
	9	0.883	0.241	0.211	0.248	0.000	0.130	1.000	0.970	0.008
	10	0.992	0.153	0.142	0.146	0.000	0.211	1.000	0.958	0.190
D_{14}	4	0.936	0.462	0.511	0.281	0.000	0.492	1.000	0.847	0.397
	5	0.538	0.328	0.221	0.323	0.000	0.335	0.427	0.551	0.254
	9	0.420	0.689	1.000	0.669	0.883	0.160	0.141	0.425	0.000
	10	0.690	0.223	0.111	0.000	0.447	0.505	1.000	0.636	0.369
D_{17}	4	0.522	0.396	0.133	0.478	0.775	0.000	0.721	0.974	1.000
	5	0.492	0.435	0.114	0.434	0.689	0.000	0.703	1.000	0.979
	9	0.737	0.540	0.353	0.518	0.812	0.000	0.830	1.000	0.972
	10	0.767	0.562	0.333	0.536	0.791	0.000	0.783	1.000	0.958
D_{18}	4	0.918	0.711	1.000	0.986	0.692	0.513	0.228	0.101	0.000
	5	0.918	0.711	1.000	0.986	0.692	0.513	0.228	0.101	0.000
	9	0.916	1.000	0.973	0.778	0.555	0.467	0.258	0.100	0.000
	10	0.916	1.000	0.973	0.778	0.555	0.467	0.257	0.100	0.000

续表

评价指标	月份	M_1	M_2	M_3	M_4	M_5	M_6	M_7	M_8	M_9
D_{19}	4	1.000	0.638	0.106	0.000	0.625	0.600	0.513	0.625	0.838
	5	1.000	0.660	0.061	0.000	0.565	0.639	0.327	0.592	0.816
	9	1.000	0.364	0.075	0.000	0.654	0.318	0.383	0.495	0.822
	10	1.000	0.333	0.093	0.000	0.473	0.293	0.327	0.400	0.733

7.2.3 评价指标权重计算

1）基于变异系数法确定指标权重

基于变异系数法确定的指标权重见表 7-13。

表 7-13　基于变异系数法确定的指标权重

指标	4 月		5 月		9 月		10 月	
	CV	W	CV	W	CV	W	CV	W
D_2	0.135	0.027	0.126	0.025	0.177	0.039	0.116	0.024
D_6	0.729	0.146	0.816	0.161	0.642	0.142	0.674	0.141
D_8	0.716	0.144	0.605	0.119	0.493	0.109	0.447	0.094
D_9	0.413	0.083	0.491	0.097	0.454	0.100	0.478	0.101
D_{10}	0.349	0.070	0.299	0.059	0.305	0.068	0.312	0.065
D_{11}	0.324	0.065	0.313	0.062	0.359	0.079	0.348	0.073
D_{14}	0.776	0.156	0.819	0.161	0.487	0.108	0.756	0.159
D_{17}	0.438	0.088	0.447	0.088	0.359	0.080	0.357	0.075
D_{18}	0.536	0.108	0.536	0.106	0.544	0.121	0.544	0.114
D_{19}	0.561	0.113	0.621	0.122	0.695	0.154	0.732	0.154

2）熵值法确定指标权重

基于熵值法确定的指标权重见表 7-14。

表 7-14　基于熵值法确定的指标权重

指标	4 月		5 月		9 月		10 月	
	e	W	e	W	e	W	e	W
D_2	0.827	0.178	0.762	0.229	0.592	0.354	0.626	0.324
D_6	0.896	0.106	0.886	0.120	0.902	0.085	0.901	0.085
D_8	0.954	0.047	0.954	0.044	0.953	0.040	0.954	0.040
D_9	0.933	0.069	0.931	0.066	0.942	0.050	0.939	0.052
D_{10}	0.922	0.081	0.926	0.071	0.946	0.047	0.933	0.058

续表

指标	4 月		5 月		9 月		10 月	
	e	W	e	W	e	W	e	W
D_{11}	0.926	0.076	0.929	0.068	0.947	0.046	0.935	0.056
D_{14}	0.954	0.048	0.954	0.045	0.954	0.040	0.954	0.040
D_{17}	0.931	0.071	0.934	0.064	0.940	0.052	0.935	0.056
D_{18}	0.738	0.269	0.738	0.253	0.717	0.245	0.717	0.245
D_{19}	0.947	0.055	0.949	0.049	0.952	0.041	0.949	0.044

3）基于复相关系数法确定指标权重

各指标间的相关系数矩阵见表 7-15 ~ 表 7-18，基于复相关系数法确定的指标权重见表 7-19。

表 7-15　各指标的相关系数矩阵（4 月）

指标	D_2	D_6	D_8	D_9	D_{10}	D_{11}	D_{14}	D_{17}	D_{18}	D_{19}
D_2	1.000	−0.255	−0.113	−0.324	−0.357	−0.353	−0.214	−0.241	0.315	0.060
D_6	−0.255	1.000	0.053	0.601	0.146	0.164	−0.039	0.685	−0.762	0.029
D_8	−0.113	0.053	1.000	0.404	0.832	0.847	0.813	0.248	−0.422	0.582
D_9	−0.324	0.601	0.404	1.000	0.504	0.507	0.441	0.216	−0.632	0.156
D_{10}	−0.357	0.146	0.832	0.504	1.000	0.998	0.946	0.344	−0.377	0.383
D_{11}	−0.353	0.164	0.847	0.507	0.998	1.000	0.932	0.377	−0.398	0.420
D_{14}	−0.214	−0.039	0.813	0.441	0.946	0.932	1.000	0.089	−0.276	0.230
D_{17}	−0.241	0.685	0.248	0.216	0.344	0.377	0.089	1.000	−0.652	0.388
D_{18}	0.315	−0.762	−0.422	−0.632	−0.377	−0.398	−0.276	−0.652	1.000	−0.442
D_{19}	0.060	0.029	0.582	0.156	0.383	0.420	0.230	0.388	−0.442	1.000

表 7-16　各指标的相关系数矩阵（5 月）

指标	D_2	D_6	D_8	D_9	D_{10}	D_{11}	D_{14}	D_{17}	D_{18}	D_{19}
D_2	1.000	−0.577	−0.557	−0.301	0.096	0.083	0.136	−0.506	0.478	−0.375
D_6	−0.577	1.000	0.687	0.784	0.154	0.124	0.012	0.659	−0.853	0.085
D_8	−0.557	0.687	1.000	0.518	−0.019	−0.018	−0.307	0.311	−0.302	−0.170
D_9	−0.301	0.784	0.518	1.000	0.404	0.318	0.250	0.265	−0.734	0.029
D_{10}	0.096	0.154	−0.019	0.404	1.000	0.808	0.879	0.328	−0.299	0.192
D_{11}	0.083	0.124	−0.018	0.318	0.808	1.000	0.704	0.345	−0.244	0.165
D_{14}	0.136	0.012	−0.307	0.250	0.879	0.704	1.000	0.150	−0.215	0.255
D_{17}	−0.506	0.659	0.311	0.265	0.328	0.345	0.150	1.000	−0.691	0.314
D_{18}	0.478	−0.853	−0.302	−0.734	−0.299	−0.244	−0.215	−0.691	1.000	−0.359
D_{19}	−0.375	0.085	−0.170	0.029	0.192	0.165	0.255	0.314	−0.359	1.000

表 7-17　各指标的相关系数矩阵（9 月）

指标	D_2	D_6	D_8	D_9	D_{10}	D_{11}	D_{14}	D_{17}	D_{18}	D_{19}
D_2	1. 000	-0. 585	-0. 416	-0. 578	-0. 516	-0. 534	0. 693	-0. 051	0. 614	-0. 137
D_6	-0. 585	1. 000	0. 636	0. 693	0. 096	0. 104	-0. 556	0. 428	-0. 913	0. 018
D_8	-0. 416	0. 636	1. 000	0. 267	-0. 470	-0. 454	-0. 352	-0. 132	-0. 546	-0. 072
D_9	-0. 578	0. 693	0. 267	1. 000	0. 245	0. 239	-0. 650	0. 147	-0. 782	0. 127
D_{10}	-0. 516	0. 096	-0. 470	0. 245	1. 000	0. 999	-0. 270	0. 392	-0. 154	0. 182
D_{11}	-0. 534	0. 104	-0. 454	0. 239	0. 999	1. 000	-0. 269	0. 398	-0. 162	0. 194
D_{14}	0. 693	-0. 556	-0. 352	-0. 650	-0. 270	-0. 269	1. 000	-0. 188	0. 708	-0. 402
D_{17}	-0. 051	0. 428	-0. 132	0. 147	0. 392	0. 398	-0. 188	1. 000	-0. 513	0. 558
D_{18}	0. 614	-0. 912	-0. 546	-0. 782	-0. 154	-0. 162	0. 708	-0. 513	1. 000	-0. 293
D_{19}	-0. 137	0. 018	-0. 072	0. 127	0. 182	0. 194	-0. 402	0. 558	-0. 293	1. 000

表 7-18　各指标的相关系数矩阵（10 月）

指标	D_2	D_6	D_8	D_9	D_{10}	D_{11}	D_{14}	D_{17}	D_{18}	D_{19}
D_2	1. 000	-0. 372	0. 307	-0. 500	-0. 593	-0. 599	-0. 764	-0. 116	0. 489	0. 123
D_6	-0. 372	1. 000	0. 306	0. 736	-0. 027	-0. 027	0. 186	0. 242	-0. 869	-0. 070
D_8	0. 307	0. 306	1. 000	0. 043	-0. 119	-0. 142	-0. 483	-0. 123	-0. 040	-0. 266
D_9	-0. 500	0. 736	0. 043	1. 000	0. 356	0. 351	0. 462	0. 094	-0. 780	0. 101
D_{10}	-0. 593	-0. 027	-0. 119	0. 356	1. 000	0. 999	0. 779	0. 432	-0. 271	0. 400
D_{11}	-0. 599	-0. 027	-0. 142	0. 351	0. 999	1. 000	0. 797	0. 444	-0. 278	0. 410
D_{14}	-0. 764	0. 186	-0. 483	0. 462	0. 779	0. 797	1. 000	0. 358	-0. 489	0. 486
D_{17}	-0. 116	0. 242	-0. 123	0. 094	0. 432	0. 444	0. 358	1. 000	-0. 480	0. 503
D_{18}	0. 489	-0. 869	-0. 040	-0. 780	-0. 271	-0. 278	-0. 489	-0. 480	1. 000	-0. 197
D_{19}	0. 123	-0. 070	-0. 266	0. 101	0. 400	0. 410	0. 486	0. 503	-0. 197	1. 000

表 7-19　基于复相关系数法确定的指标权重

指标	4 月		5 月		9 月		10 月	
	ρ	W	ρ	W	ρ	W	ρ	W
D_2	0. 700	0. 133	0. 895	0. 101	0. 969	0. 096	0. 962	0. 094
D_6	0. 935	0. 100	0. 990	0. 092	0. 991	0. 094	0. 960	0. 094
D_8	0. 994	0. 094	0. 899	0. 101	0. 911	0. 102	0. 667	0. 135
D_9	0. 939	0. 099	0. 960	0. 094	0. 969	0. 096	0. 960	0. 094
D_{10}	0. 969	0. 096	0. 975	0. 093	1. 000	0. 093	1. 000	0. 090
D_{11}	1. 000	0. 093	0. 936	0. 097	1. 000	0. 093	1. 000	0. 090
D_{14}	0. 998	0. 093	0. 957	0. 095	0. 968	0. 096	0. 991	0. 091
D_{17}	0. 914	0. 102	0. 934	0. 097	0. 853	0. 109	0. 839	0. 108
D_{18}	0. 971	0. 096	0. 984	0. 092	0. 995	0. 093	0. 982	0. 092
D_{19}	0. 985	0. 094	0. 656	0. 138	0. 727	0. 128	0. 809	0. 112

4）确定组合权重值

白鹤重要停歇地脆弱性指数（MBVI）评价指标的最终权重见表 7-20。

表 7-20　基于组合优化后的指标权重

指标	4 月	5 月	9 月	10 月
D_2	0.088	0.085	0.134	0.101
D_6	0.137	0.150	0.124	0.126
D_8	0.088	0.082	0.078	0.085
D_9	0.083	0.087	0.081	0.083
D_{10}	0.081	0.070	0.064	0.069
D_{11}	0.075	0.072	0.068	0.072
D_{14}	0.092	0.093	0.075	0.090
D_{17}	0.088	0.083	0.078	0.080
D_{18}	0.184	0.176	0.194	0.190
D_{19}	0.084	0.102	0.105	0.103

7.2.4　脆弱性时空变化特征

由 MBVI 计算结果可知，在春季（4 月和 5 月）和秋季（9 月和 10 月），白鹤湖整体处于轻度脆弱状态。其中，在春季，白鹤湖总面积的 10.3% 处于重度脆弱状态，30.6% 处于中度脆弱状态，41.8% 处于轻度脆弱状态。白鹤湖西部大部分处于重度和中度脆弱状态，湖面中心处于不脆弱状态，而位于白鹤湖东部的入水口和出水口处于重度脆弱状态。在秋季，白鹤湖总面积的 9.1% 处于重度脆弱状态，23.6% 处于中度脆弱状态，30.2% 处在轻度脆弱状态。白鹤湖西部大部分处于中度脆弱状态，湖面中心基本处在微脆弱和轻度脆弱状态，白鹤湖东部大部分处在中度脆弱状态（图 7-2）。

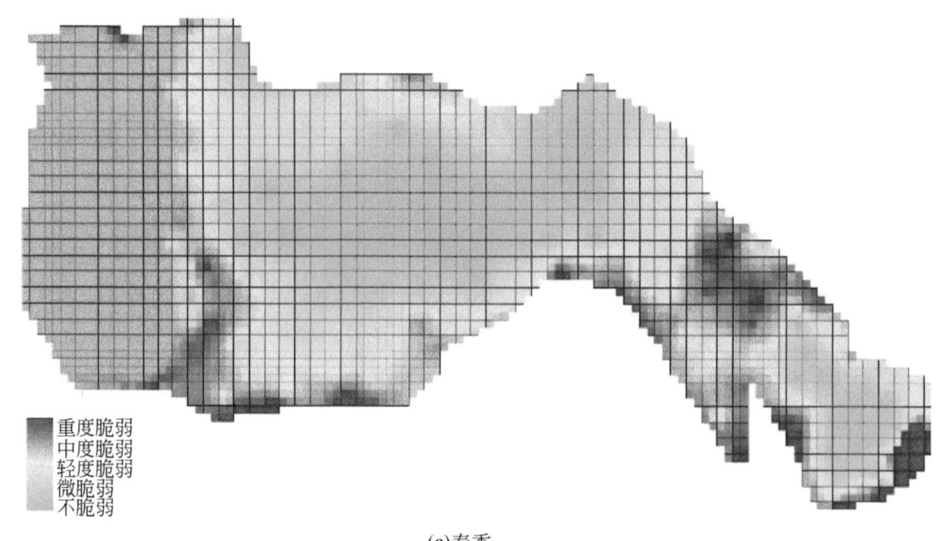

(a)春季

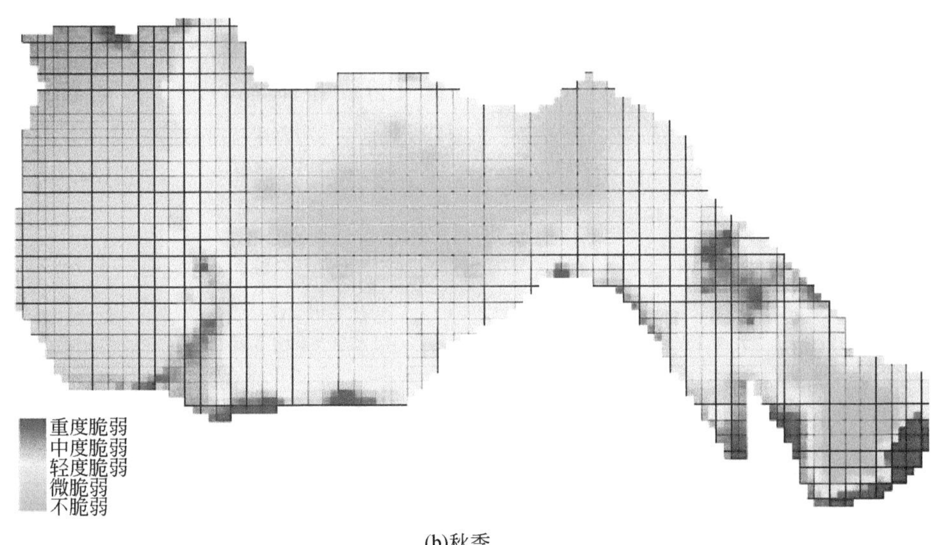

(b)秋季

图 7-2　白鹤重要停歇地脆弱空间分布状况

7.2.5　脆弱性影响因子分析

本章围绕“压力-状态-响应”模型对白鹤重要停歇地脆弱性影响因子进行分析，各评价指标对白鹤重要停歇地脆弱性的影响见表 7-21。

表 7-21　各评价指标对白鹤重要停歇地脆弱性的影响

项目	指标	4 月	5 月	9 月	10 月	总计
压力指标	D_2	0.066	0.069	0.063	0.082	0.280
	D_6	0.058	0.064	0.071	0.062	0.255
	D_8	0.037	0.046	0.038	0.027	0.148
状态指标	D_9	0.058	0.035	0.052	0.053	0.198
	D_{10}	0.039	0.016	0.028	0.031	0.114
	D_{11}	0.035	0.035	0.028	0.030	0.128
	D_{14}	0.050	0.031	0.037	0.040	0.158
响应指标	D_{17}	0.049	0.046	0.050	0.051	0.196
	D_{18}	0.105	0.101	0.109	0.107	0.422
	D_{19}	0.046	0.053	0.048	0.042	0.189

1）压力指标影响因子分析

从表 7-21 可知，在 4 月，对白鹤重要停歇地脆弱性状态起主导因素的压力指标因子为月均降水量（0.066）和农田退水量（0.058），其次为水质综合指数（0.037）；在 5

月，对白鹤重要停歇地脆弱性状态起主导因素的压力指标因子为月均降水量（0.069）和农田退水量（0.064），其次为水质综合指数（0.046）；在9月，对白鹤重要停歇地脆弱性状态起主导因素的压力指标因子为农田退水量（0.071）和月均降水量（0.063），其次为水质综合指数（0.038）；在10月，对白鹤重要停歇地脆弱性状态起主导因素的压力指标因子为月均降水量（0.082）和农田退水量（0.062），其次为水质综合指数（0.027）。

2）状态指标影响因子分析

从表7-21可知，在4月，对白鹤重要停歇地脆弱性状态起主导因素的状态指标因子为湖面平均水深（0.058）和香农-威纳多样性指数（0.050），其次为生物量（0.039）和生态能质（0.035）；在5月，对白鹤重要停歇地脆弱性状态起主导因素的状态指标因子为湖面平均水深（0.035）和生态能质（0.035），其次为香农-威纳多样性指数（0.031），而生态能质（0.016）对白鹤重要停歇地脆弱性影响最小；在9月，对白鹤重要停歇地脆弱性状态起主导因素的状态指标因子为湖面平均水深（0.052）和香农-威纳多样性指数（0.037），其次为生物量（0.028）和生态能质（0.028）；在10月，对白鹤重要停歇地脆弱性状态起主导因素的状态指标因子为湖面平均水深（0.053）和香农-威纳多样性指数（0.040），其次为生物量（0.031）和生态能质（0.030）。

3）响应指标影响因子分析

从表7-21可知，对白鹤重要停歇地脆弱性状态起主导因素的响应指标因子主要为白鹤种群数量。

白鹤重要停歇地的气候类型属于北温带大陆性季风气候。四季气候变化明显，气温年较差较大，冬季寒冷而漫长，春秋两季短促，夏季炎热多雨。研究区多年平均降水量354.4mm，多年平均蒸发量996.0mm，多年气温4.5℃，多年平均风速3.4m/s。在降水方面：降水年内分配不均，全年80%以上的降水发生在6～9月，其中以7～8月降水量最大，此外年际变化也较大。在蒸发方面：由于森林覆盖率低，风速较大，区内多为沙性土壤，蒸发量最大月份为5月，蒸发量的年际变化也较大。由于年蒸发量大于年降水量，气候偏干旱，研究区内土壤盐渍化现象较明显。因此，研究区气候的春季干旱、半干旱性是十分脆弱的环境因子。

气候变化通过降水对湿地的影响不仅表现在降水总量上，更表现在降水强度和频率，以及降水量时空分布上。降水量减少使沼泽积水减少，气温的升高使沼泽表面蒸发量增大，导致沼泽的储水量减少、沼泽旱化、湖泊萎缩，加速湿地退化和沙化。气温升高将加剧湿地水文水资源对气候变化响应的脆弱性（董李勤和章光新，2011）。在干旱半干旱地区，气候变化引起的水体盐碱化将会导致湿地可用水资源减少，可能使许多脆弱性较高的沼泽因为没有足够的水源供给而退化消失；气候变化可能带来湿地水体盐碱化风险，进而对湿地植物群落演替产生深远的影响（Nielsen and Brock，2009）。有研究结果表明，未来干旱条件下，湿地将由于缺水而逐渐萎缩（Milzow et al.，2010）。

盲目的开垦、过度放牧等农耕活动不但使湿地面积减少，而且使湿地和湿地周围岗地的植被遭到破坏，导致蒸散作用增强，使湿地水体中的盐分浓缩，土壤中的盐分也在蒸发过程中上移至地表，岗地积累的盐分又被地表径流挟带进入湿地，加重了湿地的盐碱化。湿地周围的农田施用的化肥、农药也随地表径流进入湿地，使湿地水质受到不同程度的污染。另外，农田排水导致的水位过高，限制了白鹤主要食源植物-扁秆荆三棱和三江藨草等的生存与繁殖，扁秆荆三棱和三江藨草等群落退化严重。秋季农田退水和汛期叠加，使得湿地水位抬升，影响了白鹤食源的可获得性，最终导致白鹤频繁更换停歇地、集群更加分散以及到农田取食玉米。

人类的开发活动，特别是筑路、江河堤防、沟渠及人工库塘等工程建设时没有充分考虑其对湿地的影响。水库多建在河流的上游，截留了湿地的水源；道路、堤防、沟渠的建设缺乏统一的规划，路基高达 1 ~ 2m，没有过水的桥涵较多；堤防多修建成通体的堤防。这些人为工程改变了自然地貌的格局，破坏了湿地景观的完整性，使湿地景观进一步破碎化。它们的交叉网络切断了正常水系之间的联系，构成了局部内流区，产生了人为的内流化机制，形成人为构造物的“分室切割模式”，叠加在微观地貌的“内流效应”上，使流域更加内流化或半内流化，引起沼泽湿地大面积次生盐渍化。

7.3 本章小结

本章对白鹤重要停歇地的生态脆弱性进行了评价研究。通过“主成分分析-相关性分析-主成分分析”方法筛选出了能够构建白鹤重要停歇地脆弱性指数（MBVI）的指标。将变异系数法、熵值法和复相关系数法求得的评价指标的权重进行优化组合，最终获得了白鹤重要停歇地脆弱性评价指标的权重值。最后基于加权求和的综合指数方法计算出了白鹤重要停歇地脆弱性指数（MBVI）。由 MBVI 计算结果可知，在春季（4 月和 5 月）和秋季（9 月和 10 月），白鹤重要停歇地整体上处于轻度脆弱状态。在春季，白鹤重要停歇地面积的 10. 3% 处于重度脆弱状态，30. 6% 处于中度脆弱状态，41. 8% 处于轻度脆弱状态。在秋季，白鹤重要停歇地面积的 9. 1% 处于重度脆弱状态，23. 6% 处于中度脆弱状态，30. 2% 处于轻度脆弱状态。

第 8 章 MBVIM 模型模拟及脆弱性预测

生态模型提供了一种将已测量的风险评估端点与保护目标定量联系起来的方法（Forbes and Galic，2016；Forbes et al.，2017）。通过将潜在的化学影响与物种生活史、生态相互作用、环境驱动因素和其他潜在压力因素相结合，可以预测生态实体在生态系统服务中存在的长期风险（Galic et al.，2012；De Laender and Janssen，2013）。AQUATOX 模型是由美国环境保护署（Environmental Protection Agency）开发的一种水生生态系统模拟模型，它将物理或非生物环境（如水质、水量等）与水生生物联系起来（Park et al.，2008）。在这个基于过程的生态效应模型中，不同的群落被表示为生物量的隔间，这些隔间根据每个群体定义的得失而变化。在一系列相关的微分方程中，生物量是通过生长、繁殖和外部流入获得的，通过自然死亡、呼吸作用、捕食、接触毒物和迁移而损失的。由于同时计算一段时间内重要的化学和生物过程，该模型有助于确定化学水质、物理环境和水生群落之间的因果关系。AQUATOX 模型已用于评估过去、现在和将来各种环境压力因素对水生生态系统的直接和间接影响。该模型具有相当灵活的结构，为评价生态效应提供了多种有用的分析工具，包括不确定性分析、灵敏度分析、扰动和控制模拟的比较，以及预测浓度的分析。AQUATOX 模型还可以模拟水环境中有机化合物、营养物质和其他污染物的归趋，以及它们对无脊椎动物和水生植物的影响。AQUATOX 模型已成功应用于水生系统中各种过程的研究，包括生态系统对某些类型的环境胁迫因素的响应、物理和化学变化（Rashleigh，2003）、毒素（Rashleigh et al.，2007）、多氯联苯（PCBs）（Zhang et al.，2013）、硝基苯（Bingli et al.，2008）、多溴联苯醚（PBDEs）（Zhang and Liu，2014）、异质生物（Grechi et al.，2016），以及化肥和除草剂（Scholz-Starke et al.，2018）。

本书选择 AQUATOX 模型是因为它是一种生态效应模型，适用于在生态系统层面评估几种压力（环境变量、营养物质、有机污染物等）的影响，因为它考虑了不同物种或群体（从初级生产者到鱼类）之间的营养关系。AQUATOX 模型还适合评估系统级别的响应，这些响应是由孤立的或同时起作用的不同压力源的变化引起的。

本章以莫莫格国家级自然保护区中的白鹤湖为研究对象，研究的主要目标包括以下两个方面。

（1）以 AQUATOX 模型为基础，构建 MBVIM 模型来模拟白鹤湖湿地水生态系统的季节变化特征；

（2）应用 MBVIM 模型模拟预测近 5 年（5 个生命周期）白鹤湖湿地水生态系统在不同污染条件（增加氮磷输入负荷、增加有机污染输入负荷和增加沉积物输入负荷）下的变化趋势。

8.1 研究内容与方法

8.1.1 水质监测

模型模拟需要的水质参数有水温（T）、pH、溶解氧（DO）、化学需氧量（COD_{Cr}）、生化需氧量（BOD_5）、氨氮（NH_4^+）、总氮（TN）、总磷（TP）、透明度（Tran）等水质指标。其中，T、pH、Tran、NH_4^+ 和 DO 采用 YSI 多功能参数仪现场测定，其他水样每个采样点取 3 份置于冰盒中运回实验室。BOD_5、COD_{Cr}、TN 和 TP 依据 protocols 测定。

8.1.2 样品采集及测定

1）浮游动物和浮游藻类

浮游藻类用采水器采集水样 1L，放入样品瓶后立即加 1.0%~1.5% 的鲁氏碘液固定。浮游动物用采水器采集水样 10L，再用 25 号浮游生物网过滤浓缩至 50mL，水样放入样品瓶后立即加 5% 的福尔马林溶液固定。根据《湖泊生态系统观测方法》中的测定方法确定浮游藻类和浮游动物生物量（陈伟明等，2005）。

2）大型水生植物

根据白鹤湖水生植物分布规律，选取典型样带，样方大小为 100cm×100cm。在采样点，将铁夹完全张开，投入水中，待铁夹沉入水底后将其关闭，拉出后倒出网内植物。去除枯死的枝、叶及杂质，放入有编号的自封样品袋中，置于冰盒中运回实验室。根据《湖泊生态系统观测方法》中的测定方法确定大型水生植物干重（陈伟明等，2005）。

3）底栖藻类

若基质为底泥，样方面积划定为 100cm×100cm，然后取底栖藻类；若基质为石头、木头或水草等，固定采样面积（如两个瓶盖），用软毛牙刷刷取基质上的藻类，并用蒸馏水冲洗干净，装入样本瓶后加 3%~5% 甲醛保存，冰盒保存后带回实验室。测量刷取藻类面积。

底栖藻类生物量采用无灰干重表示。分别取 3 份平行样品 2mL 蒸馏水悬浮，然后用孔径为 0.2μm 的玻璃纤维膜过滤，称重，105℃干燥 24h 后再次称重，在 500℃马弗炉（SX-4-10 Fiber Muffle，Test China）内烘干 1h 后称量样品灰，计算无灰干重（ash-free dry mass，AFDM）（Tlili et al.，2008），计算单位记为 g/m^2。

4）底栖动物

底栖动物用彼得生物采样器采集，每个采样点采集 3 ~4 次，以减少随机误差。采样器提出水面后，底泥放入分样筛中直接清洗、筛选，检出的底栖动物放入采样瓶中，用 5% 甲醛溶液固定，带回实验室进行鉴定分析。优势种类鉴定到种，其他种类至少鉴定到属。底栖动物每个样点按不同种类准确称重，要求标本表面水分已用吸水纸吸干，软体动物外套腔内的水分已从外面吸干。

5）鱼类

样方的划定与大型水生植物相同。采用渔民捕鱼的渔网进行鱼类采样，采集后放入自封塑料袋中，置于冰盒中运回实验室。在称重过程中，所有的样品鱼应保持标准湿度，以免因失重而造成误差（陈伟明等，2005）。鱼体重量单位为 g。

8.1.3 AQUATOX 食物网模型

AQUATOX 模型是一个水生系统仿真模型。AQUATOX 模型预测各种污染物的归趋，如营养物质和有机化学物质，以及它们对生态系统的影响，包括鱼类、无脊椎动物和水生植物。AQUATOX 模型对于生态学家、生物学家、水质建模者以及任何参与水生生态系统生态风险评估的人来说都是一个有价值的工具。AQUATOX 模型模拟了生物量、能量和化学物质从生态系统的一个隔间转移到另一个隔间的过程。它通过同时计算模拟期间每天最重要的化学或生物过程来做到这一点。因此，它被称为基于流程或机制的模型。AQUATOX 模型不仅可以预测水生态系统中化学物质的环境归趋，还可以预测化学物质对水生生物的直接影响和间接影响。因此，有可能建立化学水质与生物反应和水生生物利用之间的因果关系。AQUATOX 模型是唯一一种综合生态风险模型，它反映了常规污染物（如营养物质和沉积物）和水生生态系统中有毒化学物质的环境归趋和影响。它考虑了多个营养级别，包括附着藻类和浮游藻类以及淹没的水生植物、无脊椎动物、底栖动物和鱼类等。

AQUATOX 模型最新版本 3.1 plus（Park and Clough，2014）可在 EPA 网站上下载（http://water.epa.gov/scitech/datait/models/aquatox/）。AQUATOX 3.1（Park and Clough，2014）是一个基于生态和生态毒理学过程的综合模型，旨在用于预期的生态风险评估中，以预测水生生态系统中养分、有机化学物质和有毒物质的归趋以及它们对生物的直接和间接影响。AQUATOX 3.1 版已被用于模拟多种环境压力源（包括营养盐、有机物、沉积物、化学物质和温度等）及其对藻类、大型水生植物、无脊椎动物和鱼类群落的影响。不同的模型应用代表了不同的水生生态系统，包括垂直分层的湖泊、水库和池塘、河流和小溪以及河口（Clough et al.，2017）。图 8-1 为 AQUATOX 模型界面及主要的 19 个操作步骤，表 8-1 为 AQUATOX 模型中模拟各个生物种群生物量变化的主要方程。

（1）dBiomass/dt：生物量随时间的变化［g/(m^2·d)］；Loading：种群的负荷［g/(m^3·d) 或 g/(m^2·d)］；Photosynthesis：光合作用率［g/(m^3·d) 或 g/(m^2·d)］；Respiration：呼吸损失［g/(m^3·d) 或 g/(m^2·d)］；Excretion：排泄或光呼吸［g/(m^3·d) 或 g/(m^2·d)］；Mortality：非掠食性死亡［g/(m^3·d) 或 g/(m^2·d)］；Predation：捕食性死亡［g/(m^3·d) 或 g/(m^2·d)］；Washout：运移到下游造成的损失［g/(m^3·d)］；Washin：来自上游的负荷［g/(m^3·d)］；Sinking：由于分层之间下沉和沉淀到湖床而导致的损失或增加［g/(m^3·d)］；TurbDiff：紊流扩散［g/(m^3·d)］；$\text{Diffusion}_{\text{Seg}}$：由于两段之间的反馈链路上的扩散传输而产生的增益或损失［g/(m^3·d)］；Slough：底栖藻类脱落成浮游藻类而造成的损失［g/(m^2·d)］。

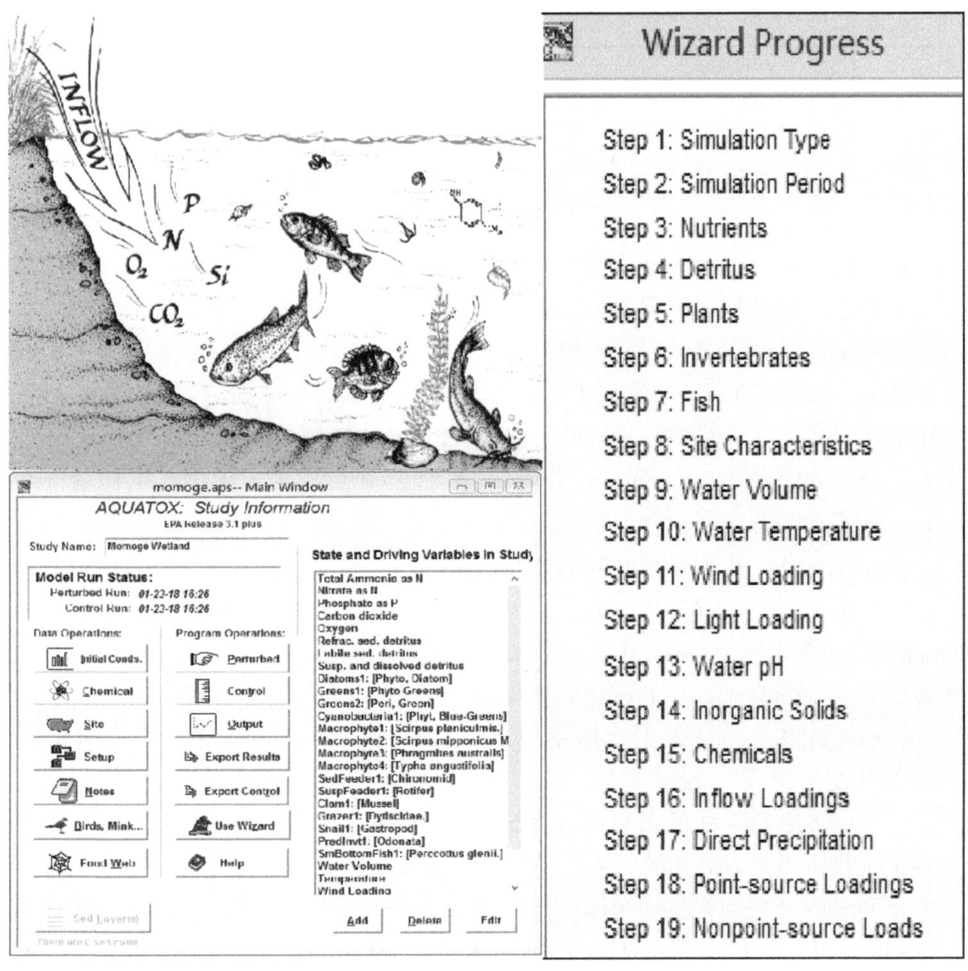

图 8-1　AQUATOX 模型界面及操作步骤

表 8-1　AQUATOX 模型主要方程

群落	主要方程
浮游藻类	$\frac{dBiomass_{Phyto}}{dt}=Loading+Photosynthesis-Respiration-Excretion-Mortality-Predation\pm Sinking-Washout+Washin\pm TurbDiff+Diffusion_{Seg}+\frac{Slough}{3}$
底栖藻类	$\frac{dBiomass_{Peri}}{dt}=Loading+Photosynthesis-Respiration-Excretion-Mortality-Predation+Sed_{Peri}$ $Photosynthesis=P_{Max}\cdot P_{ProdLimit}\cdot Biomass_{Peri}\cdot HabitatLimit$ $P_{ProdLimit}=Lt_{Limit}\cdot NutrLimit\cdot TCorr\cdot FracPhoto$ $P_{ProdLimit}=Lt_{Limit}\cdot NutrLimit\cdot VLimit\cdot TCorr\cdot FracPhoto\cdot(FracLittoral+SurfAreaConv\cdot Biomass_{Macrophytes})$
大型水生植物	$\frac{dBiomass}{dt}=Loading+Photosynthesis-Respiration-Excretion-Mortality-Predation-Breakage+Washout_{FreeFloat}-Washin_{FreeFloat}$ $Photosynthesis=P_{Max}\cdot Lt_{Limit}\cdot TCorr\cdot Biomass\cdot FracLittoral\cdot NutrLimit\cdot FracPhoto\cdot HabitatLimit$

续表

群落	主要方程
动物	$\frac{\mathrm{dBiomass}}{\mathrm{d}t}$ = Load + Consumption − Defecation − Respiration − Fishing − Excretion − Mortality − Predation − GameteLoss ± $\mathrm{Diffusion}_{\mathrm{Seg}}$ − Washout + Washin ± Migration − Promotion + Recruit

（2）dBiomass/dt：生物量随时间的变化［g/(m^2·d)］；P_{Max}：最大光合作用率（1/d）；$P_{\mathrm{ProdLimit}}$：对生产力的限制（无量纲）；$\mathrm{Lt}_{\mathrm{Limit}}$：光限制（无量纲）；NutrLimit：营养物限制（无量纲）；Vlimit：水流对底栖藻类的限制（无量纲）；TCorr：未达最适宜光照引起的限制（无量纲）；HabitatLimit：河流基于植物生境参数选择的生境限制；FracPhoto：毒物对光合作用的减少因子（无量纲）；FracLittoral：富营养化区域的面积分数（无量纲）；SurfAreaConv：转化表面积（0.12g/m^2）；$\mathrm{Biomass}_{\mathrm{Macrophytes}}$：系统中大型植物总生物量（g/m^2）；$\mathrm{Biomass}_{\mathrm{Peri}}$：藻类生物量（g/m^2）。

（3）dBiomass/dt：生物量随时间的变化［g/(m^2·d)］；Loading：大型植物负荷，通常用作“种子”值［g/(m^2·d)］；Photosynthesis：光合作用率［g/(m^2·d)］；Respiration：呼吸损失［g/(m^2·d)］；Excretion：排泄或光呼吸［g/(m^2·d)］；Mortality：非掠食死亡率［g/(m^2·d)］；Predation：捕食性死亡率［g/(m^2·d)］；Breakag：破坏损失［g/(m^2·d)］；P_{Max}：最大光合作用率（1/d）；Lt Limit：光限制（无量纲）；TCorr：对未达最适温度的修正（无量纲）；Frac Littoral：透光层占底部分数（无量纲）；Nutr Limit：苔藓类营养限制（无量纲）；Frac Photo：毒物对光合作用影响的衰减因子；Habitat Limit：基于植物生境参数选择的河流生境限制（无量纲）。

（4）dBiomass/dt：动物生物量随时间变化［g/(m^2·d)］；Load：从上游来的生物量负荷［g/(m^3·d)］；Consumption：食物消费量［g/(m^2·d)］；Defecation：食物残渣［g/(m^3·d)］；Respiration：呼吸作用［g/(m^3·d)］；Excretion：排泄［g/(m^3·d)］；Mortality：非掠食死亡率［g/(m^3·d)］；Predation：掠食死亡率［g/(m^3·d)］；GameteLoss：配体产卵期损失［g/(m^3·d)］；Washout：被水流运送至下游的冲失［g/(m^3·d)］；Migration：垂直迁移的损失［g/(m^3·d)］；Promotion：幼体成长或出现［g/(m^3·d)］；Recruit：通过繁殖或复原产生的成体［g/(m^3·d)］。

8.1.4 白鹤重要停歇地脆弱性模型（MBVIM）

本研究中白鹤重要停歇地脆弱性模型（MBVIM）以食物网模型软件（AQUATOX 食物网模型）为手段进行模拟研究。食物网是生态系统中多种生物及其营养关系的网络，描述了系统中的摄食关系，反映了群落的种间关系。它可以让我们深入理解生态系统中物质循环和能量流动的格局，了解生态系统的功能。因此，食物网概念模型主要由三部分组成：生产者、消费者和分解者。生产者主要为大型水生植物、浮游植物和底栖藻类；消费者主要为鱼类、底栖动物和浮游动物；分解者主要为有机碎屑（Zhang et al., 2013；闫金霞，2016）。在白鹤湖食物网模型中，有机碎屑包括内源有机碳、外源有机碳和细菌。其中，内源有机碳指由任何营养级通过食物链以外的途径而释放到生态系统里去的有机碳（包括排粪、排泄和分泌物中的有机碳），外源有机碳指从外界进入生态系统并在系统中循环的有机碳。在第 3 章研究结果的基础上，构建的白鹤重要停歇地脆弱性模型（MBVIM）如图 8-2 所示。

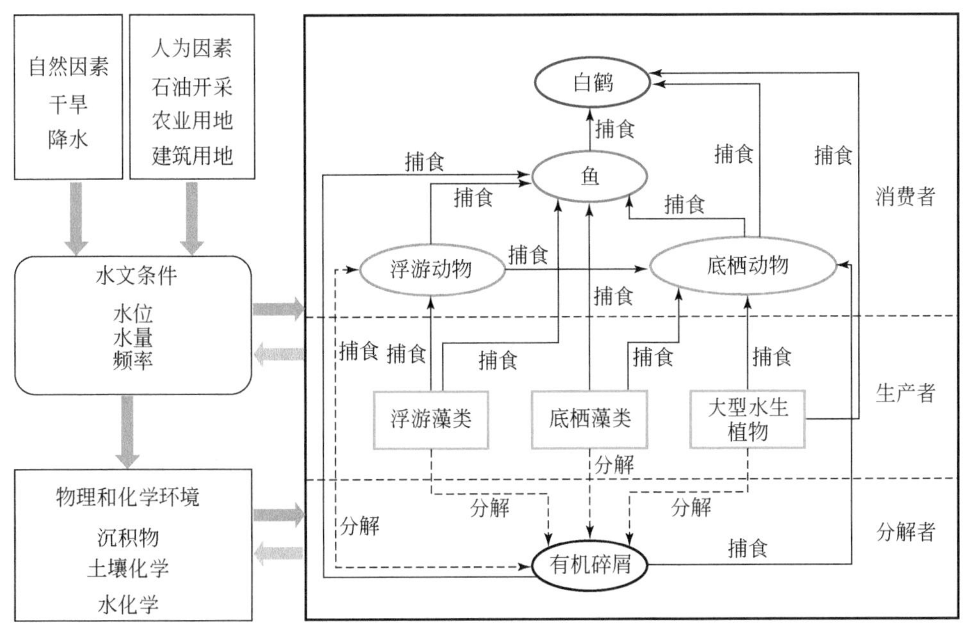

图 8-2　白鹤重要停歇地脆弱性模型（MBVIM）

8.1.5　模型校正和验证

在控制条件下运用野外调查所获得的种群生物量数据，对所建立的 MBVIM 模型进行校正。在模型校准的过程中，模拟的准确性通过以下 3 个指数的计算结果来进行评价（Smith et al., 1997）。首先，模型模拟值与实测值间的差异通过均方根误差（RMSE）表示，其计算公式为

$$\mathrm{RMSE}=\frac{100}{\bar{O}}\sqrt{\sum_{i=1}^{n}(P_i-O_i)^2/n} \tag{8-1}$$

式中，n 为观测的总数；$\bar{O}$ 为观测数据 O_i 的均值；P_i 为模型模拟值。RMSE 值越小，模型模拟值与实测值的吻合程度越好。

其次，模型效率（EF）提供了一种比较模型模拟值和观测数据均值有效性的方法：

$$\mathrm{EF}=\frac{\sum_{i=1}^{n}(O_i-\bar{O})^2-\sum_{i=1}^{n}(P_i-O_i)^2}{\sum_{i=1}^{n}(O_i-\bar{O})^2} \tag{8-2}$$

式中，n 为观测的总数；$\bar{O}$ 为观测数据 O_i 的均值，P_i 为模型模拟值。EF 值的值域为

[-1，+1]；正数表明模型模拟值所描述的趋势要好于观测值的均值，反之亦然。

最后，为了评价模型模拟值与监测值是否符合相同的分布特征，相关系数 r 的计算公式为

$$r = \frac{\sum_{i=1}^{n}(O_i - \bar{O})(P_i - \bar{P})}{\sqrt{\sum_{i=1}^{n}(O_i - \bar{O})^2}\sqrt{\sum_{i=1}^{n}(P_i - \bar{P})^2}} \tag{8-3}$$

式中，n 为观测的总数；$\bar{O}$ 为观测数据 O_i 的均值；$\bar{P}$ 为模型模拟值 P_i 的均值。

为了对校正的模型进行验证，本研究模拟了 6 个生物群落在年内的生物量变化过程。模拟过程是基于 9 个采样点初始条件均值以及模型校正过程中的参数设置。

8.1.6 敏感性分析

为了减少输入参数的不确定性和输出结果误差，需要识别出模型中最敏感的参数。敏感性分析主要是参照拉丁超立方体抽样方法（U. S. Environmental Protection Agency，2004b），参数敏感性的计算公式为

$$S_{1i}^2 = \frac{\sigma_{0,1i}^2}{\sigma_{1i}^2} \tag{8-4}$$

式中，S_{1i}^2 为输出对输入变化的敏感性；$\sigma_{0,1i}^2$ 为输入参数 i 的不确定性引起输出结果的变化；σ_{1i}^2 为输入参数 i 对数正态分布变化。

8.1.7 建模与数据

根据相关文献和现场调查，白鹤湖的水质、水文特征数据如表 8-2 和表 8-3 所示。由于白鹤湖是浅水湖泊且水力流速较慢，垂向混合比较均匀，因此将整个湖泊作为一个整体考虑，不进行分层模拟。模型中生产者、消费者的主要特征参数见表 8-4 和表 8-5。

表 8-2 白鹤湖主要水质数据

水质	pH	DO /(mg/L)	BOD_5 /(mg/L)	TN /(mg/L)	NH_3—N /(mg/L)	NO_3^- /(mg/L)	TP /(mg/L)	PO_4^{3-} /(mg/L)	Trans /cm
范围	8.07 ~ 8.90	8.88 ~ 17.12	0.061 ~ 2.49	0.71 ~ 6.51	0.26 ~ 3.68	0.21 ~ 2.27	0.08 ~ 0.57	0.044 ~ 0.41	15.7 ~ 102.5

表 8-3 白鹤湖主要水文特征数据

水域面积 /km^2	最大长度 /km	最大宽度 /km	平均水深 /m	最大水深 /m	纬度/(°)	平均光强 /(Ly/d)	平均气温 /℃	平均蒸发量 /mm
40	10	4	1.4	2.1	45.4	357.5	4.2	1553

表 8-4 白鹤湖生产者种类及主要参数

种类	浮游藻类			底栖藻类	大型水生植物			
	硅藻	绿藻	蓝藻	绿藻	芦苇	水烛	扁秆荆三棱	三江藨草
B_0	0.0022	0.06	0.037	2.21	42.1	54.1	30.6	36.08
L_S(Ly/d)	50	50	60	45	25	60	75	75
K_P(mg/L)	0.6	0.01	0.03	0.05	0.05	0.1	0.03	0.03
K_N(mg/L)	0.8	0.8	0.4	0.4	0.02	0.8	0.4	0.4
T_0(℃)	20	26	24	25	20	25	30	30
P_m(1/d)	1.5	1.6	1.85	1.26	3.46	3.15	2.4	2.7
R_{resp}(1/d)	0.08	0.01	0.35	0.02	0.015	0.023	0.02	0.023
M_c(1/d)	0.005	0.05	0.01	0.05	0.001	0.008	0.001	0.001
L_e(1/m)	0.05	0.24	2.3	0.099	0.14	0.05	0.15	0.15
R_{sink}(m/d)	0.16	0.14	0.01	0.01	—	—	—	—
W/D	5	5	5	5	5	5	5	5

表中，B_0 为初始生物量，浮游藻类单位为 mg/L，底栖藻类和大型植物单位为 g/m^2；L_S 为光合作用时的光饱和度；K_P 为磷半饱和常数；K_N 为氮半饱和常数；T_0 为最适宜温度；P_m 为最大光合作用率；R_{resp} 为呼吸速率；M_c 为死亡系数；L_e 为消光系数；R_{sink} 为沉降率；W/D为湿重与干重比值。

表 8-5 白鹤湖消费者种类及主要参数

种类	浮游动物	底栖动物					鱼类
	轮虫	河蚌	东北田螺	龙虱	摇蚊科幼虫	蜻蜓目	葛氏鲈塘鳢
B_0	0.05	32.02	11.36	11.28	0.15	1.5	32.22
H_S	25	65	70	45	0.65	25	235
C_m($g \cdot g^{-1} \cdot d^{-1}$)	1.9	0.4	0.177	0.6	0.15	0.15	0.0086
P_{min}(mg/L)	0.1	0.01	0.05	0.01	0.2	0.2	0.03
T_0(℃)	25	22	28	34	25	25	22
R_{resp}(1/d)	0.05	0.065	0.03	0.15	0.25	0.25	0.0026
C_c	0.1	0.01	20	10	25	25	0.015
M_c(1/d)	0.25	0.15	0.002	0.0085	0.001	0.001	0.15
L_f	0.016	0.01	0.05	0.05	0.05	0.05	0.1
W/D	5	5	5	5	5	5	5

表中，B_0 为初始生物量，浮游动物和鱼类单位为 mg/L，底栖动物单位为 g/m^2；H_S

为半饱和喂养，浮游动物和鱼类单位为 mg/L，底栖动物单位为 g/m^2；C_m 为最大消耗率；P_{min} 为捕食喂养；T_0 为最适宜温度；R_{resp} 为内呼吸速率；C_c 为承载能力，浮游动物单位为 mg/L，底栖动物和鱼类单位为 g/m^2；M_c 为死亡系数；L_f 为初始脂质比例；W/D 为湿重与干重比值。

8.2 结果与讨论

8.2.1 模型校正与验证

图 8-3 为白鹤湖 6 个典型生物群落模型模拟值与野外监测值的比较。结果表明，MBVIM 模型能够很好地描述各个群落的生态关系的变化规律。整体而言，MBVIM 模型模拟的结果与实际监测结果吻合较好，能够较为合理地模拟白鹤湖生物种群的生物量和水质变化的年内变化趋势。

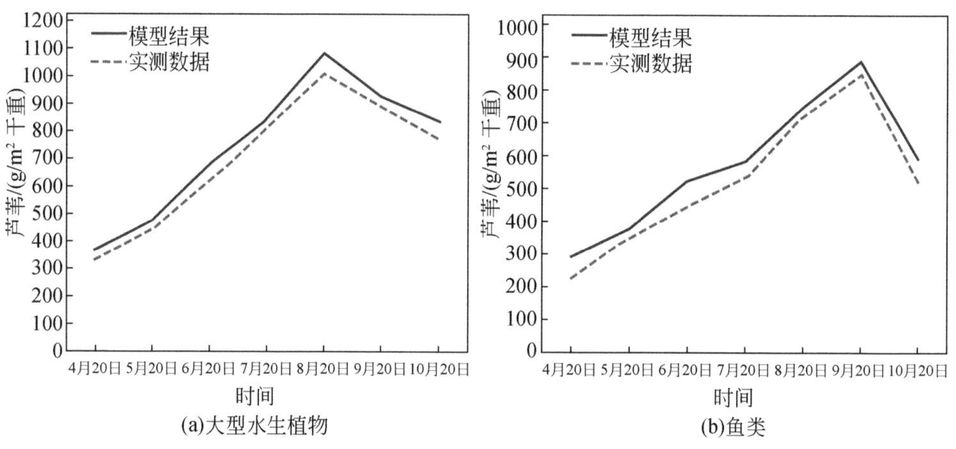

(a)大型水生植物　　(b)鱼类

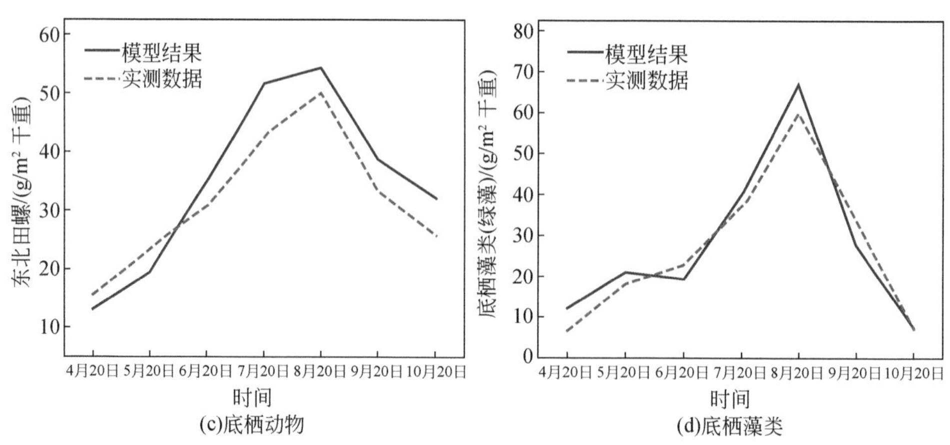

(c)底栖动物　　(d)底栖藻类

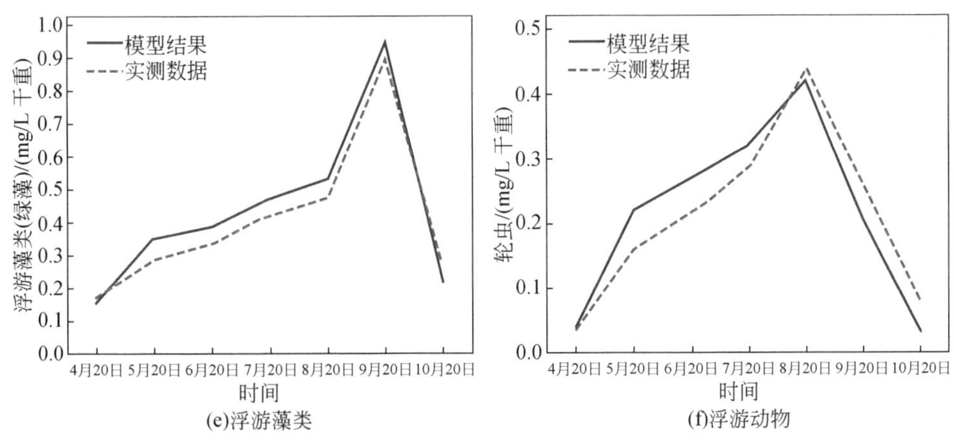

图 8-3 白鹤湖水生生物量模拟结果（实线）和实测数据（虚线）

校正模型模拟的效果分别通过三个指数进行评价，即均方根误差（RMSE）、模型效率（EF）和相关系数（r）。其中均方根误差（RMSE）的值域范围为 7.37 ~ 19.57；模型效率（EF）的值域范围为 0.85 ~ 0.97；相关系数（r）的值域范围为 0.951 ~ 0.996。模型模拟值与观测值比较的结果表明校正模型模拟的 6 个典型生物群落的生物量和水质变化趋势是合理可信的（表 8-6）。

表 8-6 验证过程中模型模拟生物量的拟合优度指数

生物群落	均方根误差（RMSE）	模型效率（EF）	相关系数（r）
大型水生植物	7.37	0.95	0.996
浮游藻类	10.86	0.97	0.991
浮游动物	19.57	0.90	0.951
底栖藻类	17.27	0.94	0.974
底栖动物	17.23	0.85	0.969
鱼类	10.63	0.91	0.995

8.2.2 敏感性分析

表 8-7 列出了模型中每个种群主要的影响因子。第一列列出了 MBVIM 模型中选取的种群，后面三列列举了各个种群最敏感的两个或三个因子。模型的敏感性指数越大，模型参数对年生物量变化的贡献越大。浮游藻类种群（绿藻）年生物量变化主要分别受其呼吸速率（R=18.37%）、最大光合速率（P_m=13.14%），以及最适宜温度（T_0=10.07%）的影响。浮游藻类种群（硅藻）年生物量变化主要受其呼吸速率（R=20.85%）、最适宜温度（T_0=15.51%），以及最大光合速率（P_m=13.27%）的影响。

浮游藻类种群（蓝藻）年生物量变化主要受其最适宜温度（T_0=34.81%）、最大光合速率（P_m=22.72%），以及呼吸速率（R=16.76%）的影响。底栖藻类种群（绿藻）年生物量变化主要受龙虱的呼吸速率（R=51.13%）、底栖藻类（绿藻）的死亡率（M_c=16.18%）以及底栖藻类（绿藻）的最适宜温度（T_0=9.82%）的影响。大型水生植物群落（芦苇）年生物量变化主要受其呼吸速率（R=38.12%）和最适宜温度（T_0=28.35%）的影响；大型水生植物群落（水烛）年生物量变化主要受其最适宜温度（T_0=41.73%）、最大光合速率（P_m=19.28%），以及呼吸速率（R=11.25%）的影响；大型水生植物群落（扁秆荆三棱）年生物量变化主要受其最适宜温度（T_0=29.96%）、最大光合速率（P_m=23.56%），以及呼吸速率（R=10.95%）的影响。大型水生植物群落（三江藨草）年生物量变化主要受其最适宜温度（T_0=31.22%）、最大光合速率（P_m=26.12%），以及呼吸速率（R=13.13%）的影响。浮游动物群落（轮虫）年生物量变化主要受其最适宜温度（T_0=22.06%）、呼吸速率（R=14.37%），以及葛氏鲈塘鳢呼吸速率（R=10.25%）的影响。底栖动物群落（河蚌）年生物量变化主要受浮游动物（轮虫）最适宜温度（T_0=25.52%）、河蚌最适宜温度（T_0=13.71%），以及浮游藻类（绿藻）呼吸速率（R=7.81%）的影响；底栖动物群落（龙虱）年生物量变化主要受其最适宜温度（T_0=16.59%）、底栖藻类（绿藻）最适宜温度（T_0=12.35%）以及蜻蜓目呼吸速率（R=10.21%）的影响；底栖动物群落（东北田螺）年生物量变化主要受其呼吸速率（R=21.46%）、最适宜温度（T_0=15.27%），以及浮游藻类（绿藻）最适宜温度（T_0=9.25%）的影响；底栖动物群落（蜻蜓目）年生物量变化主要受其最适宜温度（T_0=34.52%）、呼吸速率（R=21.64%），以及葛氏鲈塘鳢呼吸速率（R=11.31%）的影响；底栖动物群落（摇蚊科幼虫）年生物量变化主要受其最适宜温度（T_0=47.62%）、死亡率（M_c=28.73%），以及葛氏鲈塘鳢呼吸速率（R=12.89%）的影响。鱼类种群（葛氏鲈塘鳢）年生物量变化主要受其呼吸速率（R=17.67%）、浮游藻类（绿藻）最适宜温度（T_0=11.36%），以及浮游动物（轮虫）最适宜温度（T_0=8.79%）的影响。结果表明，MBVIM 模型对最适宜温度（T_0）和呼吸速率（R）极为敏感（表 8-7）。

表 8-7　MBVIM 模型敏感性分析结果（输入参数变化 10%的范围内）

生物种群	控制生理参数因子的排序（敏感性指数）		
	1	2	3
浮游藻类	绿藻 R（18.37%）	绿藻 P_m（13.14%）	绿藻 T_0（10.07%）
	硅藻 R（20.85%）	硅藻 T_0（15.51%）	硅藻 P_m（13.27%）
	蓝藻 T_0（34.81%）	蓝藻 P_m（22.72%）	蓝藻 R（16.76%）
大型水生植物	芦苇 R（38.12%）	芦苇 T_0（28.35%）	—
	水烛 T_0（41.73%）	水烛 P_m（19.28%）	水烛 R（11.25%）
	扁秆荆三棱 T_0（29.96%）	扁秆荆三棱 P_m（23.56%）	扁秆荆三棱 R（10.95%）
	三江藨草 T_0（31.22%）	三江藨草 P_m（26.12%）	三江藨草 R（13.13%）

续表

生物种群	控制生理参数因子的排序（敏感性指数）		
	1	2	3
浮游动物	轮虫 T_0（22.06%）	轮虫 R（14.37%）	葛氏鲈塘鳢 R（10.25%）
底栖藻类	龙虱 R（51.13%）	绿藻 M_c（16.18%）	绿藻 T_0（9.82%）
底栖动物	轮虫 T_0（25.52%）	河蚌 T_0（13.71%）	绿藻 R（7.81%）
	龙虱 T_0（16.59%）	绿藻 T_0（12.35%）	蜻蜓目 R（10.21%）
	东北田螺 R（21.46%）	东北田螺 T_0（15.27%）	绿藻 T_0（9.25%）
	蜻蜓目 T_0（34.52%）	蜻蜓目 R（21.64%）	葛氏鲈塘鳢 R（11.31%）
	摇蚊科幼虫 T_0（47.62%）	摇蚊科幼虫 M_c（28.73%）	葛氏鲈塘鳢 R（12.89%）
鱼	葛氏鲈塘鳢 R（17.67%）	绿藻 T_0（11.36%）	轮虫 T_0（8.79%）

8.2.3 水质模拟

图 8-4 为 MBVIM 模型模拟的白鹤湖水质的季节变化规律。从 pH 模拟结果可以看出，白鹤湖整体水质环境为碱性，pH 水平整体大于 8.0。整个模拟时期，湖区 pH 的变化范围为 8.10～8.84，最大变幅 0.74，平均值为 8.36。由于莫莫格自然保护区春季比较干旱、夏季多雨及秋季农田退水，白鹤湖区 pH 的变化规律比较明显，主要表现在从春季到秋季呈现逐渐下降的变化趋势。从图 8-4 可以看出，白鹤湖区总氮（TN）的模拟效果也比较好，能较好地反映出湖区中总氮（TN）的变化规律。与秋季相比，总氮（TN）浓度在春季和夏季较低，其中，在 7 月末总氮（TN）出现低谷（0.61mg/L），而后秋末总氮（TN）浓度又开始上升，达到峰值。氨氮（NH_3-N）、硝氮（NO_3-N）与总氮（TN）的变化趋势比较一致。氨氮（NH_3-N）与硝态氮（NO_3-N）也表现为夏季（6～8 月）的水平较低，其原因主要与湖区水生植物和藻类的生长周期以及降水有关。春季 5 月气温开始回升，水体中水生植物与藻类开始复苏生长，在此过程中吸收少量氨氮（NH_3-N）以及硝氮（NO_3-N）供自身生长，随着气温的回升，水生植物以及藻类进入繁殖阶段，开始大量吸收水中的营养盐，同时夏季降水增多也会对湖水中污染物质起到一定的稀释作用，而不同的水生植物及藻类的最适温度以及对氨氮（NH_3-N）和硝氮（NO_3-N）等营养盐的选择与吸收程度不同，是造成夏季氨氮（NO_3-N）、硝氮（NO_3-N）、总氮（TN）浓度低以及出现波动的主要原因。除此之外，还与进入白鹤湖水体的氮负荷有关，每年秋季会有大量的营养盐排入白鹤湖水体中，造成该时期总氮（TN）、氨氮（NH_3-N）和硝氮（NO_3-N）的浓度明显增高。整个模拟时期，总磷（TP）和磷酸盐（PO_4^{3-}-P）的变化规律大体与总氮（TN）、氨氮（NH_3-N）及硝氮（NO_3-N）的变化一致，表现为春季的浓度较高，在夏季出现低谷值，9 月份浓度显著上升。与总氮（TN）、氨氮（NH_3-N）以及硝氮（NO_3-N）等营养物

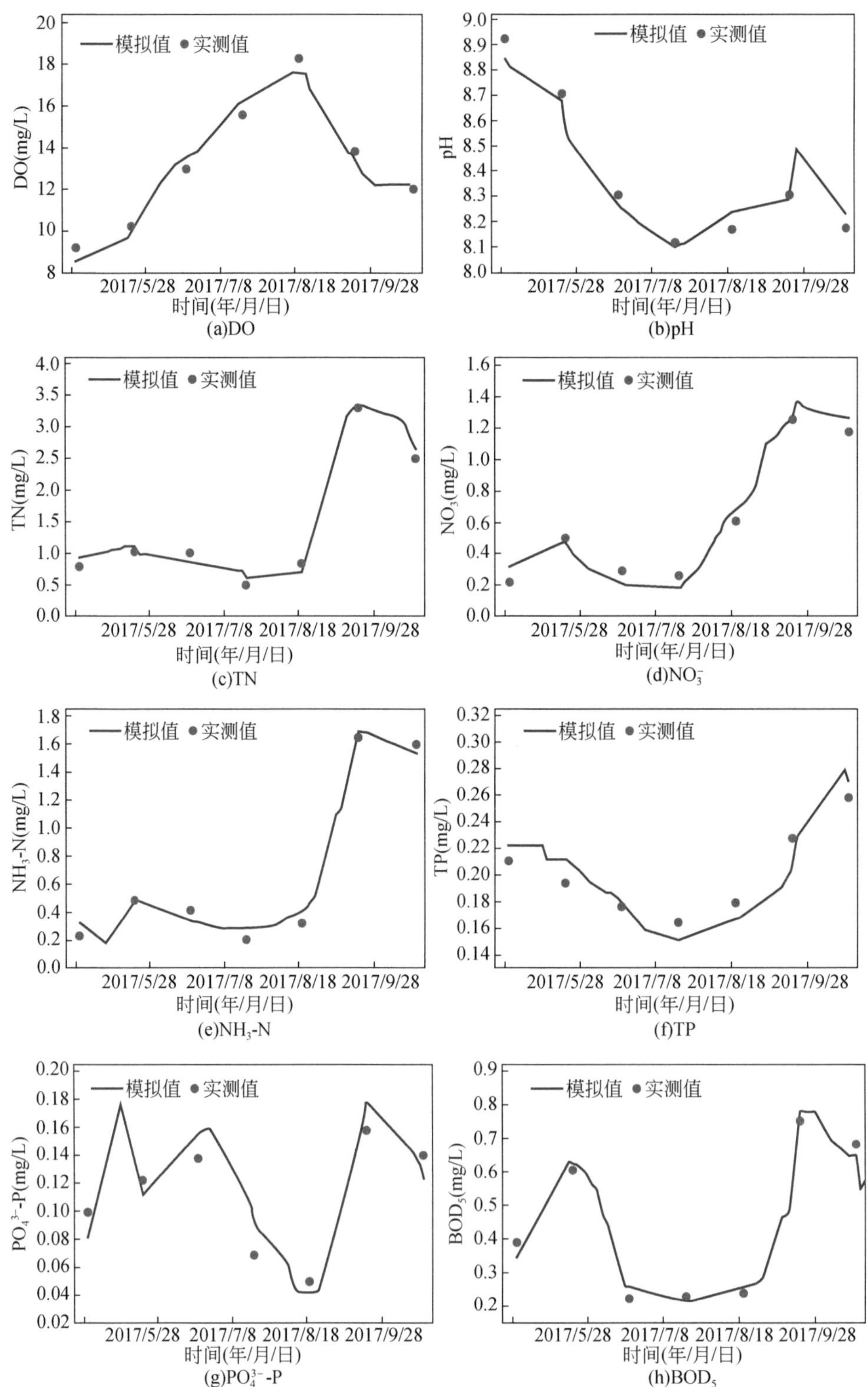

图 8-4 白鹤湖水质模拟值与实测值比较

质相同，总磷（TP）和磷酸盐（PO_4^{3-}-P）也受水生植物、藻类的生长、降水及进入湖区磷负荷的影响，表现出与其相似的变化规律。由于水体温度的上升，溶解氧（DO）的浓度从春季到夏季呈现增加的变化趋势，到秋季则又呈现减小的变化趋势。从 4 月到 5 月，化学需氧量（BOD_5）呈增加的变化趋势，在夏季（6 ~ 8 月）出现低谷值，由于农田退水中的各种污染物质也随之进入白鹤湖水体中，秋季化学需氧量（BOD_5）的浓度明显升高。

8.2.4 生物群落模拟

确定了模拟的种群和水环境变量后，对白鹤湖生态系统进行了实际模拟。为了准确表达生物量的季节性变化，校正了 MBVIM 模型中的生理参数，连续校准模型参数，直至模型的模拟值满足白鹤湖生物量的季节变化。图 8-5（a）为 MBVIM 模型模拟的白鹤湖大型水生植物的生物量变化过程，主要模拟验证了芦苇、水烛、扁秆荆三棱和三江藨草等 4 种优势植物种群的生物量变化过程。由生物量的变化可以看出，大型水生植物自春季复苏开始，芦苇和水烛在夏季达到峰值（1108. 4g/m^2 和 1501. 2g/m^2），而扁秆荆三棱和三江藨草则在秋季达到峰值（372. 8g/m^2 和 452. 9g/m^2），模拟结果与实测数据相符。农田退水中丰富的氮、磷等营养物质的存在导致浮游藻类的生物量迅速增加，在秋季达到峰值［图 8-5（d）］。同时，浮游藻类生物量的增加也会导致以其为食源的浮游动物的生物量增加［图 8-5（d）］，此外，也会导致以其为食源的白鹤湖中的优势鱼类（葛氏鲈塘鳢）的生物量在秋季达到最高（889. 7g/m^2）［图 8-5（b）］。图 8-5（c）模拟了白鹤湖底栖生物的年内变化情况，白鹤湖中底栖生物包括底栖动物和底栖藻类。其中，底栖动物的优势种群主要为河蚌、东北田螺、龙虱、蜻蜓目和摇蚊科幼虫，而底栖藻类的优势种群主要为绿藻。底栖生物的变化规律整体上都呈现出先增加后减小的季节变化趋势。其中，底栖动物中的河蚌的生物量最高（303. 8g/m^2）。温度对底栖动物的分布起着限制作用，在一年当中，夏季的水温最高，底栖动物活动最为频繁，因此此时采集到的底栖动物的生物量也最高。以摇蚊科幼虫为例，自春季开始繁殖，初夏虫体长大，生物量也随之达到最高（0. 58g/m^2），然而虫体夏季羽化后会离开水体，生物量又再次降低。与生产者生物量相

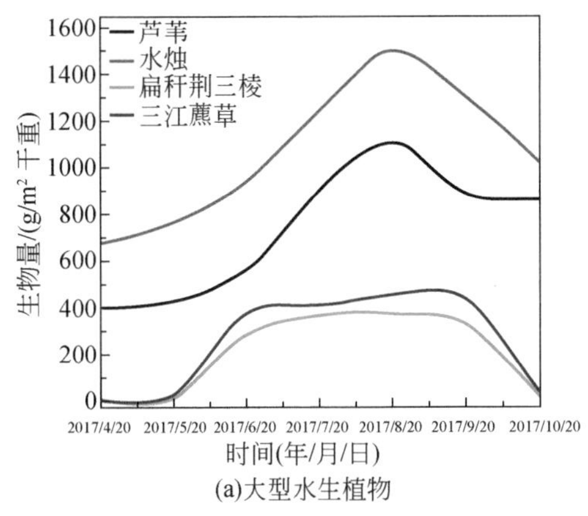

(a)大型水生植物

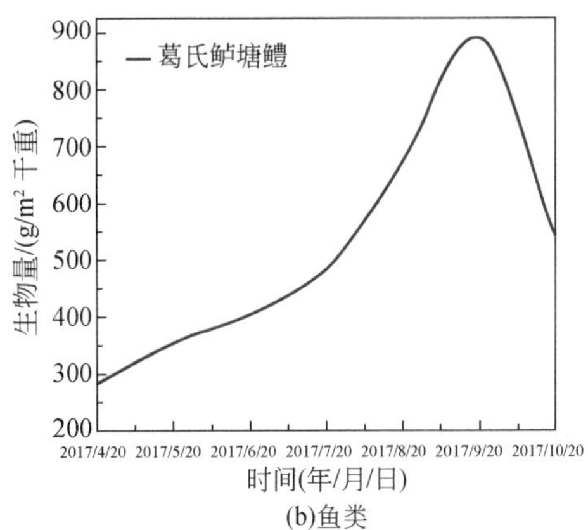

(b)鱼类

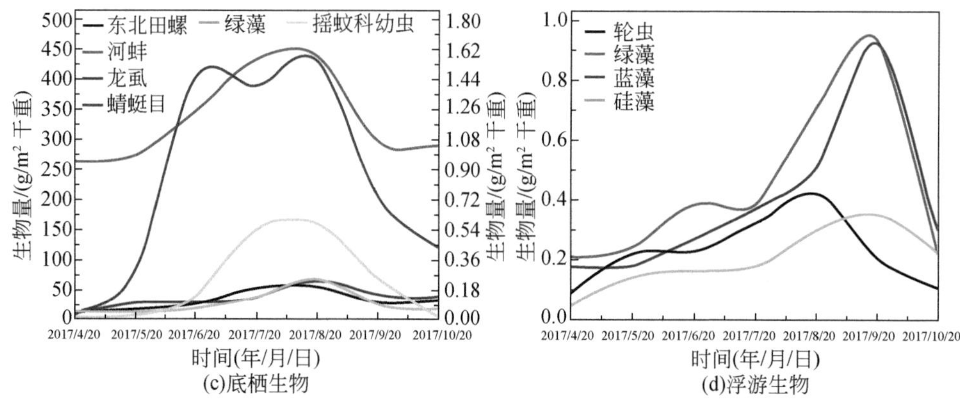

(c)底栖生物 (d)浮游生物

图 8-5 白鹤湖生物种群模拟结果

比，消费者种群生物量的峰值出现在生产者种群高峰期后（鱼类种群食源供应）。在这方面，MBVIM 模型表明它可以描述生物种群之间的生态相互作用，生物种群的季节变化与实际生态系统的季节变化能够很好地吻合。

8.2.5 非控制过程状态

基于构建的 MBVIM 模型，预测白鹤湖 2017～2021 年的生态系统变化趋势。由图 8-6 可以看出，在实际的状态变量（包括生物体和碎屑成分及与之相关的有毒物、营养物、溶

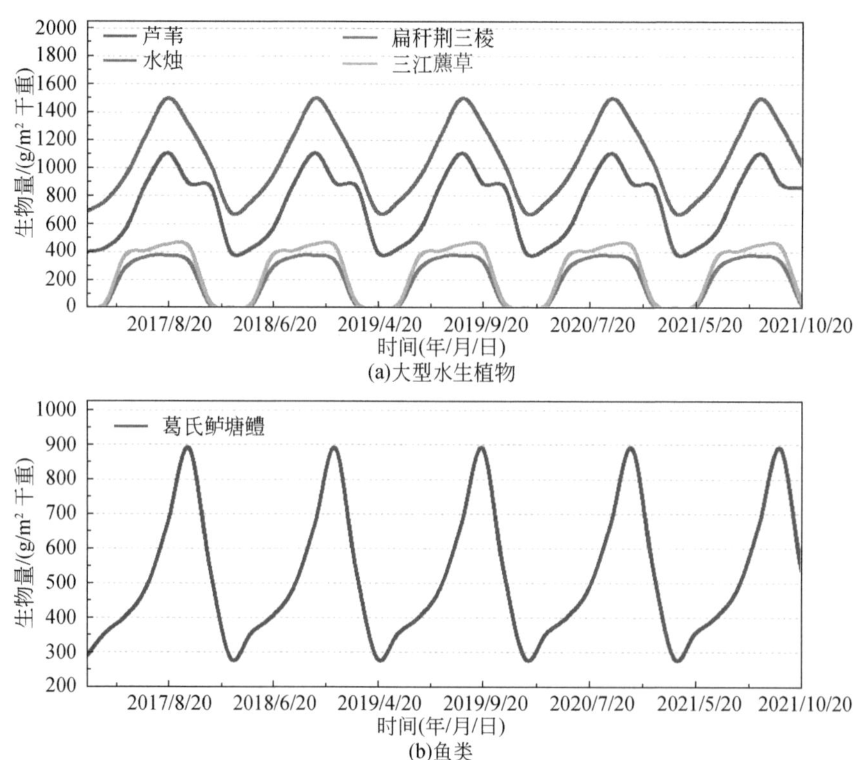

(a)大型水生植物

(b)鱼类

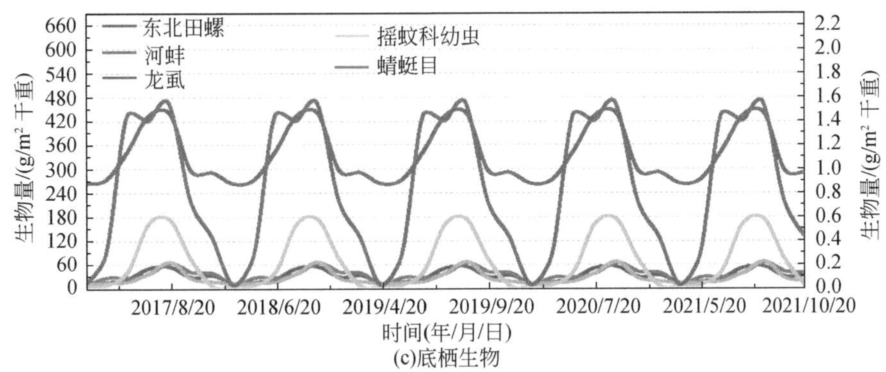

(c)底栖生物

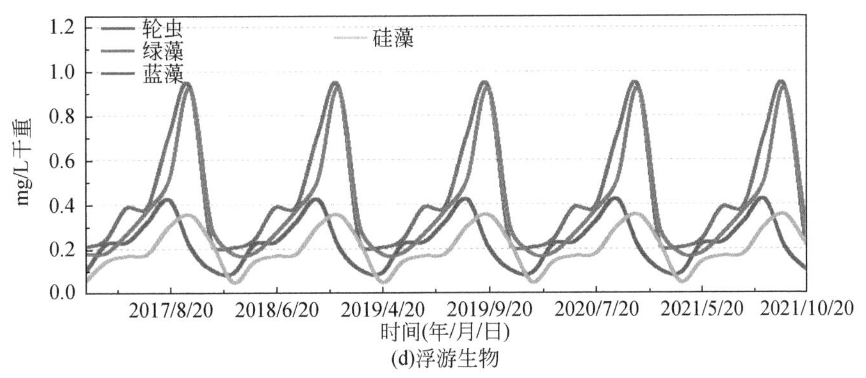

(d)浮游生物

图 8-6　白鹤湖 2017 ~ 2021 年生态系统变化趋势

解氧、其他传统驱动变量，如水流入、温度、pH、辐射、降水、蒸发和风速等）条件下，白鹤湖水生生物群落演替会年复一年按照各自的生长变化规律进行，呈现出重复演替的变化趋势。

8.2.6　增加氮、磷污染负荷

氮、磷是水域生态系统中植物生长所必需的营养元素，而通常大量的氮、磷进入到水体后，会造成水生植物及藻类的过度繁殖，从而引发一系列的水体富营养化问题。本章根据已建立的 MBVIM 模型，在不改变其他驱动变量（气温、辐射、蒸发和风速等）的条件下，分别设置三种情景：①入湖磷负荷不变，增加氮负荷 20%、30% 和 50%；②入湖氮负荷不变，增加磷负荷 20%、30% 和 50%；③同时增加入湖氮和磷负荷 20%、30% 和 50%，模拟和预测白鹤湖水生生物生物量对其入湖氮、磷变化的响应关系。在 3 种情景下，4 种大型水生植物的生物量对入湖的氮、磷负荷的响应变化结果相似（图 8-7、图 8-11 和图 8-15）。当分别增加氮负荷［图 8-7（a）］、磷负荷［图 8-11（a）］及同时增加氮和磷负荷 20%［图 8-15（a）］时，4 种大型水生植物的生物量均出现小幅的增加趋势，增幅的平均值分别为 3.04%、2.02% 和 3.44%（芦苇）；2.20%、1.32% 和 3.04%（水烛)；3.72%、2.42%和2.82%（扁秆荆三棱）和4.42%、2.34%和2.42%（三江藨草）；当分别增加氮负荷［图8-7（b）］、磷负荷［图8-11（b）］及同时增加氮和磷负荷30%［图8-15（b）］时，4种大型水生植物的生物量也同样出现增加的变化趋势，增幅的平均值分别为7.98%、6.78%和8.84%（芦苇）；7.64%、5.68%和9.10%（水烛）；8.60%、7.42%和7.90%（扁秆荆三棱）和8.92%、8.38%和8.22%（三江藨草）；当分别增加氮负荷［图8-7（c）］、磷负荷［图8-11（c）］及同时增加氮和磷负荷50%［图8-15（c）］时，4种大型水生植物的生长受到抑制，生物量出现降低的变化趋势，减幅的平均值分别为13.82%、13.42%和16.30%（芦苇）；13.56%、12.04%和16.20%（水烛）；14.58%、13.54%和16.80%（扁秆荆三棱）和15.00%、12.98%和15.80%（三江藨草）。随着入湖的氮、磷负荷的增加，对鱼类（葛氏鲈塘鳢）的生长起到不同程度的抑制作用（图8-8、图8-12和图8-16）。当分别只增加氮负荷20%［图8-8（a）］、30%［图8-8（b）］和50%［图8-8（c）］时，鱼类（葛氏鲈塘鳢）的生物量出现降低的变化趋势，减幅的平均值分别为2.98%、5.80%和9.30%；当分别只增加磷负荷20%［图8-12（a）］、30%［图8-12（b）］和50%［图8-12（c）］时，鱼类（葛氏鲈塘鳢）的生物量的减幅的平均值分别为6.80%、11.80%和17.80%；当同时增加氮和磷负荷20%［图8-16（a）］、30%［图8-16（b）］和50%［图8-16（c）］时，鱼类（葛氏鲈塘鳢）的生物量的减幅的平均值分别为8.40%、13.00%和21.8.80%。其中，增加磷负荷50%［图8-12（c）］和同时增加氮和磷负荷50%［图8-16（c）］时，对鱼类的生长抑制作用明显。随着入湖的氮、磷负荷的增加，底栖生物群落出现不同的变化趋势（图8-9、图8-13和图8-17）。氮、磷的输入会促进东北田螺、摇蚊科幼虫和底栖藻类（绿藻）的生长，其中，当分别增加氮负荷50%［图8-9（c）］、磷负荷50%［图8-13（c）］及同时增加氮和磷负荷50%［图8-17（c）］时，东北田螺的生物量增幅最大，分别为20.41%、21.03%和23.11%。而对河蚌、龙虱和蜻蜓目的生长起到抑制作用，其中，当分别增加氮负荷50%［图8-9（c）］、磷负荷50%［图8-13（c）］及同时增加氮和磷负荷50%［图8-17（c）］时，河蚌的生物量减幅最大，分别为18.44%、25.21%和28.73%。随着入湖的氮、磷负荷的增加，浮游生物群落出现不同的变化趋势。氮负荷的增加（图8-10）会抑制蓝藻的生长，蓝藻生物量的减幅的平均值分别为3.90%、6.60%和8.81%，而对绿藻、硅藻和浮游动物的生长起到促进作用，但增幅不明显。磷负荷的增加（图8-14）会抑制硅藻的生长，硅藻生物量的减幅的平均值分别为3.00%、5.02%和7.22%，但对蓝藻和绿藻的生长促进作用明显，蓝藻生物量增幅的平均值分别为11.14%、14.41%和21.61%，绿藻生物量增幅的平均值分别为8.41%、11.92%和19.52%。当氮和磷负荷同时增加时（图8-18），浮游生物群落的变化规律与只增加磷负荷时相似，硅藻生物量减幅的平均值分别为1.40%、2.60%和4.02%，蓝藻生物量增幅的平均值分别为6.45%、11.20%和14.52%，绿藻生物量的增幅的平均值分别为8.38%、13.20%和19.94%。

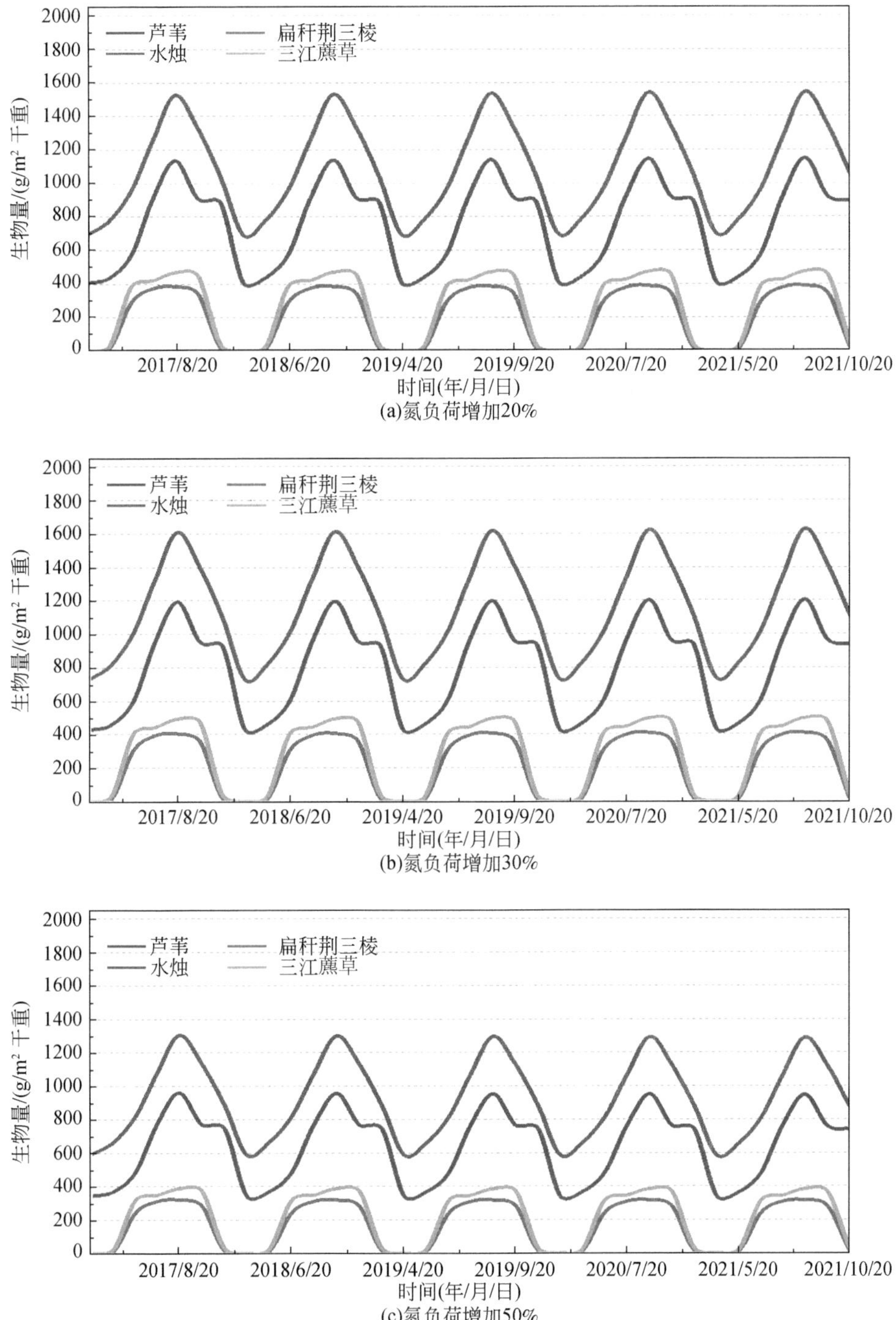

(a)氮负荷增加20%

(b)氮负荷增加30%

(c)氮负荷增加50%

图 8-7　增加氮负荷后白鹤湖大型水生植物生物量变化趋势

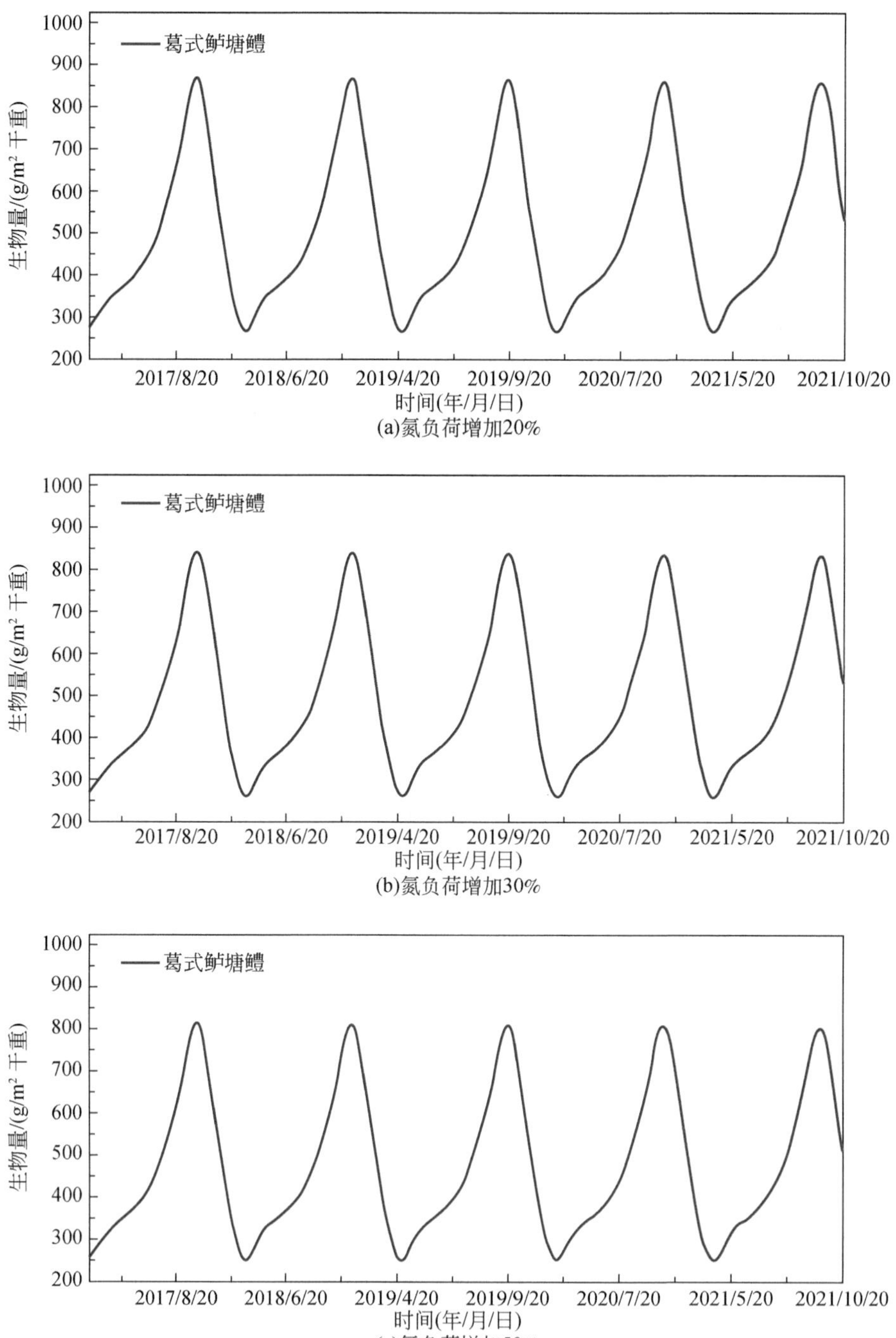

图 8-8　增加氮负荷后白鹤湖鱼类生物量变化趋势

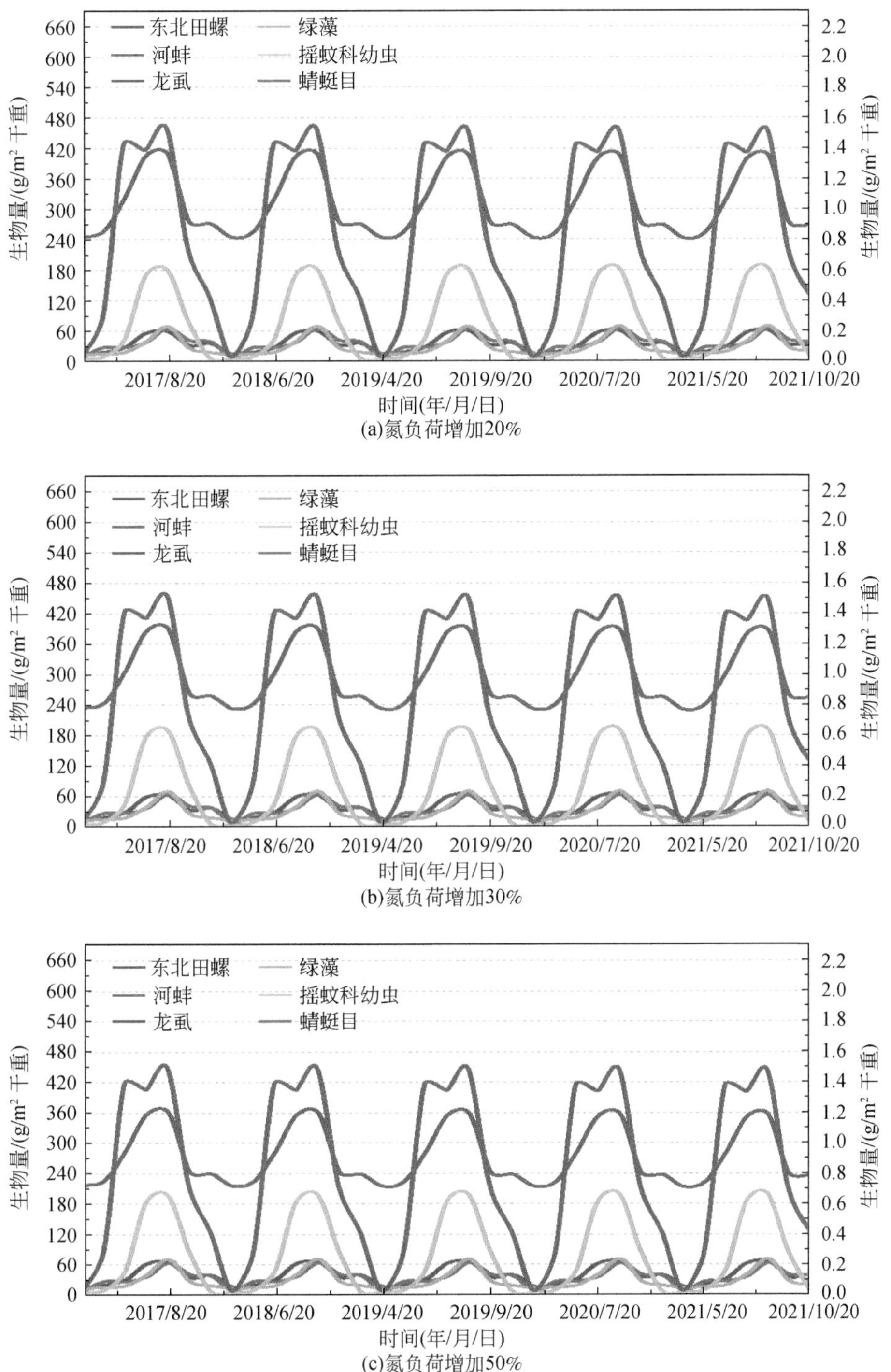

(a)氮负荷增加20%

(b)氮负荷增加30%

(c)氮负荷增加50%

图 8-9 增加氮负荷后白鹤湖底栖生物生物量变化趋势

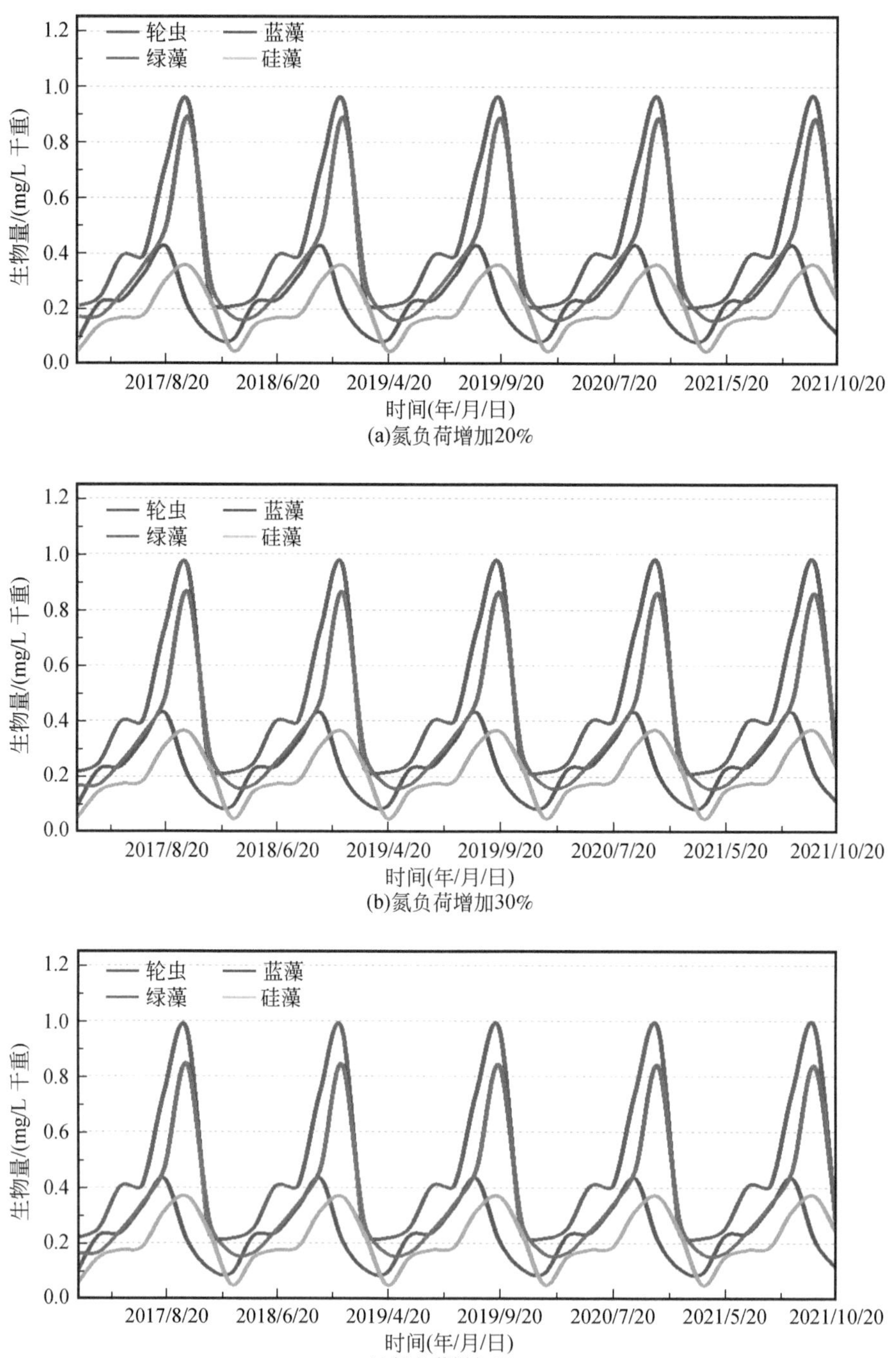

(a)氮负荷增加20%

(b)氮负荷增加30%

(c)氮负荷增加50%

图 8-10　增加氮负荷后白鹤湖浮游生物生物量变化趋势

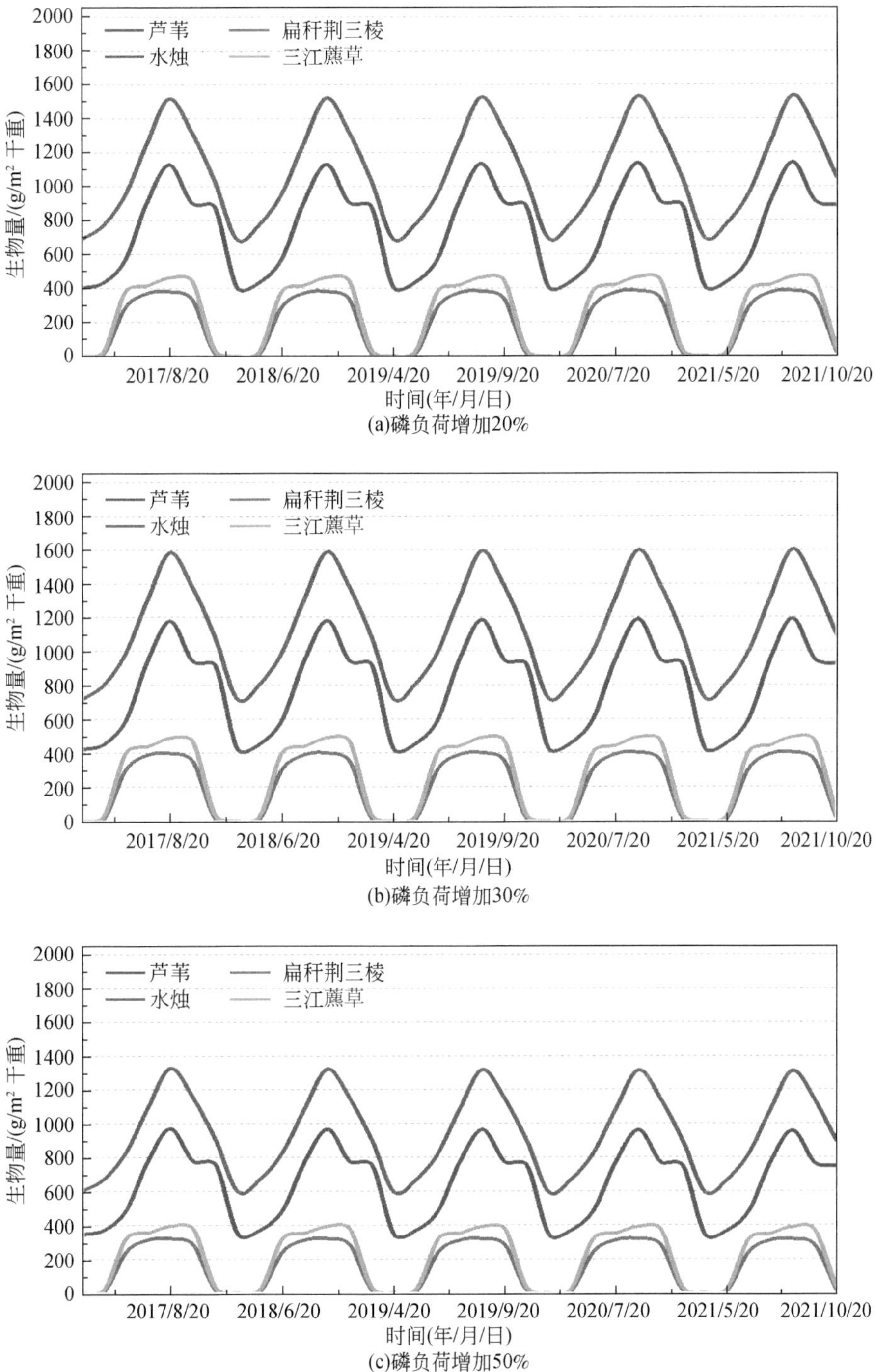

(a)磷负荷增加20%

(b)磷负荷增加30%

(c)磷负荷增加50%

图 8-11　增加磷负荷后白鹤湖大型水生植物生物量变化趋势

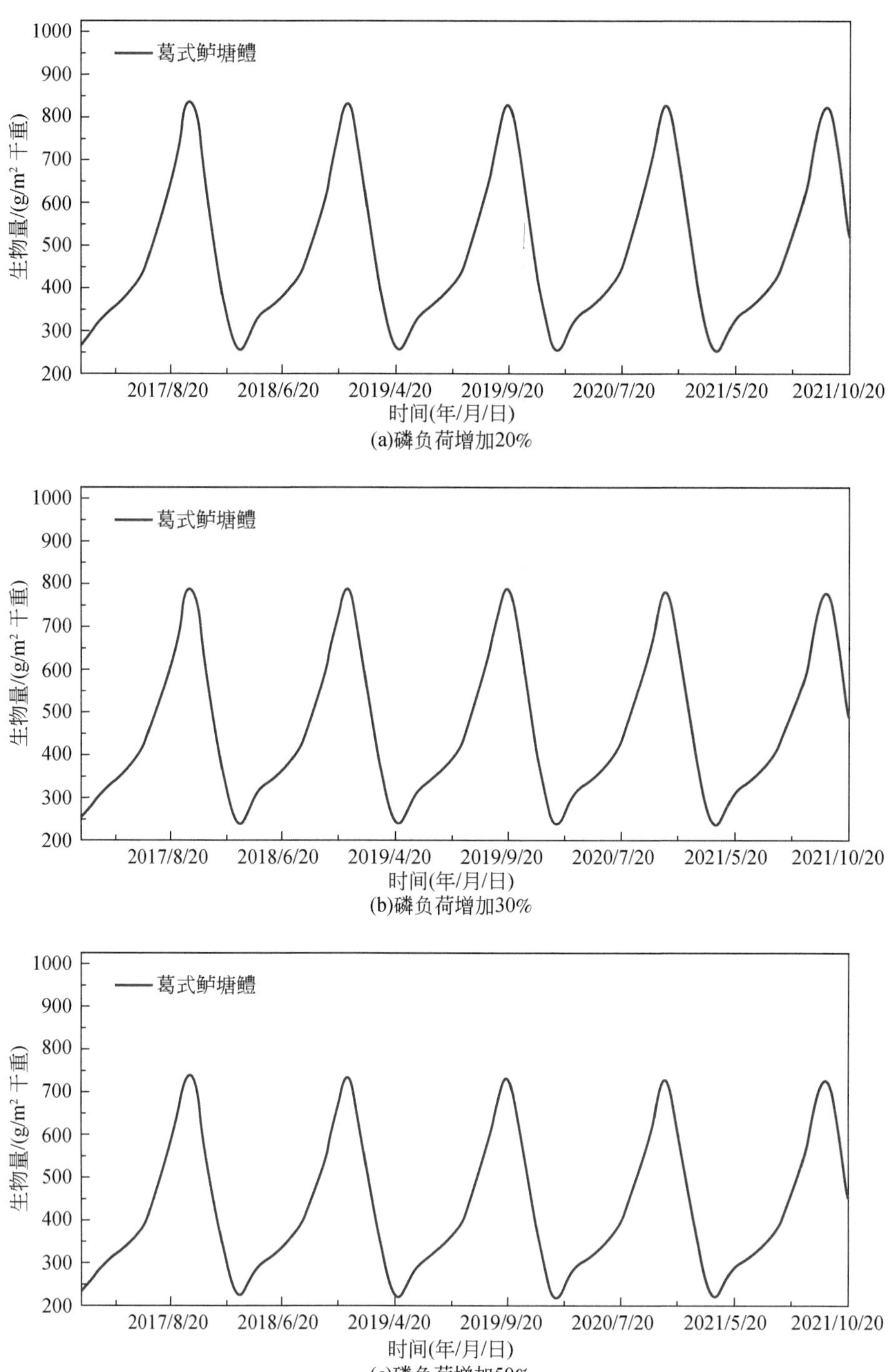

图 8-12　增加磷负荷后白鹤湖鱼类生物量变化趋势

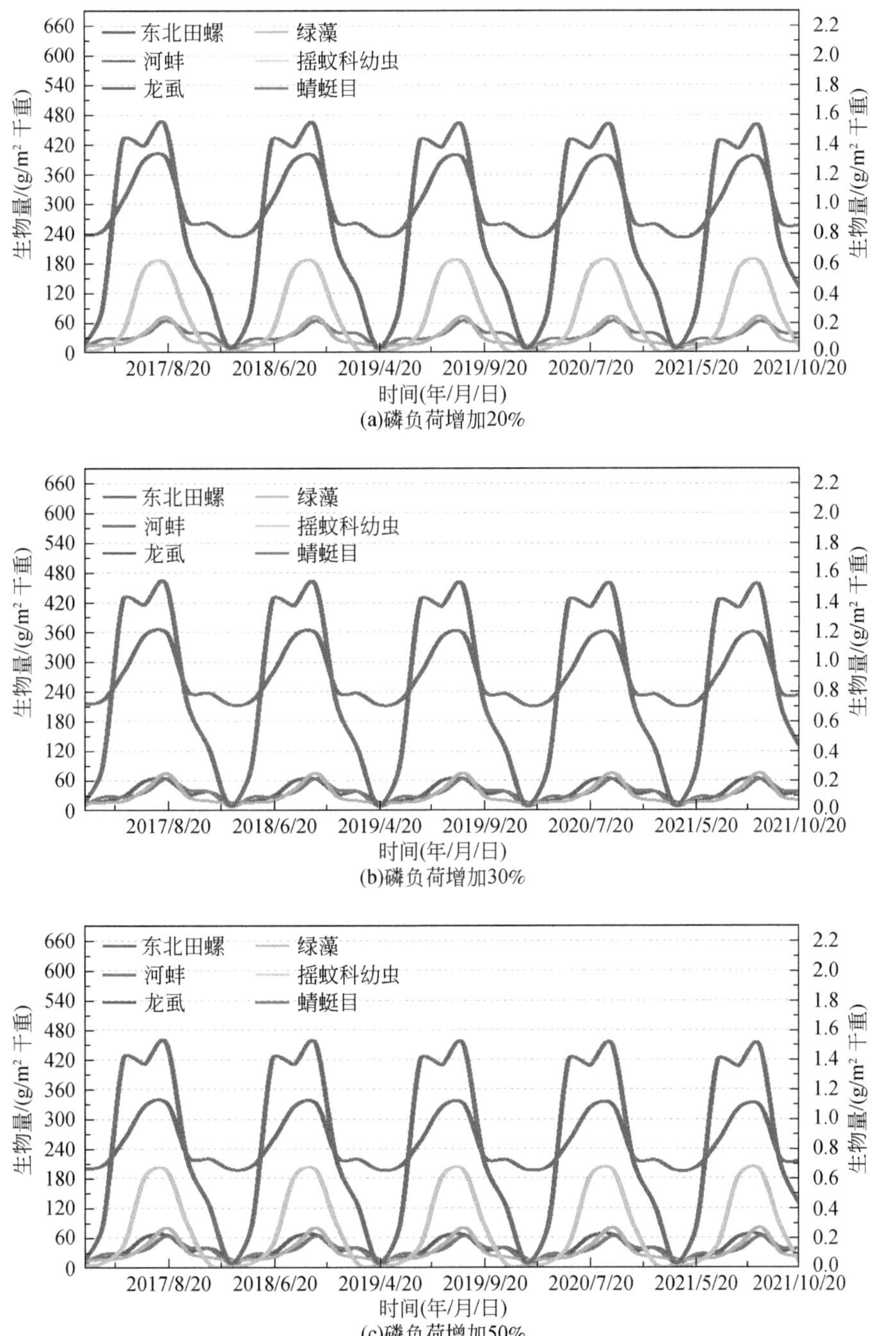

图 8-13　增加磷负荷后白鹤湖底栖生物生物量变化趋势

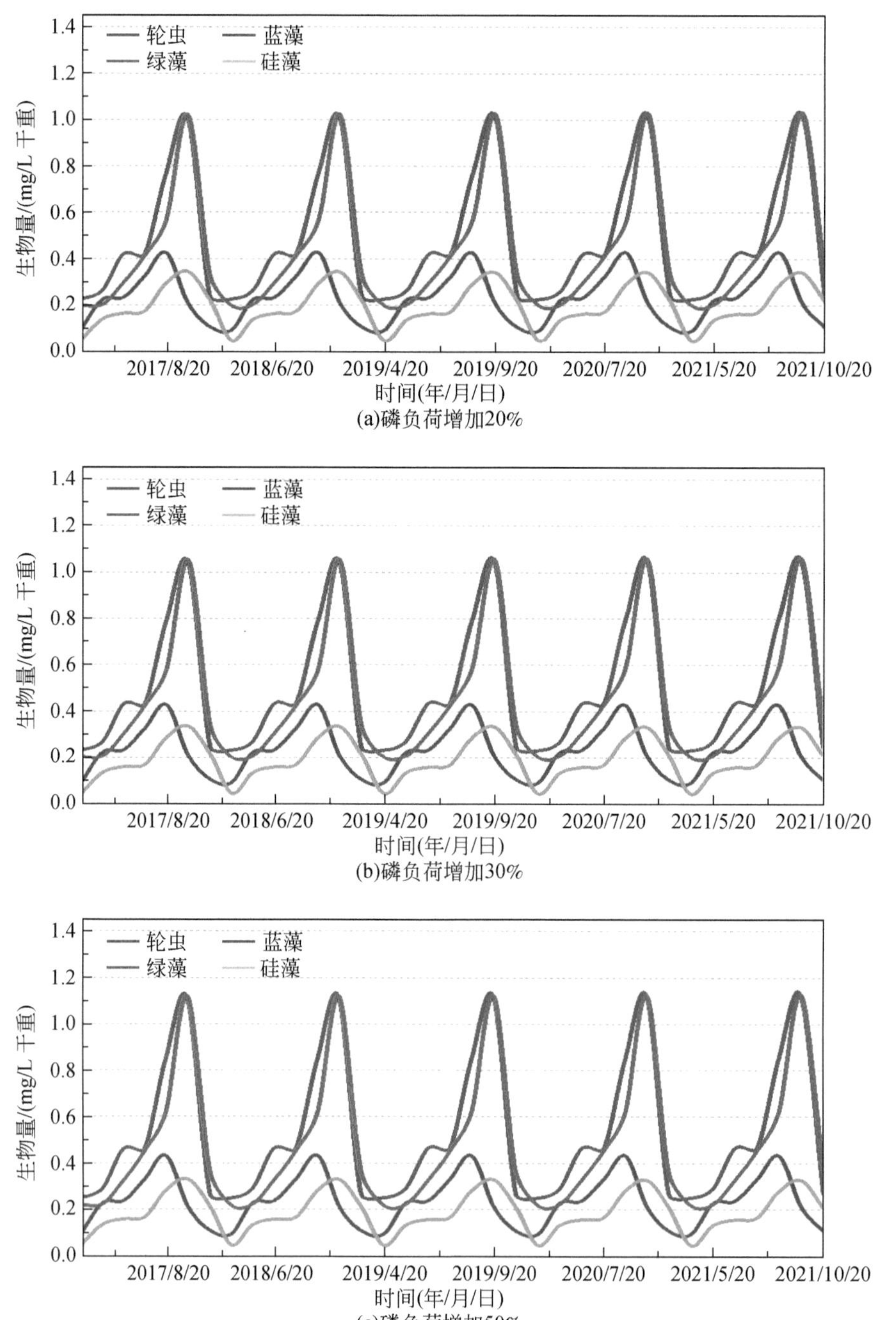

(a)磷负荷增加20%

(b)磷负荷增加30%

(c)磷负荷增加50%

图 8-14 增加磷负荷后白鹤湖浮游生物生物量变化趋势

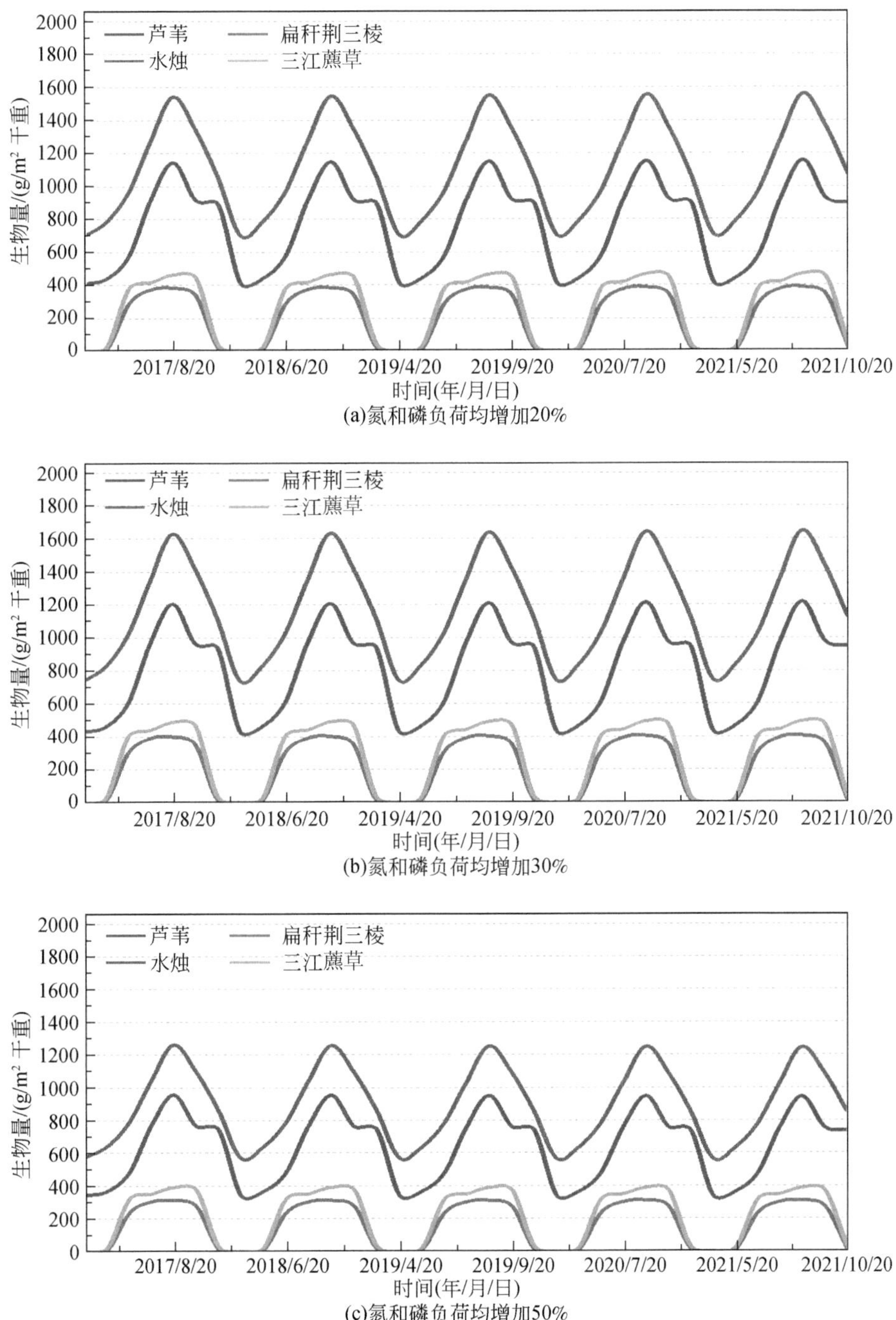

(a)氮和磷负荷均增加20%

(b)氮和磷负荷均增加30%

(c)氮和磷负荷均增加50%

图 8-15　增加氮和磷负荷后白鹤湖大型水生植物生物量变化趋势

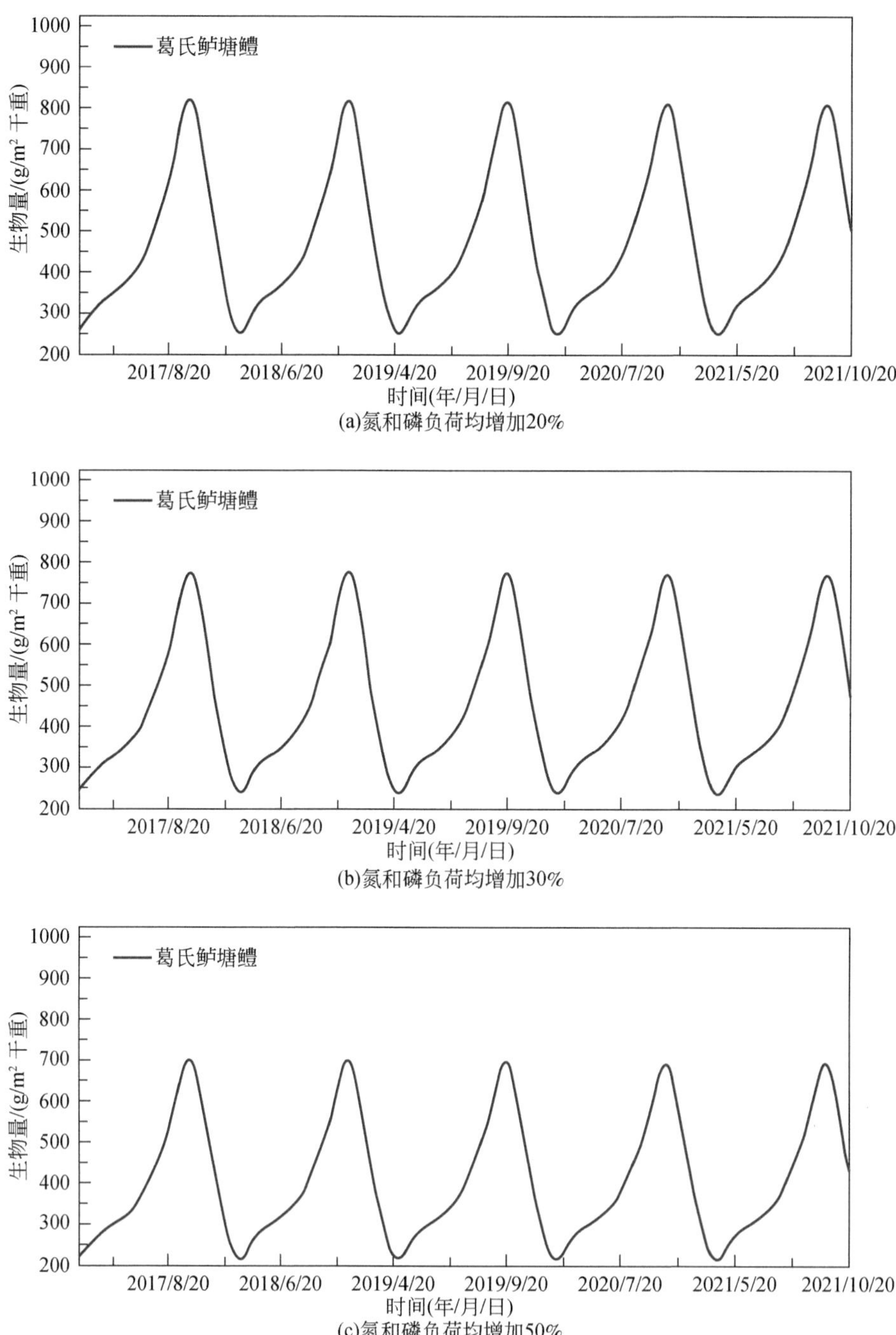

(a)氮和磷负荷均增加20%

(b)氮和磷负荷均增加30%

(c)氮和磷负荷均增加50%

图 8-16 增加氮和磷负荷后白鹤湖鱼类生物量变化趋势

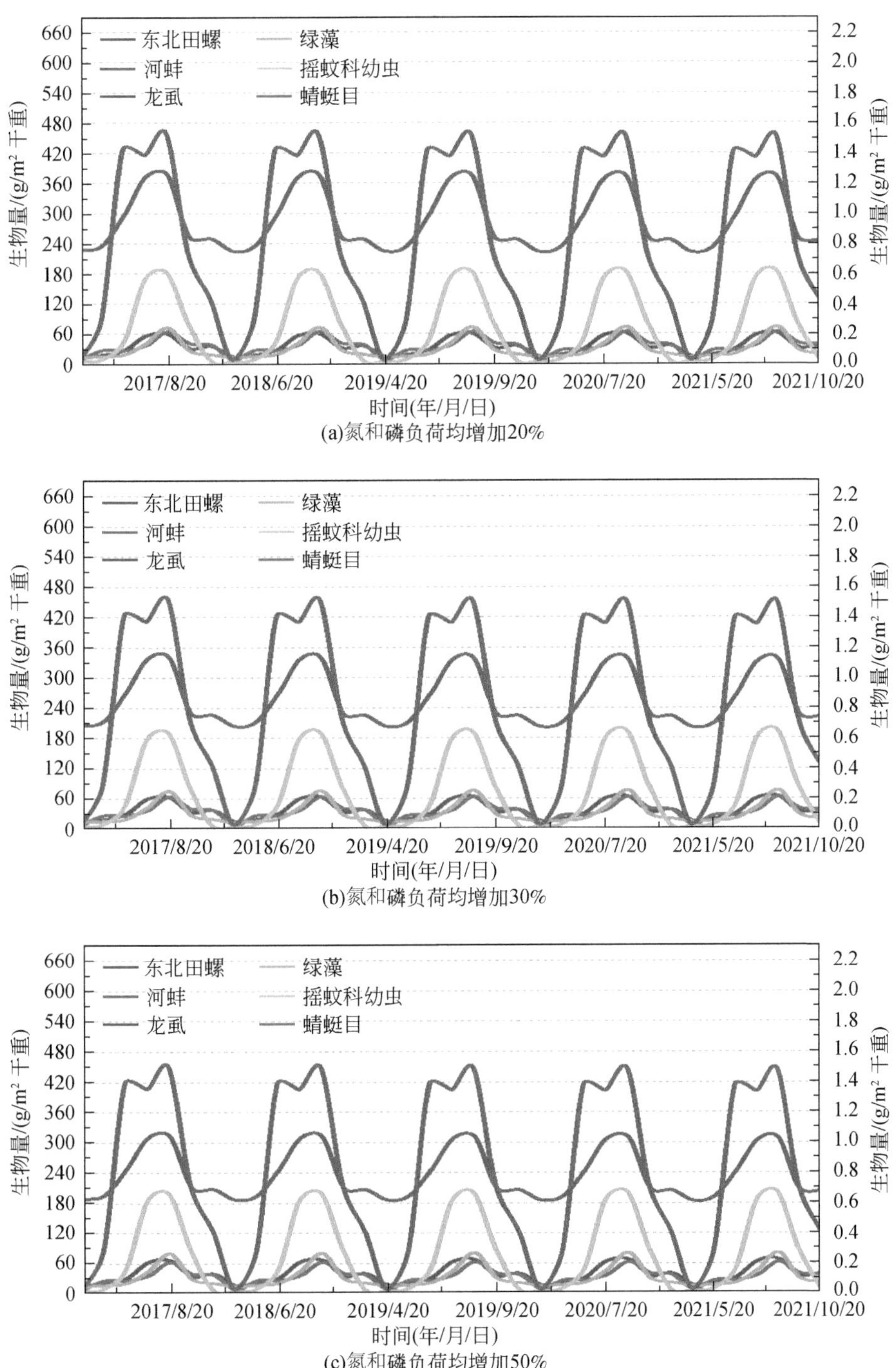

(a)氮和磷负荷均增加20%

(b)氮和磷负荷均增加30%

(c)氮和磷负荷均增加50%

图 8-17 增加氮和磷负荷后白鹤湖底栖生物生物量变化趋势

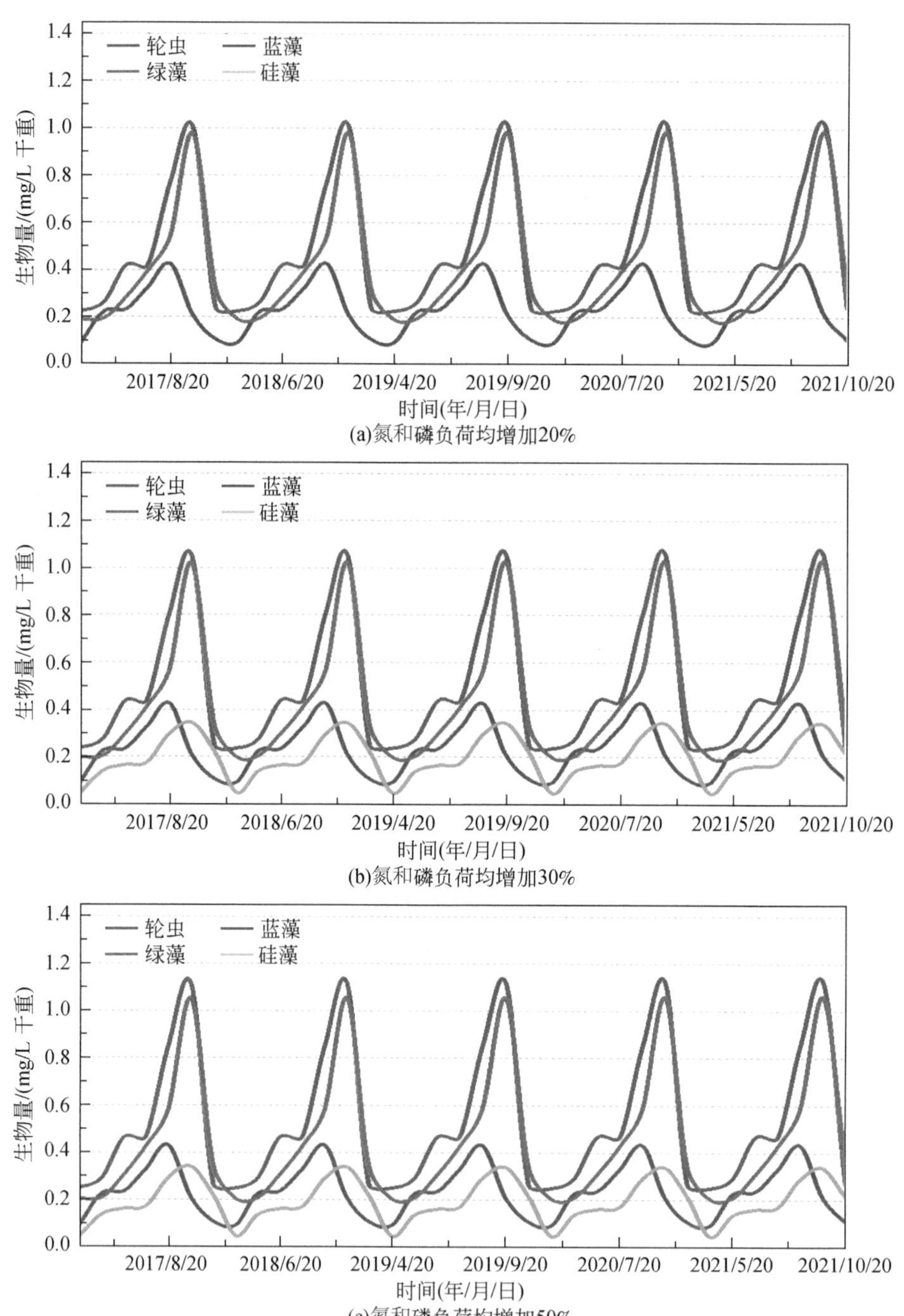

图 8-18 增加氮和磷负荷后白鹤湖浮游生物生物量变化趋势

8.2.7 增加有机污染负荷

当有机污染（BOD_5）负荷分别增加 20%、30% 和 50% 时，白鹤湖水生生物群落变化趋势如图 8-19 ~ 图 8-22 所示。由图 8-19 可以看出，随着有机污染（BOD_5）负荷的增加，大型水生植物的生长都受到抑制，其中，扁秆荆三棱的生长受到的抑制最为明显，生物量减幅的平均值分别为 15.40%、23.31% 和 33.92%，其次为三江藨草，生物量减幅的平均值分别为 12.52%、18.01% 和 25.12%。鱼类（葛氏鲈塘鳢）对有机污染（BOD_5）也较为敏感，随着有机污染（BOD_5）负荷的增加（20%、30% 和 50%），生物量减幅的平均值分别为 9.72%、18.41% 和 28.21%（图 8-20）。对于底栖生物来说，蜻蜓目、河蚌、底

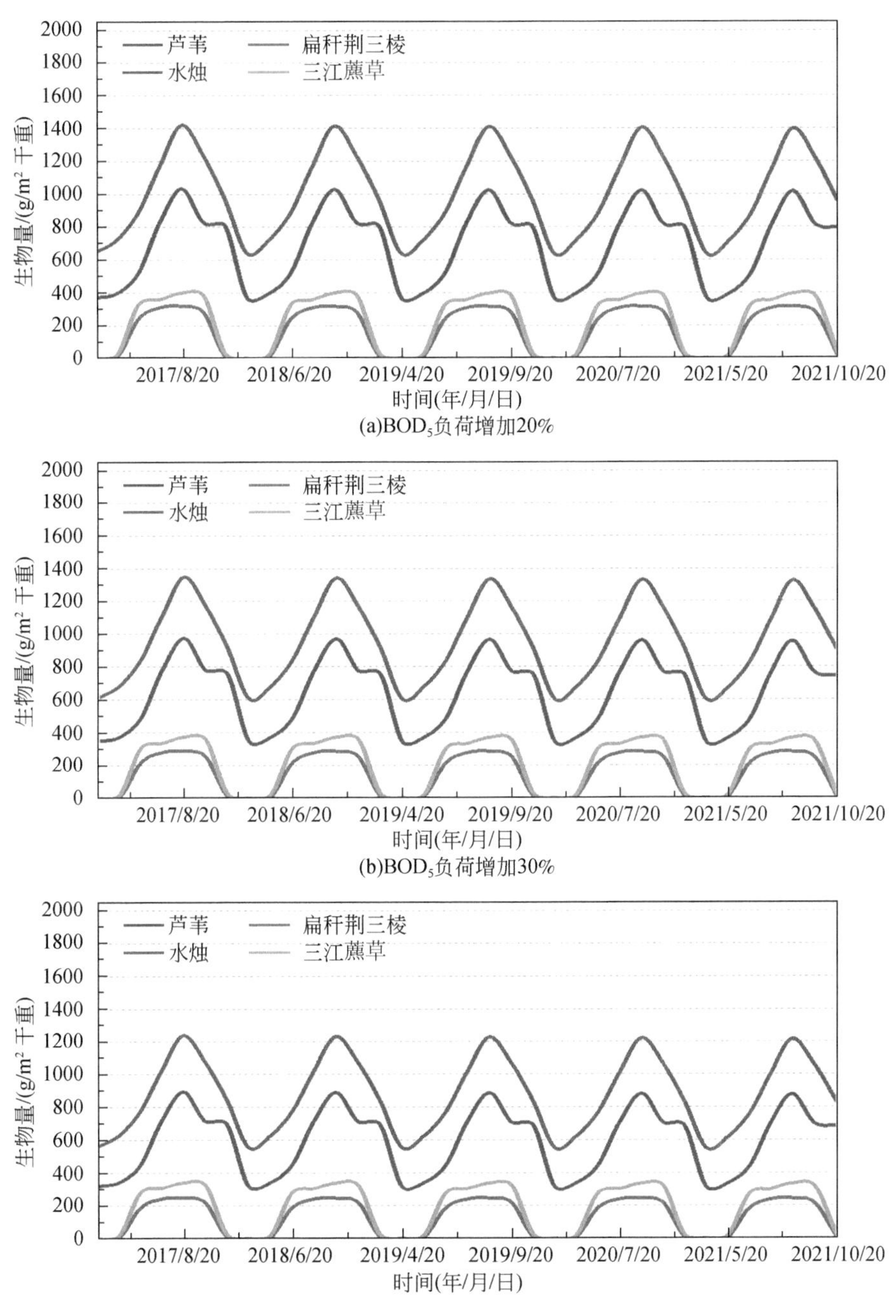

图 8-19　增加有机污染 BOD_5 负荷后白鹤湖大型水生植物生物量变化趋势

栖藻类和龙虱对有机污染（BOD_5）较为敏感，当有机污染（BOD_5）负荷增加 50% 时［图 8-21（c）］，蜻蜓目、河蚌、底栖藻类（绿藻）和龙虱的生物量减幅的平均值分别为 23.91%、20.82%、17.61% 和 17.41%（图 8-21）。而对浮游生物来说，硅藻对有机污染（BOD_5）最为敏感，当有机污染（BOD_5）负荷增加到 50% 时［图 8-22（c）］，硅藻生物

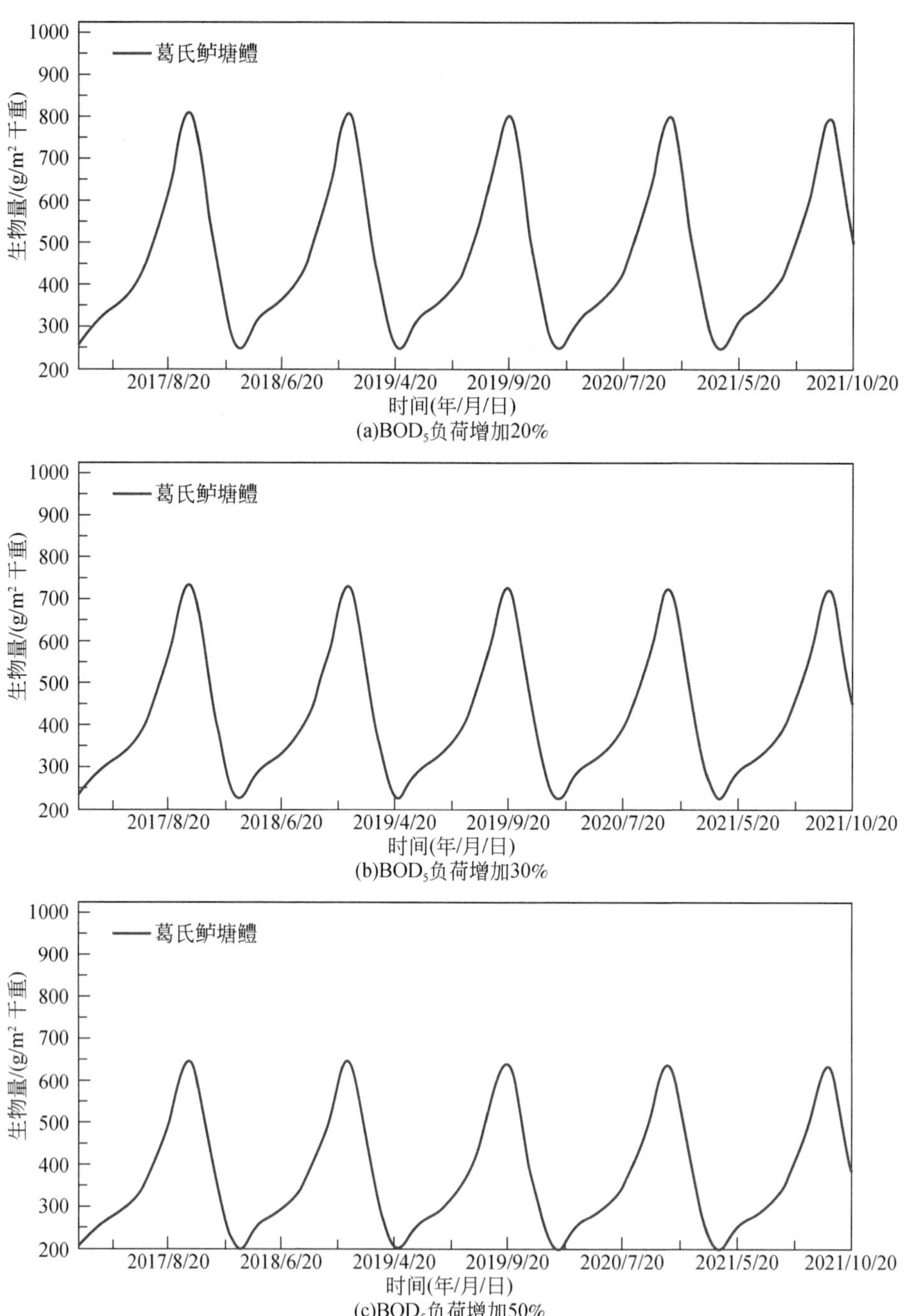

图 8-20　增加有机污染 BOD_5 负荷后白鹤湖鱼类生物量变化趋势

量减幅的平均值为 25.02%。而对于蓝藻、绿藻和浮游动物来说，当有机污染（BOD_5）负荷增加 20% 时［图 8-22（a）］，蓝藻、绿藻和浮游动物生物量下降不明显，但当有机污染（BOD_5）负荷增加 50% 时［图 8-22（c）］，蓝藻、绿藻和浮游动物生物量减幅的平均值均超过 10%。

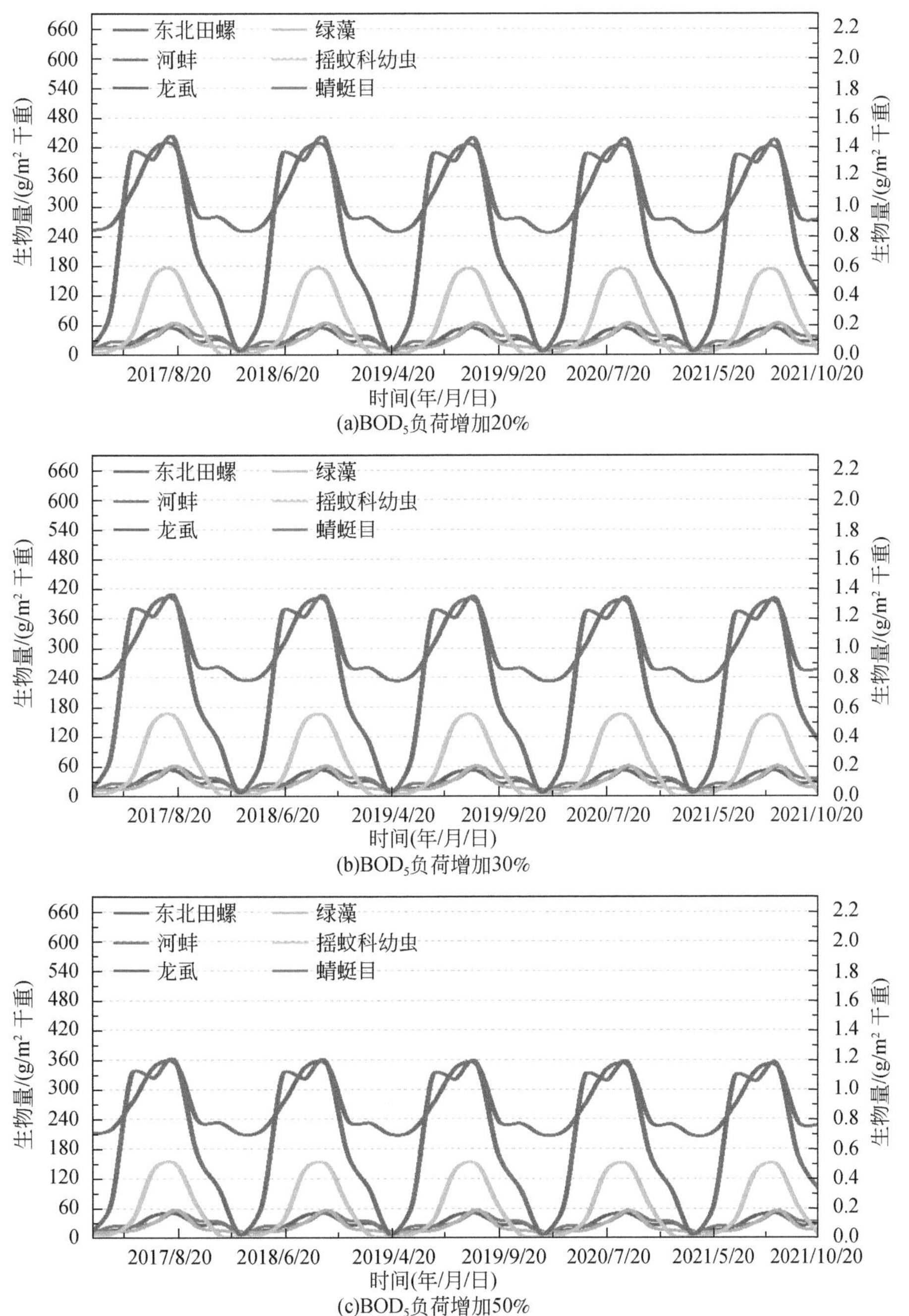

图 8-21　增加有机污染负荷 BOD_5 后白鹤湖底栖生物生物量变化趋势

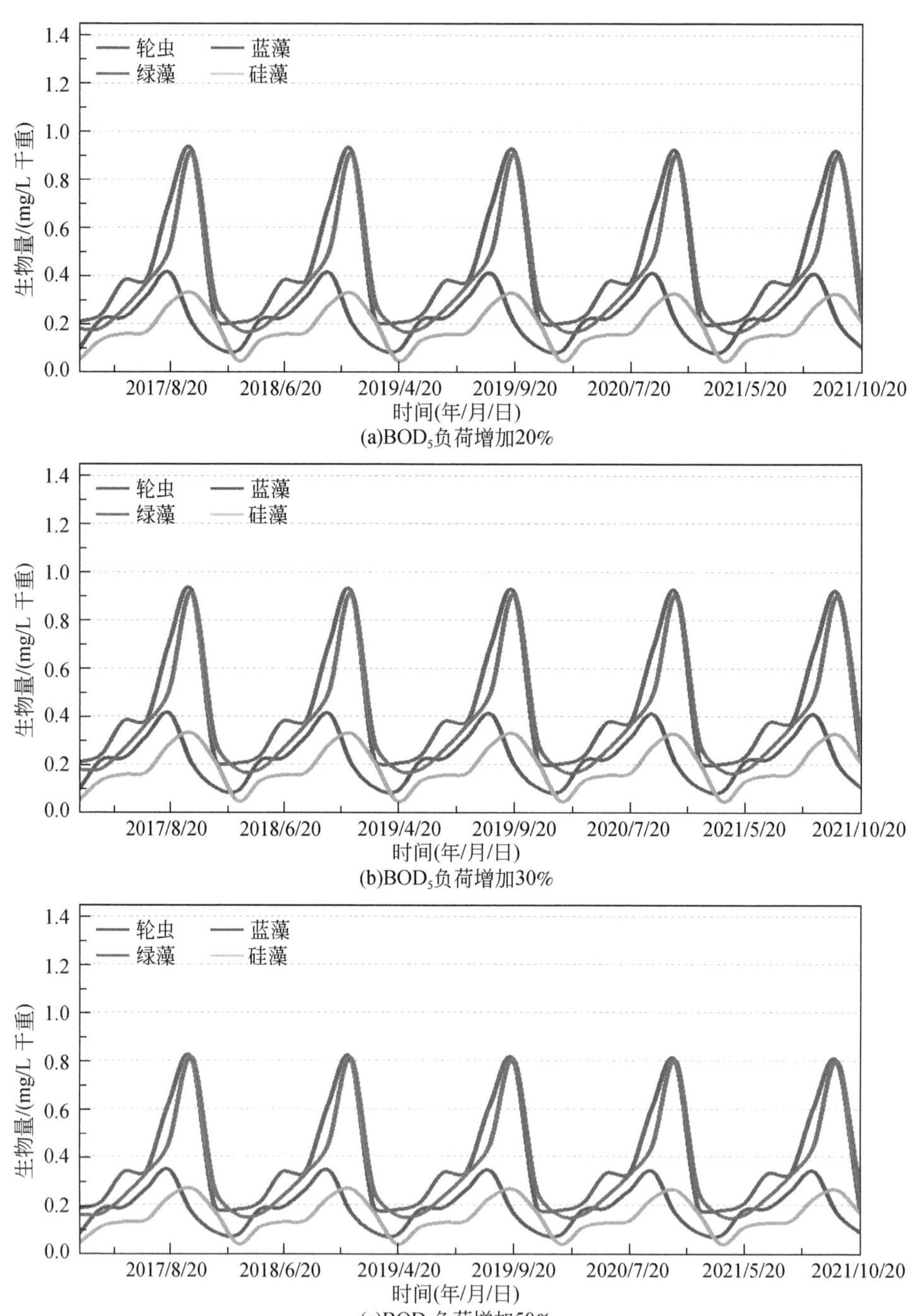

(a)BOD_5负荷增加20%

(b)BOD_5负荷增加30%

(c)BOD_5负荷增加50%

图 8-22 增加有机污染 BOD_5 负荷后白鹤湖浮游生物生物量变化趋势

8.2.8 增加沉积物输入负荷

随着水土流失增加和岸带结构和功能的退化，白鹤湖水体悬浮颗粒物和沉积物碎屑含量与日俱增。当沉积物输入分别增加 20%、30% 和 50% 时（图 8-23、图 8-24 和图 8-26），大型水生植物、鱼类和浮游生物的生物量均有所下降，但变化趋势不明显，即使当沉积物输入增加到 50% 时［图 8-23（c）］，生物量减幅的平均值最多达到 5.70%（三江藨草）。而沉积物的输入，对底栖生物的生长起到抑制作用，随着沉积物的输入，底栖生物的生物

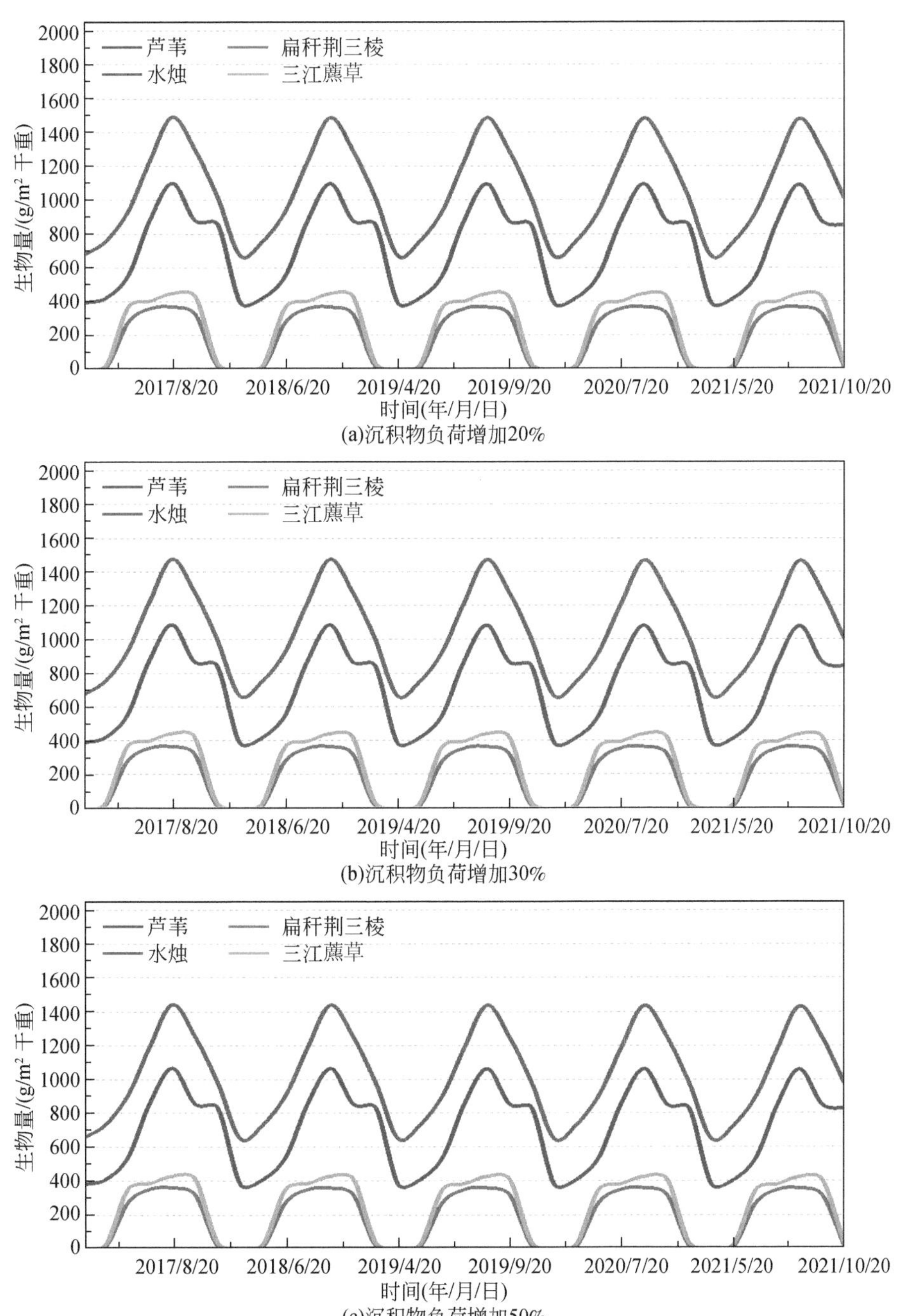

图 8-23　增加沉积物负荷后白鹤湖大型水生植物生物量变化趋势

量下降明显，其中摇蚊科幼虫、底栖藻类（绿藻）和蜻蜓目的生物量下降趋势较为明显，当沉积物输入增加到50%时［图8-25（c）］，生物量减幅的平均值分别为25.00%、22.12%和20.61%，同时，河蚌、东北田螺和龙虱生物量减幅的平均值也均超过10%［图8-25（c）］，说明沉积物的输入不利于底栖生物的生存。

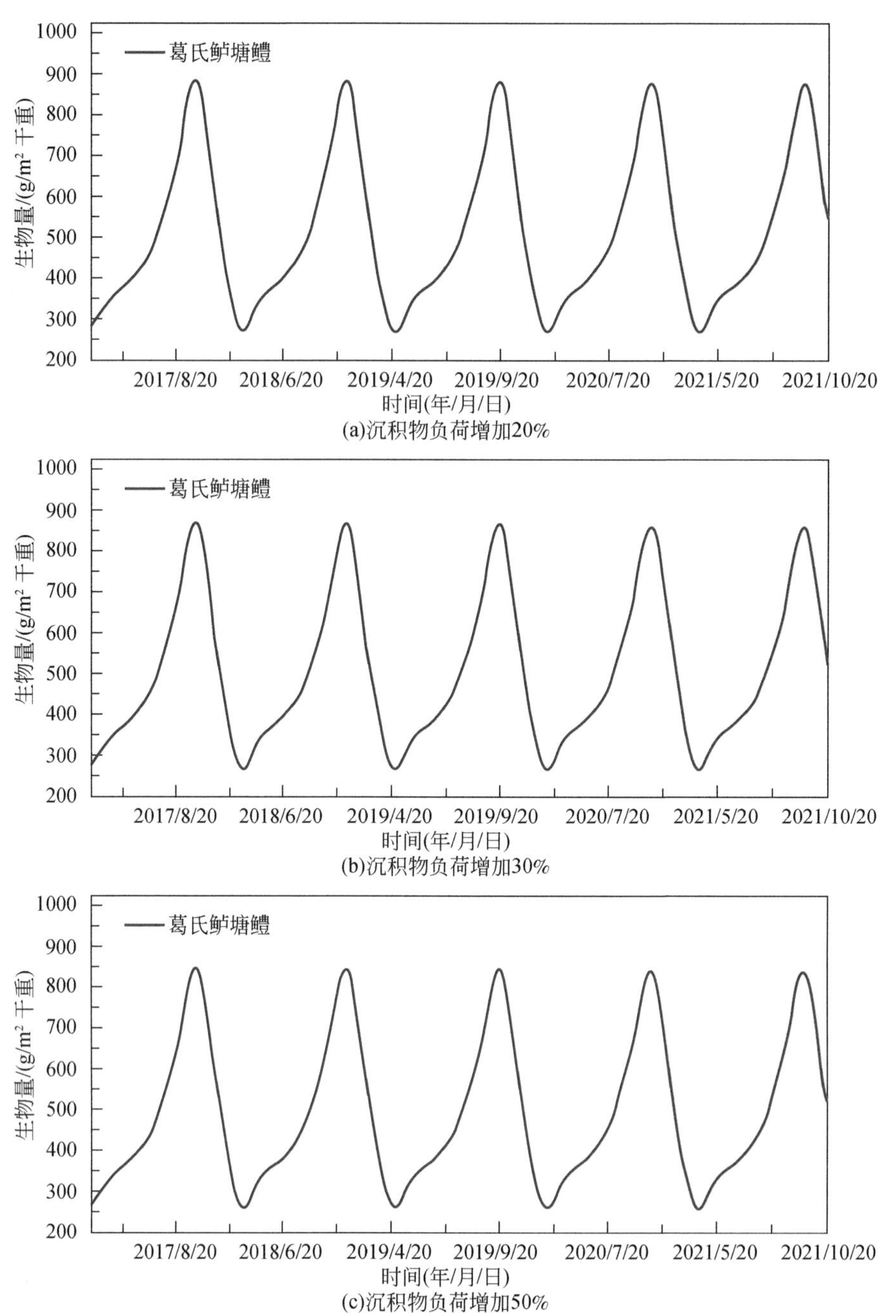

图8-24　增加沉积物负荷后白鹤湖鱼类生物量变化趋势

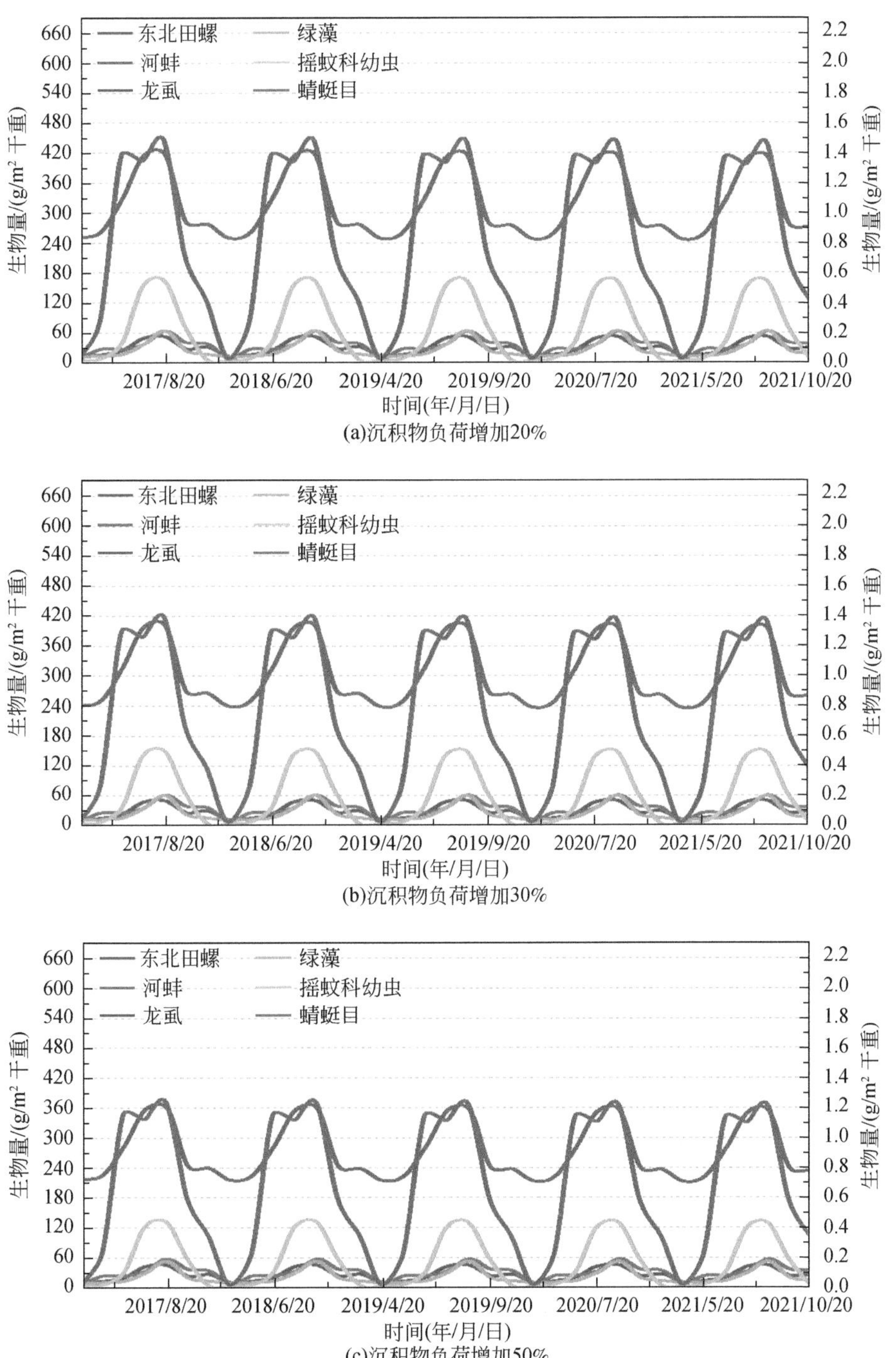

(a)沉积物负荷增加20%

(b)沉积物负荷增加30%

(c)沉积物负荷增加50%

图 8-25　增加沉积物负荷后白鹤湖底栖生物生物量变化趋势

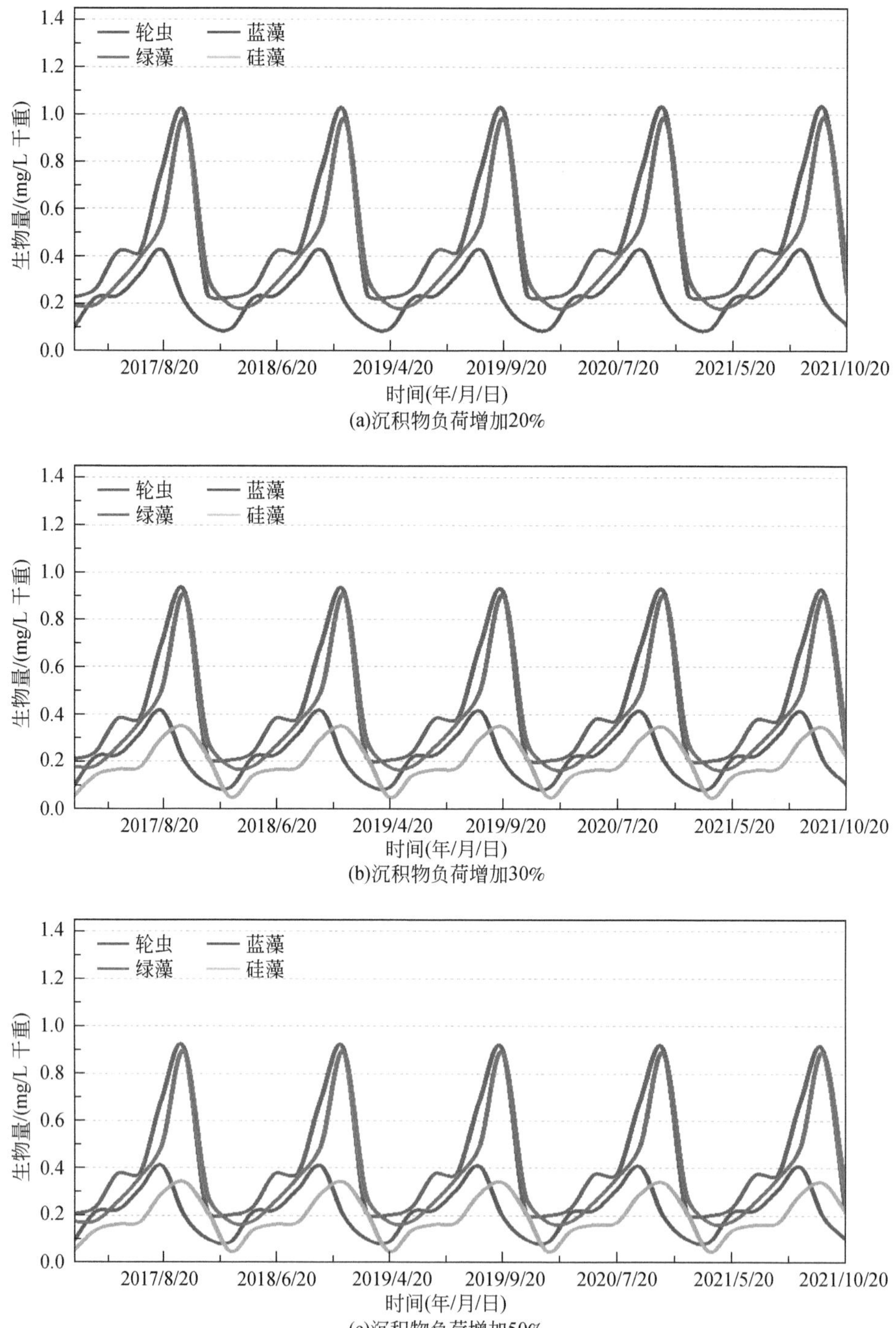

(a)沉积物负荷增加20%

(b)沉积物负荷增加30%

(c)沉积物负荷增加50%

图 8-26　增加沉积物负荷后白鹤湖浮游生物生物量变化趋势

8.3 本章小结

本章以白鹤湖为研究区，根据白鹤湖优势物种和 MBVI 核心指标，运用 AQUATOX 食物网模型构建白鹤重要停歇地脆弱性模型（MBVIM），模拟了大型水生植物、鱼类、底栖生物和浮游生物等生物群落和水环境因子的季节变化规律。均方根误差（RMSE）范围为 7.37 ~ 19.57，模型效率（EF）范围为 0.85 ~ 0.97，相关系数（r）范围为 0.951 ~ 0.996，模型模拟结果与实测值吻合较好，较准确地反映了白鹤湖的实际情况。敏感性分析表明，白鹤湖水生生物群落对最适宜温度（T_0）和呼吸速率（R）极为敏感。

基于构建的 MBVIM 模型的预测功能模拟了白鹤湖近 5 年的生态系统变化趋势，发现在实际的状态变量条件下，白鹤湖生态环境因子会年复一年按照各自的生长变化呈现出重复的变化规律。通过对可能引起生态系统退化的营养盐负荷、有机污染负荷和沉积物输入负荷等条件设置不同情景，模拟研究其对白鹤湖生态系统可能产生的影响。模型模拟结果表明，在三种模拟情景下（入湖磷负荷不变，增加氮负荷 20%、30% 和 50%；入湖氮负荷不变，增加磷负荷 20%、30% 和 50%；同时增加氮和磷负荷 20%、30% 和 50%），大型水生植物的生物量对入湖的氮、磷负荷的响应变化结果相似。当分别增加氮负荷、磷负荷及同时增加氮和磷负荷 20% 和 30% 时，会促进大型水生植物的生长；而当分别增加氮负荷、磷负荷及同时增加氮和磷负荷 50% 时，大型水生植物的生长受到抑制，生物量均出现降低的变化趋势。入湖的氮、磷负荷的增加对鱼类（葛氏鲈塘鳢）的生长起到不同程度的抑制作用，其中同时增加氮和磷负荷对鱼类生长抑制作用最强。随着入湖的氮、磷负荷的增加，底栖生物群落的变化因生物种群的不同，出现不同的变化趋势。氮、磷的输入会促进东北田螺、摇蚊科幼虫和底栖藻类（绿藻）的生长，其中，当分别增加氮负荷 50%、磷负荷 50% 及同时增加氮和磷负荷 50% 时，东北田螺的生物量增幅最大，分别为 20.41%、21.03% 和 23.11%。而氮、磷的输入对河蚌、龙虱和蜻蜓目的生长起到抑制作用。氮的输入会抑制蓝藻的生长，而对绿藻、硅藻和浮游动物的生长起到促进作用，但增幅不明显。只增加磷负荷或同时增加氮和磷负荷时，会抑制硅藻的生长，而对蓝藻和绿藻的生长起到促进作用。随着有机污染负荷的增加，白鹤湖水生生物都受到明显的抑制作用。其中，扁秆荆三棱对有机污染最为敏感，当有机污染负荷增加 50% 时，生物量减幅的平均值为 33.92%，鱼类（葛氏鲈塘鳢）生物量减幅的平均值为 28.21%。随着沉积物输入的增加，大型水生植物、鱼类和浮游生物的生物量均有所下降，但变化趋势不明显。而沉积物的输入，对底栖生物的生长起到明显的抑制作用，其中摇蚊科幼虫、底栖藻类（绿藻）和蜻蜓目生物量下降趋势较为明显，当沉积物输入增加到 50% 时，生物量减幅的平均值分别为 25.00%、22.12% 和 20.61%。

第9章 不同水位下扁秆藨草根际微生物群落及代谢特征分析

水位变化是导致藨草退化的关键因素，当前不同水位下藨草的盖度、密度和生物量等的变化规律已基本理清，但不同水位条件下其根际微生物群落变化特征尚不清楚，对根际微生物开展研究不仅有助于揭示藨草的退化机制，也是生态学由地上生态学向地下生态学拓展的必然要求。为了研究不同水位下根际微生物群落的变化特征，本章沿水深梯度设置样线，采集根际微生物样品。

基于扁秆藨草根际微生物 16S rDNA 测序分析结果，可以对微生物群落的功能进行预测，预测结果能在一定程度上反映不同取样部位的微生物群落功能随水深的变化情况。为了进一步解析根际微生物群落功能随水深的变化情况，在 16S rDNA 测序的基础上进行样本筛选，开展宏基因组测序。

9.1 研究内容与方法

9.1.1 样点布设与采样方法

采样点位于莫莫格自然保护区的白鹤湖湿地，沿水深梯度设置了 5 条样线，分别在水深为 0、10cm、20cm、30cm 和 40cm 采集扁秆藨草根际微生物样品，同步采集不同水深梯度下藨草的株高、密度和地上生物量等信息及根表和根内微生物样品（图 9-1）。微生物样品采集后立即置于干冰上保存运输，运回实验室后在低温、无菌环境下，完成根表微生物和根内微生物的分离，分离方法采用超声震荡洗涤法。

图 9-1 采集不同水深梯度下的藨草根际样品

注：左为涉水采集不同水深梯度的藨草样品；右为由于道路泥泞，租用拖拉机前往样地

9.1.2 测试方法

使用 MoBio PowerSoil DNA 试剂盒（MoBio Laboratories, Carlsbad, CA, USA）提取细菌 DNA。针对根际和根表的微生物 16S rRNA 基因的 V4-V5 高变区引物序列选择 338F（5′-ACTCCTACGGGAGGCAGCAG-3′）和 806R（5′-GGACTACHVGGGTWTCTAAT-3′），对于根内细菌选择。经 PCR 扩增（扩增条件：94℃ for 3min followed by eight cycles of 94℃ for 30s, 56℃ for 30s and 72℃ for 30s; a final extension was performed at 72℃ for 5min）后纯化，纯化后对 PCR 产物进行定量并均一化混匀，在 Miseq PE300 测序平台上经进行上机测序，测序工作由第三方测试公司（北京美吉桑格生物医药科技有限公司）完成。测序结果拼接质控、数据优化（去冗余和去嵌合体）、数据聚类最终生成 97% 相似性的 OTU（operational taxonomic units）表，聚类过程在 Usearch 上完成（http://drive5.com/uparse/），使用 silva 数据库对 OTU 进行注释（http://www.arb-silva.de）。

9.1.3 微生物群落特征相关指标与计算方法

1）微生物群落多样性分析

在微生物生信数据分析过程中，常使用多样性指数和 Rank-Abundance 曲线分析。微生物多样性指数包括反映群落丰富度（community richness）的 sobs、Chao、ace、Jack 和 bootstrap；反映群落均匀度（community evenness）的 Simpsoneven、Shannoneven、heip、Smithwilson；反映群落多样性（community diversity）的 Shannon、Simpson、npShannon、bergerparker、invSimpson、qstat；以及反映群落覆盖度（community coverage）的 coverage。其中经常使用的有 Chao、ACE、Simpson、Shannon 和 coverage 几个指标，各指标的计算公式如下：

（1）Chao 是用来估算物种总数的指数，即用于估计样本中所含 OTU 总数的指数，计算方法为

$$S_{\text{Chao}}=S_{\text{obs}}+\frac{n_1(n_1-1)}{2(n_2+1)} \tag{9-1}$$

式中，S_{Chao} 为估计的 OTU 数；S_{obs} 为实际观测到的 OTU 数；n_1 为只含有一条序列的 OTU 数；n_2 为只含有两条序列的 OTU 数；

（2）ACE 也是用来估算 OTU 总数的指数，但其算法与 Chao 不同，其计算公式为

$$S_{\text{ACE}}=\begin{cases} S_{\text{abund}}+\dfrac{S_{\text{rare}}}{C_{\text{ACE}}}+\dfrac{n_1}{C_{\text{ACE}}}\hat{\gamma}^2_{\text{ACE}}, & \hat{\gamma}_{\text{ACE}}<0.80 \\ S_{\text{abund}}+\dfrac{S_{\text{rare}}}{C_{\text{ACE}}}+\dfrac{n_1}{C_{\text{ACE}}}\tilde{\gamma}^2_{\text{ACE}}, & \hat{\gamma}_{\text{ACE}}\geqslant 0.80 \end{cases} \tag{9-2}$$

式中，$C_{\text{ACE}}=1-\dfrac{n_1}{N_{\text{rare}}}$，$N_{\text{rare}}=\sum_{i=1}^{\text{abund}}\text{in}_i$；$\hat{\gamma}^2_{\text{ACE}}=\max\left[\dfrac{S_{\text{rare}}}{C_{\text{ACE}}}\dfrac{\sum_{i=1}^{\text{abund}}i(i-1)n_i}{N_{\text{rare}}(N_{\text{rare}}-1)}-1,\ 0\right]$；$\tilde{\gamma}^2_{\text{ACE}}=$

$\max\left[\hat{\gamma}_{\text{ACE}}^{2}\left\{1+\frac{N_{\text{rare}}(1-C_{\text{ACE}})\sum_{i=1}^{\text{abund}}i(i-1)n_i}{N_{\text{rare}}(N_{\text{rare}}-C_{\text{ACE}})}\right\},0\right]$；$n_i$ 为含有 i 条序列的 OTU 数目；S_{rare} 为含有 abund 条序列或者少于 abund 的 OTU 数目；S_{abund} 为多于“abund”条序列的 OTU 数目；abund 为优势 OTU 的阈值，默认为 10。

（3）Simpson 指数是群落 alpha 多样性的指数之一，alpha 反映群落内部的多样性，无方向性。Simpson 指数越高表明多样性越低，计算公式为

$$D_{\text{simpson}}=\frac{\sum_{i=1}^{S_{\text{obs}}}n_i(n_i-1)}{N(N-1)} \tag{9-3}$$

式中，S_{obs} 为实际观测到的 OTU 数目；n_i 为第 i 个 OTU 的序列数；N 为所有的序列数。

（4）Shannon 指数是反映群落 alpha 多样性的另一重要指标，指数越高表明群落多样性越高，计算公式为

$$H_{\text{shannon}}=-\sum_{i=1}^{S_{\text{obs}}}\frac{n_i}{N}\ln\frac{n_i}{N} \tag{9-4}$$

式中，S_{obs} 为实际观测到的 OTU 数目；n_i 为第 i 个 OTU 的序列数；N 所有的序列数。

（5）Coverage 指数表示样品中的 OTUs 在所选文库中的覆盖度，在所选文库中被测样品的覆盖度越高，样品序列被测出的概率就越高，因而该指数可以反映出测试结果的可靠性。其计算公式为

$$C=1-\frac{n_1}{N} \tag{9-5}$$

式中，n_1 为只含有一条序列的 OTU 数目；N 为样品中出现的总序列数。

此外，还可用 Rank-Abundance 曲线来表示物种的丰度和均匀度，其是将 OTUs 按丰度进行等级排序（从大到小），以排序等级为横坐标，以所含序列数为纵坐标。在表征测序数据量是否合理方面，还可以用稀释曲线来表征不同测序深度时的微生物多样性。

2）样本比较与物种差异分析

对不同分组样本进行比较分析，并找出差异化物种，是研究不同分组情况下微生物群落差异的重要内容。在进行样本比较与物种差异分析时，需要先对样本层级进行聚类并计算样本距离。该步常用的方法是非加权组平均法（unweighted pair- group method with arithmetic mean，UPGMA），该方法假定在进化过程中，核苷酸（或氨基酸）变异速率相同。在聚类时，首先将距离最小的 2 个 OTU 聚合在一起形成新的 OUT，位于两者距离的中间，如此往复直到所有的 OTU 都聚到一起，得到不同分组条件下微生物进化的差异程度。还可以通过统计学中的距离对不同分组条件下样本间物种的丰度分布差异进行量化分析，常用的距离计算方法有 Bray-Curtis、Jaccard、UniFrac 等（Lozupone and Knight，2005）。与 UniFrac 不同，Bray-Curtis 与 Jaccard 不考虑各物种之间的进化关系，主要是基于独立的分类单元（如 OTU 等）进行距离计算。Bray-Curtis 与 Jaccard 的不同之处在于 Jaccard 主要考虑物种的有无，而 Bray-Curtis 则同时考虑物种有无和物种丰度。各距离的计算公式如下：

$$D_{\text{Bray-Curtis}} = 1 - 2\frac{\sum \min(S_{A,i}, S_{B,i})}{\sum S_{A,i} + \sum S_{B,i}} \tag{9-6}$$

式中，$S_{A,i}$为第 i 个 OTU 在 A 群落的计数；$S_{B,i}$为第 i 个 OTU 在 B 群落的计数。

$$D_{\text{Jaccard}} = 1 - \frac{\text{Num}_{a\cap b}}{\text{Num}_a + \text{Num}_b - \text{Num}_{a\cap b}} \tag{9-7}$$

式中，Num_a 为群落 a 中 OTU 数量；Num_b 为群落 b 中 OTU 数量；$\text{Num}_{a\cap b}$为群落 a 和群落 b 共有的 OTU 数量。

$$D_{\text{UniFrac}} = \frac{\sum_{i=1}^{N} l_i \mid A_i - B_i \mid}{\sum_{i=}^{N} l_i \max(A_i, B_i)} \tag{9-8}$$

式中：N 为进化树中节点数量；l_i 为子节点到父节点的距离；A_i 为$\begin{cases}1, & \text{子节点被 } A \text{ 群落占有} \\ 0, & \text{子节点未被 } A \text{ 群落占有}\end{cases}$；$B_i$ 为$\begin{cases}1, & \text{子节点被 } B \text{ 群落占有} \\ 0, & \text{子节点未被群落占有}\end{cases}$。

在此基础之上即可进行样本的主成分分析（principal component analysis，PCA）、主坐标分析（principal co-ordinates analysis，PCoA）、非度量多维尺度分析（non-metric multidimensional scaling analysis，NMDS）和相似性分析（analysis of similarities，ANOSIM），表 9-1 是对各方法的异同进行简单总结。

表 9-1　微生物生态研究中常用分组分析方法比较

分析方法	概述	主要特点
PCA	对复杂数据进行降维处理，去除噪声和冗余，揭示复杂数据内隐含的简单结构，自动选取能反映样品差异的两个特征值构成二维坐标轴，基于欧氏距离进行作图，物种组成越相似，在图中距离越近	简单无参数限制，能将不同分组数据的多维差异直观地展现在二维坐标内，提高了可视化程度
PCoA	在对一系列特征值和特征向量排序的基础上，选择排在前几位的主要特征值，基于距离矩阵旋转降维，并在坐标系中展现出来	与 PCA 分析类似，不同之处在于其是基于距离矩阵进行作图，不改变样本点间的相互位置关系
NMDS	仅能得到研究对象间的等级关系时，假设研究对象的相似性或相异性是点间距离的单调函数对数据进行变换处理，点间距离是根据排列顺序（rank order）来定义的。数据变换后经降维处理进行定位、分析和归类	根据研究对象间的等级关系（物种关系）来计算距离，适用于资料无法直接进行变量型多维尺度分析的情形

续表

分析方法	概述	主要特点
ANOSIM	是一种非参数检验方法，用于检验组间差异是否大于组内差异，计算公式为 $R=\frac{\bar{r}_b-\bar{r}_w}{\frac{1}{4}[n(n-1)]}$ $\bar{r}_b$ 为组间差异性秩的平均值；$\bar{r}_w$ 为组内差异性秩的平均值；n 表示样品总数	R 的取值范围为 [-1，1]，$R>0$ 表示组间差异大于组内差异，结合置换检验（permutation test）计算得到 p 值即可得到分组之间是否存在显著差异

3）16S rDNA 功能预测分析

基于以上分析可以得到微生物群落结构的差异，但相对结构而言本书更加关注功能方面的差异。在微生物群落功能研究方面主要有基于 16S rDNA 测序结果的功能预测分析和基于宏基因组测序的功能研究，但由于宏基因组测序费用较昂贵，不适合大样本量数据处理，因而本小节主要介绍基于 16S rDNA 测序的微生物群落功能预测，宏基因组研究将在第 10 章做介绍。基于 16S rDNA 测序结果的微生物群落功能预测有三种方法，分别为 PICRUSt、Tax4Fun、和 FAPROTAX，下面对三种方法分别做简要介绍。

（1）PICRUSt。

PICRUSt（phylogenetic investigation of communities by reconstruction of unobserved states）由两个高级工作流组成：基因内容推断和宏基因组推断（图 9-2）（Langille et al.，2013）。第一步主要是利用溯源重构（Ancestralstate reconstruction）算法对未进行全基因组测序 OTU 的基因组信息进行预测。第二步主要是经过数据转化进行宏基因组预测，利用系统分析基因功能基因组数据库 KO（Kyoto encyclopedia of genes and genomes orthology，KEGG Orthology）、正交组簇（clusters of orthologous groups，COGs）或 Pfams 微生物测试工具等对预测结果进行功能分类。PICRUSt 是当前微生物群落功能预测过程中使用最多的预测工具，具有在线版和桌面版。

（2）Tax4Fun。

在 Tax4Fun 中，通过基于最小 16S rDNA 序列相似性的最近邻识别，实现 16S rDNA 基因序列与已测序的原核基因组功能注释的连接。与 PICRUSt 相比，不同之处在于 PICRUSt 是通过 Ancestralstate reconstruction 算法推断未知基因的含量，利用基因序列的系统发育树将 OTUs 与基因内容联系起来的。因为到目前为止微生物群落中有很大比例的门的特征还不清楚，所以这个过程在分析微生物群落时准确性不够。由于 Tax4Fun 所使用的是 KEGG 库中已测序注释的基因组信息，且 Tax4Fun 使用的是 SILVA 数据库，比 PICRUSt 使用的 Greengenes 数据库更新速度更快，因而 Tax4Fun 的预测结果比 PICRUSt 更高（Asshauer et al.，2015），但是其使用过程没有 PICRUSt 更简单，且只有桌面版。

（3）FAPROTAX。

FAPROTAX（functional annotation of prokaryotic taxa）是基于对可培养菌的4600 多个原核微生物的文献资料整理制作的功能注释数据库，数据库中共有 7600 多条功能注释信息，在功能注释信息中设置了 80 多个功能分组（如硝酸盐呼吸、产甲烷、发酵、植物病原

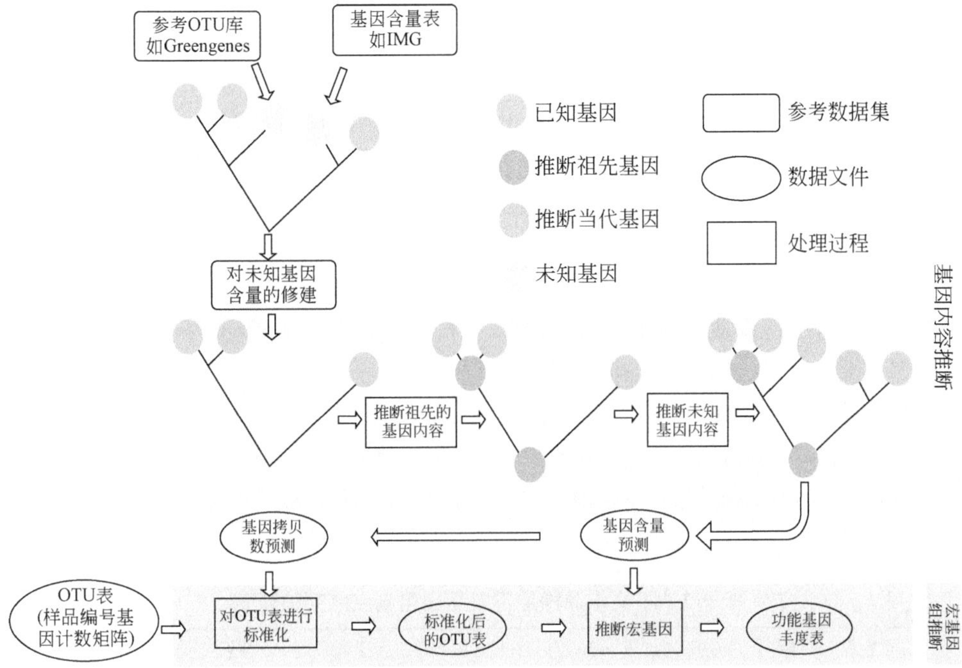

图 9-2　基于 PICRUSt 的微生物群落功能预测流程图

等)，在微生物群落的生物地球化学循环研究中表现出色（Louca et al.，2016）。FAPROTAX 数据库是基于 python 脚本编写的，在进行功能预测时将 OTU 表在 python 中调入数据库进行检索就可以得到微生物群落功能预测结果。

9.1.4　样品筛选与宏基因组测序

随着高通量测序技术的不断发展，越来越多的研究开始使用宏基因测序技术，有力地推动了人体微生态（Gill et al.，2006，Qin et al.，2010）、海洋微生态（Venter et al.，2004，Sunagawa et al.，2015）和土壤微生态（Rondon et al.，2000，Lee et al.，2019）的发展，但宏基因组测序高昂的费用（Ni et al.，2013）在一定程度上限制了它的使用。为了降低研究成本，本书利用 MicroPITA（microbiomes：picking interesting taxonomic abundance）分析，基于 16S rRNA 测序结果，筛选样本，有针对性地开展宏基因组测序工作（Tickle et al.，2013）。MicroPITA 筛选数据的标准有：①最大生态多样性（maximum ecological diversity），②差异代表性（representative dissimilarity），③差异最大化（most dissimilarity），④针对特定类群（targeting specific taxa or clades）。这里使用最大生态多样性为目标进行样品筛选，即筛选每个水深条件下微生物群落 alpha 多样性最高的作为代表进行宏基因组测序（Hamady and Knight，2009）。

进行宏基因组测序与16S rDNA最大的不同之处在于宏基因组测序是将所有基因打断成500bp的小片段，然后进行拼接，16S rDNA是对微生物16S区域中的高变区进行扩增测序，因而在宏基因组测序过程中需要对序列进行重新拼接组装，常用的拼接组装方法有Megahit、Multiple_Megahit、IDBA_UD、Multiple_IDBA_UD和SOAPdenovo2五种（Li et al.，2015，Peng et al.，2012，Luo et al.，2012），由于Multiple_Megahit对序列的利用率高、拼接速度快，因而选择使用Multiple_Megahit对序列进行拼接，完成拼接后使用MetaGene进行基因预测（Noguchi et al.，2006）。基因预测分为两个阶段：第一阶段，从给定的序列中提取所有可能的ORF（open reading frame，通常指从起始密码子开始到终止密码子结束的密码子序列），然后根据成分和长度对ORFs进行评估；第二阶段选择合适的ORF，将其翻译成氨基酸序列，获得基因预测结果。

对不同水深梯度下（0、10cm、20cm、30cm、40cm）挑选出的样本进行宏基因组测序，得到的序列数及序列长度见表9-2，序列质控后利用Multiple_Megahit对序列进行组装，运用MetaGene软件进行基因预测，之后构建基因集，计算丰度并对功能进行注释。测序和基因功能交由第三方测试公司完成。

表9-2　不同水深梯度下宏基因组测序序列统计表

样品编号	原始序列条数/reads	原始序列长度/bp	质控后序列条数/reads	质控后序列长度/bp	质控后序列条数占比/%	质控后序列长度占比/%
Meta_D0	97628198	14741857898	96260224	14435704785	98.60	97.92
Meta_D10	88646254	13385584354	86681889	12960314427	97.78	96.82
Meta_D20	87430222	13201963522	86175025	12922159598	98.56	97.88
Meta_D30	88504756	13364218156	86595412	12941824518	97.84	96.84
Meta_D40	88232864	13323162464	86730269	12992457954	98.30	97.52

9.2　不同水位下薦草根际微生物群落特征

9.2.1　数据质量控制

分别对水深梯度为0、10cm、20cm、30cm、40cm的根际、根表和根内微生物进行测序，一共75个样品，共得到3 129 513条序列，数据总长度1 235 694 971bp，平均每条序列读长394.85bp，根际、根表和根内OTU数量分别为4401、4302和923。根际、根表和根内微生物群落的稀释曲线（rarefaction curves）和覆盖度（coverage）如图9-3所示，随着测序深度增加，稀释曲线趋于平缓，覆盖度指数较高趋近于1，表明测序结果可靠，能反映出各部分微生物群落组成情况，可用于后续分析。

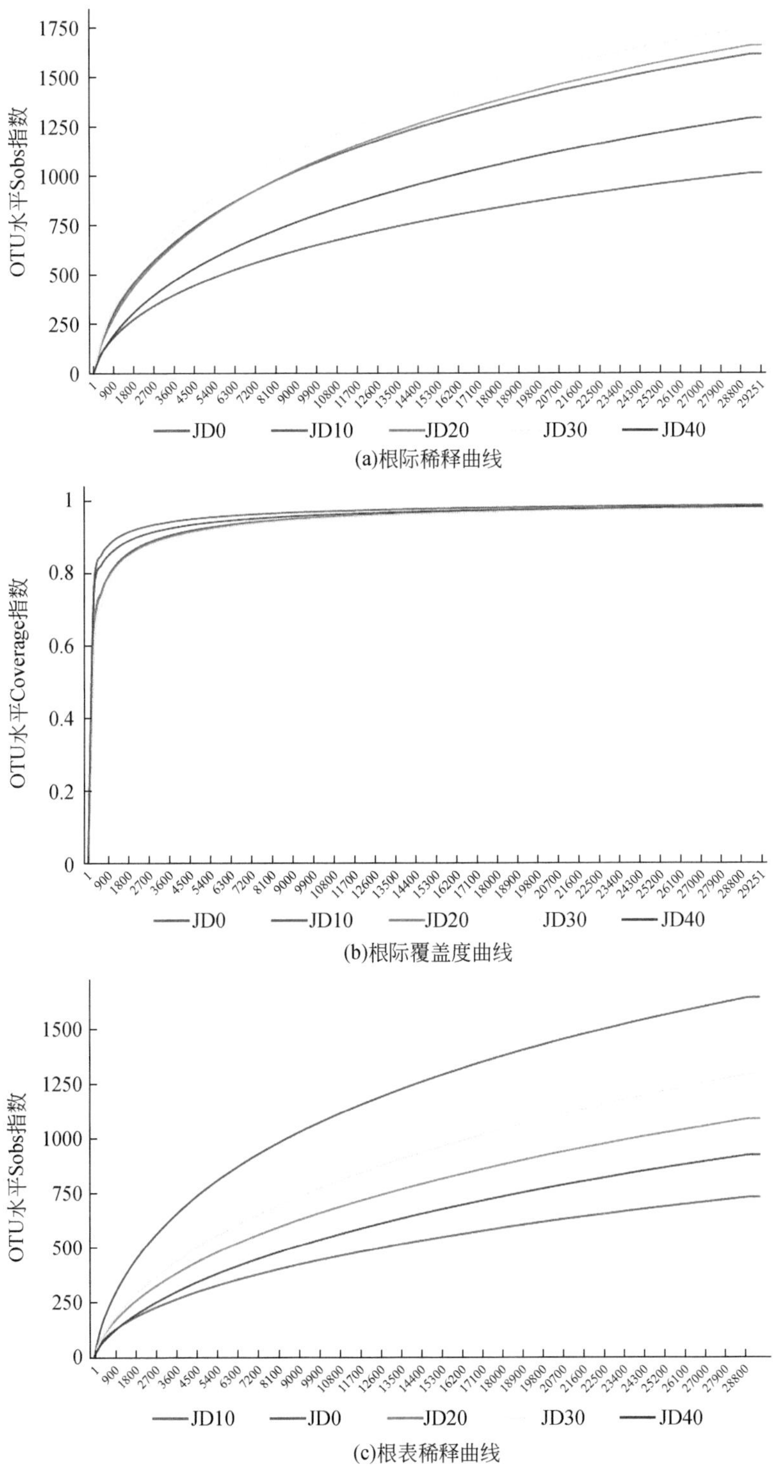

(a)根际稀释曲线

(b)根际覆盖度曲线

(c)根表稀释曲线

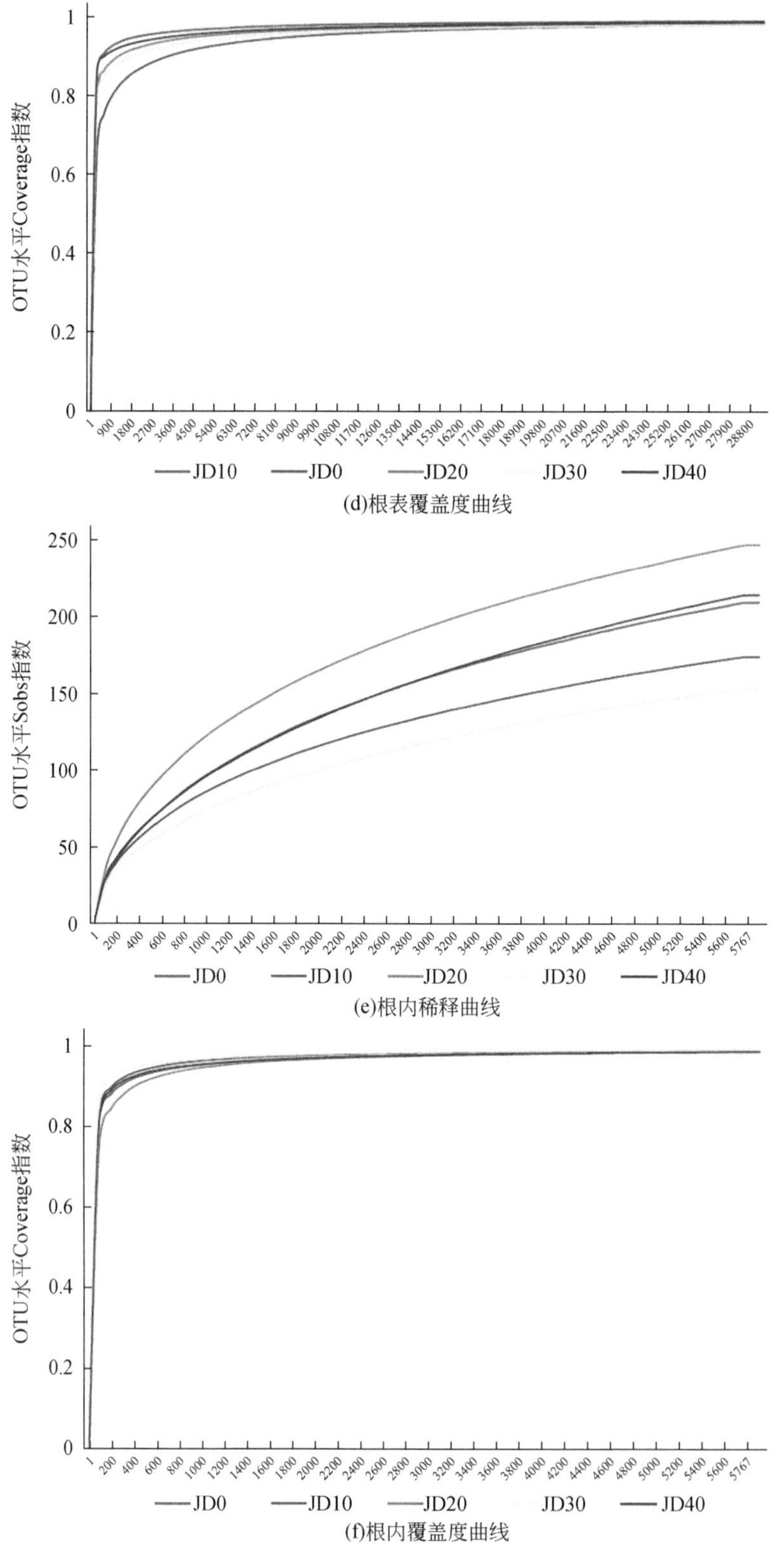

(d)根表覆盖度曲线

(e)根内稀释曲线

(f)根内覆盖度曲线

图 9-3　根际、根表、根内微生物稀释曲线与覆盖度曲线

9.2.2 不同水位下藨草根系微生物群落多样性

根系微生物随着水位变化而发生变化，但并不是简单的单调变化，根际和根表微生物多样性随水位的变化规律和藨草生物量随水位变化规律存在着一定的相似性。除 10cm 与 20cm 外，水位每变化 10cm，根际微生物群落 alpha 多样性均发生显著性变化（图 9-4），在根表随水位变化 alpha 多样性发生显著性差异的组分在减少，在根内随水位变化 alpha 多样性无显著差异。可见，从根际到根内微生物群落 alpha 多样性随水位变化趋向于不敏感。

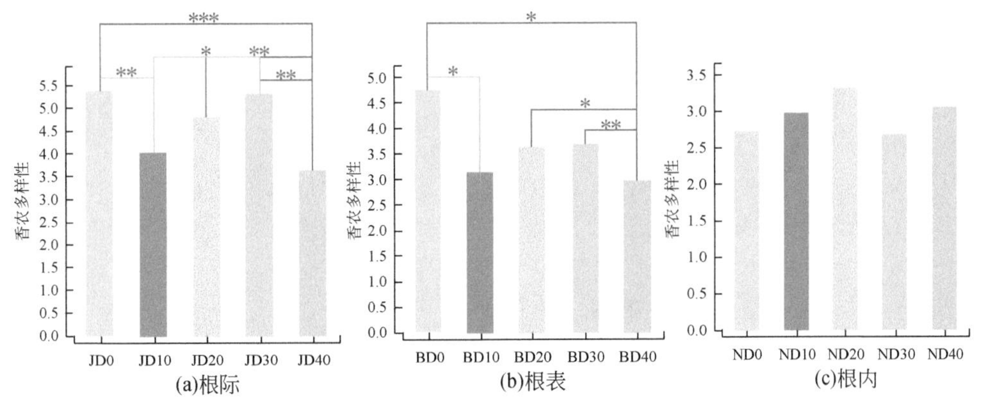

图 9-4 不同水深下根系微生物 alpha 多样性

注：* 表明显著性水平，* 0.01 < p ≤ 0.05，** 0.001 < p ≤ 0.01

在物种组成方面，利用物种组成 circos 图能直观反映出不同水深下微生物群落的物种组成差异，在门（phylum）水平上，根际和根表各门丰度排序均为（前四）：变形菌门（Proteobacteria）> 厚壁菌门（Firmicutes）> 拟杆菌门（Bacteroidetes）> 放线菌门（Actinobacteria），但随着水深不同，各门丰度存在差异。在根际水深为 0 时，丰度大于 5% 的门分别为：变形菌门（42.97%）、拟杆菌门（15.09%）、厚壁菌门（12.10%）、绿弯菌门（Chloroflexi）（7.90%）、放线菌门（7.61%）；水深为 10cm 时，丰度大于 5% 的门分别为：变形菌门（45.49%）、厚壁菌门（30.08%）、放线菌门（9.63%）、绿弯菌门（6.47%）；水深为 20cm 时，丰度大于 5% 的门依次为：变形菌门（38.28%）、厚壁菌门（18.93%）、拟杆菌门（16.23%）、放线菌门（7.43%）、绿弯菌门（5.86%）；水深为 30cm 时，丰度大于 5% 的门依次为：变形菌门（34.93%）、厚壁菌门（22.51%）、放线菌门（10.17%）、拟杆菌门（9.76%）、绿弯菌门（Chloroflexi）（7.23%）、酸杆菌门（Acidobacteria）（5.30%）；水深为 40cm 时，丰度大于 5% 的门依次为：变形菌门（51.22%）、厚壁菌门（31.58%）。根据藨草最适水位研究结果，在水深大于 30cm 时，藨草地上生物量和密度均会大幅降低，对应水深的根际微生物具有明显的富集现象，在门水平上丰度大于 5% 的仅有变形菌门和厚壁菌门，两者之和达到（82.80%）。在根际具有显著性差异的门一共有 23 个（附表 1），其中丰度前五的门中（图 9-5），随水深变化具有显著性差异的门有变形菌门、后壁菌门、拟杆菌门和放线菌门。

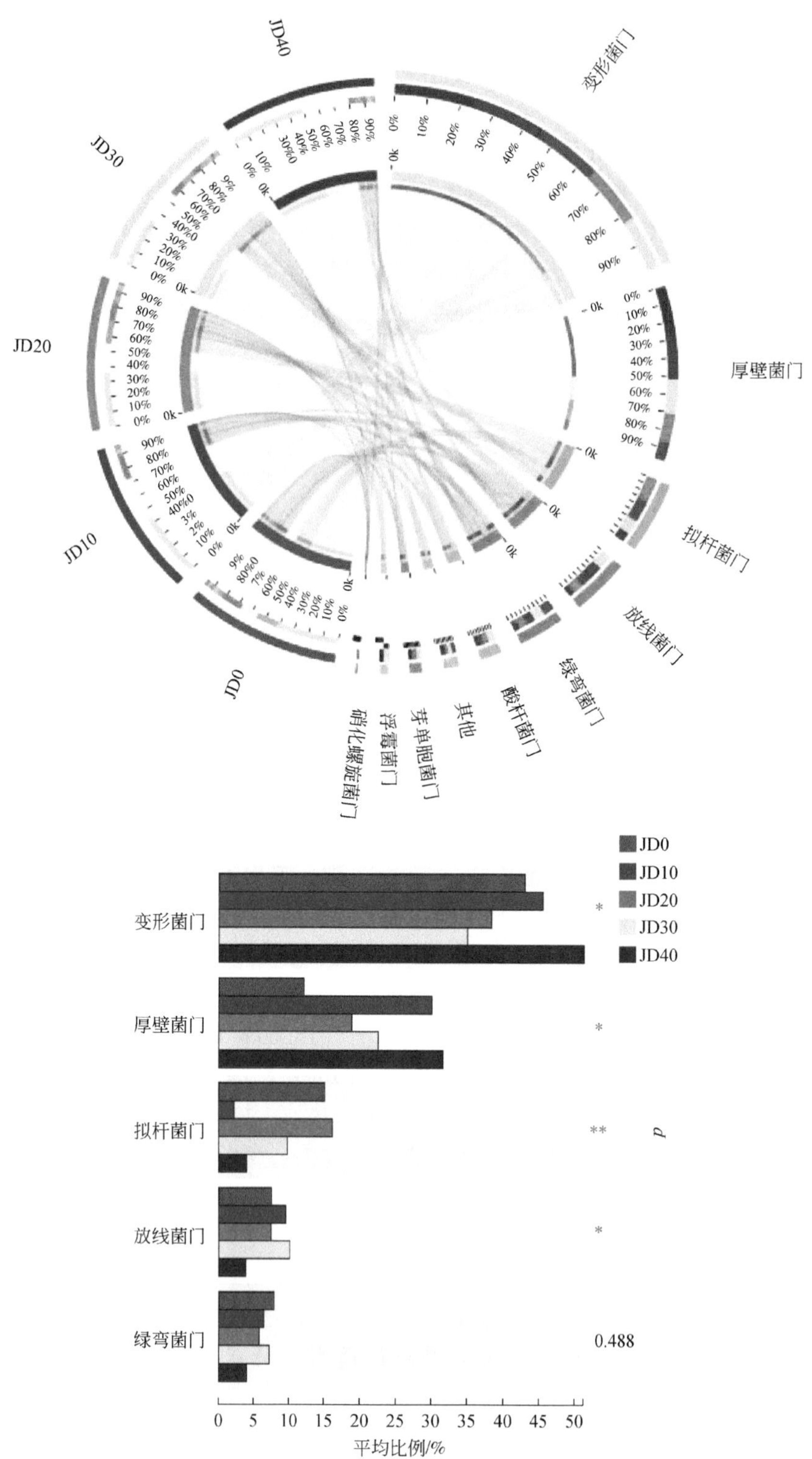

图 9-5　根际微生物群落物种组成 circos 图（上）和物种组成差异性检验（下）

注：* 表明显著性水平，* $0.01<p\leqslant0.05$，** $0.001<p\leqslant0.01$

在根表，主要门类可分为变形菌门、厚壁菌门、拟杆菌门、放线菌门、绿弯菌门、酸杆菌门、浮霉菌门（Planctomycetes）和芽单胞菌门（Gemmatimonadetes）8 个门，和根际相比缺少硝化螺旋菌门（Nitrospirae），在根表，随着水深增加，变形菌门丰度递减，在水深为 10cm、20cm 和 30cm 时，丰度大于 5% 的门均为变形菌门、厚壁菌门和拟杆菌门，在水深为 0 时丰度大于 5% 的门还有放线菌门，水深为 40cm 时，丰度大于 5% 的门只有变形菌门和厚壁菌门，两者之和达到 93.27%，且厚壁菌门的丰度为 55.70% 大于变形菌门（37.57%）。差异显著性检验结果表明：在根表，随着水深变化，丰度具有显著性差异的门有 25 个（附表 2），丰度前 5 的门中，具有显著性差异的门分别为厚壁菌门、拟杆菌门、放线菌门和绿弯菌门（图 9-6）。

在根内，根内细菌共分为 6 个门，其中丰度前四的门与根际和根表相同，均为变形菌门、厚壁菌门、拟杆菌门和放线菌门，但丰度排序不同。此外，根内出现两个不同于根际和根表的门，分别为螺旋体门（Spirochaetae）和梭杆菌门（Fusobacteria）。不同水深下根内变形菌门丰度均大于 60%，与根际和根表相比，根内细菌基于门分类水平的丰度差异较大，在水深为 0、10cm 和 40cm 时，丰度大于 5% 的门仅有变形菌门和拟杆菌门两个，水深为 20cm 和 30cm 时，丰度大于 5% 的还有厚壁菌门。在差异显著检验方面，丰度前 5 的门中仅有厚壁菌门随着水深变化具有显著性差异（图 9-7）。

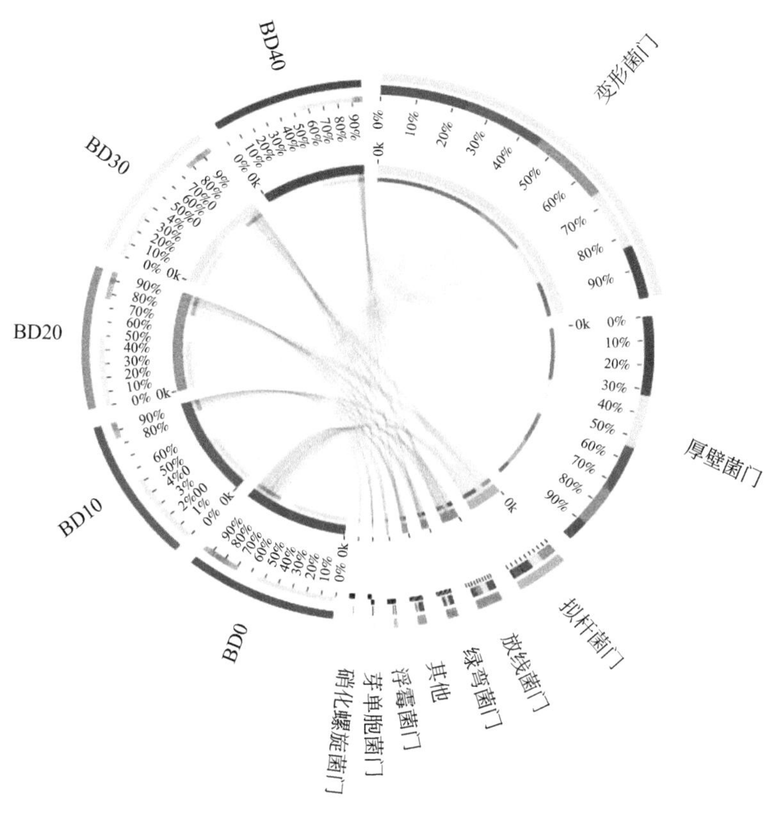

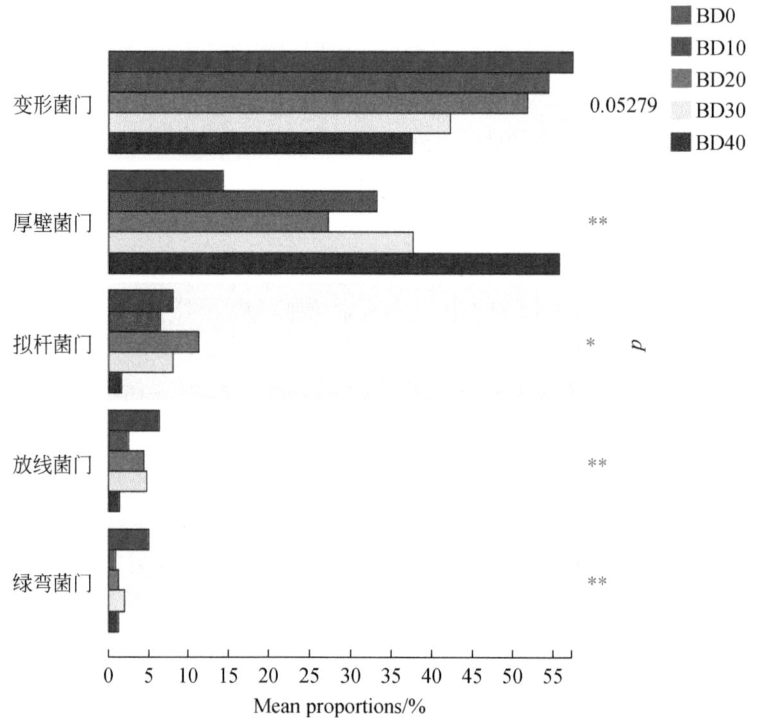

图 9-6 根表微生物群落物种组成 circos 图（上）和物种组成差异性检验（下）

注：＊表明显著性水平，＊0. 01<p≤0. 05，＊＊0. 001<p≤0. 01

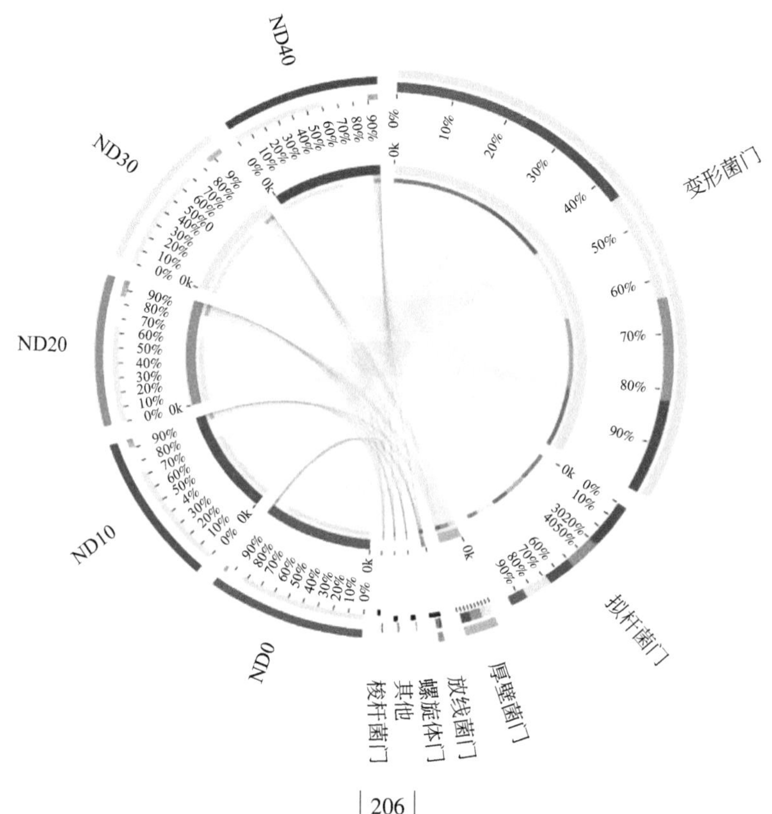

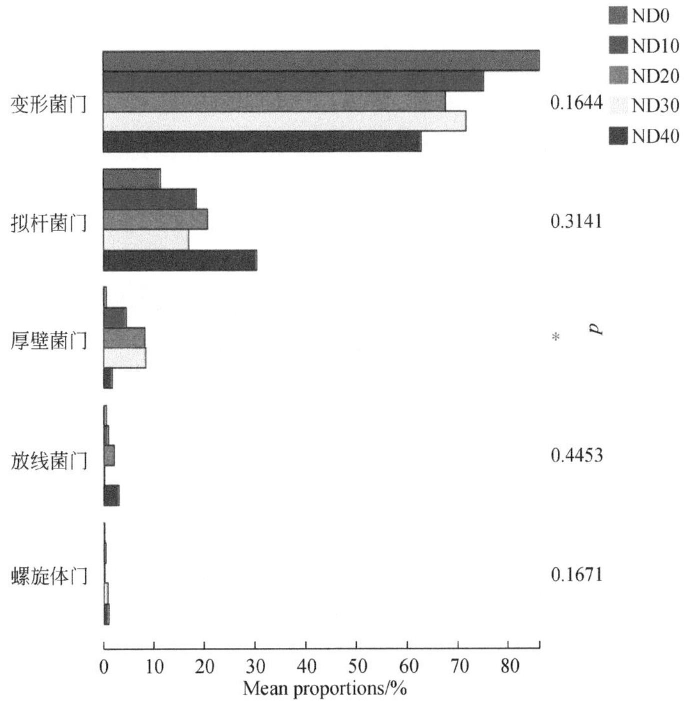

图 9-7　根内微生物群落物种组成 circos 图（上）和物种组成差异性检验（下）

注：*表明显著性水平，*0.01<p≤0.05，**0.001<p≤0.01

9.2.3　不同水位下藨草根系微生物群落功能差异性分析

基于物种组成和多样性的分析，仅能反映出微生物群落结构随水深的变化规律，而群落结构仅能在一定程度上反映出群落功能特征，为此利用 PICRUSt 软件对群落功能进行预测，一共得到 4792 个 COGs，每个 COG 由来自至少三个谱系的单个同源蛋白或同源副链组成，相同的 COG 行使相同的功能（Tatusov et al., 1997），这 4792 个 COG 可以被分为 25 个功能类群，在根际的对比到相关功能的总序列数为 621 300 641，根表为 675 887 538，根内为 124 788 654。将根际、根表和根内细菌的 COGs 功能类群及其随水深变化的情况总结于表 9-3，可以看出根际和根表细菌 COGs 功能类群随着水位大部分都会发生显著性变化，而根内细菌除 RNA 处理和修饰功能（RNA processing and modification）随水位发生了显著性变化外，其他过程均无显著性差异。

表 9-3　COGs 功能分类及随水位变化情况

功能描述	COGs 丰度均值			随水位变化的显著性检验（p）		
	根际	根表	根内	根际	根表	根内
RNA 加工和修饰（RNA processing and modification）	9 785	7 688	1 815	p<0.05	p<0.05	p<0.05
染色质结构和动力学（Chromatin structure and dynamics）	12 164	10 544	2 472	0.11	p<0.05	0.49

续表

功能描述	COGs 丰度均值			随水位变化的显著性检验 (p)		
	根际	根表	根内	根际	根表	根内
能源生产与转换 (Energy production and conversion)	1 783 972	1 899 475	370 653	$p<0.05$	$p<0.05$	0. 41
细胞周期控制，细胞分裂，染色体分裂 (Cell cycle control, cell division, chromosome partitioning)	265 457	276 024	56 004	$p<0.05$	$p<0.05$	0. 32
氨基酸的运输和代谢 (Amino acid transport and metabolism)	2 279 592	2 597 222	411 528	$p<0.05$	$p<0.05$	0. 51
核苷酸的运输和代谢 (Nucleotide transport and metabolism)	618 808	680 266	112 059	$p<0.05$	$p<0.05$	0. 58
碳水化合物的运输和代谢 (Carbohydrate transport and metabolism)	1 666 055	2 156 022	256 053	$p<0.05$	$p<0.05$	0. 43
辅酶的运输和代谢 (Coenzyme transport and metabolism)	982 614	1 025 218	197 917	$p<0.05$	$p<0.05$	0. 48
脂质运输和代谢 (Lipid transport and metabolism)	998 482	999 341	199 356	$p<0.05$	$p<0.05$	0. 64
翻译，核糖体结构和生物发生 (Translation, ribosomal structure and biogenesis)	1 318 117	1 366 385	272 807	$p<0.05$	$p<0.05$	0. 31
转录 (Transcription)	1 709 414	2 078 777	308 631	$p<0.05$	$p<0.05$	0. 43
复制、重组和修复 (Replication, recombination and repair)	1 357 079	1 381 146	277 100	$p<0.05$	$p<0.05$	0. 78
细胞壁/包膜生物发生 (Cell wall/envelope biogenesis)	1 669 314	1 683 646	352 829	$p<0.05$	$p<0.05$	0. 58
细胞活性 (Cell motility)	446 059	488 583	131 399	$p<0.05$	0. 11	0. 22
翻译后修饰，蛋白质转换，伴侣 (Posttranslational modification, protein turnover, chaperones)	1 048 247	1 074 347	227 593	$p<0.05$	$p<0.05$	0. 23
无机离子的转运与代谢 (Inorganic ion transport and metabolism)	1 656 883	1 949 407	345 891	$p<0.05$	$p<0.05$	0. 59
次生代谢物的生物合成、运输和分解代谢 (Secondary metabolites biosynthesis, transport and catabolism)	557 820	589 975	94 865	$p<0.05$	$p<0.05$	0. 57
一般功能预测 (General function prediction only)	2 103 488	2 206 960	394 499	$p<0.05$	$p<0.05$	0. 56
未知功能 (Function unknown)	2 502 246	2 800 874	526 897	$p<0.05$	$p<0.05$	0. 47
信号传导机制 (Signal transduction mechanisms)	1 613 346	1 561 532	400 818	$p<0.05$	0. 11	0. 06
细胞内运输、分泌和囊泡运输 (Intracellular trafficking, secretion, and vesicular transport)	572 694	630 243	136 464	$p<0.05$	$p<0.05$	0. 22
防御机制 (Defense mechanisms)	435 399	429 418	74 310	$p<0.05$	$p<0.05$	0. 31
细胞外结构 (Extracellular structures)	456	488	109	0. 23	$p<0.05$	0. 29
细胞核结构 (Nuclear structure)	2	4	1	0. 19	$p<0.05$	0. 30
细胞骨架 (Cytoskeleton)	3 368	3 328	404	$p<0.05$	$p<0.05$	0. 13

在对菌群的 COGs 丰度进行预测的基础上，对菌群的 KEGG 代谢通路进行了预测，根际和根表各有 249 个 KO Pathway、根内有 239 个 KO Pathway。由于代谢路径复杂，此处重点对 KEGG Pathway Maps 中碳水化合物代谢（carbohydrate metabolism）、能量代谢（energy metabolism）、核苷酸代谢（nucleotide metabolism）、氨基酸代谢（amino acid metabolism）和环境适应（environmental adaptation）几个方面的代谢通路进行分析。以上几个代谢通路所涉及的 KO Pathway 见表 9-4，这些 KO Pathway 随水位变化的方差检验结果表明，根际微生物群落的所有 KO Pathway 随水位均发生了显著性变化，且随着水深从 0 到 40cm，碳代谢过程均表现出双峰结构（图 9-8），表明水深 10cm 附近存在着代谢峰值，随着水深增加代谢功能减弱，会出现一个低峰，水深大于 40cm 后，代谢能力迅速降低。根际微生物能量代谢（图 9-9）[除 KO00196 光能合成–触角蛋白（photosynthesis- antenna proteins）外] 过程、核苷酸代谢过程（图 9-10）、氨基酸代谢过程和环境适应中的 KO04626 [植物–病原体互作过程（Plant- pathogen interaction）]（图 9-11）随着水深变化均和碳代谢具有相似的特征。

表 9-4　主要代谢过程及其随水位变化情况

KEGG Pathway	KO Pathway	功能描述	随水位变化的显著性检验（p）		
			根际	根表	根内
碳代谢/carbohydrate metabolism	KO00010	糖酵解和糖质新生（glycolysis and gluconeogenesis）	$p<0.05$	$p<0.05$	$p>0.05$
	KO00020	柠檬酸循环（TCA 循环）[citrate cycle（TCA cycle）]	$p<0.05$	$p<0.05$	$p>0.05$
	KO00030	磷酸戊糖途径（pentose phosphate pathway）	$p<0.05$	$p<0.05$	$p>0.05$
	KO00040	戊糖和葡萄糖醛酸的相互转化（pentose and glucuronate interconversions）	$p<0.05$	$p<0.05$	$p>0.05$
	KO00051	果糖和甘露糖的代谢（fructose and mannose metabolism）	$p<0.05$	$p<0.05$	$p>0.05$
	KO00052	半乳糖代谢（galactose metabolism）	$p<0.05$	$p<0.05$	$p>0.05$
	KO00053	抗坏血酸和阿尔尿酸代谢（ascorbate and aldarate metabolism）	$p<0.05$	$p<0.05$	$p>0.05$
	KO00500	淀粉和蔗糖代谢（starch and sucrose metabolism）	$p<0.05$	$p<0.05$	$p>0.05$
	KO00520	氨基糖和核苷酸糖的代谢（amino sugar and nucleotide sugar metabolism）	$p<0.05$	$p<0.05$	$p>0.05$
	KO00620	丙酮酸代谢（pyruvate metabolism）	$p<0.05$	$p<0.05$	$p>0.05$
	KO00630	乙醛酸和二羧酸的代谢（glyoxylate and dicarboxylate metabolism）	$p<0.05$	$p<0.05$	$p>0.05$
	KO00640	新陈代谢（propanoate metabolism Propanoate）	$p<0.05$	$p>0.05$	$p>0.05$
	KO00650	新陈代谢（butanoate metabolism Butanoate）	$p<0.05$	$p<0.05$	$p>0.05$
	KO00660	碳 5 支链二元酸代谢（C5- branched dibasic acid metabolism）	$p<0.05$	$p<0.05$	$p>0.05$
	KO00562	磷酸肌醇代谢（inositol phosphate metabolism）	$p<0.05$	$p<0.05$	$p>0.05$

续表

KEGG Pathway	KO Pathway	功能描述	随水位变化的显著性检验（p）		
			根际	根表	根内
能量代谢（energy metabolism）	KO00190	氧化磷酸化（oxidative phosphorylation）	$p<0.05$	$p>0.05$	$p>0.05$
	KO00195	光合作用（photosynthesis）	$p<0.05$	$p>0.05$	$p>0.05$
	KO00196	photosynthesis-antenna proteins	$p<0.05$	$p>0.05$	$p>0.05$
	KO00710	光合生物中的碳固定（Carbon fixation in photosynthetic organisms）	$p<0.05$	$p<0.05$	$p>0.05$
	KO00720	原核生物的碳固定途径（carbon fixation pathways in prokaryotes）	$p<0.05$	$p<0.05$	$p>0.05$
	KO00680	甲烷代谢（methane metabolism）	$p<0.05$	$p<0.05$	$p>0.05$
	KO00910	氮代谢（nitrogen metabolism）	$p<0.05$	$p<0.05$	$p>0.05$
	KO00920	硫代谢（sulfur metabolism）	$p<0.05$	$p<0.05$	$p>0.05$
核苷酸代谢（nucleotide metabolism）	KO00230	嘌呤代谢（purine metabolism）	$p<0.05$	$p<0.05$	$p>0.05$
	KO00240	嘧啶代谢（pyrimidine metabolism）	$p<0.05$	$p<0.05$	$p>0.05$
氨基酸代谢（amino acid metabolism）	KO00250	丙氨酸、天冬氨酸和谷氨酸代谢（alanine，aspartate and glutamate metabolism）	$p<0.05$	$p<0.05$	$p>0.05$
	KO00260	甘氨酸、丝氨酸和苏氨酸代谢（glycine，serine and threonine metabolism）	$p<0.05$	$p<0.05$	$p>0.05$
	KO00270	半胱氨酸和蛋氨酸代谢（cysteine and methionine metabolism）	$p<0.05$	$p<0.05$	$p>0.05$
	KO00280	缬氨酸、亮氨酸和异亮氨酸的降解（valine，leucine and isoleucine degradation）	$p<0.05$	$p>0.05$	$p>0.05$
	KO00290	缬氨酸、亮氨酸和异亮氨酸的生物合成（valine，leucine and isoleucine biosynthesis）	$p<0.05$	$p<0.05$	$p>0.05$
	KO00300	赖氨酸生物合成（lysine biosynthesis）	$p<0.05$	$p<0.05$	$p>0.05$
	KO00310	赖氨酸退化（lysine degradation）	$p<0.05$	0.096	$p>0.05$
	KO00220	精氨酸生物合成（arginine biosynthesis）	$p<0.05$	$p<0.05$	$p>0.05$
	KO00330	精氨酸和脯氨酸代谢（arginine and proline metabolism）	$p<0.05$	$p<0.05$	$p>0.05$
	KO00340	组氨酸代谢（histidine metabolism）	$p<0.05$	$p<0.05$	$p>0.05$
	KO00350	酪氨酸代谢（tyrosine metabolism）	$p<0.05$	$p<0.05$	$p>0.05$
	KO00360	苯丙氨酸代谢（phenylalanine metabolism）	$p<0.05$	$p<0.05$	$p>0.05$
	KO00380	色氨酸代谢（tryptophan metabolism）	$p<0.05$	0.055	$p>0.05$
	KO00400	苯丙氨酸，酪氨酸和色氨酸的生物合成（phenylalanine，tyrosine andtryptophan biosynthesis）	$p<0.05$	$p<0.05$	$p>0.05$
环境适应（environmental adaptation）	KO04712	昼夜节律-植物（circadian rhythm-plant）	$p<0.05$	$p<0.05$	$p>0.05$
	KO04626	植物-病原互作（plant-pathogen interaction）	$p<0.05$	$p<0.05$	$p>0.05$

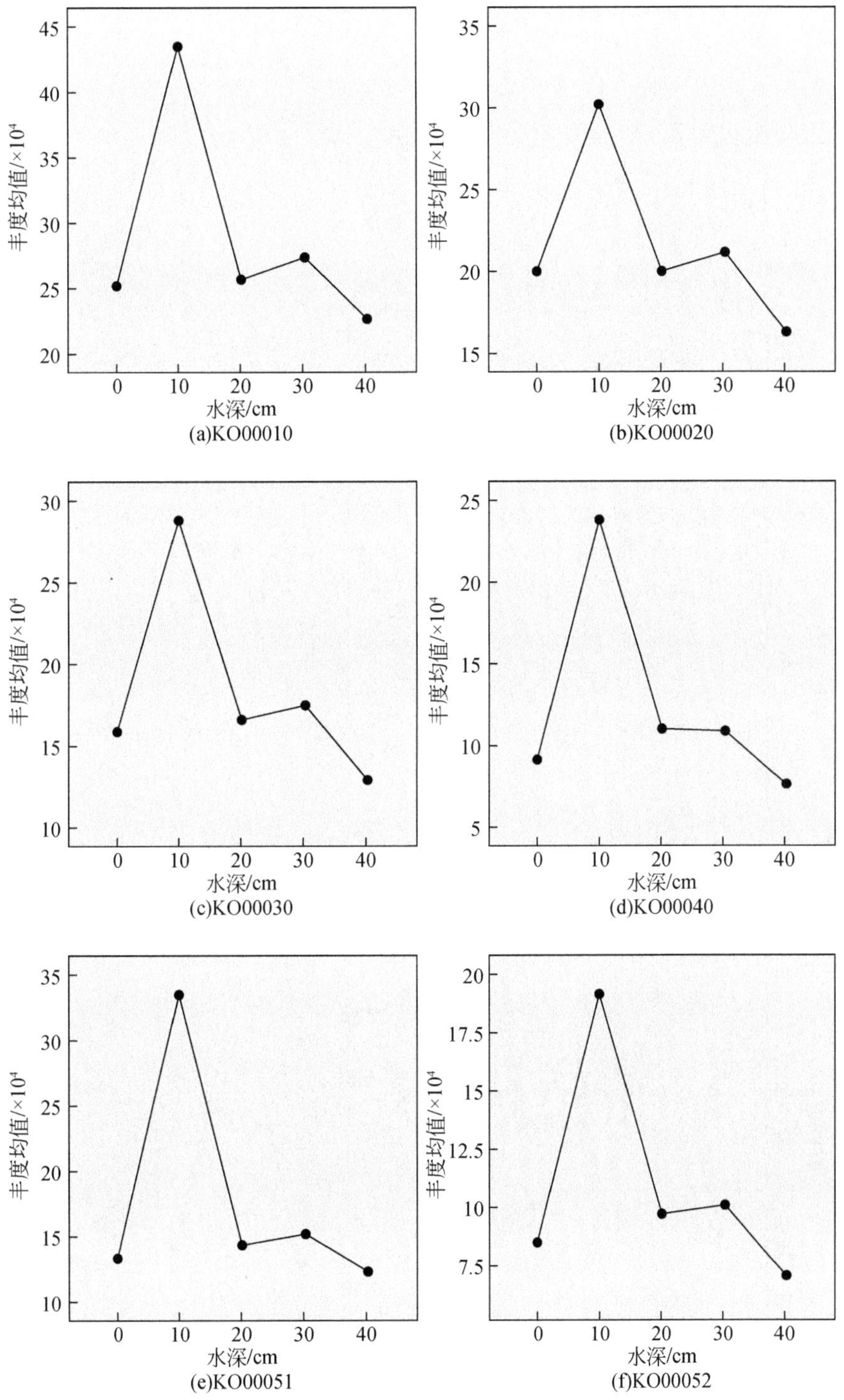

(a)KO00010 (b)KO00020 (c)KO00030 (d)KO00040 (e)KO00051 (f)KO00052

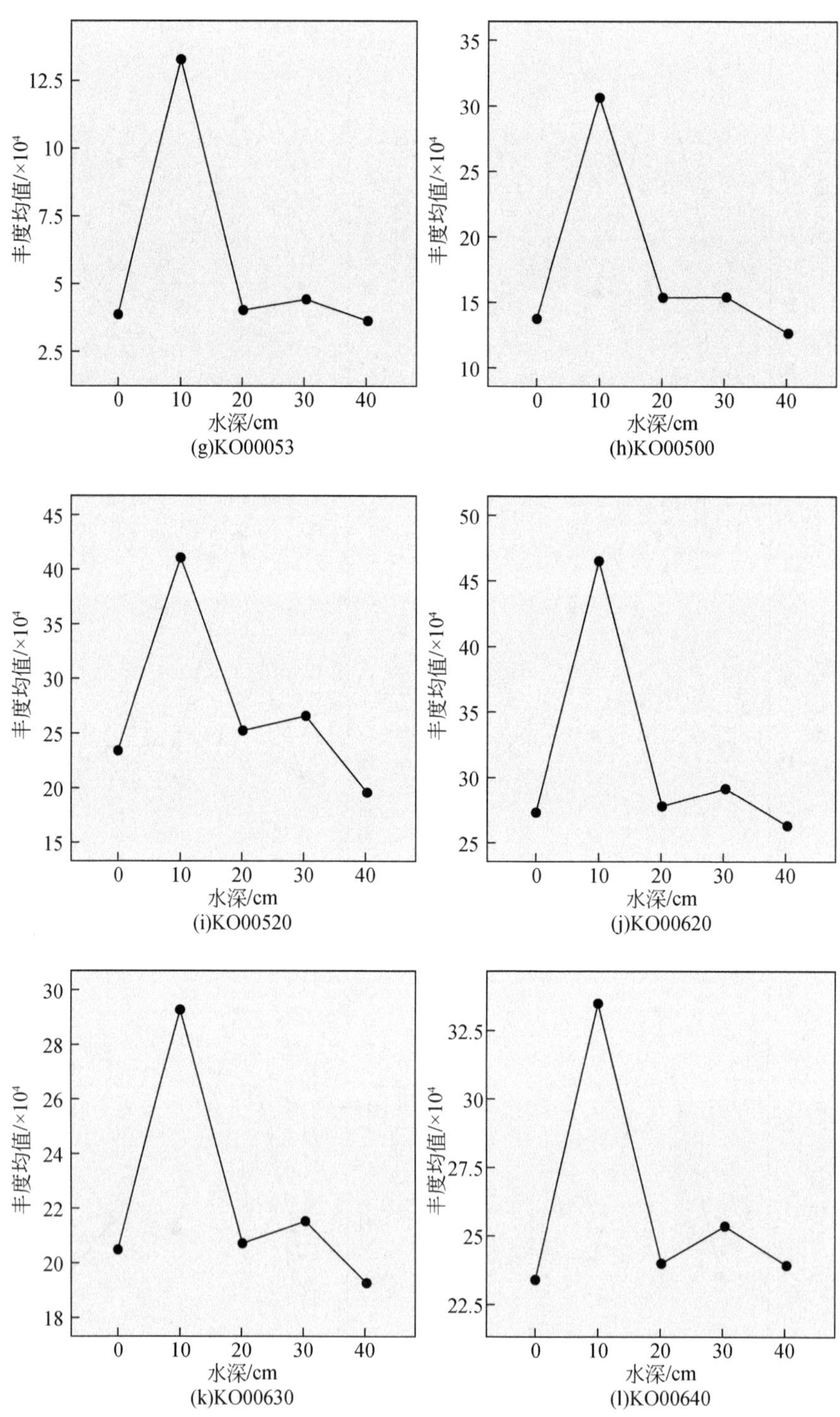
丰度均值/×10⁴
水深/cm
(g)KO00053
(h)KO00500
(i)KO00520
(j)KO00620
(k)KO00630
(l)KO00640

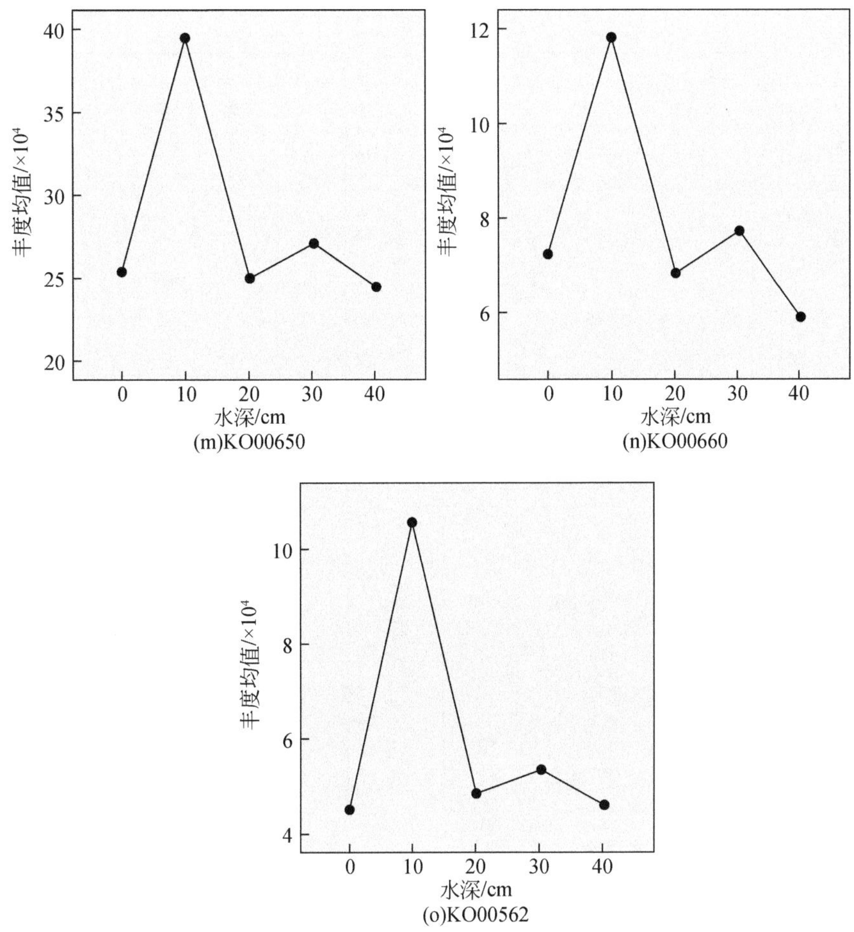

图 9-8　根际微生物群落碳代谢随水深变化特征

注：纵坐标为 KO Pathway 丰度，横坐标为水深，依次为 0，10cm，20cm，30cm 和 40cm，下同；纵坐标为 KO Pathway 丰度，横坐标为水深

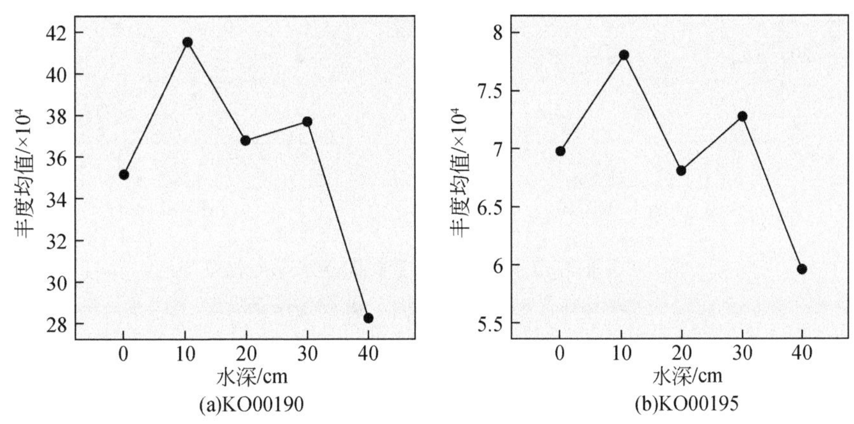

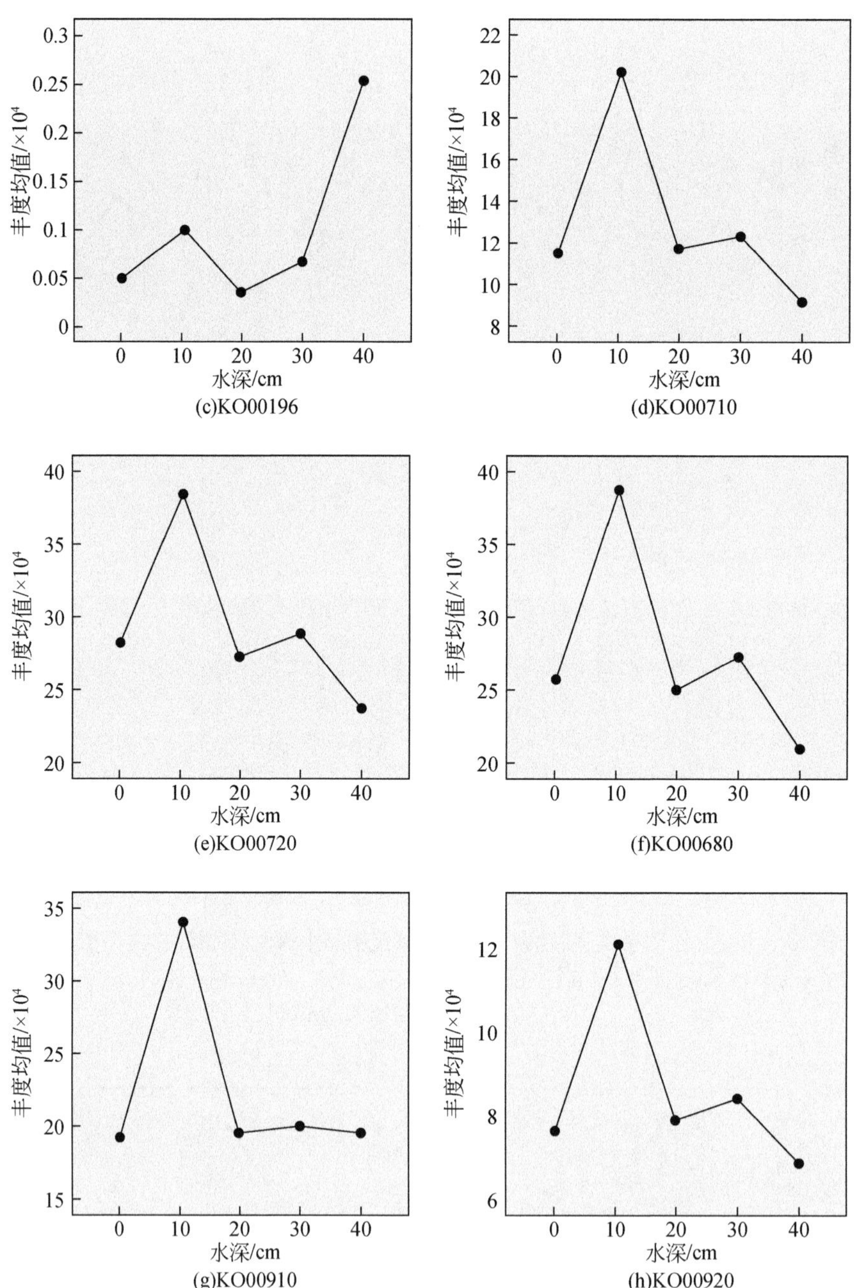

图 9-9　根际微生物群落能量代谢随水深变化特征

纵坐标为 KO Pathway 丰度，横坐标为水深

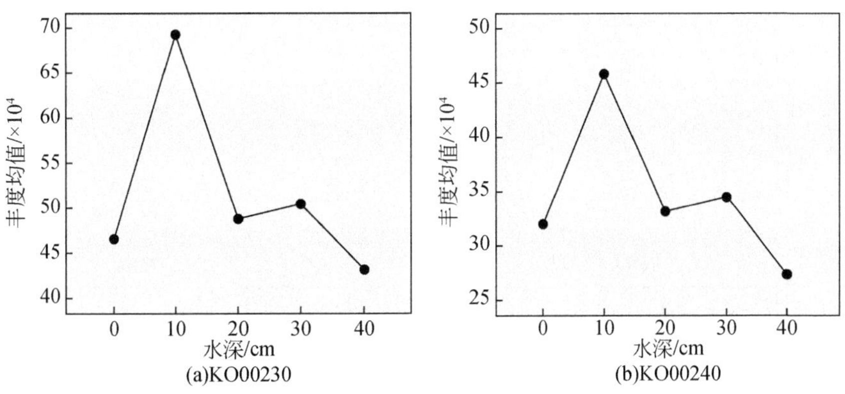

图 9-10　根际微生物群落核苷酸代谢随水深变化特征

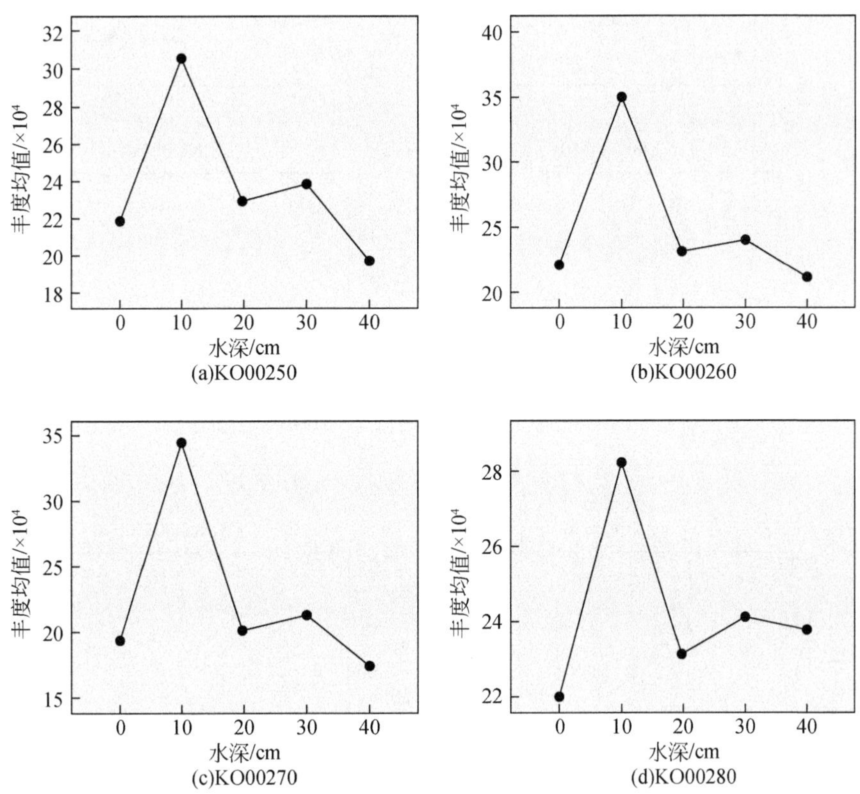

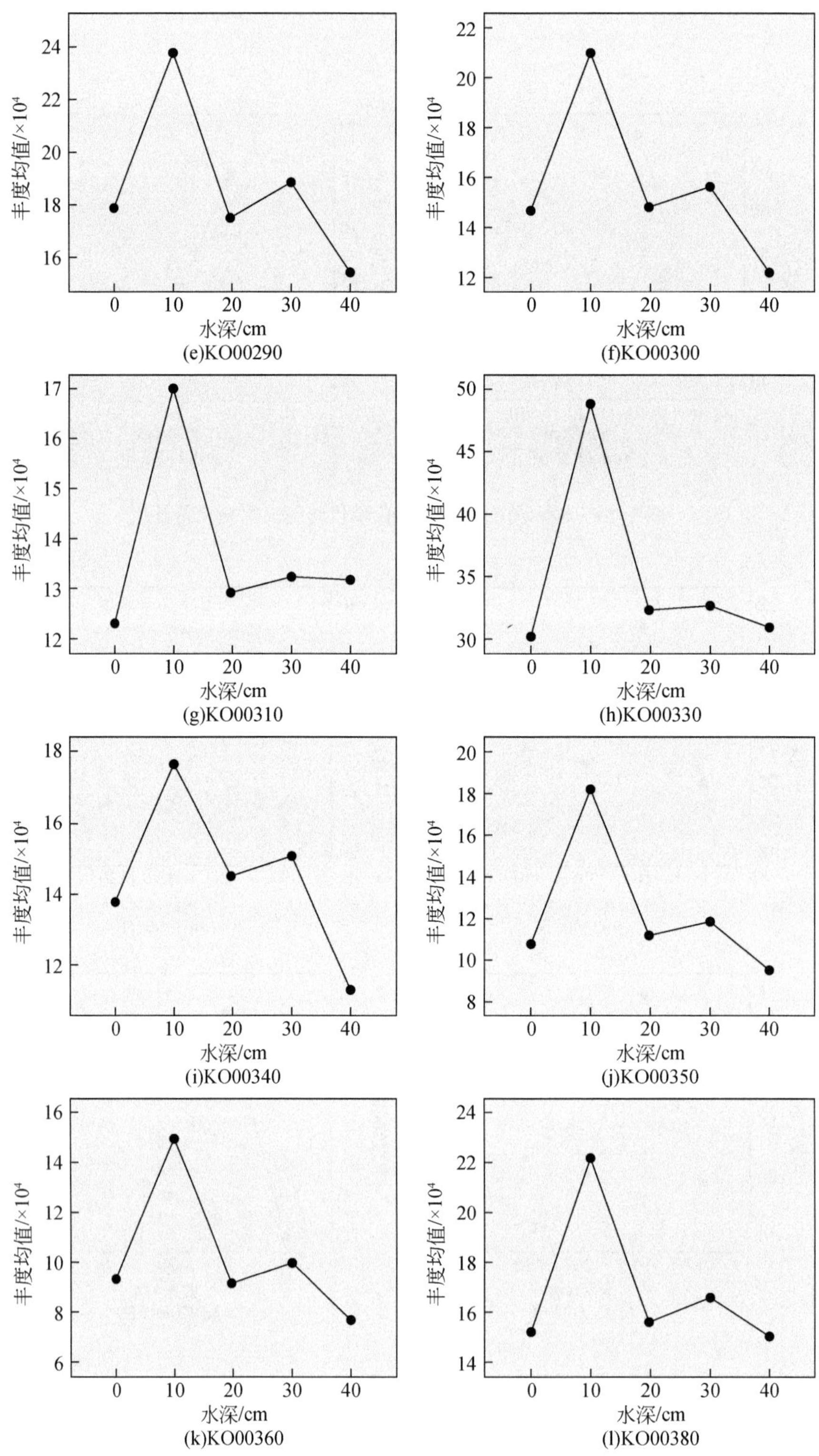

(e)KO00290 (f)KO00300 (g)KO00310 (h)KO00330 (i)KO00340 (j)KO00350 (k)KO00360 (l)KO00380

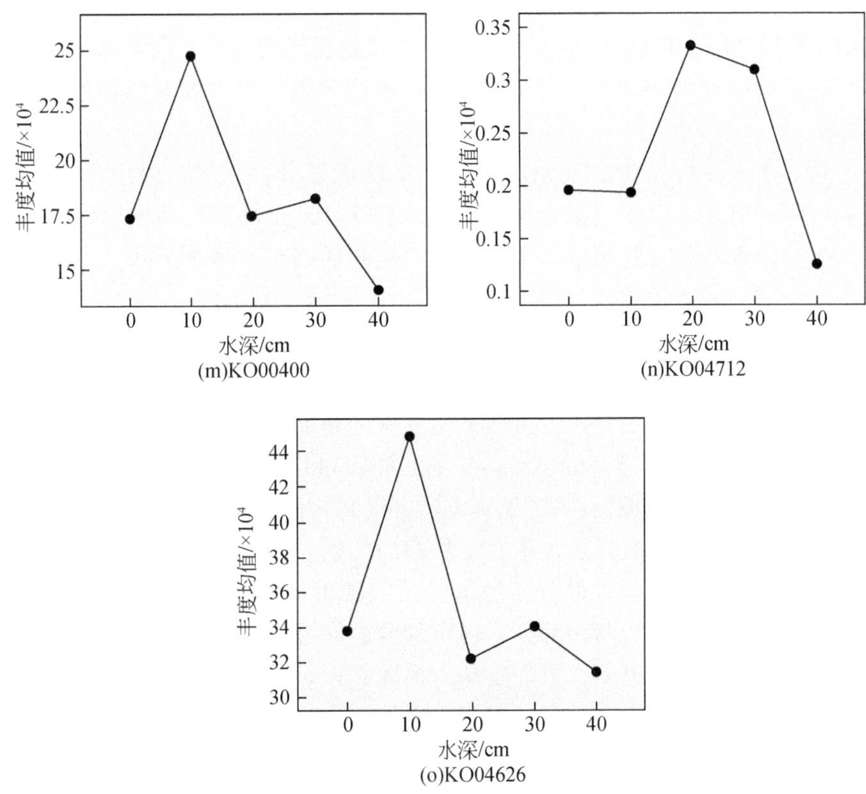

图 9-11　根际微生物群落氨基酸代谢和环境适应随水深变化特征

注：环境适应对应的 KO Pathway 为 KO04712 和 KO04626；纵坐标为 KO Pathway 丰度，横坐标为水深

与根际相比，根表微生物群落 KO Pathway 除碳代谢中的 KO00640，能量代谢中的 KO00190、KO00195、KO001956 和氨基酸代谢中的 KO00280、KO00310、KO00380 外，其他 KO 通路的丰度随水深变化均表现出显著性变化特征，但变化特征不同于根际微生物，具体表现为在水深区间为 0 ~ 40cm 出现单峰变化的特征，水深在 10cm 附近存在丰度极值，水深为 20cm 后，丰度随水深下降速度放缓。碳代谢、能量代谢（除 KO00196）、核苷酸代谢、氨基酸代谢和环境适应过程，（KO04626）无论丰度是否随水深变化发生显著性改变，均存在以上变化特征。

根内微生物群落 KO Pathway 丰度随水深变化没有显著性差异，但碳代谢过程和根表微生物群落一样在水深为 10cm 附近存在一个峰，除 KO00562 外，其他过程随水深增加丰度均有下降的趋势，且很多过程在水深大于 30cm 后丰度下降速度明显加快，在水深为 40cm 时丰度为所有观测水深中的最低值。根内能量代谢过程的变化特征稍显复杂，所有过程的丰度随水深增加都有降低的趋势，但部分过程在水深为 10cm 或 20cm 会出现先增加的趋势，当水深大于 20cm 后所有能量代谢过程丰度均降低。核苷酸代谢过程随水深增加呈现单调递减的趋势，根内的氨基酸代谢通路的丰度随水深变化的特征可以分为三类：第一类（KO00250，KO00290，KO00300 和 KO00400）随着水深增加，丰度单调递减；第二类（KO00260，KO00270，KO00280，KO00310，KO00260，KO00350，KO00360 和

KO00380）随着水位增加丰度先增大后减小，当水深大于 20cm 后均出现丰度降低的特征；第三类（KO00330 和 KO00340）随着水深增加，代谢通路的丰度有所波动，但总趋势是降低的。在环境适应方面 KO04712 在水深为 20cm 出现峰值，KO04626 随着水深增加呈现单调递减的特征。

此外，同一水深下根表和根际 KO Pathway 丰度无显著性差异，但根内 KO Pathway 丰度显著低于根际和根表。以碳代谢为例，除在水深为 10cm 时根际到根表碳代谢通路丰度有所增加，在其他水深下无此现象，根表到根内代谢通路丰度显著下降。

9.2.4 根际、根表与根内微生物群落系统发育分析

利用碱基差异构建系统发育树，可从系统发育的角度分析根际、根表与根内微生物群落之间在进化上是否存在差异（http://www.microbesonline.org/fasttree/）。系统发育分析结果表明，根际和根表微生物群落在系统发育上具有很高的相似性，相比之下根内微生物群落系统的发育较简单。在所有取样部位中，变形菌门的发育过程最复杂，在根际和根表变形菌门的系统发育树可以分为两大部分，每部分的同源可信性都达到了 95 以上；在根内变形菌门的系统发育树也可分为两大部分，但每部分的同源可信性都低于 90，而且根内微生物的变形菌门的发育树分支更多，更加复杂。根际和根表中厚壁菌门和变形菌门占有较多发育树分支，在根内微生物中则是拟杆菌门占有较多发育树分支。

9.3 物种与功能注释结果

基于 BLASTP（BLAST Version 2.2.28 +，http://blast.ncbi.nlm.nih.gov/Blast.cgi）将非冗余基因集与蛋白序列（refseq non-redundant proteins）数据库进行比对、注释，在种水平上识别得到病毒（virus）、真菌（fungi）、古菌（archaea）和细菌（bacteria）的种数分别为 388、384、978、12186（图 9-12）。病毒、真菌、古菌和细菌在不同水位下的总丰度见表 9-5，病毒和古菌在不同水位条件下变化较大（图 9-13），均是在水深 10cm 处丰度最高，病毒和细菌在水深为 40cm 处丰度最低，真菌和古菌外在水深为 0 时丰度最低。

表 9-5　病毒、真菌、古菌和细菌在不同水位下的总丰度表

种类	Meta_D0	Meta_D10	Meta_D20	Meta_D30	Meta_D40
病毒	4 992	11 224	5 994	3 156	2 830
真菌	8 424	12 934	11 366	11 926	10 346
古菌	287 862	731 078	583 530	487 646	534 004
细菌	31 705 280	35 750 222	35 619 790	32 897 154	26 970 208

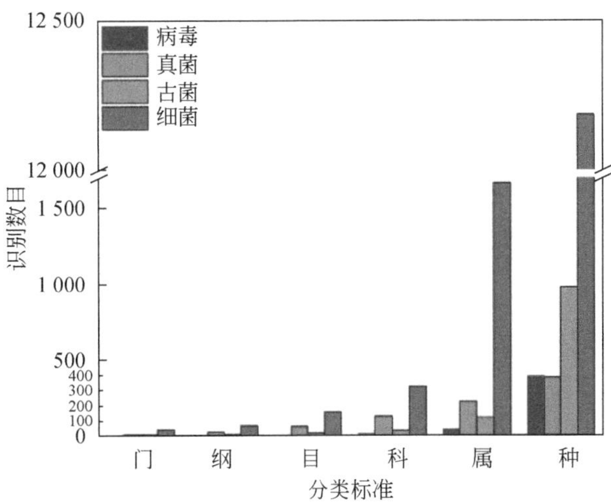

图 9-12　不同分类标准下病毒、真菌、古菌和细菌数目

利用 KEGG（Kyoto Encyclopedia of Genes and Genomes，https://www.genome.jp/kegg/）对代谢通路进行预测，共得到 8262 条代谢通路，这些代谢通路组成 629 个功能模块行使功能，丰度最高的 25 个模块见图 9-13，可以看出水深为 10cm 和 20cm 时丰度最高。各模块对应的功能见附表 3。

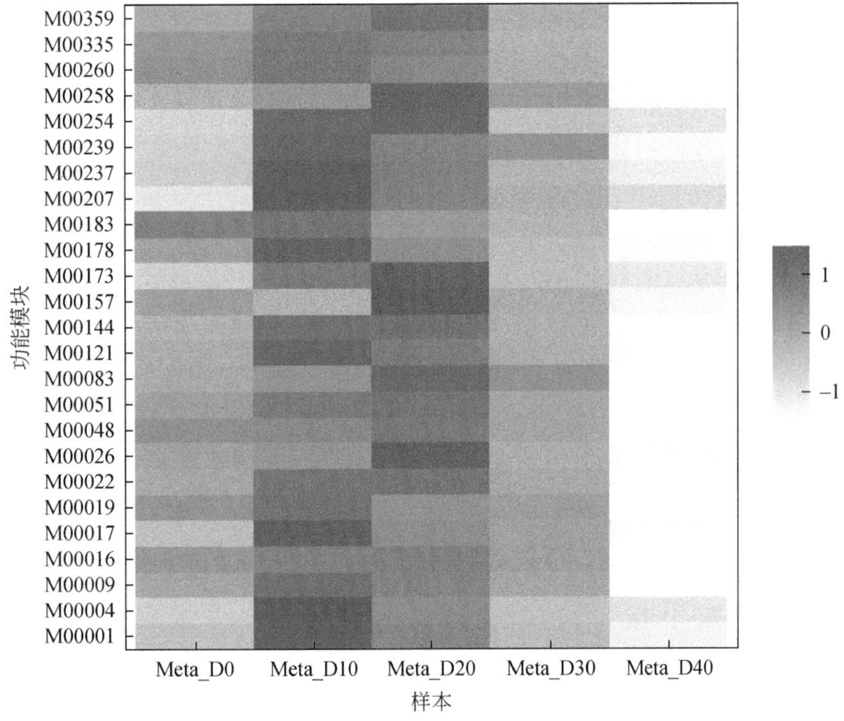

图 9-13　KEGG 丰度前 25 对应模块功能热图（数据经 z-score 变换）

COG 功能注释结果有 23 个功能模块，丰度最高的 5 个功能模块分别为氨基酸转运和代谢（amino acid transport and metabolism）、能量产生与转换（energy production and conversion）、复制、重组和修复（replication，recombination and repair）、碳水化合物转运和代谢（carbohydrate transport and metabolism）及信号传递机制（signal transduction mechanisms），所有 COG 功能模块在水深为 10cm 和 20cm 时丰度最高（附表 4），它们对于维持微生物群落的功能以及在植物生长过程中都具有重要意义。碳水化合物活性酶注释得到 484 个活性酶类群，可以分为 6 大功能类群，也是在水深为 10cm 和 20cm 时有较高的丰度。下面基于 KEGG 基因注释结果和碳水化合物活性酶注释结果。对根际微生物与植物互生、根际微生物的生物地球化学循环功能随水位的变化特征进行分析，可为退化湿地多目标水文调控提供支撑。

9.4 水位对白鹤食源质量相关代谢过程的影响

根际微生物可以促进植物健康和提高植物生产力，主要是通过改善植物营养获取方式和产生激素对植物产生作用，以及参与植物免疫过程、预防病原体入侵（Ofaim et al., 2017）。以磷为例，土壤中存在多种形态的磷，有机磷通常占总磷的 35%～65%，其中大部分是单磷酸酯（phosphomonoesters）和磷酸二酯（phosphodiesters）（可达 90%）或植酸盐（phytate）（可达 50%）（Turner and Haygarth，2005，Stutter et al.，2012），但植物只能利用溶解态的正磷酸盐，因而磷常成为限制植物生长和产量的关键因子（Lynch，2007）。根际微生物可以提高磷的溶解和再矿化，在改善植物对磷的获取方面起着关键作用（Lidbury et al.，2017）。此外，根际微生物在提高氮等其他营养元素的获取方面也起着同样重要的作用。可见，根际微生物是决定作物健康和产量的核心因素之一，因此，了解如何控制根际微生物群落以使其发挥预期的功能以提高作物产量，是可持续发展农业领域的热点问题和关键问题（Mazzola and Freilich，2016）。本节拟利用宏基因组测序结果，解析出根际微生物主导的磷代谢过程在不同水位下的变化特征，这对藨草恢复极具指导意义。另外，在扁秆藨草恢复方面，长期以来关注的重点是藨草群落的恢复，衡量标准通常为地上生物量或地下生物量，即只关注白鹤食源总量，缺少对白鹤食源质量的关注。作为白鹤主要食源，扁秆藨草地下球茎的特点是富含淀粉和蛋白质，因而在扁秆藨草群落恢复时，还应考虑不同恢复情景下扁秆藨草球茎的淀粉和蛋白质含量，在提高白鹤食源总量的同时提高食源质量。微生物在扁秆藨草根际的淀粉和氨基酸代谢，对其淀粉和蛋白质合成具有重要意义，因而本节也将借助宏基因组注释结果对不同水位下淀粉和氨基酸代谢特征进行分析。

9.4.1 不同水位下根际微生物磷酸盐代谢特征

根际微生物可分泌多种胞外酶来提高磷的可利用性，这些酶包括碱性磷酸酶、酸性磷酸酶、植酸酶、磷酸酯酶、核酸酶和磷酸二酯酶等。根据 KEGG Pathway，磷酸盐代谢过程共涉及 30 个酶，在藨草根际微生物测序结果中得到了其中的 26 个（表 9-6），驱动磷酸盐代谢过程丰度较高的酶有磷酸-N-乙酰胞壁酰五肽转移酶（phospho-N-acetylmuramoyl-pentapeptide-transferase）、2-磷酸-L-乳酸转移酶（2-phospho-L-lactate transferase）、腺苷钴酰胺-GDP 巴唑转移酶（adenosylcobinamide-GDP ribazoletransferase）、磷脂酶乙酰转移酶（phosphinothricin acetyltransferase）和磷酸核糖基 1,2-环磷酸二酯酶（phosphoribosyl 1,2-cyclic phosphate），利用这些酶的丰度绘制热图（图 9-14），可以发现水深为 10cm 时，各酶的丰度最高，其次是水深为 20cm。表明在水深为 10cm 和 20cm 时磷酸盐代谢过程较旺盛，代谢过程的产物一部分是其他能量代谢过程如磷酸戊糖途径的底物，另一部分则形成促进有机磷酸盐转化的胞外酶，并通过膜运输转移到膜外。

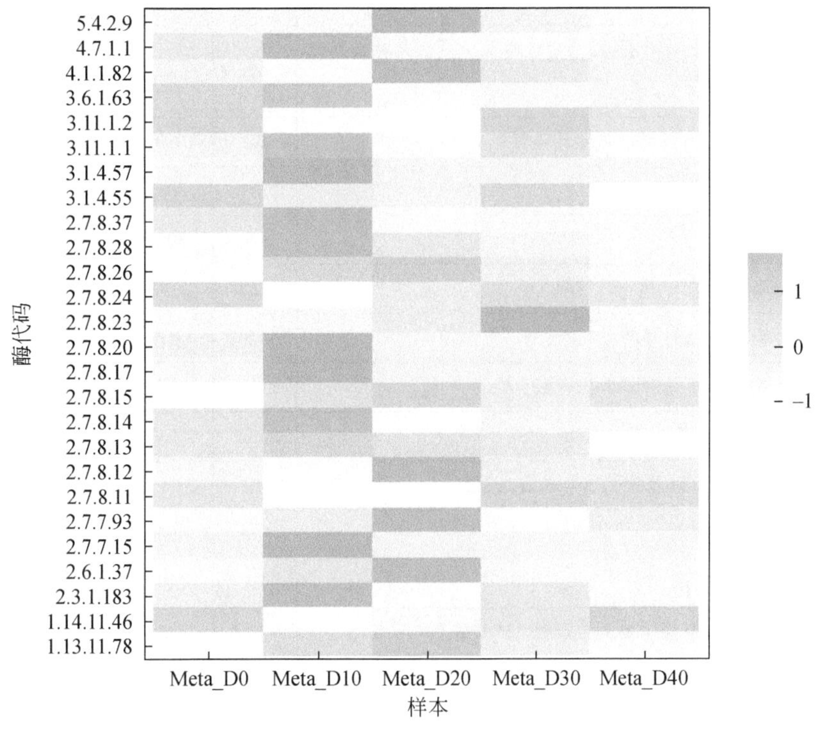

图 9-14　扁秆藨草根际微生物磷酸盐代谢过程（数据经 z-score 变换）

表 9-6　扁秆藨草根际微生物磷酸盐代谢酶丰度

酶代码	功能描述	D0	D10	D20	D30	D40
1. 13. 11. 78	2-氨基-1-羟乙基膦酸双加氧酶	6	24	30	16	10
1. 14. 11. 46	2-氨基乙基膦酸双加氧酶	88	8	24	60	88
2. 3. 1. 183	草丁膦乙酰转移酶	2 876	4 086	2 382	3 080	2 558
2. 6. 1. 37	2-氨基乙基膦酸-丙酮酸转氨酶	958	1 300	1 848	992	1 016
2. 7. 7. 15	磷酸胆碱胞苷酰转移酶	2	22	0	0	0
2. 7. 7. 93	膦甲酸胞苷酰转移酶	4	10	28	2	10

续表

酶代码	功能描述	D0	D10	D20	D30	D40
2.7.8.11	CDP-二酰基甘油-肌醇 3-磷脂酰基转移酶	12	0	0	16	14
2.7.8.12	磷壁酸聚合酶	734	464	1 690	828	866
2.7.8.13	磷酸-N-乙酰胞壁酰五肽转移酶	10 268	10 820	10 458	10 108	8 396
2.7.8.14	CDP-核糖醇磷酸转移酶	202	304	78	130	118
2.7.8.15	UDP-N-乙酰葡糖胺-多氯酯-磷酸 N-乙酰葡糖胺磷酸转移酶	94	184	210	158	184
2.7.8.17	UDP-N-乙酰氨基葡萄糖-溶酶体酶 N-乙酰氨基葡萄糖磷酸转移酶	0	8	0	0	0
2.7.8.20	磷脂酰甘油-寡糖甘油磷酸转移酶	292	1 640	58	70	62
2.7.8.23	羧乙烯基羧基磷酸变位酶	0	0	2	8	0
2.7.8.24	磷脂酰胆碱合酶	802	390	656	748	688
2.7.8.26	腺苷双酰胺-GDP 核唑转移酶	2 274	4 140	4 528	3 126	2 620
2.7.8.28	2-磷酸-L-乳酸转移酶	3 430	7 410	5 062	4 156	3 734
2.7.8.37	α-D-核糖 1-甲基磷酸 5-三磷酸合酶	1 600	3 274	382	566	540
3.1.4.55	磷酸核糖 1,2-环磷酸二酯酶	2 662	2 160	2 074	2 618	1 576
3.1.4.57	磷酸核糖 1,2-环磷酸 1,2-二磷酸二酯酶	0	64	2	4	2
3.11.1.1	磷酰乙醛水解酶	328	468	296	388	294
3.11.1.2	磷酰乙酸水解酶	538	278	266	532	462
3.6.1.63	α-D-核糖 1-甲基膦酸 5-三磷酸二磷酸酶	1 114	1 368	352	432	520
4.1.1.82	磷酸丙酮酸脱羧酶	1 004	524	2 530	1 310	922
4.7.1.1	α-D-核糖 1-甲基磷酸 5-磷酸 C-P-裂解酶	466	1 080	102	128	196
5.4.2.9	磷酸烯醇式丙酮酸变位酶	1 272	1 230	3 634	1 502	1 174

9.4.2 不同水位下根际微生物氨基酸代谢特征

氨基酸在植物的生长发育过程中具有重要意义，研究表明植物对氨基酸的吸收是主动吸收，部分植物甚至以氨基酸为唯一氮源完成整个生活史（陈展宇等，2017）。因而根际微生物的氨基酸代谢对植物生长发育具有重要影响，KEGG Pathway Database 中 23 条氨基酸代谢途径，在扁秆藨草根际微生物中均可被检测到（表 9-7），丰度较高的氨基酸代谢过程依次为：丙氨酸、天冬氨酸和谷氨酸代谢（alanine，aspartate and glutamate metabolism），甘氨酸、丝氨酸和苏氨酸代谢（glycine，serine and threonine metabolism），缬氨酸、亮氨酸和异亮氨酸降解（valine, leucine and isoleucine degradation），半胱氨酸和甲硫氨酸代谢（cysteine and methionine metabolism）及精氨酸和脯氨酸代谢（arginine and proline metabolism）。在不同水深条件下，氨基酸代谢过程丰度较高的水位也为 10cm 和 20cm，在水深为 40cm 时几乎所有氨基酸代谢过程相关酶的丰度均最低（图 9-15）。

表 9-7 扁秆藨草根际微生物氨基酸代谢通路丰度（KO Pathway）

路径代码	主要功能	D0	D10	D20	D30	D40
KO00220	精氨酸生物合成	206 548	224 630	228 648	203 142	163 778
KO00250	丙氨酸、天冬氨酸和谷氨酸代谢	401 468	414 142	430 572	393 752	318 940
KO00260	甘氨酸、丝氨酸和苏氨酸代谢	389 774	451 516	414 122	393 288	310 072
KO00270	半胱氨酸和蛋氨酸代谢	307 400	309 972	319 006	301 996	242 394
KO00280	缬氨酸、亮氨酸和异亮氨酸降解	322 032	329 468	315 450	312 782	256 694
KO00290	缬氨酸、亮氨酸和异亮氨酸的生物合成	179 520	198 712	196 122	180 750	150 944
KO00300	赖氨酸生物合成	153 708	165 090	167 862	152 846	122 014
KO00310	赖氨酸生物降解	163 998	175 932	166 346	159 186	130 924
KO00330	精氨酸和脯氨酸代谢	248 764	256 370	273 082	259 982	201 804
KO00340	组氨酸代谢	150 116	167 236	160 880	148 848	118 938
KO00350	酪氨酸代谢	125 026	135 662	145 858	128 714	102 864
KO00360	苯丙氨酸代谢	186 618	182 410	217 328	185 970	143 896
KO00380	色氨酸代谢	205 366	203 490	201 230	199 104	162 222
KO00400	苯丙氨酸、酪氨酸和色氨酸的生物合成	187 168	202 550	203 720	185 680	149 342
KO00410	β-丙氨酸代谢	121 046	141 778	111 012	114 642	96 804
KO00430	牛磺酸和亚牛磺酸代谢	89 862	92 864	92 694	90 848	72 392
KO00440	磷酸盐和次磷酸盐代谢	12 958	16 198	13 956	11 644	9 400
KO00450	硒化合物代谢	156 872	192 676	176 570	165 240	140 914
KO00460	氰基氨基酸代谢	81 974	91 396	81 442	78 254	66 128
KO00471	D-谷氨酰胺和 D-谷氨酸代谢	45 392	49 820	49 164	46 998	35 866
KO00472	D-精氨酸和 D-鸟氨酸代谢	4 816	4 682	5 436	4 346	3 692
KO00473	D-丙氨酸代谢	31 354	32 208	32 124	33 564	25 228
KO00480	谷胱甘肽代谢	161 510	150 436	159 348	154 152	120 718

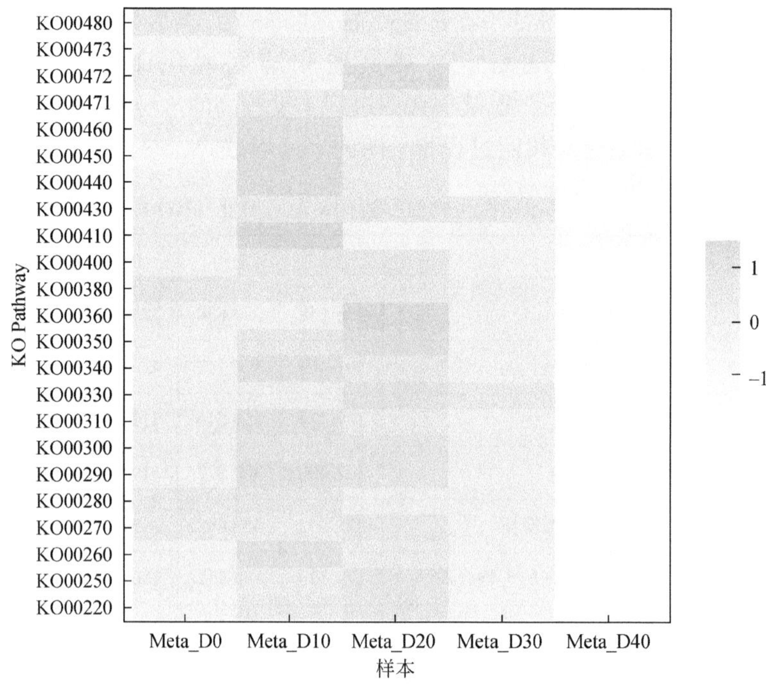

图 9-15　扁秆藨草根际微生物氨基酸代谢过程（数据经 z-score 变换）

9.4.3　不同水位下淀粉和蔗糖代谢过程

淀粉和蔗糖代谢通路可分为 8 个模块，各模块所涉及到的酶的总数为 63 个，在扁秆藨草根际微生物中共检测到 56 个酶，各酶的丰度信息见附表 5。生成淀粉的生化反应包括以下两条路径。

途径一：

（1）ATP+D-葡萄糖 1-磷酸 $\xrightleftharpoons{\text{EC:2.7.7.27}}$ 二磷酸盐+ADP-葡萄糖

EC:2.7.7.27

（2） ADP-葡萄糖+直链淀粉 $\xrightleftharpoons{\text{EC:2.4.1.21}}$ ADP+直链淀粉

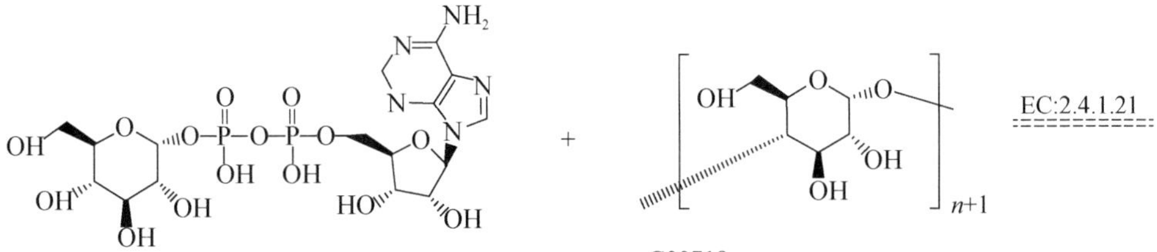

OH O OH OH OH O P O P O OH OH N N N N NH$_2$ O HO OH + OH O O OH OH n+1 EC:2.4.1.21

C00718

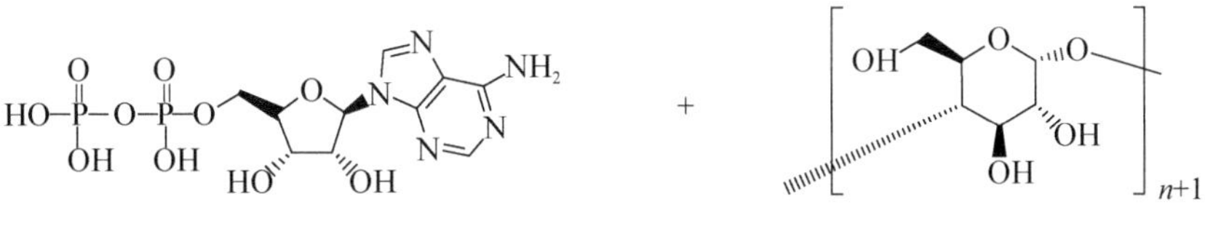

HO P O P O OH OH O O N N N N NH$_2$ HO OH + OH O O OH OH n+1

（3） 淀粉 $\xrightleftharpoons{\text{EC: 2.4.1.18}}$ 淀粉

OH O O OH OH n ⟷ OH O O OH OH OH O O OH OH n

EC:2.4.1.18

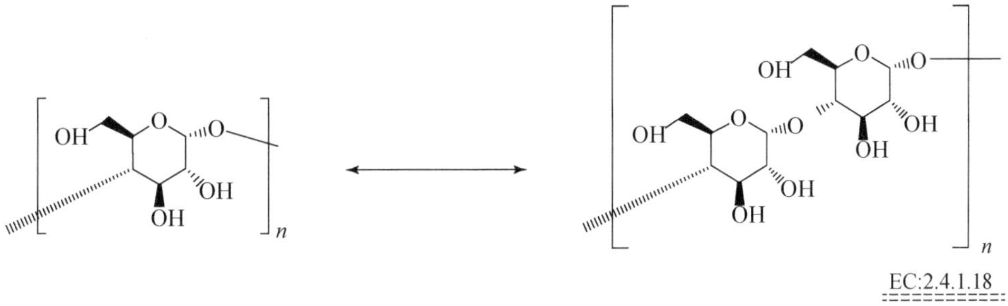

途径二：

（1） UTP+D-葡萄糖 1-磷酸 $\xrightleftharpoons{\text{EC: 2.7.7.9}}$ 二磷酸盐+UDP-葡萄糖

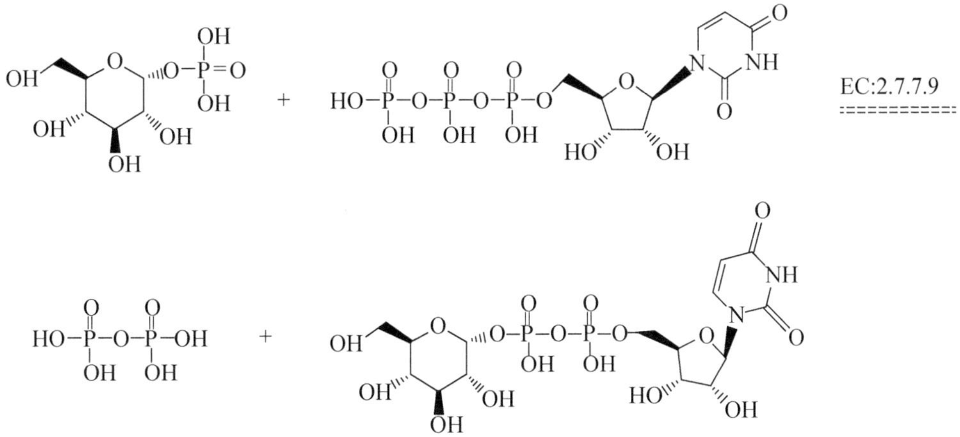

OH O O P OH =O OH OH OH OH + HO P O P O P O OH OH OH O HO OH N NH O O EC:2.7.7.9

HO P O P OH OH OH + OH O O P O P O OH OH OH OH OH O HO OH N NH O O

（2）UDP-葡萄糖+直链淀粉 $\xrightleftharpoons{\text{EC：2.4.1.11}}$ UDP+直链淀粉

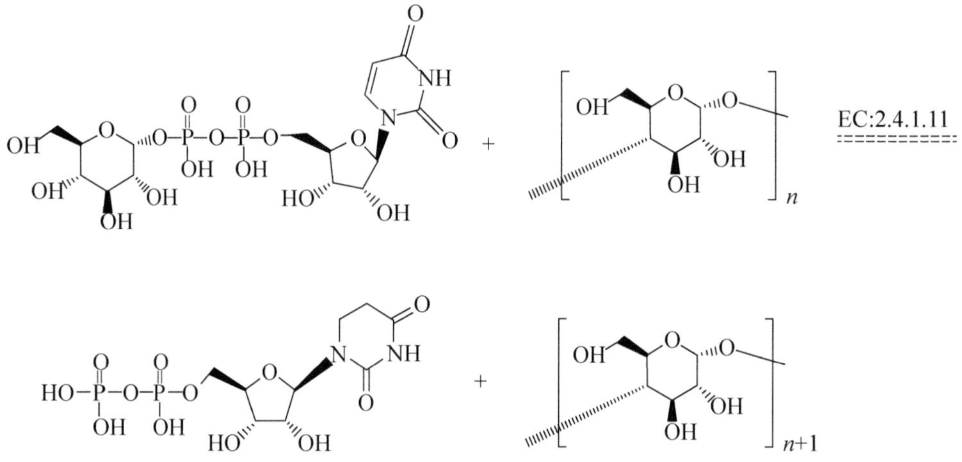

之后的生化反应同途径一。

在淀粉代谢过程中所需要的酶，在根际微生物中均能检测到，其中1,4-α-葡聚糖分支酶的丰度最高（1,4-alpha-glucan branching enzyme，EC:2.4.1.18），其主要作用是把多糖聚合成淀粉，其丰度较高也说明在扁秆藨草根际淀粉代谢反应较活跃，其中，在水深为20cm时最活跃（图9-16）。其他各酶的丰度也是在水深为20cm附近丰度最高。利用测得的酶对扁秆藨草根际微生物的淀粉代谢途径进行重新构建，得到了淀粉和蔗糖代谢路径图（图9-17），其中红色框内的酶即为在扁秆藨草根际检测到的酶，淀粉代谢路径中酶编号所对应的酶及其在不同水位下的丰度信息见附表5，可以发现根际微生物代谢产生的酶几乎可以驱动淀粉和蔗糖代谢路径的全部过程，表明藨草根际淀粉和蔗糖分泌旺盛，尤其是在水深为20cm。

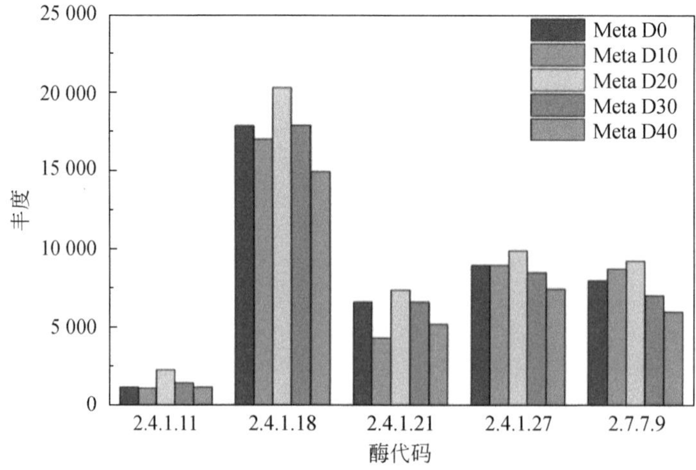

图9-16　淀粉代谢中关键酶的丰度

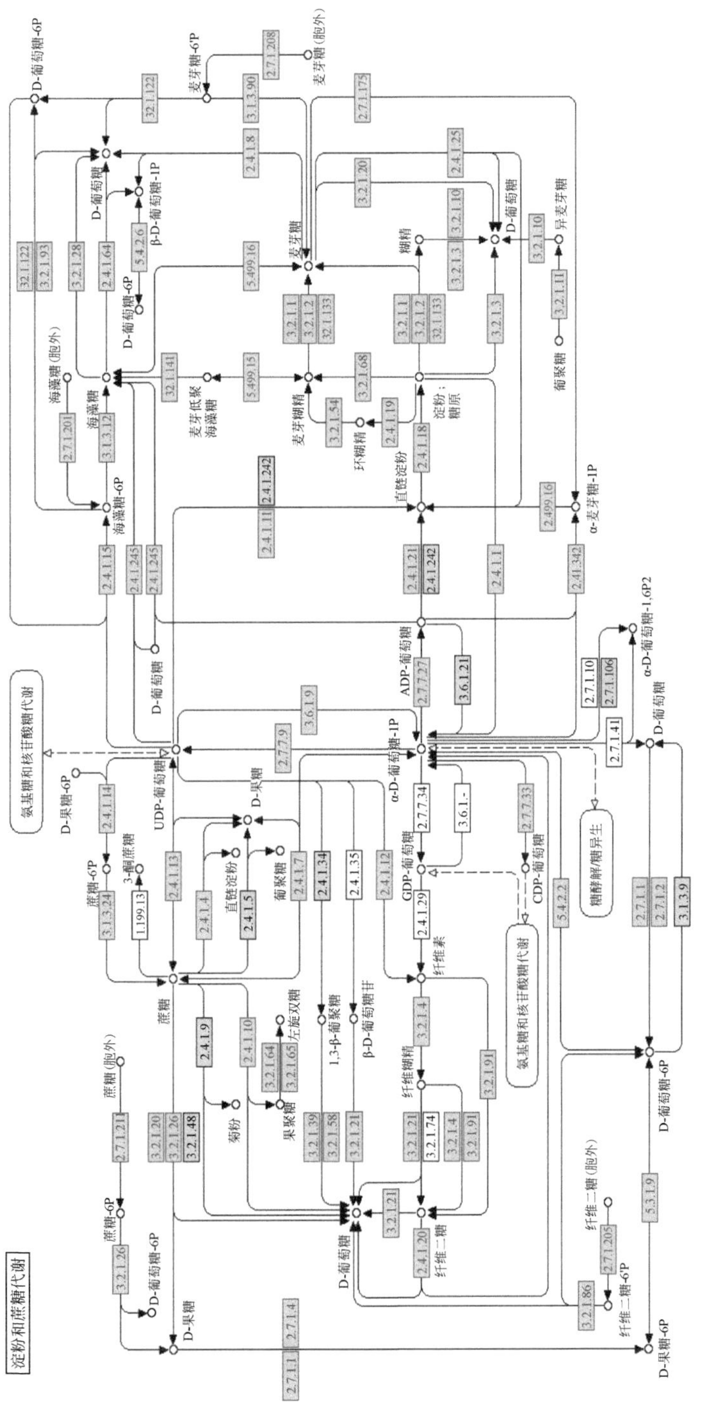

图9-17 根际微生物参与的淀粉代谢路径

注：红色框内的酶为在蔗草根际微生物中检到的酶，各酶编码对应的酶及丰度

9.5 不同水位下根际微生物驱动的生物地球化学循环特征

根际微生物在驱动生物地球化学循环过程中起着重要作用，但是由于在实验室可培养的微生物种类只占微生物总种类的1%左右（Suenaga，2012），加上微生物驱动的生物地球化学循环本身就很复杂，因而当前全球变化背景下微生物驱动的生物地球化学循环演变机制是研究的热点和难点。宏基因组测序技术的发展，很好地解决了微生物生态学研究的微生物不可培养的问题，为我们认识不同生态系统及不同环境条件下的生物地球化学循环过程提供了新的视角（Bhattacharyya et al.，2016）。生物地球化学循环过程是生态学研究中的热点问题，尤其是湿地生态系统的生物地球化学循环一直以来都备受关注，因而在开展湿地多目标恢复的过程中，应当对不同恢复情景下的生物地球化学循环过程加以考虑。本节借助宏基因组测序技术，分析了水位对湿地根际微生物驱动的碳（主要关注甲烷）、氮、硫循环关键过程的影响特征。

9.5.1 不同水位下根际微生物的甲烷代谢特征

在不同水位下均检测到了多种产甲烷菌和甲烷氧化菌，在属水平上识别出的相对丰度大于1%的产甲烷菌属包括 *Methanobacterium*、*Methanobrevibacter*、*Methanocella*、*Methanococcoides*、*Methanoculleus*、*Methanofollis*、*Methanohalobium*、*Methanolacinia*、*Methanolinea*、*Methanolobus*、*Methanomethylovorans*、*Methanoregula*、*Methanosaeta*、*Methanosarcina*、*Methanosphaerula*、*Methanospirillum*、*Methanothermobacter* 共17种，其中相对丰度最高的是 *Methanosarcina*、*Methanoculleus*、*Methanosaeta*（图9-18），在水深为10cm

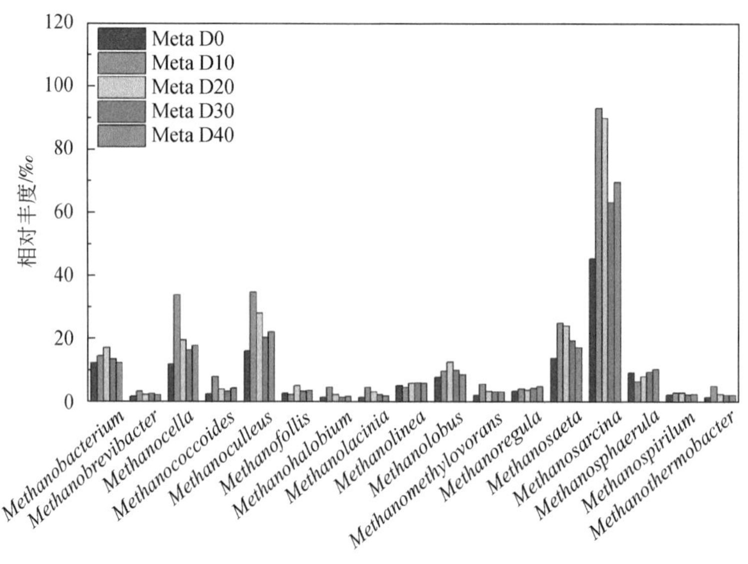

图9-18 不同水位下产甲烷菌属相对丰度

处产甲烷菌属总丰度最高，在水深为 0 时丰度最低。在属水平上识别出的相对丰度大于 1% 的甲烷氧化菌属包括 *Methylibium*、*Methylobacillus*、*Methylobacter*、*Methylobacterium*、*Methylocystis*、*Methylomicrobium*、*Methylomonas*、*Methylosarcina*、*Methylotenera*、*Methyloversatilis*、*Methylovorus*、*Methylocaldum*、*Methyloceanibacter* 共 13 种，其中丰度最高的是 *Methylobacter*、*Methyloceanibacter*、*Methylosarcina*（图 9-19），在水深为 20cm 甲烷氧化菌相对丰度最高，其次是在水深为 40cm 处相对丰度较高。在 0～10cm 产甲烷菌的相对丰度大于甲烷氧化菌的相对丰度，当水深为 20～30cm 时，产甲烷菌相对丰度小于甲烷氧化菌相对丰度（图 9-20）。

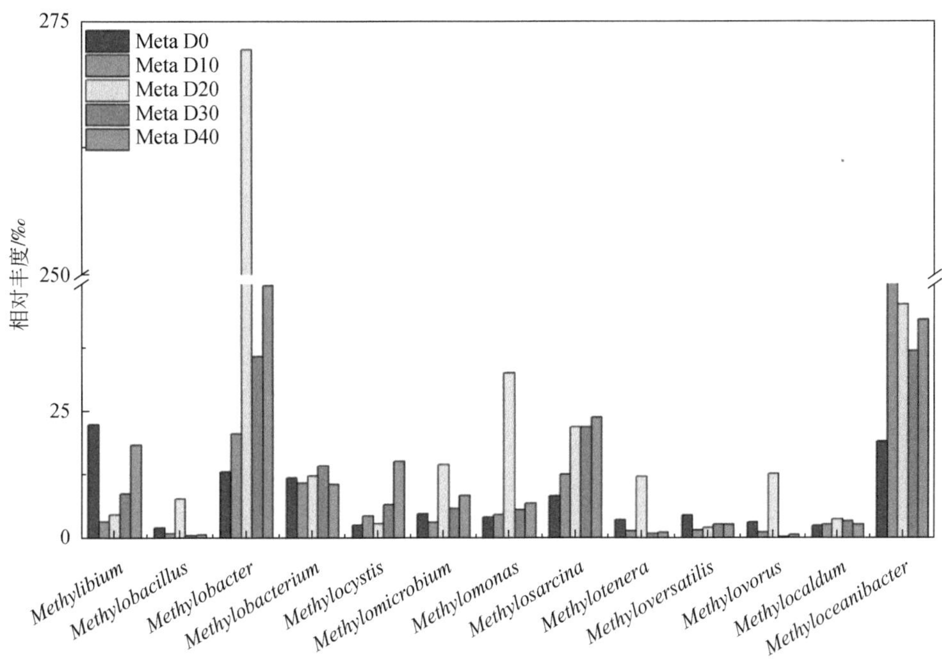

图 9-19　不同水位下甲烷氧化菌属相对丰度

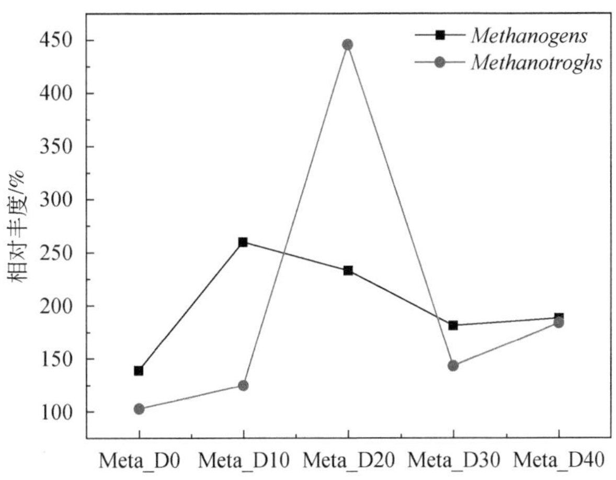

图 9-20　不同水位下产甲烷菌与甲烷氧化菌相对丰度

产甲烷菌主要通过 CO_2（M00567 KEGG Pathway）、醋酸盐（M00357 KEGG Pathway）、甲胺（二甲胺/三甲胺）（M00563 KEGG Pathway）和甲醇（M00356 KEGG Pathway）4 种途径产甲烷，在扁秆藨草根际中检测到的 4 种产甲烷途径所需酶的相对丰度见表 9-8。在扁秆藨草根际产甲烷的主导过程为醋酸盐产甲烷过程，其次为 CO_2 产甲烷途径，所有途径均是在水深为 10cm 或 20cm 时，产甲烷活动最活跃。另外，甲烷氧化过程主要有 3 个，分别为：乙醇（甲烷）氧化途径（M00174 KEGG Pathway）、甲醛同化-丝氨酸途径（M00346 KEGG Pathway）、甲醛同化-核酮糖一磷酸途径（M00345 KEGG Pathway）。其中，以甲醛同化-丝氨酸途径、甲醛同化-核酮糖一磷酸途径为主导，甲烷氧化过程也是在水深为 10cm 和 20cm 较活跃（表 9-9）。特别值得注意的是，尽管在水深为 10cm 和 20cm 时，甲烷的产生过程和氧化过程均很活跃，但氧化过程酶的相对丰度并没有甲烷产生过程酶的相对丰度高；在其他水深时，甲烷氧化过程酶的相对丰度均大于或近似等于甲烷产生过程酶的相对丰度。

表 9-8 产甲烷主要途径酶相对丰度 （单位：‰）

产甲烷途径	酶功能	D0	D10	D20	D30	D40
CO_2→甲烷（M00567）	甲酰甲烷呋喃脱氢酶［EC:1.2.99.5］	5	8	20	6	7
	甲酰甲呋喃-四氢甲蝶呤 N-甲酰转移酶［EC:2.3.1.101］	1	1	2	1	1
	亚甲基四氢甲蝶呤环化水解酶［EC:3.5.4.27］	1	2	4	1	1
	四氢甲蝶呤 S-甲基转移酶［EC:2.1.1.86］	0	2	1	1	1
	甲基辅酶 M 还原酶［EC:2.8.4.1］	0	1	0	0	0
	杂二硫键还原酶［EC:1.8.98.1］	16	30	24	15	18
	合计	23	44	51	24	28
醋酸盐→甲烷（M00357）	醋酸激酶［EC:2.7.2.1］	19	23	22	19	17
	磷酸乙酰转移酶［EC:2.3.1.8］	17	19	19	16	13
	乙酰辅酶 A 合成酶［EC:6.2.1.1］	78	103	83	80	69
	四氢甲蝶呤 S-甲基转移酶［EC:2.1.1.86］	0	2	1	1	1
	合计	114	147	125	116	100
甲胺/二甲胺/三甲胺→甲烷（M00563）	辅酶 M 甲基转移酶（mtbA）［EC:2.1.1.247］	0	0	0	0	0
	甲胺-类咕啉蛋白共甲基转移酶［EC:2.1.1.248］	0	1	1	0	1
	二甲胺-类咕啉蛋白共甲基转移酶［EC:2.1.1.249］	0	0	0	1	0
	三甲胺-类咕啉蛋白共甲基转移酶［EC:2.1.1.250］	21	23	28	19	20
	合计	21	24	29	20	21
甲醇→甲烷（M00356）	［甲基-Co(Ⅲ)甲醇特异性类咕啉蛋白］：辅酶 M 甲基转移酶［EC:2.1.1.246］	1	1	1	1	1
	甲醇-5-羟基苯并咪唑基钴胺共甲基转移酶［EC:2.1.1.90］	0	0	0	0	0
	甲基辅酶 M 还原酶［EC:2.8.4.1］	0	1	1	1	0
	合计	1	2	2	2	1

续表

产甲烷途径	酶功能	D0	D10	D20	D30	D40
辅酶	杂二硫键还原酶 1 [EC:1.8.7.3]	0	1	0	1	0
	杂二硫键还原酶 [EC:1.8.98.1]	16	30	24	15	18
	合计	16	31	24	16	18

表 9-9 甲烷氧化主要途径酶相对丰度 (单位:‰)

甲烷氧化途径	酶功能	D0	D10	D20	D30	D40
甲烷氧化菌，甲烷→甲醛 (M00174)	甲烷/氨单加氧酶 [EC:1.14.18.3]	1	0	1	0	1
	甲烷单加氧酶组分 A/C [EC:1.14.13.25]	1	1	1	1	0
	甲醇脱氢酶 [EC: 1.1.2.7]	1	0	2	0	0
	合计	3	1	4	1	1
甲醛同化，丝氨酸途径 (M00346)	甘氨酸羟甲基转移酶 [EC:2.1.2.1]	22	24	28	24	19
	丝氨酸-乙醛酸转氨酶 [EC:2.6.1.45]	7	6	8	8	6
	甘油酸脱氢酶 [EC:1.1.1.29]	2	2	3	3	2
	甘油酸 2-激酶 [EC:2.7.1.165]	12	18	16	13	11
	烯醇化酶 [EC:4.2.1.11]	20	26	23	21	18
	磷酸烯醇式丙酮酸羧化酶 [EC:4.1.1.31]	23	18	23	23	18
	苹果酸脱氢酶 [EC:1.1.1.37]	14	16	13	14	12
	苹果酸辅酶 A 连接酶 [EC:6.2.1.9]	1	1	3	1	1
	苹果酰辅酶 A 裂解酶 [EC:4.1.3.24]	2	3	2	2	2
	合计	103	114	119	109	89
甲醛同化，单磷酸核酮糖途径 (M00345)	3-己酮糖-6-磷酸合酶 [EC:4.1.2.43]	0	1	2	1	1
	6-磷酸-3-己糖异构酶 [EC:5.3.1.27]	1	1	2	0	1
	6-磷酸果糖激酶 [EC:2.7.1.11]	25	29	27	25	22
	果糖二磷酸醛缩酶，Ⅱ类 [EC:4.1.2.13]	21	30	26	21	19
	二羟基丙酮激酶 [EC:2.7.1.29]	0	0	1	0	0
	果糖二磷酸醛缩酶，Ⅱ类 [EC:4.1.2.13]	21	30	26	21	19
	果糖-1,6-双磷酸酶 I [EC:3.1.3.11]	16	20	16	17	14
	合计	84	111	100	85	76

9.5.2 不同水位下根际微生物的氮代谢特征

在属水平上，识别出的相对丰度大于1%的参与氨化过程、硝化过程、反硝化过程的菌属数分别为4（图9-21）、6（图9-22）、5（图9-23），其中参与氨化过程的主要菌属为 *Bacillus*、*Clostridium*、*Pseudomonas*、*Streptomyces*，参与硝化过程的主要菌属 *Nitrosomonas*、

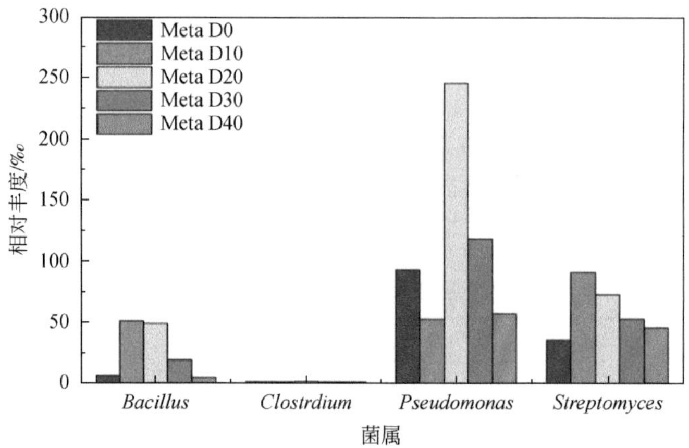

图 9-21　氨化过程主要菌属相对丰度

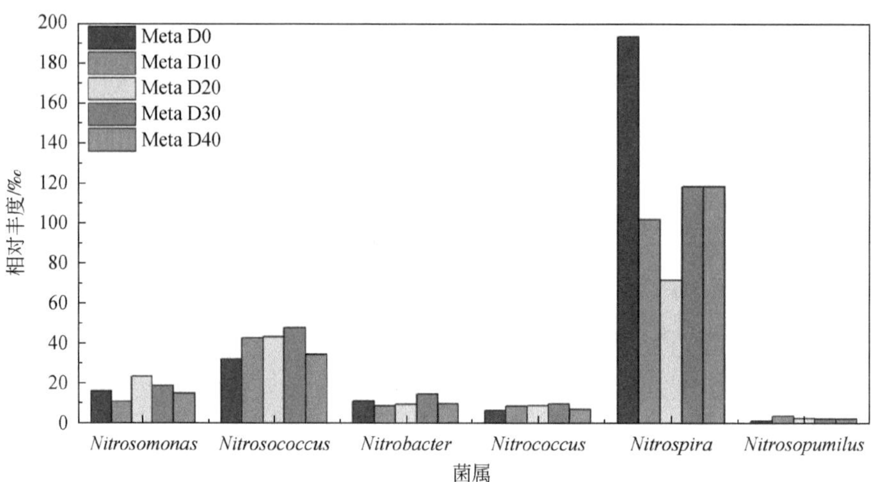

图 9-22　硝化过程主要菌属相对丰度

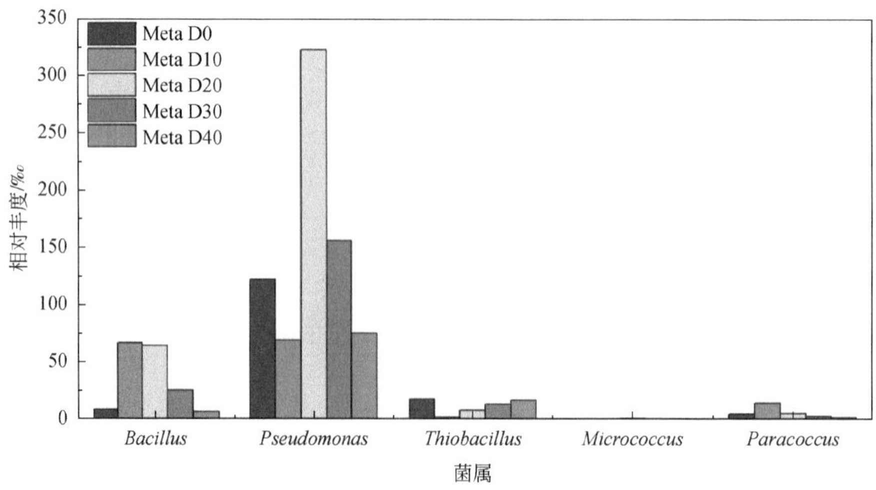

图 9-23　反硝化过程主要菌属相对丰度

Nitrosococcus、*Nitrobacter*、*Nitrococcus*、*Nitrospira*、*Nitrosopumilus*，参与反硝化过程的菌属为 *Bacillus*、*Pseudomonas*、*Thiobacillus*、*Micrococcus*、*Paracoccus*。主导氨化和反硝化过程的菌属均为 *Pseudomonas*，主导硝化过程的菌属为 *Nitrospira*，水位对不同氮过程菌属的影响特征存在较大差异，其中氨化过程和反硝化过程在水深为 20cm 时相对丰度较高，硝化过程在水深为 0 时相对丰度最高（图 9-24）。

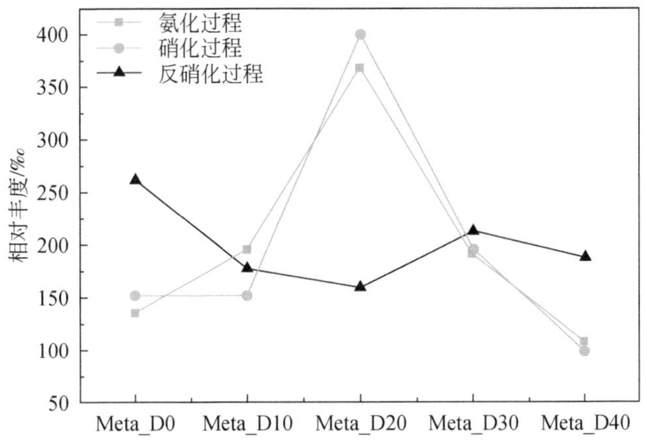

图 9-24　不同水位下氨化过程、硝化过程、反硝化过程菌属总相对丰度

氮代谢过程主要包括氮的固定（M00175 KEGG Pathway）、反硝化（M00529 KEGG Pathway）、异化硝酸盐还原（M00530 KEGG Pathway）、同化硝酸盐还原（M00531 KEGG Pathway）和完全硝化（M00804 KEGG Pathway）5 个途径。其中相对丰度最高的酶是完全硝化过程中的亚硝酸氧化还原酶，反硝化和异化硝酸盐还原过程中各酶的相对丰度也较高（表 9-10）。水位对各个过程的影响特征不同，在氮的固定途径中，水深为 20cm 时相关酶的相对丰度最高；反硝化过程中水深为 0 时各酶的相对丰度最高，水深为 30cm 时各酶的相对丰度次之；水深为 20cm 和 30cm 时异化硝酸盐还原途径中酶的相对丰度较高，同化硝酸盐还原途径在各水深梯度下，相对丰度均较低。

表 9-10　氮代谢过程相关酶的相对丰度

氮代谢	酶功能	D0	D10	D20	D30	D40
固氮，氮→氨（M00175）	固氮酶钼铁蛋白/固氮酶 δ 亚基［EC:1. 18. 6. 1］	11	7	30	12	10
反硝化，硝酸盐→氮（M00529）	亚硝酸还原酶（NO 生成）［EC:1. 7. 2. 1］	28	28	24	24	19
	一氧化氮还原酶［EC:1. 7. 2. 5］	18	6	12	15	11
	一氧化二氮还原酶［EC:1. 7. 2. 4］	15	5	9	14	9
	合计	61	39	45	53	39
异化硝酸盐还原，硝酸盐→氨（M00530）	亚硝酸还原酶［EC:1. 7. 1. 15］	31	33	41	27	20
	亚硝酸还原酶［EC:1. 7. 2. 2］	9	4	9	10	8
	合计	40	47	50	37	28

续表

氮代谢	酶功能	D0	D10	D20	D30	D40
同化硝酸盐还原作用，硝酸盐→氨（M00531）	同化硝酸还原酶［EC:1.7.7.2］	1	0	0	0	0
	硝酸还原酶（NADH）［EC:1.7.1.1］	1	0	0	0	0
	硝酸还原酶［NAD（P）H］［EC:1.7.1.1］	1	0	0	0	0
	硝酸还原酶（NADPH）［EC:1.7.1.3］	1	0	0	0	0
	同化硝酸还原酶［EC:1.7.7.1］	2	2	3	2	2
	合计	6	2	3	2	2
完全硝化，氨→亚硝酸盐→硝酸盐（M00804）	氨单加氧酶［EC:1.14.99.39］	1	1	2	1	1
	羟胺氧化酶［EC:1.7.2.6］	0	0	3	0	1
	亚硝酸盐氧化还原酶［EC:1.7.99.4］	99	112	103	90	75
	合计	100	113	108	91	77

9.5.3 不同水位下根际微生物的硫代谢特征

自然界中的硫存在多种价态（硫酸盐中的+6 价到硫化物中的−2 价），广泛地参与到生物体内各种同化和异化代谢途径中。在 KEGG 代谢通路中将硫代谢途径分为 3 个模块：①在同化途径（M00176）中，首先由硫酸盐与三磷酸腺苷反应形成腺苷酰硫酸盐（APS），然后 APS 转化为3′-磷酸腺苷基硫酸盐（PAPS）后还原为亚硫酸盐，最后亚硫酸盐在亚硫酸盐同化还原酶的作用下还原为硫化物；②在异化途径（M00596）中，APS 直接还原为亚硫酸盐，在还原酶的作用下进一步还原为硫化物；③在硫氧化系统（SO_X）（M00595）中，绿色硫细菌和紫色硫细菌以还原硫化合物（如硫化物和单质硫）以及硫代硫酸盐作为光自养生长的电子供体进行缺氧光合作用，形成了从亚硫酸盐到 APS 再到硫酸盐的硫氧化途径。由于硫循环涉及同化和异化过程，因而参与到的微生物种类较多，参与 M00176 的微生物可以分为 461 属，在扁秆藨草根际微生物中共检测到 404 个菌属（古菌：3、真菌：72、细菌：329）；参与 M00596 的微生物共有 54 属，在扁秆藨草根际微生物中共检测到 42 个菌属（古菌：5、细菌：37）；参与 M00595 的微生物共有 127 属，在扁秆藨草根际微生物中共检测到 107 个菌属，全部为细菌。

酶丰度的检测结果表明，扁秆藨草根际生物硫代谢的主要途径为 M00176 和 M00596，不同水深下酶丰度的信息见表 9-11，M00176 和 M00596 过程中所涉及的所有酶在扁秆藨草根际微生物群落中均能检测到，水深为 10cm 和 20cm 时，各种酶的相对丰度较高，同化过程（M00176）在硫代谢中占主导地位，硫酸腺苷酰转移酶相对丰度最高，其主要作用是促进硫酸盐与三磷酸腺苷反应形成腺苷酰硫酸盐（APS），APS 是同化和异化共同的底物。

表 9-11　硫代谢主要途径关键酶相对丰度

硫代谢	酶功能	D0	D10	D20	D30	D40
同化硫酸盐还原（M00176）	硫酸腺苷酸转移酶［EC:2.7.7.4］	77	89	89	71	67
	腺苷酸激酶［EC:2.7.1.25］	34	38	46	32	29
	磷酸腺苷磷酸硫酸盐还原酶［EC:1.8.4.8］	19	29	25	19	17
	亚硫酸盐还原酶（NADPH）［EC:1.8.1.2］	46	31	58	36	27
	亚硫酸盐还原酶（铁氧还蛋白）［EC:1.8.7.1］	14	22	17	15	13
异化硫酸盐还原（M00596）	硫酸腺苷酸转移酶［EC:2.7.7.4］	77	89	89	71	67
	腺苷酸还原酶［EC:1.8.99.2］	6	2	3	5	5
	亚硫酸盐还原酶，异化型［EC:1.8.99.5］	7	1	3	4	4

9.6　本章小结

从根际到根内，随着水深增加，水位变化对微生物群落结构的影响在减少，这可能是由于根内微生物与植物的互作关系在加强。从根际微生物的角度来看，在水深为 10cm 时，扁秆藨草根际、根表和根内微生物群落功能丰度均达到最大值，水深超过 30cm 后大部分代谢过程的丰度急剧下降，这与水位和地上生物量的研究具有很好的一致性，但借助对根系微生物群落功能的研究能够更加细致地了解水位变化对各代谢过程的影响，例如，水位大于 20cm 以后根内微生物氨基酸代谢丰度下降较快，而这可能会影响球茎的蛋白质含量。可见，关注不同水位下根系微生物的代谢通路和丰度不仅是扁秆藨草地上生物量恢复的基础，更是通过水文调控调节扁秆藨草地下生物量并改善白鹤食源质量的基础。

尽管根际和根表微生物群落结构具有很高的相似性，但通过功能预测表明群落功能仍存在较大差别，如在根际代谢过程具有双峰特征，而在根内大部分代谢过程具有单峰过程。这也表明了在进行微生物群落研究过程中对功能研究的重要性。但由于以上功能研究均是基于 16S rDNA 测序结果的功能预测，预测结果的准确性存在不足，本章又利用宏基因组测序技术，对不同水深下的扁秆藨草根际微生物群落代谢过程开展深入研究。

与 16S rDNA 测序结果相比，宏基因组测序技术能同时得到根际病毒、真菌、细菌和古菌等微生物类群的群落结构信息，各类群随水位变化特征不同。病毒和细菌在水深为 40cm 时丰度最低，真菌和古菌在水深为 0 时丰度最低。基于宏基因组测序结果的 KEGG 代谢通路注释得到了 8262 条代谢通路，远高于基于 16S 的 PICRUSt 预测结果。COG 功能注释结果和碳水化合物活性酶测序结果均表明，在水深为 10cm 和 20cm 各功能相关酶的丰度较高。

球茎的淀粉和蛋白质含量是影响白鹤食源质量的关键因子，与其密切相关的根际微生物代谢过程包括磷酸盐代谢、氨基酸代谢及淀粉和蔗糖代谢过程，其中磷酸盐和氨基酸代谢过程在水深为 10cm 处丰度最高，淀粉和蔗糖代谢过程在水深为 20cm 丰度最高，总的来说，水深 10cm 和 20cm 为各代谢过程丰度相对较高的水位，因而对于白鹤食源质量而言 10～20cm 为最佳水深范围。在根际微生物驱动的所有代谢通路中，淀粉和蔗糖代谢通路的连通性最高。

水位对根际微生物驱动的生物地球化学循环具有明显的影响，在水深小于 10cm 时产甲烷菌菌属的相对丰度较高，当水深在 20cm 附近时甲烷氧化菌的相对丰度较高，随着水位进一步升高，两者相对丰度基本保持一致。在氮循环方面，不同水深下氨化、硝化和反硝化过程菌属的相对丰度也存在明显差异，水深低于 10cm 和高于 30cm 时硝化过程菌属的相对丰度较高，水深在 10～30cm 时氨化过程和反硝化过程菌属的相对丰度远高于硝化过程。在硫循环方面，水深为 10～20cm 相关酶的丰度较高，根际微生物群落硫循环的主导过程为同化硫酸盐还原途径。

第10章 长芒稗根际微生物群落共现网络分析及入侵控制

扁秆藨草群落的恢复过程中除了需考虑水位的影响，长芒稗入侵也是威胁扁秆藨草种群恢复的重要因素。由于外界环境发生变化，本地种灾变成有害种，对当地生态系统的结构与功能造成影响，其生态效应与外来入侵种具有很高的相似性，可以视为“本地入侵种”。随着第二代测序技术的发展和根际微生物逐渐成为研究热点，入侵种的根际微生物群落特征逐渐受到关注，本章通过对不同入侵状态下长芒稗的根际微生物群落特征开展研究，可在一定程度上揭示长芒稗的入侵机制。可见，对长芒稗入侵的控制是开展基于水文调控恢复扁秆藨草群落必须考虑的因素。

镇赉县于2018年起在县域内所有草原和湿地开展全年禁牧工作，对禁牧政策实施后长芒稗的根际微生物群落特征进行研究，一方面是对第9章研究结论的验证，另一方面也可为长芒稗的控制提供更全面的根际微生物群落结构与功能信息。

10.1 研究内容与方法

10.1.1 长芒稗入侵与白鹤食源供给

长芒稗是一年生禾本科植物，广泛分布于西南、华北、东北等地。其种子具有很强的迁移能力，同时具有很强的光竞争能力，因而在与扁秆藨草种群的竞争中，处于优势地位。2017年9月，作者利用无人机对白鹤停歇地进行调查，结合地面水位实测数据，发现长芒稗入分布区位于水深0～50cm（图10-1红色框线内为长芒稗），而白鹤在水深为10～30cm时取食频率较高，因而长芒稗入侵不仅给藨草群落恢复带来了挑战，还破坏了白鹤栖息地的适宜性，这种破坏在2017年10月白鹤种群的野外观测中得到验证。2013年至2017年春季，胡不台地区存在大群白鹤停歇的现象（集群数量>1000只），是白鹤在莫莫格自然保护区主要的停歇地，2017年秋季在该地区的野外观测中，未发现有白鹤在此停歇取食，白鹤分布范围更加分散，由于适宜取食地丧失，大量白鹤选择到农田取食（图10-2）。造成白鹤栖息地适宜性遭到破坏的原因一方面是适宜扁秆藨草生长的浅水区（0～30cm）被长芒稗入侵，另一方面则是农田退水造成的秋季水位升高，限制了白鹤的取食行为，两者共同作用使得白鹤食源供给受限。为了控制长芒稗入侵、恢复扁秆藨草群落，首先需明确长芒稗的入侵机制。在对长芒稗群落的野外观测中发现，并非所有区域的长芒稗都具有入侵效应，因而对不同入侵区域的比较研究有助于揭示长芒稗的入侵机制。

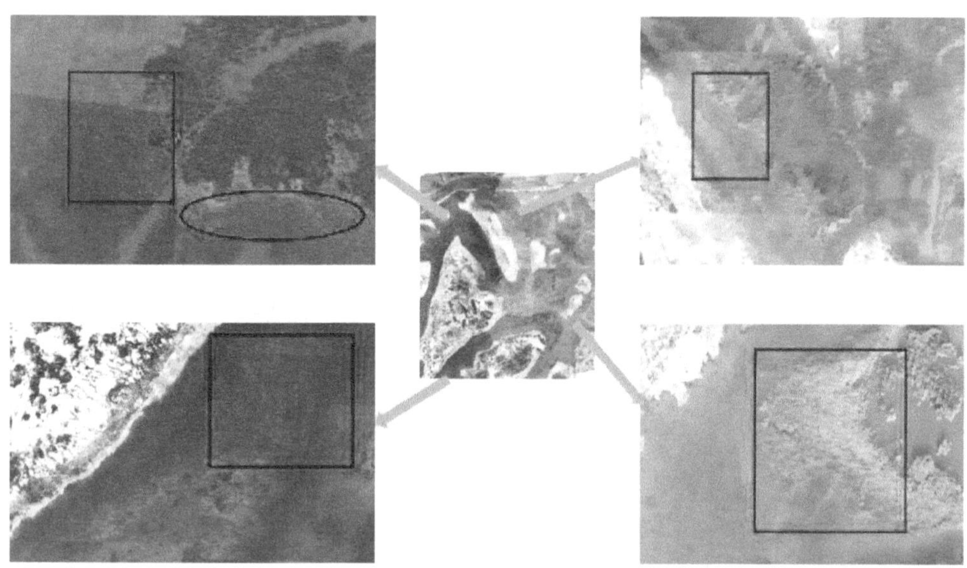

图 10-1　胡不台地区长芒稗分布情况
（拍摄于 2017 年 9 月，影像由无人机拍摄，利用 Pix4D 进行拼接）

图 10-2　白鹤在玉米地取食
（拍摄于 2017 年 10 月 17 日）

10.1.2 样地选择与样品采集

在入侵现象显著的区域 A 和入侵现象不明显的区域 B 沿水深梯度布设样线，其中区域 A 为 2013～2017 年春季白鹤主要的停歇地，区域 B 为 2013 年以前白鹤的主要停歇地。在 A 区域长芒稗分布在水深 0～50cm 的范围内，随着水深增加，根系出现分层现象［图 10-4（a）］，水深为 30cm 时有两层根，水深为 50cm 时有三层根，长芒稗为优势种，在长芒稗群落中偶有藨草分布［图 10-4（b）］；在区域 B 长芒稗为非优势种，且相同水深条件下水生根系不如区域 B 发达。利用样方法，对两个区域长芒稗的生物量进行了测定，考虑到根系分层情况，按照图 10-3 所示方法进行根际微生物样品采集，分为土壤根际微生物和水生根系根际微生物样品，每个区域沿水深梯度设 3 条样线，对应位置的 3 个样品混合，每个位置做 3 个平行，共计 36 个样品。样品测试方法见 9.1.2 节。同时，于 2018 年 7 月，在长芒稗入侵较明显的 A 区域沿水深梯度采集土壤根系样品和水生根系样品（图 10-5），样品采集与保存及测试流程见 9.1 节，与第 9 章分析的不同之处在于，本次分析样品测序

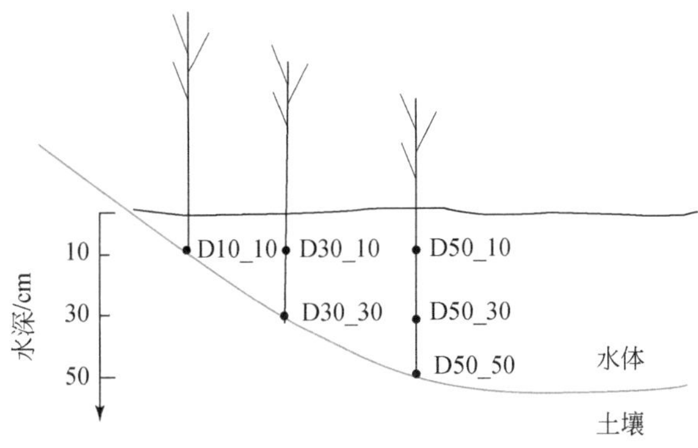

图 10-3 采样区域位置图及样点布设图

注：采样点及样品编号示意图

(a)长芒稗根系分层现象　　(b)长芒稗

图 10-4 长芒稗根系的分层现象和 A 区域浅水区中的优势种长芒稗

(a)水深调查

(b)样品采集

图 10-5　水深调查与样品采集

平台为 Miseq PE300，之前测序平台为 Miseq PE250，两者在测序深度和测序序列长度存在一定差异，将测序结果的绝对值放在一起比较存在一定困难，但可通过群落结构和功能特征进行整体比较。

10.2　不同入侵区域长芒稗根际微生物群落共现网络分析

10.2.1　主要环境生态因子调查结果

在环境因子方面主要对每个样点的温度（T）、pH、总氮（TN）和总磷（TP）进行了测定，测定结果表明 A 区域总氮（水中和土壤中）显著高于 B 区域（$p<0.05$），其余环境因子无显著性差异（表 10-1）。利用样方法（1m×1m）采集了两个区域长芒稗的地上生物量，利用烘干法将植物样品烘干至恒重后测定干重［图 10-6（a）］，A 区域长芒稗的生物量显著高于 B 区域［图 10-6（b）］，生物量的烘干测试工作在东北师范大学生态学基础实验室进行。

表 10-1　环境因子调查结果

指标		AD30_10	AD50_10	AD50_30	BD30_10	BD50_10	BD50_30	p
水	温度/℃	25.4	25.2	24.9	25.6	25.3	24.6	0.953
	pH	9.01	9.03	8.96	9.03	8.96	8.95	0.515
	总磷/(mg/L)	0.21	0.26	0.26	0.22	0.21	0.17	0.216
	总氮/(mg/L)	3.79	3.70	3.83	3.60	3.63	3.55	0.011
指标		AD10_10	AD30_30	AD50_50	BD10_10	BD30_30	BD50_50	p

续表

指标		AD30_10	AD50_10	AD50_30	BD30_10	BD50_10	BD50_30	p
土	温度/℃	21.8	21.7	19.5	21.7	21.5	19.6	0.917
	pH	8.19	8.20	8.16	8.14	8.24	8.18	0.986
	总磷/(mg/L)	0.36	0.34	0.29	0.34	0.35	0.30	0.936
	总氮/(mg/L)	0.76	0.71	0.72	0.64	0.68	0.71	0.024

(a)

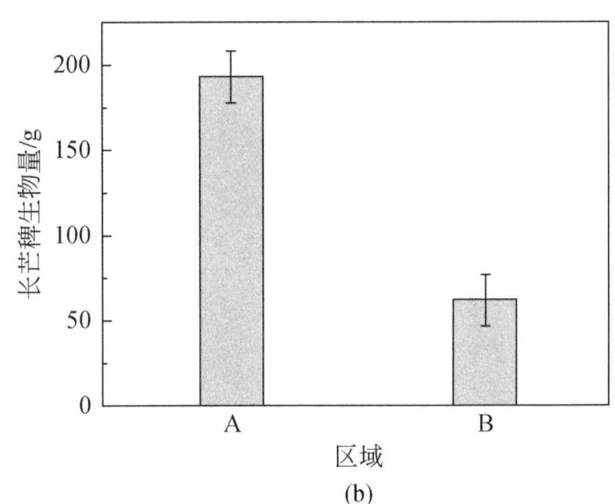

(b)

图 10-6　不同区域长芒稗生物量

由于研究区放牧活动频繁，在样品信息采集时也对两个区域的放牧强度进行了调查，利用样方内牲口蹄印数作为湿地放牧强度的指标［图 10-7（a)］，调查结果表明 A 区域的放牧强度显著高于 B 区域［图 10-7（b)］。

(a)

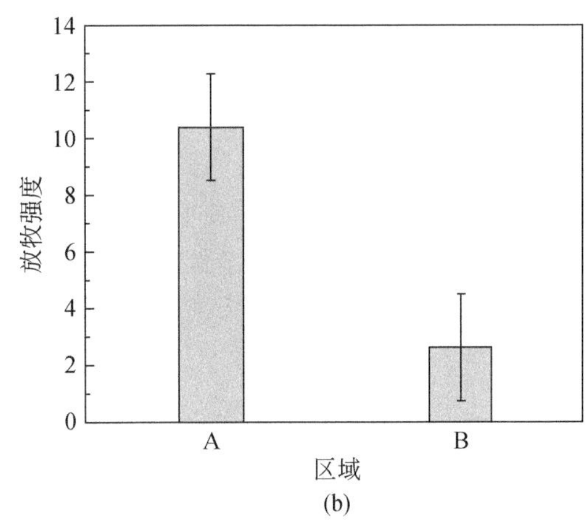

(b)

图 10-7　放牧强度调查方法及调查结果

10.2.2 不同入侵区域的根际细菌多样性

长芒稗根际微生物 16S rDNA 测序一共得到 590 703 个序列，平均每个序列长度 414bp，利用 usearch10 剔除无效序列、过滤低质量序列后，基于高质量序列数据生成 OTU 表（Edgar，2010），根据 OTU 表绘制得到了不同区域每个样品的稀释曲线（图 10-8），可以看出曲线趋于平稳，表明随着测序深度增加 OTU 的多样性不再增加，测序深度能满足后续分析要求。可以发现土壤根系根际细菌的多样性通常高于水生根系，土壤中根际细菌的 OTU 总数分布在 600～1100，水生根系根际 OTU 的总数在 200～900。此外，还可以发现水生根系根际细菌的变异程度大于土壤根系。

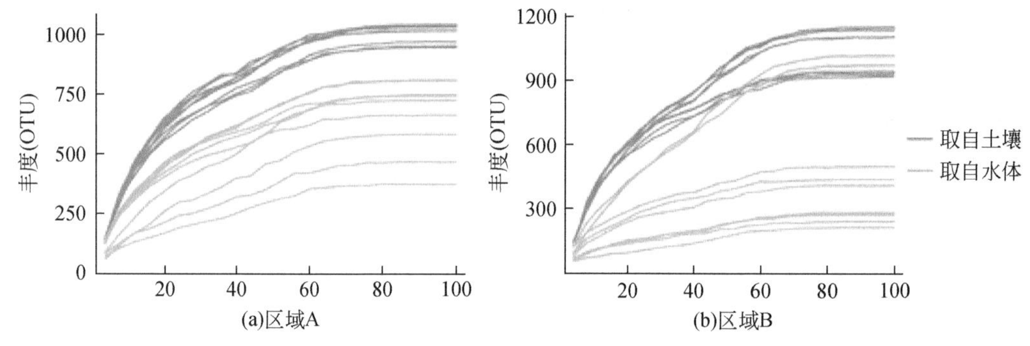

图 10-8 样品稀释曲线

长芒稗根际细菌多样性在 A、B 两个区域随水位变化特征不同。对于土壤根系根际细菌［图 10-9（a），（b），（c）］，在 A 区域，物种丰富度随水深变化无显著差异；物种均匀度在水深为 10cm 和 30cm 无显著差异，水深为 50cm 时均匀性指数显著降低；多样性指数随着水深变化，不同水位之间具有显著性差异。在 B 区域，各指数在水深为 10cm 和 30cm 时无显著差异，在水深为 50cm 时各指数均显著降低，且均为最低值。对于水生根系根际微生物［图 10-9（d），（e），（f）］，在 A 区域，随着水深变化，物种丰富度、均匀度和多样性指数均无显著差异；在 B 区域，水深为 30cm 时生长的长芒稗根际细菌各多样性指数显著高于水深为 50cm 时生长的长芒稗的根际细菌，且在水深为 50cm 时，随着水深增加，各指数有所升高，但无显著性差异。

为了比较不同入侵区域长芒稗根际微生物组成的差异、识别出控制根际微生物群落结构的关键因子，利用归一化后的数据计算了基于 Bray-Curtis 距离的相异矩阵。使用主成分分析方法（PCA）通过 STAMP 软件显示了样本中细菌群落结构的总体相似性（Parks，2014）（图 10-10）。PCA 分析结果显示 PC1 轴可以解释 73.2% 的差异性，PC2 轴可以解释 16.6% 的差异性，PC3 轴可以解释 4.6% 的差异性。在 PCA 分析图中可以看出，在不同入侵区域，土壤根际细菌趋向于聚集在一起，在 PC1 轴上很难将其分开；与此同时，水生根系的根际细菌在 PC1 轴和 PC2 轴上均具有很大的变异性。相似性检验的结果则表明，A、B两个分组的土壤根系根际细菌群落和水生根系根际细菌群落的组间差异大于组内差

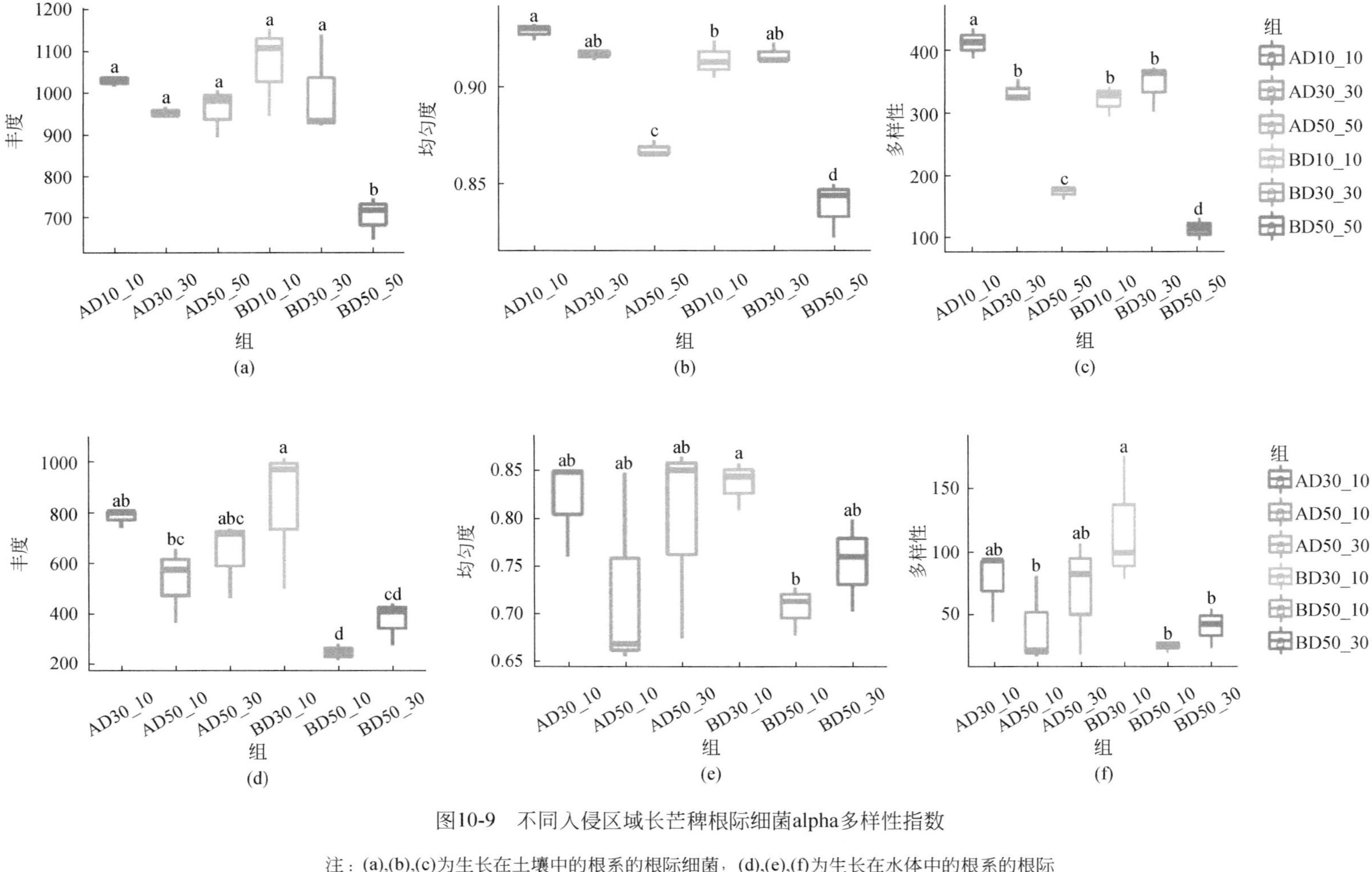

图10-9 不同入侵区域长芒稗根际细菌alpha多样性指数

注：(a),(b),(c)为生长在土壤中的根系的根际细菌，(d),(e),(f)为生长在水体中的根系的根际细菌，各指数取辛普森指数的倒数，盒形图上小写字母不同代表存在显著性差异（$p<0.05$）

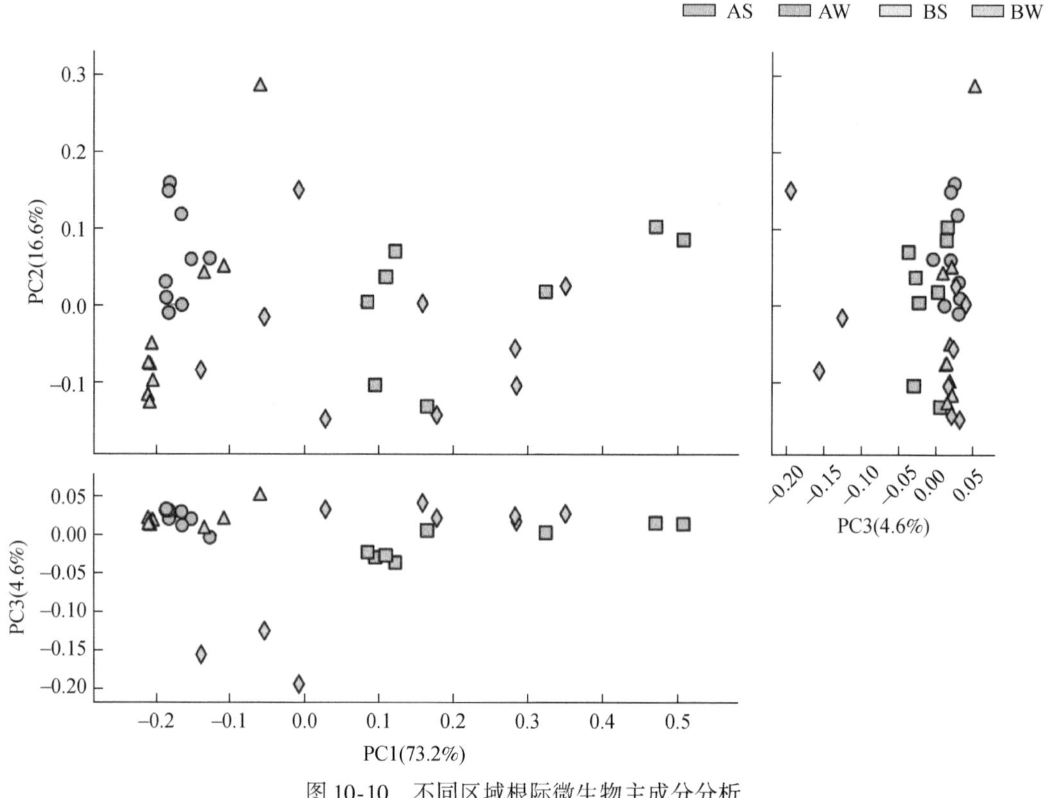

图 10-10　不同区域根际微生物主成分分析

异（表 10-2）。以上结果表明，在不同入侵区域，根际微生物群落存在着显著差异，而对根际微生物开展研究有助于揭示入侵机理，以及对长芒稗的入侵进行控制。

表 10-2　不同区域根际微生物相似性检验

方法	组别	*R*	*P*	Permutation_number
ANOSIM	AS vs BS	0. 9959	0. 001	999
ANOSIM	AW vs BW	0. 3457	0. 002	999

注：*R*>0 表明组间差异大于组内差异，*P*<0. 05 表明检验结果是有效的

10. 2. 3　核心物种与生态位分化

为了进一步分析在不同区域及水生根系和土壤中根系细菌群落的差异性，接下来从门水平和 OTU 水平对细菌群落进行进一步的分析。在门水平上（图 10-11），所有样品中，变形菌门的丰度最高；在水生根系根际细菌中丰度排第二位的门是厚壁菌门，在土壤根际中是绿弯菌门；丰度第三的门均为拟杆菌门。对两个区域所有根际细菌门水平上的相对丰度做了方差检验，检验结果表明在土壤根际细菌群落中存在显著性差异的门有拟杆菌门（p=0. 005）、*Verrucomicrobia*（p = 0. 001）、*Nitrospirae*（p = 0. 012）和 *Fusobacteria*（p =

0.016）；在水生根系根际细菌群落中，门水平存在显著差异的只有 *Planctomycetes*（$p=0.009$）。

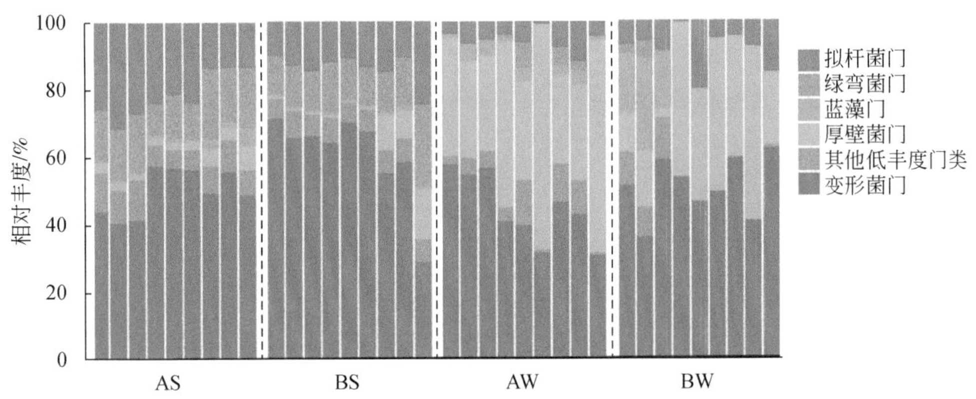

图 10-11　不同区域细菌群落门水平上的相对丰度

在 OTU 水平上，我们把每个样品中丰度前 10 的 OTU 定义为核心物种，一共得到了 59 个 OTUs（附表 6）。核心 OTUs 在不同区域占 OTUs 总数的比例不同，在 A 区域的土壤根际细菌群落中核心 OTU 占比为 13.15%，水生根系根际细菌群落中核心 OTU 占比为 39.16%；在 B 区域土壤根际细菌群落中核心 OTU 占比为 15.18%，水生根系根际细菌群落中核心 OTU 占比为 37.63%。在土壤根际微生物中，发现在 A 区域，拟杆菌门（1.60%）、*Geobacter*（0.37%）、*Burkholderiales*（0.30%）存在显著的富集现象（$p<0.05$）；在 B 区域，*Betaproteobacteria*（3.77%）、*Anaerolineaceae*（1.83%）、*Myxococcales*（1.60%）、*Prolixibacteraceae*（0.84%）、Gp6（0.74%）、*Ruminococcaceae*（0.66%）和 *Cytophagales*（0.65%）存在显著的富集现象（$p<0.05$）。在水生根系根际微生物中，微小杆菌属（30.80%）、*Acinetobacter*（4.49%）和 *Hydrogenophaga*（0.81%）在 A 区域存在显著富集现象，*Enterobacteriaceae*（15.47%）在 B 区域存在显著富集。

为了分析核心物种在系统进化上的差异性，利用 LEfSe [linear discriminant analysis (LDA) effect size，huttenhower. sph. harvard. edu/galaxy] 分析方法对根际核心 OTU 的系统发育进行分析，分析结果（图 10-12）表明：A 区域中土壤根际细菌和水生根系的根际细菌中在系统进化树中的关键物种远多于 B 区域。可见，尽管在 A 区域有些物种没有显著富集，但它们在系统发育树上占据着重要位置，也在一定程度上说明与 B 区域相比，在 A 区域根际细菌存在着更明显的生态位分化现象。

10.2.4　根际微生物共现网络及不同模块功能差异性分析

利用共现网络分析方法可以展示物种的丰度信息、共存关系，有利于揭示不同环境条件下样本间的相似性和差异性。共现网络分析结果（图 10-13）表明：在 A 区域，有 487 个 OTU 节点的 16 773 条连线具有较强相互作用关系（Spearman's $\rho \geq 0.6$，$P<0.01$），其中

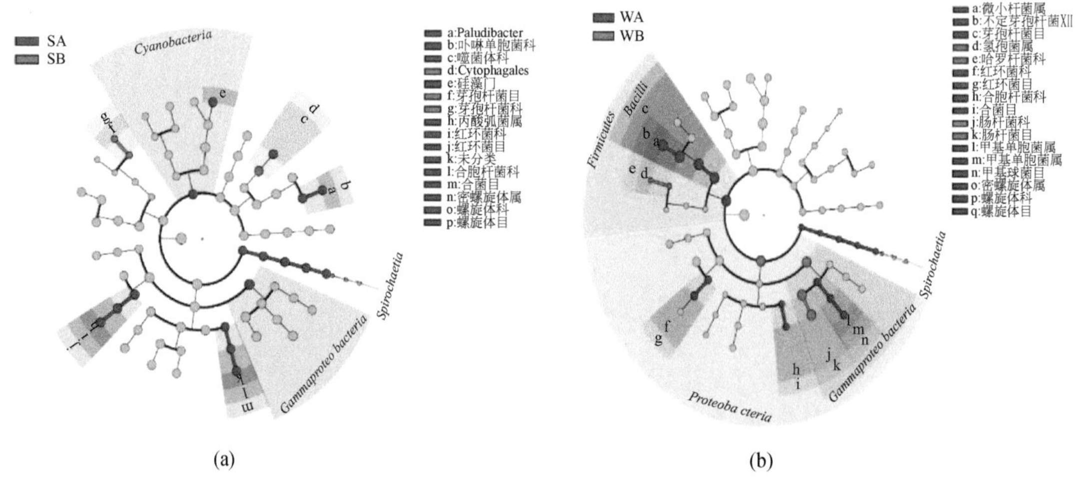

图 10-12　基于核心物种的 LEfSe 分析图

注：图中圆圈从内到外代表不同的分类水平由门到属，最内侧的黄色点代表界；实心小圆圈的直径代表相对丰度，没有显著差异的核心 OTU 是黄色的。红色节点表示在 A 区域中起重要作用的核心 OTU，绿色节点表示在 B 区域中起重要作用的核心 OTU

有 455 个节点的 6294 条连线具有很强的相互作用关系（Spearman's $\rho \geqslant 0.8$，$P<0.01$）；而在 B 区域只有 146 个节点的 1472 条连线具有较强的相互作用关系，其中很强作用关系只存在于 124 个节点间的 672 条连线中。

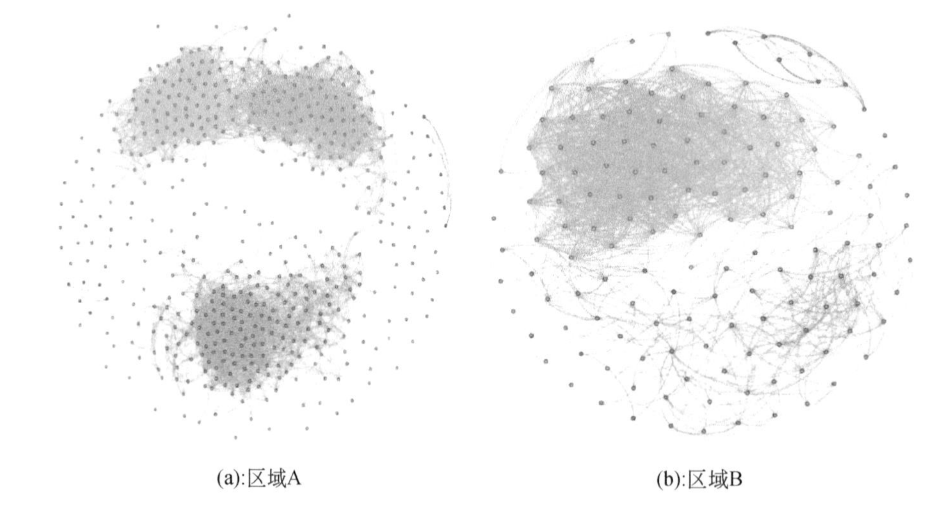

图 10-13　长芒稗根际细菌群落 OTU 共现网络

注：连线表示具有较强的相关性（Spearman's $\rho \geqslant 0.6$，$P<0.01$），具有相同颜色的 OTU 表明同属于一个模块

可见，在 A 区域，根际细菌之间存在着更强的相互作用关系。对共现网络进行拓扑分析的结果显示在 A 区域网络的模块化指数（modularity values，MD）为 0.558、聚类系数（cluster coefficients，CC）为 0.685、网络平均路径长度（average path lengths，APL）为 3.135，在 B 区域，各指数的值分别为 0.445、0.697 和 3.394，在两个区域的网络分析结

果均表明根际细菌群落网络结果存在着很强的聚集性，而不是随机分布（表 10-3）。

表 10-3　A、B 区域根际微生物群落共现网络拓扑特征比较

区域	N	E	MD	MD_r	CC	CC_r	APL	APL_r	σ
A	487	16 773	0.558	0.094	0.685	0.142	3.135	1.853	2.70
B	146	1472	0.445	0.166	0.697	0.141	3.394	1.911	2.78

注：N，节点的个数；E，连线数量；MD，模块化指数；CC，平均聚类系数；APL，平均路径长度；σ，聚集系数（small-world coefficient），σ =（CC/CCr）/（APL/APLr），σ>1 表明具有很强的聚集性，非随机分布；下标 r 表明利用 Gephi 算得的随机分布时的值

在进行共现网络分析时得到了各模块的物种组成，为了进一步分析各模块之间的差异性，利用 FAPROTAX 模型对各模块的功能进行了预测（图 10-14）（Louca et al. 2016）。FAPROTAX 模型预测结果表明 A 区域长芒稗根际细菌群落功能多样性高于 B 区域，有些功能，如 methanotrophy、aerobic_nitrite_oxidation、nitrification、nitrogen_fixation 和 animal_parasites_or_symbionts 等仅 A 区域存在。A 区域细菌群落的功能主要由 M0、M1、M3 三个模块驱动，且可以看出三个模块的功能互补性较强；在 B 区域群落的功能主要由模块 1、2 和 3 驱动，但这三个模块的功能多样性较低，冗余度较高。

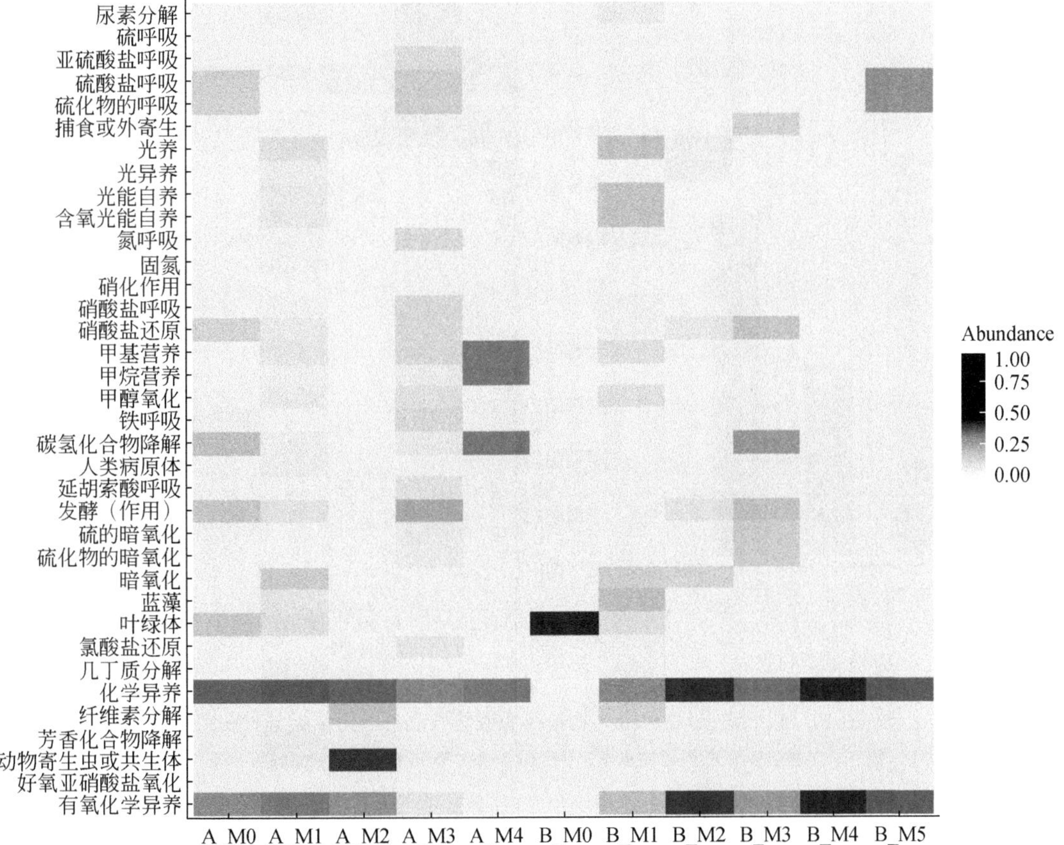

图 10-14　共现网络中不同模块的功能（基于 FAPROTAX 模型）

10.3 禁牧对长芒稗根际微生物群落的影响

10.3.1 禁牧后长芒稗根际微生物群落结构的变化

与禁牧前水生根系根际微生物群落 alpha 多样性沿水深梯度无显著差异不同，禁牧后水生根系根际微生物群落 alpha 多样性沿水深变化具有显著性差异。以香农多样性为例，水深为 50cm 处所取样品在 10cm 根系层多样性最低，显著低于 30cm 根系层，变化趋势和本书 10.2 节中 B 区域（长芒稗未入侵）根系微生物变化特征相同。地上生物量的样方调查结果表明，禁牧后长芒稗的地上生物量显著降低。在物种组成方面，根际微生物群落丰度前 10 的门中，有 9 个门随水深变化具有显著性差异，仅有厚壁菌门沿水深变化无显著性差异（图 10-15）。需要特别注意的是与禁牧前不同，禁牧后根际微生物群落中丰度最高的门为蓝藻门（Cyanobacteria），尤其是在 D50_10 样品中蓝藻丰度达到了 55% 以上。蓝藻是水体富营养化的重要标志，表明此前放牧活动中牲畜的排泄物及农田退水挟带的营养元素使得区域水体营养物质偏高。

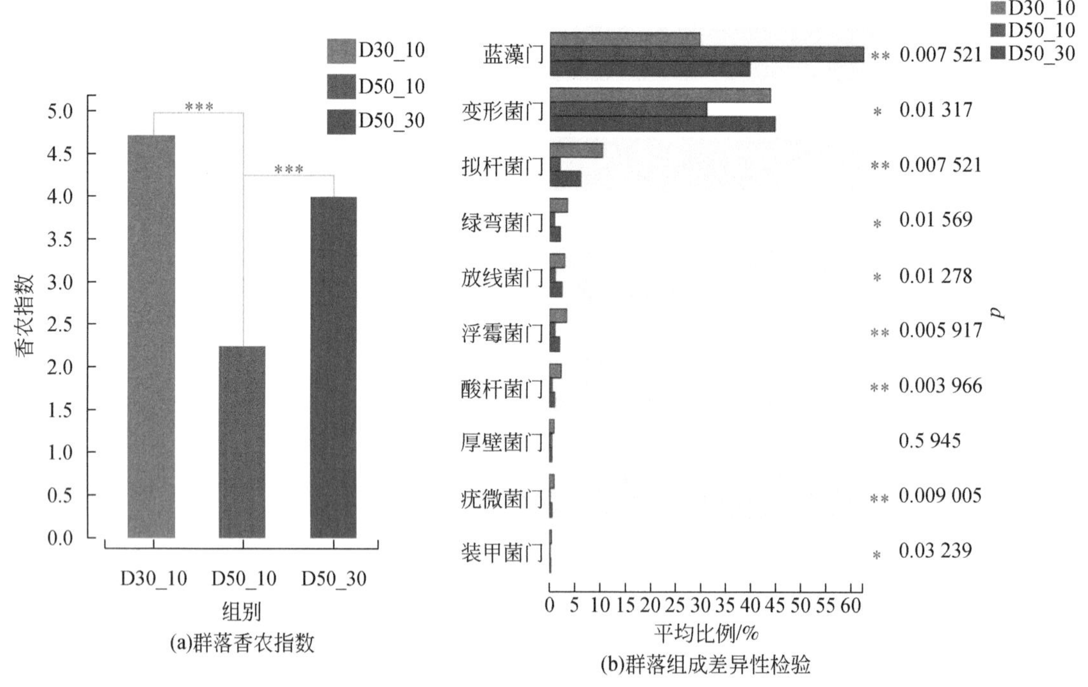

图 10-15 禁牧后根际微生物群落香农指数和群落组成差异性检验

注：* 表明显著性水平，* $0.01<p\leq0.05$，** $0.01<p\leq0.01$

禁牧以后，土壤根系根际微生物群落 alpha 多样性随水深变化无显著性差异，与禁牧以前存在较大差异，且在土壤根际微生物群落中也检测到了蓝藻的存在。禁牧后不同水深条件下的共存物种数较多，在属水平上，水深为 10cm、30cm 和 50cm 水深条件下的共有属达 672 个，达 73.12%，其中水深 10cm 和 30cm 根际微生物中共有属较多［图 10-16（a）］。在水生根系中，D30_10、D50_10 和 D50_30 处有 547 个属为共有属，占 62.23%，其中在水深为 10cm 处的水生根系共有属较多［图 10-16（b）］。

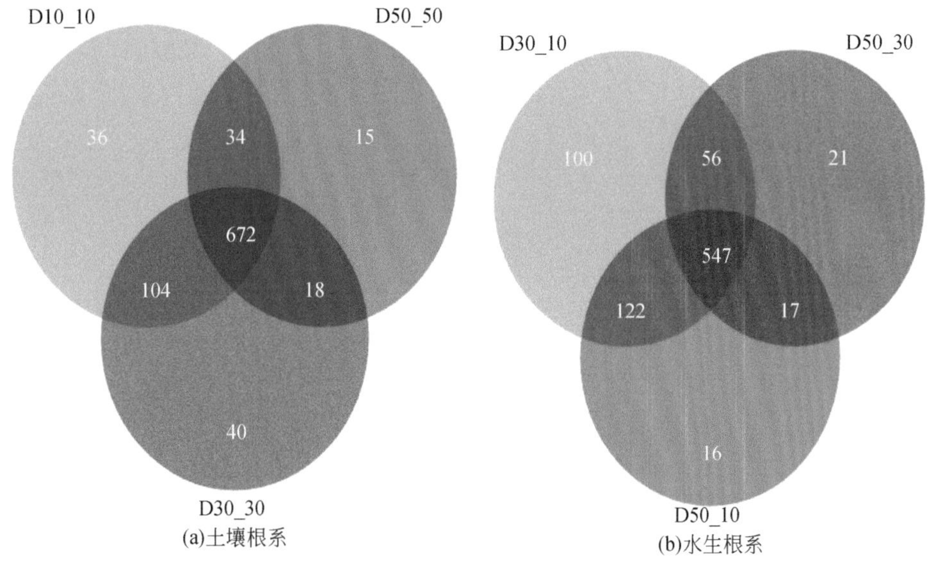

图 10-16　土壤根系和水生根系微生物群落 Venn 图（属水平）

在各门的相对组成方面，以纲为分类标准，对不同取样点各门的根际微生物群落相对丰度绘制了三元相图，图中圆圈代表不同纲，圆圈大小代表平均相对丰度大小，对同一门的纲着同一颜色。可以看出在土壤根际微生物中，除了蓝藻门、放线菌门、变形菌门、无色杆菌门、黄杆菌门和疣微菌门外，其他各纲在水深为 10cm 处土壤根际微生物相对丰度较高，可见虽然随着水深增加土壤根际微生物多样性没有显著差异，但相对丰度发生了较大变化，浅水区根际微生物群落分布更加均匀（图 10-17）。在水生根系根际微生物群落中，除了蓝藻门外，其他各纲在取样点 D50_10 处相对丰度均最低（图 10-18）。

挑选每个样品中丰度前 10 的 OTU 作为核心 OTU，水生根系根际微生物群落中得到 49 个核心 OTU（附表 7），这些 OTU 占 OTU 总丰度的 68.31%，高于禁牧前的 39.16%；土壤根际中核心 OTU 数目为 59 个（附表 8），占 OTU 总丰度的 50.32%，远高于禁牧前的 13.15%，可见在禁牧条件下群落的均匀度在降低。水生根系核心 OTU 主要来自放线菌门、拟杆菌门、绿弯菌门、蓝藻门、厚壁菌门和变形菌门等六个门，土壤根系核心 OTU 除了来自以上六大门类，还有部分 OTU 属于酸杆菌门和纤维菌门两个门类。

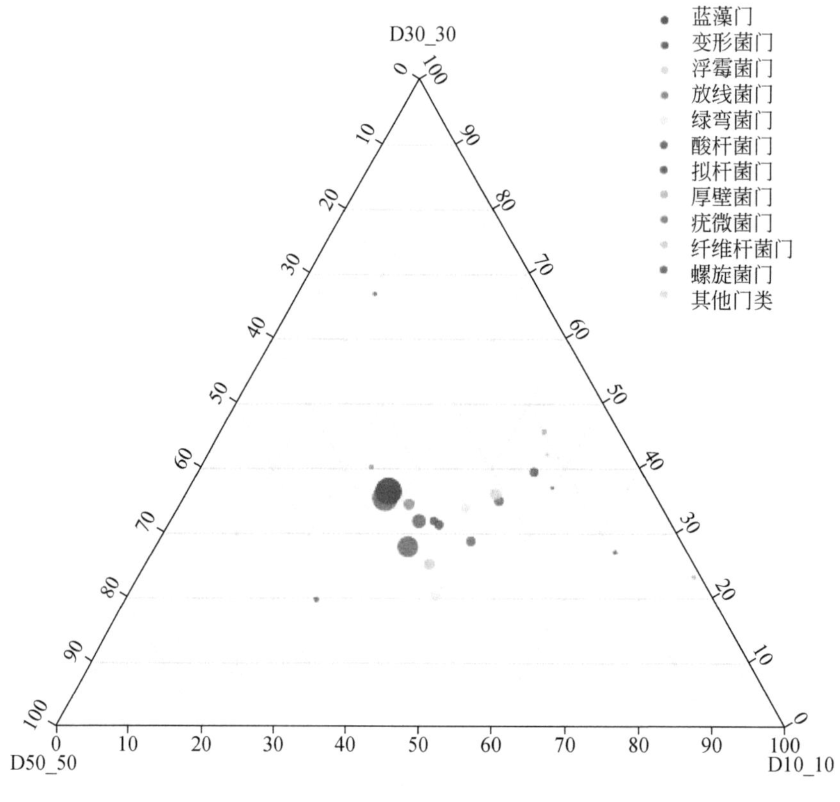

图 10-17　土壤根际微生物群落组成三元相图

10.3.2　禁牧后长芒稗根际微生物群落功能的变化

对禁牧后的根际微生物 16SrDNA 测试结果进行基因功能预测，COG 预测结果表明在土壤根际微生物群落功能中，除了能量生产与转换（energy production and conversion）、核苷酸转运和代谢（nucleotide transport and metabolism）、无机离子转运与代谢（inorganic ion transport and metabolism），以及细胞内运输、分泌和囊泡运输（intracellular trafficking, secretion, and vesicular transport）等功能存在显著差异外，其他功能无显著差异。在水生根系中，根际微生物群落主要功能除氨基酸转运与代谢（amino acid transport and metabolism）、碳水化合物转运与代谢（carbohydrate transport and metabolism）、脂质转运与代谢（lipid transport and metabolism）、无机离子转运与代谢（inorganic ion transport and metabolism）和次生代谢产物生物合成、转运与分解代谢（secondary metabolites biosynthesis, transport and catabolism）外其他过程均存在显著性差异（表 10-4）。可见，根际土壤根际微生物群落功能随水位变化较小，水生根系根际微生物群落功能受水位影响较大，与放牧条件下水生根系微生物群落具有较高的一致性不同。

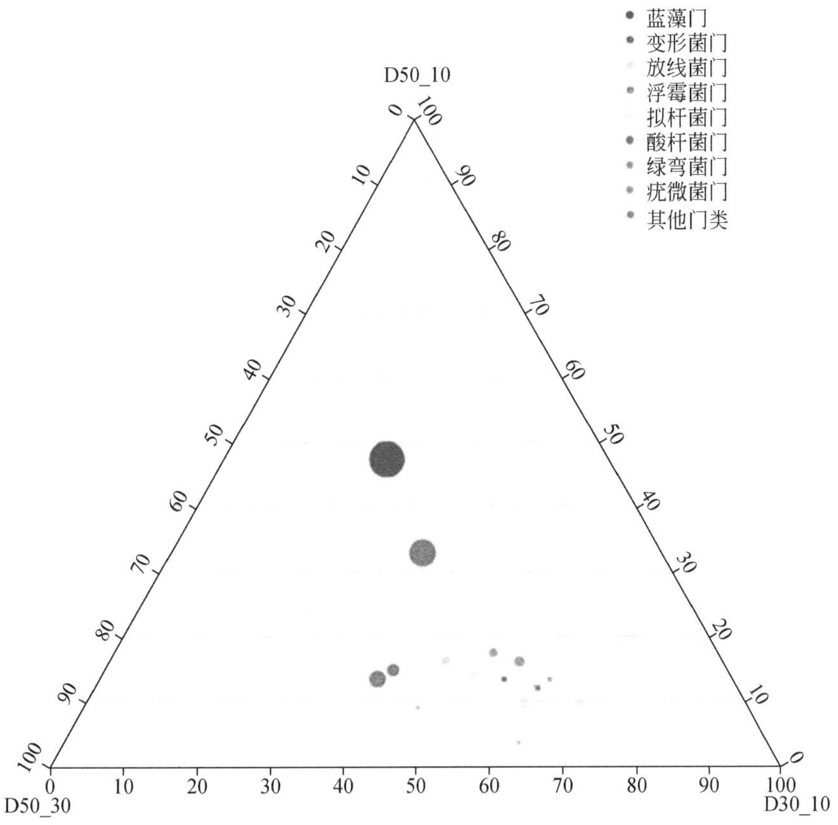

图 10-18 水生根系根际微生物群落组成三元相图

表 10-4 主要 COG 功能相对丰度差异性检验

COG 功能	D10_10 /%	D30_30 /%	D50_50 /%	D30_10 /%	D50_10 /%	D50_30 /%	土壤根系 p	水生根系 p
RNA 加工与修饰	21.88	18.87	20.96	17.70	5.62	14.97	$p>0.05$	$p<0.05$
染色质结构与动态	15.17	14.77	16.33	16.11	20.02	17.60	$p>0.05$	$p<0.05$
能量产生与转化	15.56	15.80	16.43	16.73	18.21	17.27	$p<0.05$	$p<0.05$
细胞周期控制、细胞分裂、染色体分配	14.55	15.19	15.46	16.26	21.00	17.54	$p>0.05$	$p<0.05$
氨基酸运输与代谢	15.67	15.84	16.68	17.18	17.00	17.62	$p>0.05$	$p>0.05$
核苷酸转运和代谢	15.42	15.65	16.21	16.80	18.63	17.28	$p<0.05$	$p<0.05$
碳水化合物运输和代谢	15.92	16.18	16.86	17.60	15.91	17.53	$p>0.05$	$p>0.05$
辅酶转运和代谢	14.65	14.97	15.67	16.34	20.74	17.63	$p>0.05$	$p<0.05$

续表

COG 功能	D10_10 /%	D30_30 /%	D50_50 /%	D30_10 /%	D50_10 /%	D50_30 /%	土壤根系 p	水生根系 p
脂质运输和代谢	16.32	16.16	17.25	17.42	15.73	17.11	$p>0.05$	$p>0.05$
翻译、核糖体结构和生物发生	14.57	15.45	15.62	16.30	20.84	17.21	$p>0.05$	$p<0.05$
复制、重组和修复	14.33	14.98	15.57	16.22	21.36	17.54	$p>0.05$	$p<0.05$
细胞壁/膜/包膜生物发生	15.44	15.44	16.02	16.70	19.13	17.27	$p>0.05$	$p<0.05$
细胞运动	17.86	17.05	17.68	17.52	13.07	16.82	$p>0.05$	$p<0.05$
翻译后修饰、蛋白质周转、分子伴侣	14.55	14.99	15.72	16.33	20.85	17.56	$p>0.05$	$p<0.05$
无机离子运输与代谢	15.18	15.58	16.34	17.05	18.07	17.78	$p<0.05$	$p>0.05$
次级代谢物的生物合成、运输和分解代谢	15.80	15.89	17.16	17.42	16.19	17.53	$p>0.05$	$p>0.05$
信号转导机制	14.95	15.24	15.82	16.39	19.93	17.67	$p>0.05$	$p<0.05$
细胞内运输、分泌与囊泡运输	15.84	15.57	16.81	16.69	18.21	16.88	$p<0.05$	$p<0.05$
防御机制	15.24	15.40	15.87	16.58	19.68	17.23	$p>0.05$	$p<0.05$
细胞外结构	14.41	12.65	15.29	18.53	8.82	30.29	$p>0.05$	$p<0.05$

禁牧后在根际微生物群落共检测到了 252 条 KO Pathway，其中丰度前 30 的 KO Pathway 占总丰度的 54.14%，在土壤根际微生物中虽然在不同水深下丰度排名前 30 的 KO Pathway 排序略有差别，但 KO Pathway 类型一致（附表 9）。在水生根系中，丰度前 30 的 KO Pathway 有较大差异，尤其在 D50_10 处具有较多特异性 KO Pathway，包括肽聚糖生物合成（KO00550）、光合生物中的碳固定（KO00710）、细胞周期调节-茎杆菌（KO04112）、蛋白质外排（KO03060）及泛醌和其他萜类醌生物合成（KO00130），这些过程丰度较高可能与该样点蓝藻丰度较高有关，蓝藻能自主进行产氧光合作用。

10.3.3 禁牧后长芒稗根际微生物群落共现网络的变化

禁牧后长芒稗根际微生物群落共现网络分析共得到 436 个 OTU 节点的 8583 条具有较强的相互作用关系的连线（Spearman's $\rho \geqslant 0.6$，$P<0.01$），共现网络拓扑特征的相关参数见表 10-19。可以看出，禁牧后，根际微生物之间仍存在着很强的相互作用关系，网络的模块化指数（modularity values，MD）为 0.340、聚类系数（cluster coefficients，CC）为 0.565、网络平均路径长度（average path lengths，APL）为 2.669，表明和禁牧前一样，根际细菌群落网络仍存在着很强的聚集性，而不是随机分布（表 10-5），且禁牧后的聚集性

大于禁牧前，可能是禁牧后水体富营养化现象加重，导致蓝藻大量繁殖提高了网络结构的聚集性。禁牧后根际微生物群落共现网络可分为 6 个模块，其中丰度较高的模块有 4 个（图 10-19），利用 FAPROTAX 对各模块的功能进行了预测，根据预测结果可以发现各模块在功能上存在着很高的相似性（图 10-20）。

表 10-5　禁牧前后根际微生物群落共现网络拓扑特征比较

阶段	N	E	MD	MD_r	CC	CC_r	APL	APL_r	σ
禁牧前	487	16773	0.558	0.094	0.685	0.142	3.135	1.853	2.70
禁牧后	436	8583	0.340	0.123	0.565	0.135	3.394	2.211	2.72

注：N，节点的个数；E，连线数量；MD，模块化指数；CC，平均聚类系数；APL，平均路径长度；σ，聚集系数（small-world coefficient），$\sigma=(CC/CC_r)/(APL/APL_r)$，$\sigma>1$ 表明具有很强的聚集性，非随机分布；下标 r 表明利用 Gephi 算得的随机分布时的值

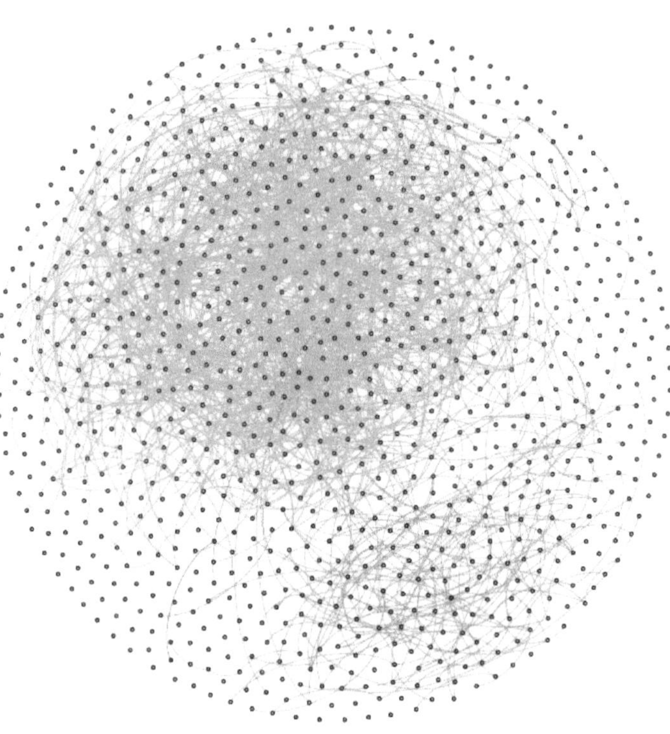

图 10-19　禁牧后长芒稗根际微生物群落共现网络

注：圆点代表节点，相同颜色为一个模块

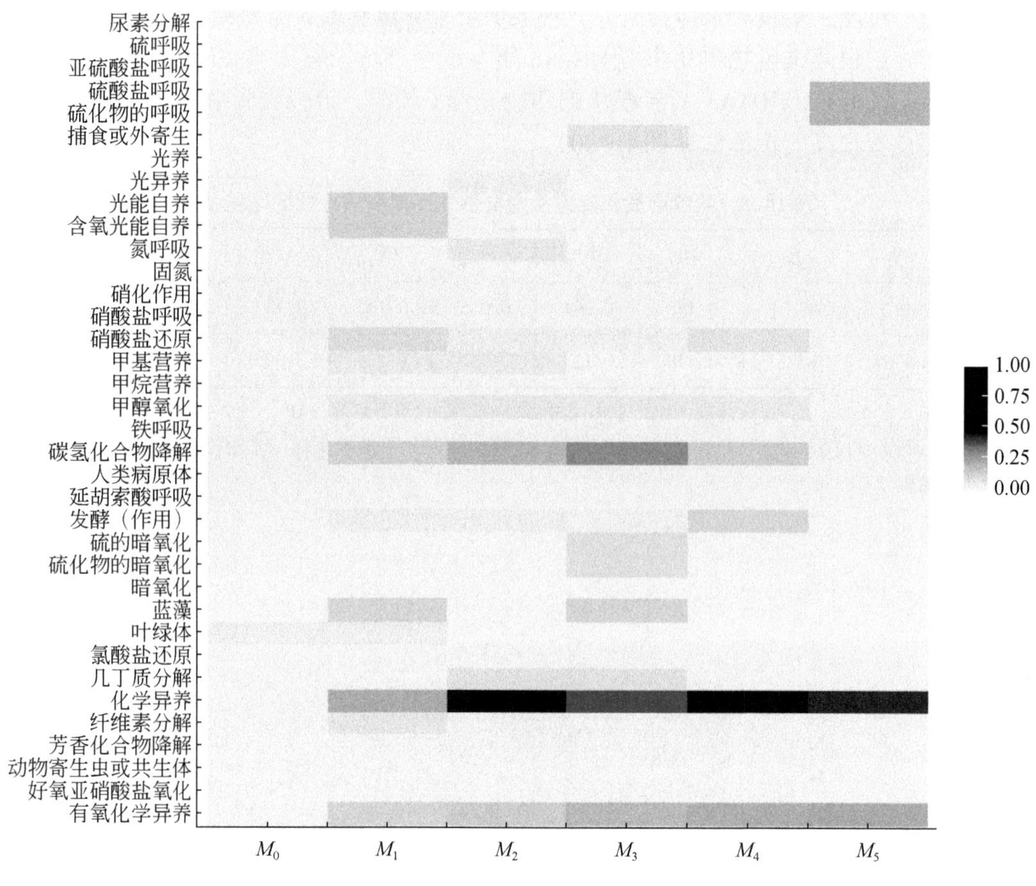

图 10-20　禁牧后长芒稗根际微生物群落共现网络各模块功能预测

10.4　长芒稗入侵控制的途径

长芒稗的入侵限制了扁秆荆三棱的恢复，尤其是白鹤最佳取食地的荆三棱恢复，对白鹤种群的保育构成较大威胁。由于长芒稗是一年生的种子繁殖植物，而扁秆荆三棱既可以借助种子繁殖又可以利用地下球茎繁殖，且两者在土壤种子库的存活时间及不同生命周期对水文变化的响应不同，在总结现有文献和野外实地调查研究的基础上，提出基于水文调控的长芒稗入侵控制和基于物理收割法的长芒稗控制两种方法。

10.4.1　基于水文调控的长芒稗入侵控制

长芒稗和扁秆荆三棱的淹水实验表明，长芒稗和扁秆荆三棱对水淹胁迫的响应具有一定的差异性，具体表现为在长芒稗生长初期，水淹环境会造成长芒稗大量死亡，但随着播种时间的增长，水淹对长芒稗存活率的影响逐渐降低。由于扁秆荆三棱主要繁殖方式为球茎繁殖，且随着条件改变一年可以发育多次，因而水淹对扁秆荆三棱影响较小。这种对水淹胁迫响应的差异性，为基于水文调控的长芒稗入侵控制提供了很好的窗口期。

根据长芒稗根际微生物群落特征的研究结果，在开展基于水文调控的长芒稗入侵控制过程中控制放牧活动等人为活动的干扰，可在一定程度上降低长芒稗的入侵能力。这主要是由于放牧活动造成的水文扰动可以促进根际微生物的生态位分化，降低水位对根际微生物群落功能的限制性作用。在放牧条件下，水生根系微生物群落结构随着水位变化无显著性差异，土壤根际微生物在水深和牲口践踏的物理破坏力的双重作用下随水深变化具有显著差异，同时在放牧条件下核心物种占据更多生态位，各模块的功能具有很好的互补性。

当前利用水文调控控制长芒稗入侵在实践中面临很大困难，主要由于区域农业发展和农业水利工程的影响，区域年内水文规律发生较大变化，控制长芒稗入侵的重要窗口期（春季）也是农业用水高峰期，很难提供水淹环境，而一旦过了窗口期，长芒稗可在水深为 50 ~ 70cm 处分布，远高于扁秆荆三棱的 0 ~ 30cm。虽然利用水文调控控制长芒稗入侵还存在一定困难，但在开展退化湿地生态补水的过程中可以加以考虑。

10.4.2 基于物理收割法的长芒稗入侵控制

长芒稗主要的繁殖方式是种子繁殖，生长周期和繁殖时间相对固定，因而在长芒稗繁殖前进行物理收割是控制长芒稗的有效手段之一。野外样方调查数据表明长芒稗在株高和植被高度方面均显著高于扁秆荆三棱，长芒稗对扁秆荆三棱的抑制作用主要体现在光抑制上，这种抑制不仅体现在对扁秆荆三棱地上部分生长的抑制，也体现在对扁秆荆三棱种子萌发的抑制上（刘波，2017），扁秆荆三棱种子萌发过程中对光的需求是莎草科植物的普遍特征（Rao et al.，2011）。长芒稗较高的生物量会形成较多的凋落物，这些凋落物的堆积会进一步降低扁秆荆三棱的萌发，因而基于物理收割法控制长芒稗入侵是当前快速控制长芒稗入侵、恢复扁秆荆三棱群落的有效手段。作者于 2017 年夏季开展了长芒稗物理收割的野外原位实验，但由于 2018 年研究区上游尼尔基水库放水，原位实验研究区被淹，未能获得基于物理收割法的长芒稗入侵控制原位实验数据。

10.5 本章小结

尽管前人对根际微生物已经开展了大量研究（Edwards et al.，2015），但当前对入侵植物的根际微生物（尤其是对本地入侵种）的根际微生物特征关注相对较少（Kuzyakov and Blagodatskaya，2015 ，Song et al.，2017）。本研究区中不同区域本地植物长芒稗表现出了不同的入侵特征，为本地入侵种的根际微生物群落特征研究提供了很好的研究对象。研究结果表明在入侵现象显著的 A 区域群落多样性更高、波动更小，尤其是在水生根系根际微生物群落中这种现象更明显。这可能是由于 A 区域强烈的放牧活动，一方面强烈的放牧牲口背景下，牲口的排泄物增加，使得 A 区域环境中营养物质的含量更加丰富（如 A 区域的 N 含量显著高于 B 区域），为入侵植物的快速拓殖提供了物质条件；另一方面，牲口的扰动，使得浅水区形成了泥水混合介质，在这种介质中，丰富的悬移质为水生根系提供了类似于土壤的环境，因而水深对 A 区域水生根系细菌群落的影响较小，而在 B 区域随着水深增加水生根系的根际微生物群落多样性显著降低。对于土壤根际细菌群落来说，虽然随着水深增加，两个区域的群落多样性指数均会显著性降低，但在相同水深条件下 A 区域的群落多样性指数总是高于 B 区域。可见，放牧活动产生的环境扰动可在一定程度上削弱水深对长芒稗的限制作用。PCA 分析结果表明 PC1 轴可以解释 73.2% 的变异，在该轴上可以把水生根系的根际细菌群落很好地区分开来，表明水生根系根际微生物群落的波动较大。

在门水平上，根际细菌群落中起支配作用的门类是变形菌门、厚壁菌门、拟杆菌门和蓝藻门。有研究表明，变形菌门和富营养的土有关，酸杆菌门和贫营养的土有关，因而两者的比值可作为土壤营养状况的标志（Brader et al.，2014，Castro-Montoya et al.，2018，Compant et al.，2011）。在研究区，变形菌门的平均相对丰度为49.9%，远高于酸杆菌门，这可能是由于研究区有大量农田退水排入，区域整体的营养状况较好。在 72 个核心 OTU 中，尽管在丰度方面 A 区域显著富集的 OTU 数量少于 B 区域，但基于 LEfSe 分析的核心物种系统发育树表明，A 区域的核心 OTU 在物种在系统发育树上占据更多重要位置，这也在一定程度上表明与 B 区域相比，A 区域的根际微生物占据更多生态位，冗余度较低。利用 FAPROTAX 模型对群落功能的预测结果也表明：A 区域的根际微生物群落占据更多的生态位，功能冗余更低。

需要特别说明的是，在所有核心 OTU 中，微小杆菌属的相对丰度最高，达 30.80%，且在 A 区域具有显著的富集效应。微小杆菌属是植物根际促生菌的重要成员之一（Bharti et al.，2014，Bharti et al.，2013，Selvakumar et al.，2008），可通过以下几种途径行使促进植物生长的功能：分泌吲哚乙酸（IAA），促进根系生长，调整根系结构，提高水分和养分转移效率（Dastager et al.，2010）；产生胞外多糖（EPS）以提高植物的应对外界环境压力的能力（Bharti et al.，2013）；增加不溶性磷酸盐的生物可利用率，以促进植物磷吸收（Bharti et al.，2014）（Kaushal and Wani，2016）；以及通过生产氢氰酸来避免植物受常见病原真菌的侵害（Dastager et al.，2010）。可见，A 区域长芒稗根际富集微小杆菌属可以直接提高长芒稗的竞争能力，以帮助其在入侵过程中获得成功。

利用共现网络分析，不仅能够反映出群落结构之间的关系，还能反映出不同物种在生态网络中的依赖关系（Barberan et al.，2012）。共现网络分析的结果表明，在长芒稗根际微生物群落中表现出很强的聚集性，而不是随机分布，表明根际微生物作为一个整体共同行使与植物的互作关系（Horner-Devine et al.，2007）（Barberan et al.，2012，Li and Wu，2018）。根际微生物群落表现出了聚集性和模块化结构，且 CC 和 APL 的值表明 A 区域根际微生物的共现网络比 B 区域更加复杂。尽管 A 区域和 B 区域根际微生物的共现网络都表现出了非随机分布的特征，但在模块化结构的功能上两者存在差异，可见在特定环境的选择下，结构和功能可能会出现去耦现象（Vanwonterghem et al.，2016，Tringe et al.，2005）。A 区域根际微生物共现网络每个模块的功能多样性都高于 B 区域，且冗余度更低，可见 A 区域根际微生物在功能上也表现出更好的分化作用，这可能是由于 A 区域更强烈的人为干扰（如放牧）促进了长芒稗根际微生物的生态位分化，并最终对长芒稗的入侵产生一定的促进作用。

禁牧后，长芒稗生物量有所下降，土壤根际微生物群落结构随水位变化无显著性差异，水生根系根际微生物随水位变化具有显著性差异，变化特征与放牧前正好相反，这可能是由于在无放牧干扰条件下，不存在牲口践踏对根系造成的物理性损伤，根系与根际微生物作用关系较稳定，能够保持根际微生物群落的一致性，水生根系根际微生物群落特征与禁牧前无明显入侵区域的水生根系根际微生物群落变化特征相同，均随水位具有显著性差异。在核心 OTU 方面，禁牧后水生根系根际微生物群落中得到 49 个核心 OTU，占 OTU 总丰度的 68. 31%，高于禁牧前的 39. 16%；土壤根际中核心 OTU 数目为 59 个，占 OTU 总丰度的 50. 32%，远高于禁牧前的 13. 15%，可见在禁牧条件下群落的均匀度在降低。

禁牧后，根际微生物群落检测到了蓝藻含量较高，尤其是在水生根系中蓝藻的相对丰度最高，表明区域富营养化程度加重，共现网络分析结果表明根际藻群落网络仍存在着很强的聚集性，且禁牧后的聚集性大于禁牧前。禁牧后根际微生物群落共现网络可分为 6 个模块，其中丰度较高的模块有 4 个，利用 FAPROTAX 对各模块的功能预测，结果表明各模块在功能上具有很高的冗余性。

根据根际微生物群落研究结果，结合区域水文变化特征、水位对长芒稗和扁秆荆三棱生命周期各阶段的影响规律及野外观测结果，可以从水文调控和物理收割法两个方面进行长芒稗入侵的控制，其中物理收割法是快速消除长芒稗影响的应急策略，基于水文调控控制长芒稗入侵是一种长效机制，也是退化湿地生态补水的必然要求。

第 11 章　嫩江流域湿地系统适应性恢复方案

11.1　基于网络分析的流域湿地系统恢复

11.1.1　功能与结构双重网络节点适应性恢复

1）水文功能网络关键调控节点识别

基于节点生态关系，确定掠夺/被掠夺、竞争和共生关系变化率三个指标，熵值法为一种客观指标赋权法，以指标观测值来确定权重，未引入决策者的主观判断，本章以熵值法来确定指标权重，进而综合评分得到水文功能网络的关键调控节点。对于 m 个方案，n 个指标，可得原始指标矩阵：

$$A=(X_{ij})_{m\times n} \tag{11-1}$$

式中，X_{ij}为第 i 个方案中第 j 个指标值。若熵值出现无意义对数，需对数据进行平移，若存在负数，也需进行非负化处理。

对于越大越好的指标：

$$X'_{ij}=\frac{X_{ij}-\min(X_{1j},X_{2j},\cdots,X_{nj})}{\max(X_{1j},X_{2j},\cdots,X_{nj})-\min(X_{1j},X_{2j},\cdots,X_{nj})}+1 \tag{11-2}$$

对于越小越好的指标：

$$X'_{ij}=\frac{\max(X_{1j},X_{2j},\cdots,X_{nj})-X_{ij}}{\max(X_{1j},X_{2j},\cdots,X_{nj})-\min(X_{1j},X_{2j},\cdots,X_{nj})}+1 \tag{11-3}$$

则第 j 个指标下第 i 个方案的贡献度为

$$P_{ij}=\frac{X_{ij}}{\sum_{i=1}^{m}X_{ij}} \tag{11-4}$$

则第 j 个指标的熵值，即所有方案对于指标 j 的贡献总量 E_j为

$$E_j=-K\sum_{i=1}^{m}P_{ij}\ln(P_{ij}) \tag{11-5}$$

式中，常数 $K=1/\ln(m)$。属性值由所有方案差异大小来决定权系数的大小。则第 j 个指标下各方案的贡献一致性程度 d_j为

$$d_j=1-E_j \tag{11-6}$$

各指标的权重值 W_j为

$$W_j=\frac{d_j}{\sum_{j=1}^{n}d_j} \tag{11-7}$$

每个指标值与其权重乘积即为节点的综合值，根据综合值将节点分为Ⅰ、Ⅱ、Ⅲ三类（图 11-1）。

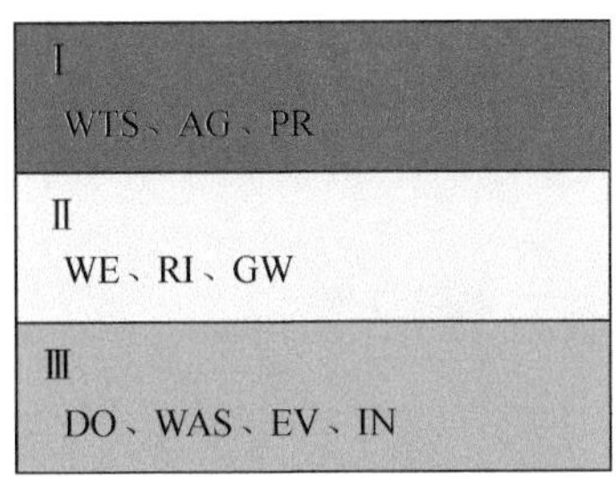

图 11-1　水文功能网络关键调控节点

注：红色代表开发，黄色代表竞争，绿色代表共生；PR，降水；RI，河；GW，地下水；IN，工业用水；DO，生活用水；AG，农业用水；WE，湿地；EV，蒸散发；WAS，水分配系统；WTS，水处理系统

在功能性网络中，所构建的水分配系统（WAS）和水处理系统（WTS）为虚拟节点，均可影响网络的稳健性，其中 WTS 为网络关键调控节点，具体表现在对湿地补水量的人为调水补给，以及对再生水的处理与回用。若在不改变总通量的情景下增加湿地流量，可提交系统的平均交互信息，湿地的控制性增强，使得效率增加，但冗余度和稳健性相应降低，而水处理系统可通过提高再利用率，使得系统总通量增加，同时对于供水节点的依赖性，可减少对湿地、地下水和农田退水的依赖性，流量通过更多的路径来分配，提高了系统的冗余和稳健性。同时湿地节点对网络的控制性最强，情景分析表明进入该节点的农田退水量是网络变化的重要驱动因子。综上，合理的湿地水资源综合管理，会发挥 WAS 和 WTS 的作用，合理使用农田退水，可提高功能网络的稳健性。

2）结构网络节点适应性恢复

在结构性网络中，察尔森水库和月亮泡水库对于湿地 HC 贡献率较大。其中察尔森水库直接影响湿地的供水 HC，月亮泡水库影响排水 HC。因此在进行 HC 恢复时应充分发挥水库的调度功能，恢复湿地系统水文功能连通性，尤其是源和汇的功能，保证湿地水量平衡。湿地节点的 HC 小波分析表明，相比于浅水草型湿地，湖泊型湿地由于其反馈信息速率快，可缩短恢复进度。针对湿地，尤其是浅水草型湿地，构建水文气象动态监测、预警和反馈机制，提高对灾害的动态监测能力，可有效反馈生态响应结果，降低退化湿地在恢复过程中的不确定性，缩短退化的窗口期。

各湿地节点间存在着直接或间接水文连通，湿地节点彼此互为驱动因子。对于湿地群的恢复和管理，应在流域尺度，围绕湿地群及水文相连的河湖沼，构建统一监管部门，系统性恢复退化湿地，避免局部恢复的局限性和所产生的恢复效果稳定性低的问题。

11.1.2　路径恢复

湿地系统网络演变中，重要的驱动过程为水文关系的改变，表现在地表径流与湿地节点间关系的改变。NUA 结果表明，近十年湿地与地表径流间的水文关系发生了改变，由于人为修建闸坝及引水工程、排水工程，湿地的自然补水路径基本断流，大量湿地水资源排入到河流中。情景分析显示恢复湿地的自然补水状态即河流对于湿地的补水过程，可以提高系统的稳健性。其中，扎龙湿地补水河流为乌裕尔河，而绰尔河对于向海湿地和莫莫格湿地的 HC 贡献率高，在进行 HC 恢复时，优先考虑绰尔河节点，恢复与湿地节点间的水量交换，不仅可以提高湿地节点的 HC，还有助于增加水文功能网络的稳健性。

11.1.3 湿地群结构网络流量配置

生态流量（ecological flow，EF）是为保护生态系统而留在湿地中或释放到湿地中的一定数量的水量，维持河流、湖泊和河口等不同类型湿地的一定水平的 EF 是进行流域生态恢复和水资源管理时要考虑的重要因素。由于对各种湿地的结构和功能的研究通常与各种其他目标结合在一起，因此，生态流量的确定通常侧重于具有期望目标的单一水生系统。但是，湿地并非孤立的空间，而是动态的、复杂的系统，湿地之间存在多种联系方式，如纵向、横向或垂直水文过程，并呈现出特定的网络结构。对生态流量分配的研究越来越多地从个别的水文单元转化为湿地系统整体，基于整体方法来评估流域的整个生态系统，并计算得到适宜的生态流量，提出湿地群结构网络流量配置方案。

上升性理论是基于单元间路径及流量来分析系统功能性特征的重要理论。本研究基于上升性理论设定五个网络指标：系统总通量（TST）、系统上升指数（A）、外部输入上升指数（A_o）、系统内部上升指数（A_i）和系统输出上升指数（A_e）。系统总通量 TST 反映了系统中发生的所有流量交换量的总和，体现了系统活性水平，上升指数（A）是由系统总通量和 Kullback-Leibler 信息指数（I）产生的，用来量化系统活跃程度和组织程度。指标 A_o表现出边界输入的特征，这主要取决于局部降水和地表径流。指标 A_e与边界产出有关，主要受节点取水量影响。由不同湿地成分之间的相互流动产生的内部度量（A_i）与从上游湿地到下游湿地的流量相关（表 11-1）。

表 11-1　系统指标计算公式

名称	符号	公式
系统总通量	TST	$\sum_{i=1}^{n+2}\sum_{j=1}^{n+2} T_{ij}$
系统上升指数	A	$\sum_{i=1}^{n}\sum_{j=1}^{n+2} T_{ij}\log_2\left(\frac{T_{ij}\times \text{TST}}{T_i\times T_j}\right)$
外部输入上升指数	A_o	$\sum_{j=1}^{n} T_{n+1,\ j}\log_2\left(\frac{T_{n+1,\ j}\times \text{TST}}{T_{n+1,\ j}\times T_j}\right)$
系统内部上升指数	A_i	$\sum_{i=1}^{n}\sum_{j=1}^{n} T_{ij}\log_2\left(\frac{T_{ij}\times \text{TST}}{T_i\times T_j}\right)$
系统输出上升指数	A_e	$\sum_{j=1}^{n} T_{j,\ n+2}\log_2\left(\frac{T_{j,\ n+2}\times T}{T_{n+2}\times T_j}\right)$

注：T_{ij}是从组件 i 到组件 j 的内部流量，（n+1）是边界输入，（n+2）是边界输出。

为了量化系统功能变化的程度，构建无量纲的偏差指数 D。大多数此类分析都是从静态表示“自然”系统开始，然后评估系统偏离参考点的程度，本章中，WS_0被确定为“自然”系统。基于归一化指标 A_o、A_i和 A_e来计算 D：

$$D=\sqrt{A_o'^2+A_i'^2A_e'^2}$$

$$x'=\left|\frac{(x_1-x)}{(x_1+x)/2}\right| \tag{11-8}$$

式中，A'_o、A'_i和 A'_e为通过等式归一化的得到的指标；x 为 WS_0的指标值（A_o、A_i和 A_e）；x_1为其他不同情境中的相应值（A_o、A_i和 A_e）。通过比较不同阶段的无量纲偏差指数 D，可以更好地理解湿地系统与“自然”状态之间的差异。

通过对基准偏差指标的比较，计算得到湿地系统的状态以及与最优状态的偏离度。这种偏离度体现了实际中湿地群系统的“健康”状况与“原始”系统状况之间的差异程度。因此基于无量纲指数 D 构造的调整系数 AC 可用于指导生态流量的配置。

$$\mathrm{AC}=D_t/D_{\min} \tag{11-9}$$

D_t为春夏秋季对应的偏差指数，由于研究区冬季气温低，为河流冰期，因此本章并未考虑该季节流量变化。建议的生态流量分配大小等于原始计算额生态流量分配乘以调节系数。$D_{\min}$是三个季节中最小的偏差指数。通过在每个阶段将调整系数 AC 与其主要生态流量分配相乘，可以调整湿地组件的建议流量分配。D_t越大，AC 越大。相应地，将为湿地分配更多的流量，以恢复其生态功能。

表 11-2 列出了一些选定路径的建议生态流量配置方案。由于夏季无量纲偏差指数最小，因此该季节的生态流量分配保持稳定。

表 11-2 丰、平、枯年每月推荐生态流量分配 （单位：$10^8 m^3$/月）

年份	季节	乌裕尔河入扎龙湿地	绰尔河入莫莫格湿地	入月亮泡水库	察尔森水库下泄	洮儿河入莫莫格湿地	霍林河入向海湿地	霍林河入查干湖
丰	春	1.758 79	1.959 26	0.744 64	0.582 07	0.234 80	0.000 42	0.888 80
	夏	6.422 00	3.394 70	3.348 00	3.010 80	4.533 60	0.018 50	0.367 10
	秋	1.407 07	2.465 85	0.719 78	0.301 74	4.648 78	0.003 39	0.204 13
平	春	0.283 43	0.799 04	0.724 49	0.651 63	0.105 90	0.000 17	0.313 33
	夏	14.043 50	23.896 50	4.664 00	0.004 67	0.049 40	0.001 90	0.384 20
	秋	1.469 10	0.801 25	0.608 93	0.294 48	3.485 14	0.002 94	0.191 83
枯	春	0.035 32	0.436 07	0.323 14	0.014 35	0.639 00	0.000 06	0.217 06
	夏	0.965 50	0.841 40	0.841 40	1.757 00	1.350 60	0.005 70	0.245 40
	秋	1.004 42	0.528 75	0.273 50	0.074 30	1.653 89	0.000 46	0.110 73

11.2 面向网络-水量平衡的湿地群系统水文连通性恢复策略

流域是水循环和水管理的基本单元，水文过程和土地利用变化将直接或间接地影响流域生态系统的稳定性和健康（Kharrazi et al.，2016）。湿地生态系统是流域水循环的重要组成部分，在供水单位和消费单位都有作用。湿地系统的自我维持机制取决于不同尺度的流域的系统结构完整性和水文过程，将湿地作为流域重要的水文单元，有利于湿地的保护和管理（Hai et al.，2015）。网络分析提供了一个框架，用于可视化系统组件的链接。通过建立跨学科网络系统并考虑复杂系统中水资源的供应和消耗，可以更有效地描述内部组织和整个系统的属性，随着生态网络研究的不断发展和应用，网络分析逐渐应用于湿地水文连通恢复（崔保山等，2016）。

以湿地群和与之相连的水文单元之间的链接为框架，建立了流域湿地连通网络系统。该系统包括水文子系统、生态子系统、社会经济子系统、气候子系统和政策管理子系统。每个子系统都有一个特定的功能，形成一个功能组。每个功能组中都有一整套交互元素和复杂的交互。在水文子系统中，河流、自然湿地、水库和湖泊被概括为节点。考虑到水源位置、湿地模式、水流方向和水流阻力等因素，采用GIS空间分析、网络分析和水文分析功能构建加权节点之间的路径。生态子系统反映了水文连通性变化对生境和生物连通性的影响。社会经济子系统显示人类生产和生活行为及其对节点间水流的影响。气候子系统反映了气候变化对系统的影响，主要通过降水和蒸散发作用。政策管理系统是指人类对水资源和湿地保护采取的措施。

在继续恢复湿地水文连通性之前，应首先掌握网络中连通性作用机制，以确定恢复目标和方法。同时，对受影响的湿地连通性恢复进行可行性分析。近年来，对受损湿地水文连通性修复机制的研究引起了许多学者的关注。

湿地水文连通性的驱动因素包括气候变化和人类活动，受损的水文连通性改变了湿地生境和生物生存繁殖模式，并通过级联效应食物链（网）影响更高营养水平的生物组成和行为。因此，恢复水文连通性应基于湿地目标物种或关键物种的栖息地恢复。不同的生境对水文情势要求也不同。计算生态需水量及生态流量，结合网络分析，可以获得湿地节点库存和其他节点流量的要求，以及关键的水文连通路径或节点及需要恢复的相应措施（图11-2）。

同时，应将满足某些生产和生活需水量作为水文连通性恢复的目标之一或约束条件。湿地和其他水文单元系统是一个复杂的系统，无法排除人类活动造成的干扰。在适当的干扰范围内，计算人类活动子系统中每个单元的需水量和需水路径有助于实现湿地水文连通性的多目标恢复。使用多目标分析虽然较难获得唯一的最优解，但是可以获得针对该问题的多种非劣解。流域中可调节的水量、路径所容纳的最大流量、人类生产和生活所需的最低水需求以及对引水路径的限制是恢复水文连通性的约束条件。整合可以获得湿地系统网络的内部存量和节点之间水通量的变化，可以满足恢复目标的状态作为水平衡状态，通过网络分析，得到需要调节的节点或路径。

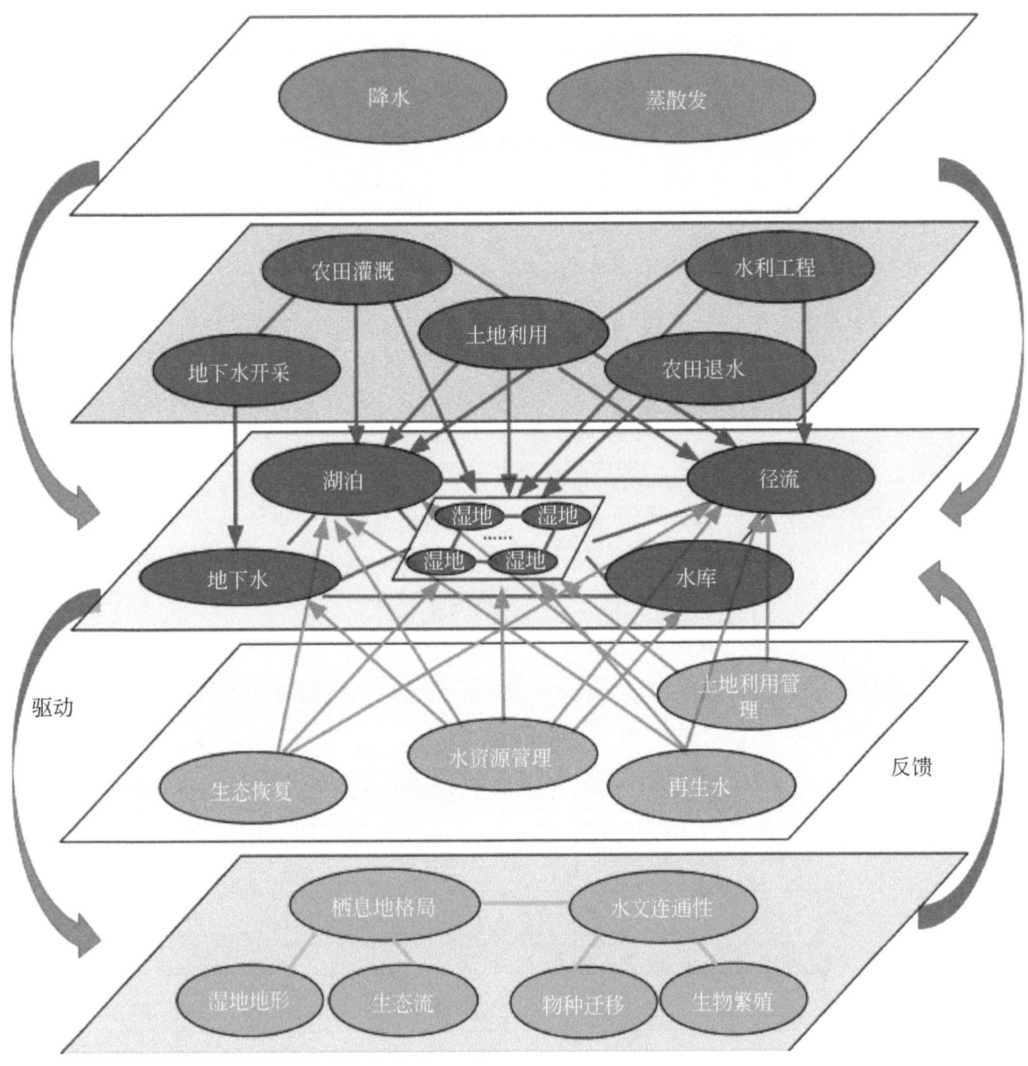

图 11-2 湿地群系统水文–生态–经济网络连通图

此外，较高的水文连通性有助于湿地群之间物质、能量和生物信息的流动和交换。然而，当本地物种在低水文连通性下适应破碎的栖息地环境时，如果重建或加强水文连通性，可能导致当地物种的迁移或物种的入侵。在湿地恢复中，识别不同类型的干扰，确定湿地水文连通性修复阈值的不同区域对于提高恢复的有效性至关重要。湿地水文连通性的恢复不仅恢复了供水通道的连通性，解决了湿地蓄水量较少的问题，而且恢复了排水通道的连通性，解决了湿地蓄水量过多的问题，因此考虑恢复不同类型的连接路径和连接方向非常重要。

为缓解湿地面积减少、结构破坏和功能障碍等问题，已采取各种措施恢复、重建和加强各类湿地和水文单元之间的水文联系。对受损湿地水文连通性恢复的研究应基于实地研究和时间序列数据分析，以确定水文连通性的驱动因素，并建立一个综合恢复框架（图

11-3)，其中包括生态、水文和经济模型，可反映生态过程、恢复成本和价值。建立复合网络可以避免局部或单个修复因子的限制。水文连通性直接影响湿地单元的水通量，进而影响水平衡。维持网络的水平衡是水文连通性恢复的关键。

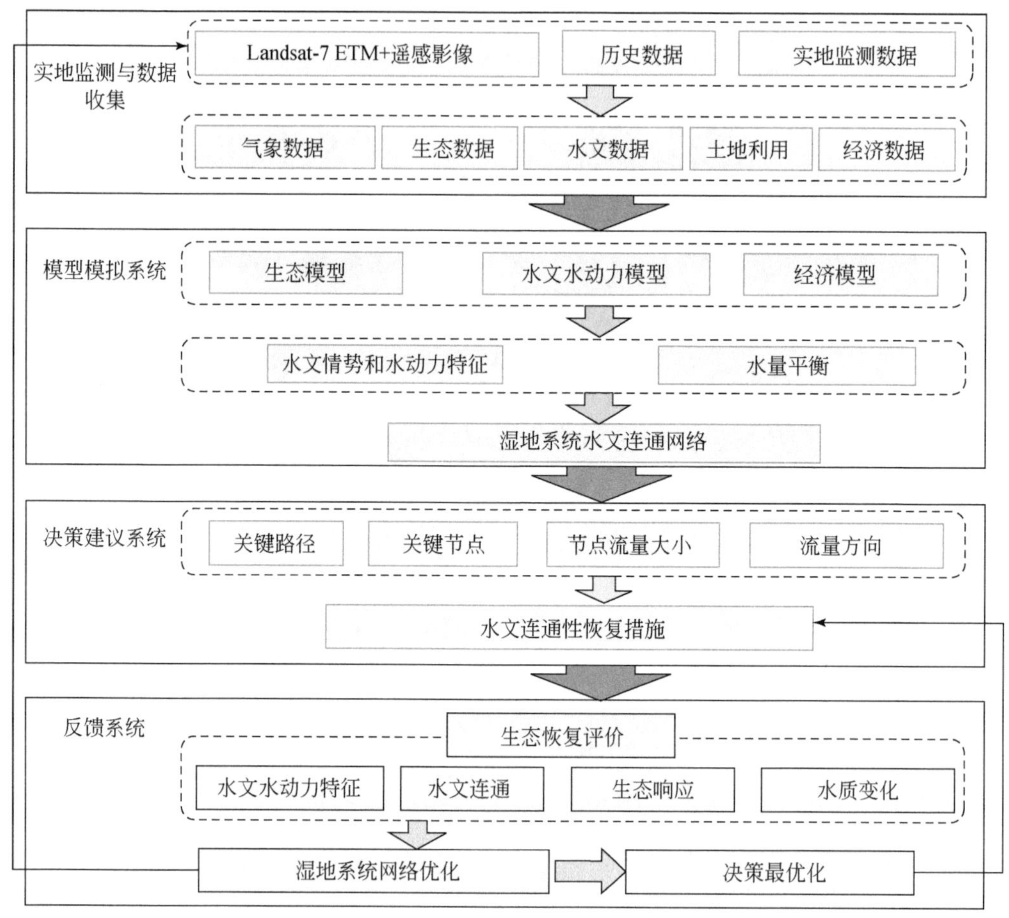

图 11-3　基于网络分析-水平衡恢复湿地群系统水文连通性的框架

基于网络-水平衡的湿地水文连通性恢复和管理框架由四部分组成：数据采集和输入系统、模型操作系统、决策和建议系统及反馈系统。数据收集系统通过实地研究和监测、历史数据检索和遥感图像的解译，获得生态数据、水文数据、社会经济数据、气象数据和土地利用数据。时间序列数据是指水文年鉴、各省市统计年鉴及通过文献研究获得的数据。在模型运行系统中，可根据生态状况和水文情势及恢复区的经济发展，选择合适的生态模型、水文模型和经济模型，输入获得的不同类型的数据。同时，建立湿地系统网络，计算系统各部门之间的水平衡和水通量，进而确定需要在水文连通网络中恢复的关键节点、关键路径、水通量控制和水通量方向。在决策和提案系统中，可根据需要恢复的关键区域选择适当的水文连通性恢复措施。在恢复战略中，还必须对恢复措施进行评估。它可以评估修复效果是否符合预期，并分析恢复措施是否对生态系统产生其他不利影响。研究者和管理者可以根据评估结果调整修复措施。

11.3 白鹤重要停歇地湿地恢复的生态水文调控模式

湿地水文过程对湿地水鸟的影响因物种而异，也就是说，某种湿地水鸟的种群不仅体现水位波动对该物种食物数量和质量的影响，还体现对栖息地结构变化的影响，水位波动不仅改变了鸟类栖息的微生境，还会影响湿地水鸟的取食效率（Bolduc and Afton，2008；Jobin et al.，2009；Farago and Hangya，2012）。当该水位的波动范围超过物种的适应范围时，湿地水鸟种群数量减少，并且可能会被迫前往其他栖息地（Jia et al.，2013）；湿地生态特征的许多方面也可能会受到影响，并影响生态系统的功能（Kushlan，1986）。在这个过程中，即使植物种群能够保持平衡，湿地水鸟种群的稳定性也可能受到严重影响（Zhang et al.，2010）。

本章研究目标为：针对白鹤湖湿地水文特征，利用构建的基于 EFDC 的白鹤湖湿地水动力模型，模拟不同降水频率和农田退水量情景下湿地水位的变化，以适宜白鹤停歇的生态水位为调控目标，提出多情景下白鹤湖湿地生态水文调控措施。

11.3.1 白鹤湖水动力特征分析

1）水动力模型控制方程

在 EFDC 模型中，求解的水动力控制方程是浅水方程。湖泊湿地垂直平均水流速度的控制方程为

$$\frac{\partial h}{\partial t}+\frac{\partial uh}{\partial x}+\frac{\partial vh}{\partial y}=0 \tag{11-10}$$

$$\frac{\partial u}{\partial t}+u\frac{\partial u}{\partial x}+v\frac{\partial u}{\partial y}+g\frac{\partial z}{\partial x}=\frac{\tau_x^z-\tau_x^b}{h}+fv \tag{11-11}$$

$$\frac{\partial v}{\partial t}+u\frac{\partial v}{\partial x}+v\frac{\partial v}{\partial y}+g\frac{\partial z}{\partial y}=\frac{\tau_y^z-\tau_y^b}{h}-fu \tag{11-12}$$

式中，u、v 分别为 x、y 方向的流速；t 为时间；z 和 h 分别为水位及水深；τ_x^z、τ_y^z 分别为 x、y 方向的水面剪切力；τ_x^b、τ_y^b 分别为 x、y 方向的水底剪切力；f 为科氏系数。

2）模型边界条件设置

图 11-4 中，入流边界是白沙滩灌区二排干入湖流量，出流边界是湖口出流量。进水口水量是白鹤湖主要水源，日最大入流量可达 18.3m³/s。每日进、出流量值均采用实测数据。

3）模型验证

湿地水动力模型的验证时间选取了 2017 年 5 月 1 日 ~ 2017 年 10 月 1 日的 5 个月时间，该时段包含了白鹤湖的丰水期（6 ~ 9 月），排除了湿地封冻期。由分析结果可知，实测水位与模拟水位的平均绝对误差为 0.14m、平均相对误差为 0.13%；在 SPSS 20.0 中对

2 组数据做相关性检验，结果表明实测水位和模拟水位间具有极显著的相关性（$p<0.001$），说明模型模拟的效果较好（图 11-4，图 11-5，表 11-3）。

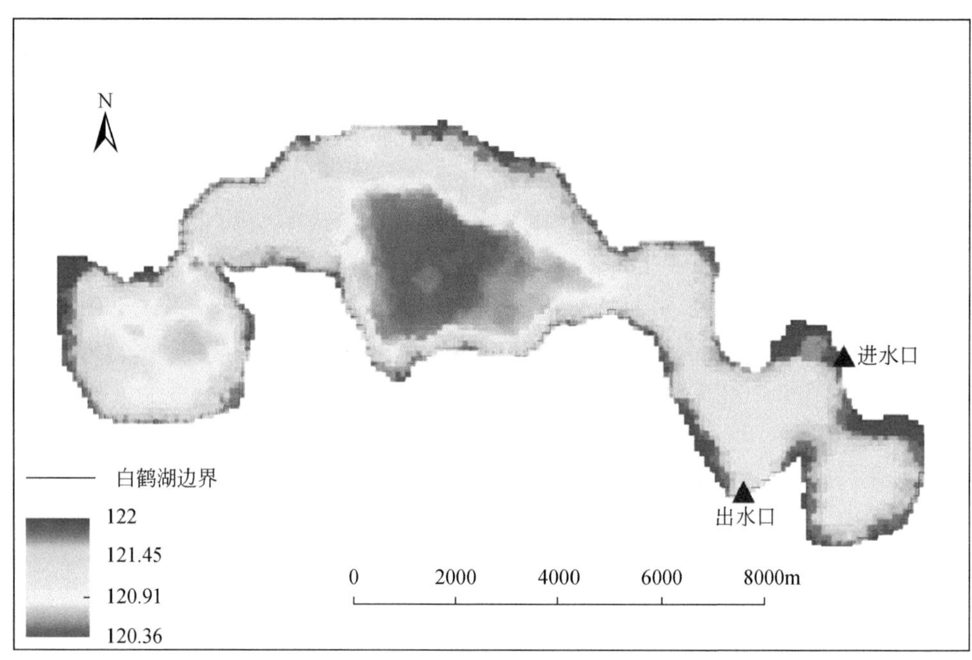

图 11-4　白鹤湖水下地形图

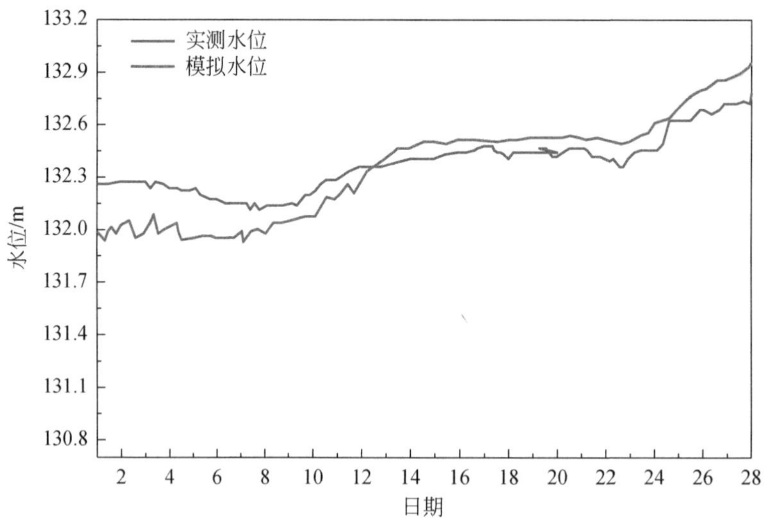

图 11-5　模拟水位与实测水位对比

表 11-3 模拟水位与实测水位间的相关性检验

水位	相关性检验	实测水位	模拟水位
实测水位	Pearson 相关	1	0.972**
	Sig. (2-tailed)		<0.001
	N	150	150
模拟水位	Pearson 相关	0.972**	1
	Sig. (2-tailed)	<0.001	
	N	150	150

注：** 表示差异显著性小于 0.01（双尾检验）；Sig.（2-tailed）表示双尾检验的概率值

11.3.2 不同降水保证率设定

基于白鹤湖气象站 57 年的降水量数据（1961～2017 年），计算出白鹤湖平均降水保证率（表 11-4）。由于白鹤湖的降水量集中在每年的 5～9 月份（丰水年），其中 9 月份的降水量对白鹤在白鹤湖停歇时的数量影响极大，因此将 1961～2017 年的 5～9 月份总降水量和 9 月份的降水量进行排序。分别选取 2014 年、2011 年、1988 年、2010 年和 2002 年作为 10.0%、25.0%、50.0%、75.0% 和 90.0% 降水保证率的基准年，白鹤湖平均降水保证率计算结果见表 11-4。虽然 2016 年的 5～9 月份降水保证率在 50.0% 左右，但 9 月份的降水保证率仅为 1.7%，9 月份降水量极大，因此需要单独考虑。

表 11-4 白鹤湖平均降水保证率计算结果

序号	5～9 月		9 月	
	降水量/mm	保证率/%	降水量/mm	保证率/%
1	579.8	1.7	52.5	22.4
2	564.4	3.4	33.8	37.9
3	542.9	5.2	83.4	5.2
4	519.5	6.9	57.4	17.2
5	493.1	8.6	109.7	3.4
6	465.8	10.3	7.5	89.7
7	457.7	12.1	49.6	27.6
8	455.8	13.8	10.8	86.2
9	451.7	15.5	25.4	48.3
10	446.0	17.2	32.0	43.1
11	443.3	19.0	54.1	19.0
12	440.6	20.7	22.1	53.4
13	434.8	22.4	16.5	69.0
14	434.7	24.1	42.1	34.5

续表

序号	5～9月		9月	
	降水量/mm	保证率/%	降水量/mm	保证率/%
15	428.2	25.9	21.7	56.9
16	427.1	27.6	61.8	13.8
17	423.1	29.3	31.4	44.8
18	420.1	31.0	65.5	12.1
19	403.4	32.8	29.6	46.6
20	402.8	34.5	82.4	6.9
21	402.4	36.2	70.7	10.3
22	399.0	37.9	43.7	31.0
23	392.8	39.7	18.8	63.8
24	375.7	41.4	128.4	1.7
25	361.9	43.1	50.4	25.9
26	356.1	44.8	77.5	8.6
27	355.8	46.6	5.1	93.1
28	342.9	48.3	33.6	39.7
29	338.8	50.0	13.1	77.6
30	336.1	51.7	21.8	55.2
31	324.0	53.4	50.6	24.1
32	320.8	55.2	15.2	74.1
33	319.9	56.9	34.4	36.2
34	317.8	58.6	33.3	41.4
35	310.8	60.3	25.2	50.0
36	308.9	62.1	60.0	15.5
37	295.1	63.8	24.4	51.7
38	288.4	65.5	8.7	87.9
39	286.3	67.2	15.7	72.4
40	282.7	69.0	12.8	81.0
41	281.8	70.7	18.2	65.5
42	278.2	72.4	12.2	82.8
43	270.3	74.1	17.0	67.2
44	253.6	75.9	13.7	75.9
45	253.5	77.6	53.3	20.7
46	242.2	79.3	6.5	91.4
47	237.4	81.0	19.3	62.1
48	230.3	82.8	3.9	94.8

续表

序号	5～9 月		9 月	
	降水量/mm	保证率/%	降水量/mm	保证率/%
49	218.1	84.5	16.2	70.7
50	217.9	86.2	10.8	84.5
51	214.4	87.9	43.0	32.8
52	209.1	89.7	47.8	29.3
53	208.2	91.4	21.6	58.6
54	182.2	93.1	2.0	96.6
55	166.5	94.8	1.0	98.3
56	159.6	96.6	20.4	60.3
57	96.7	98.3	13.0	79.3

11.3.3 不同农田退水量设定

农田退水量依据前杭排涝站提供的 2008～2017 年数据，并结合当年的降水情况和灌区发展规划综合分析设定农田退水量（表 11-5）。

表 11-5　2008～2017 年农田退水情况

年份	开机时间	停机时间	运行小时/h	水量/$10^6 m^3$	累积频率/%
2008	7 月 12 日	11 月 6 日	1715	13.9	80
2009	6 月 10 日	11 月 21 日	1329	10.8	90
2010	5 月 28 日	10 月 5 日	2171	17.6	70
2011	5 月 10 日	10 月 18 日	5209	42.2	40
2012	5 月 18 日	10 月 4 日	4600	37.3	50
2013	6 月 30 日	10 月 6 日	4476	37.0	60
2014	5 月 16 日	10 月 14 日	6266	50.8	20
2015	5 月 12 日	10 月 16 日	6143	50.0	30
2016	5 月 12 日	10 月 19 日	7508	62.2	10
2017	5 月 17 日	10 月 10 日	7310	51.1	20

11.3.4 不同情景设置

综合考虑气候变化和人类活动的影响，对未来变化环境下的生态水文过程进行不同情景模拟。在丰水年，由于大量的天然降水输入到上游农田中，为防止农田被淹、影响粮食产量，多余的大量农田退水被排入到白鹤湖湿地中；而在枯水年，农田的天然补给水量不足，仅产生少量的农田退水。因此设置以下 6 种情景（表 11-6）。

表 11-6 不同情景设置

情景	降水保证率	农田退水累积频率	初始水位/m	对应年份
A	10.0%	25.0%	132.10	2014
B	25.0%	50.0%	132.10	2011
C	50.0%	10.0%	132.00	2016
D	50.0%	50.0%	132.05	1988
E	75.0%	75.0%	132.00	2010
F	90.0%	90.0%	131.90	2002

11.3.5 不同来水情景下湿地水位模拟与调控

采用构建的基于 EFDC 的白鹤湖湿地水动力模型，模拟不同降水频率和农田退水量情景下湿地水位变化，以适宜白鹤停歇的生态水位为调控目标，对不同来水情景下白鹤湖湿地生态水位进行调控。

（1）情景 A：初始水位为 132.10m，5～9 月份降水量为 $19.5\times10^6m^3$，农田退水量为 $48.3\times10^6m^3$。在此情景下的调控措施为：从 7 月份开始，将白鹤湖出水口的流量扩大为 $4.6m^3/s$，7～9 月份总泄水量为 $36.2\times10^6m^3$，在白鹤到来（秋季）之前可达到其适宜的生态水位（图 11-6）。

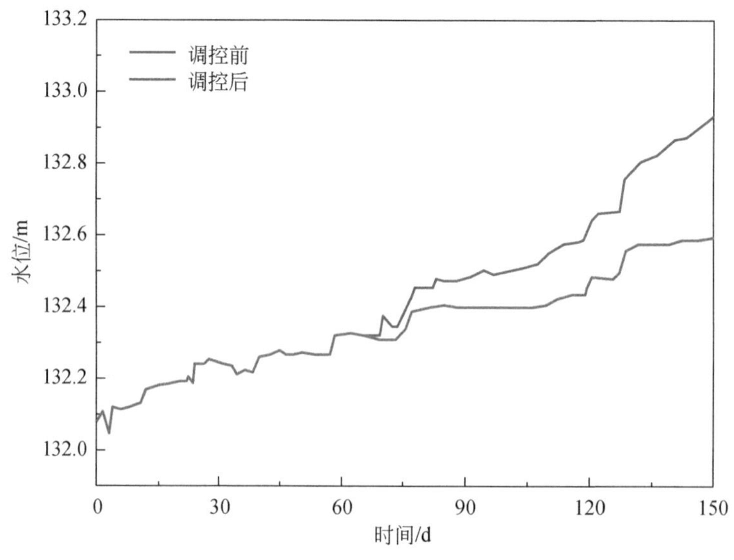

图 11-6 情景 A 下水位调控

（2）情景 B：初始水位为 132.10m，5～9 月份降水量为 $17.2\times10^6m^3$，农田退水量为 $42.2\times10^6m^3$。在此情景下的调控措施为：从 7 月份开始，将白鹤湖出水口的流量扩大为 $2.7m^3/s$，7～9 月份总泄水量为 $21.4\times10^6m^3$，在白鹤到来（秋季）之前可达到其适宜的生态水位（图 11-7）。

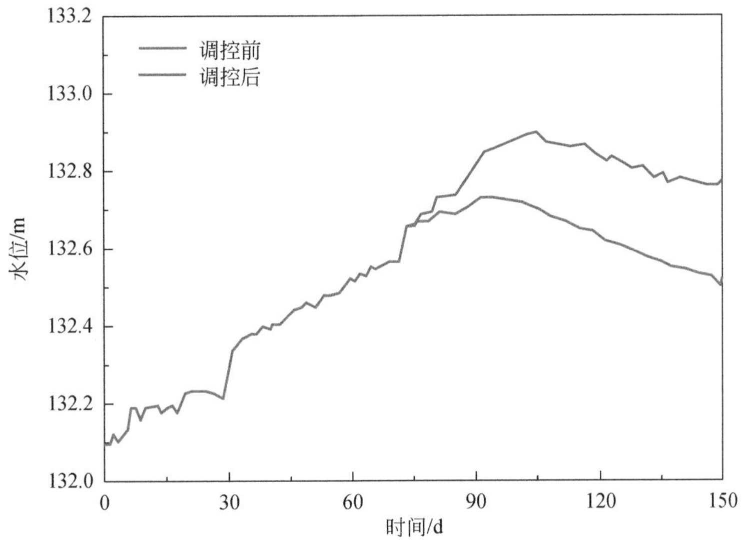

图 11-7　情景 B 下水位调控

（3）情景 C：初始水位为 132.00m，5～9 月份降水量为 $14.9\times10^6m^3$，农田退水量为 $58.3\times10^6m^3$。其中仅 9 月份降水量就达到 $5.1\times10^6m^3$，农田退水量为 $19.0\times10^6m^3$。在此情景下的调控措施为：将 9 月份白鹤湖水水口流量调至为 $8.8m^3/s$，9 月份总出湖流量达到 $22.8\times10^6m^3$，在白鹤到来（秋季）之前可达到其适宜的生态水位（图 11-8）。

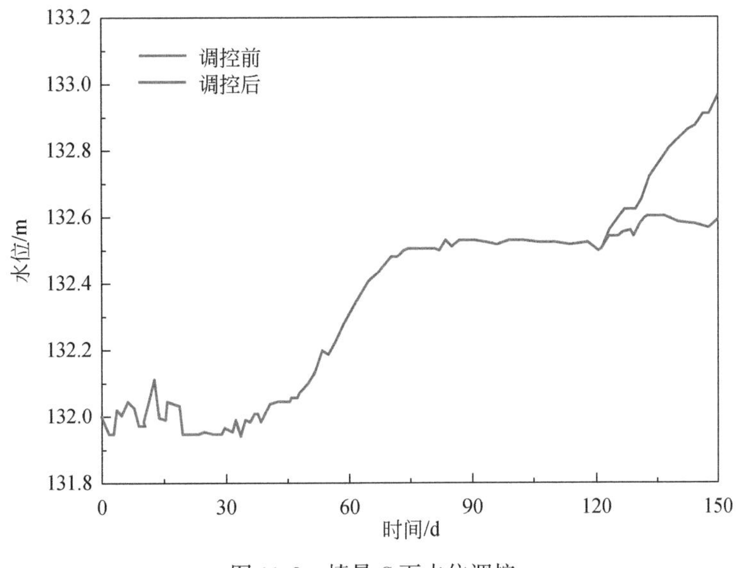

图 11-8　情景 C 下水位调控

（4）情景 D：初始水位为 132.05m，5～9 月份降水量为 $13.6\times10^6m^3$，农田退水量为 $28.6\times10^6m^3$。在此情景下，5～9 月份降水量适中，农田退水量也适中，因此不需要对白鹤湖进行调控，在白鹤到来（秋季）之前即可达到其适宜的生态水位（图 11-9）。

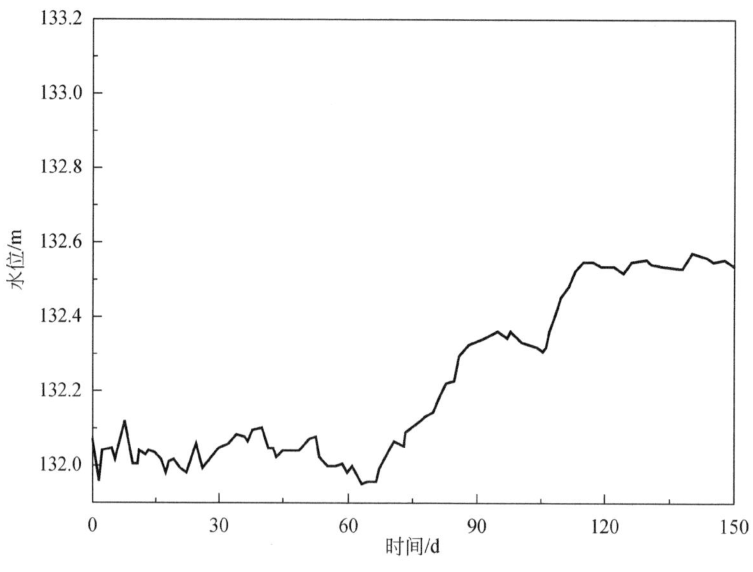

图 11-9　情景 D 下水位调控

（5）情景 E：初始水位为 132.00m，5～9 月份降水量为 $10.1\times10^6m^3$，农田退水量为 $17.6\times10^6m^3$。在此情景下的调控措施为：从 7 月份开始白鹤湖不再放水，并将白鹤湖出水口的流量调至为 $3.7m^3/s$，7～9 月份总补水量为 $29.2\times10^6m^3$，在白鹤（Grus leucogeranus）到来（秋季）之前即可达到其适宜的生态水位（图 11-10）。

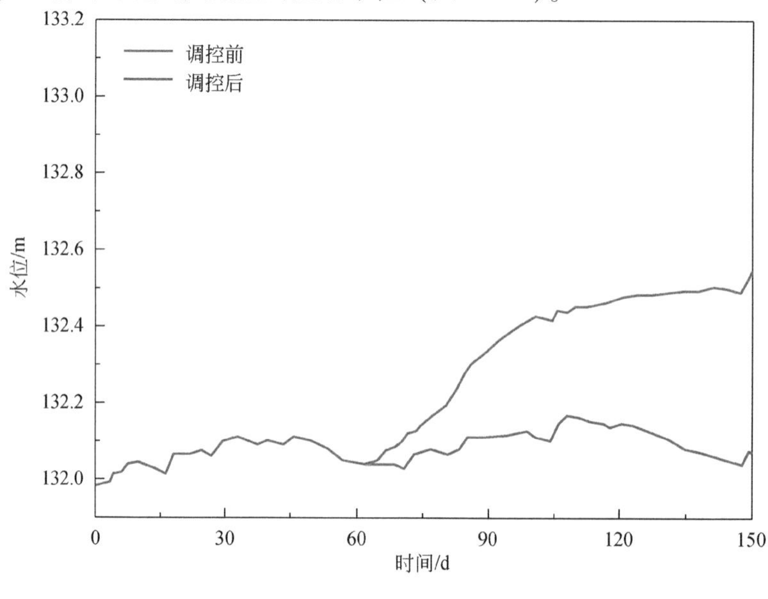

图 11-10　情景 E 下水位调控

(6) 情景 F：初始水位为 131. 90m，5 ~ 9 月份降水量为 $7.2\times10^6 m^3$，农田退水量为 $5.3\times10^6 m^3$。在此情景下的调控措施为：从 6 月份开始白鹤湖不再放水，并将白鹤湖出水口的流量增大为 $3.8 m^3/s$，6 ~ 9 月份总补水量为 $39.5\times10^6 m^3$，在白鹤到来（秋季）之前即可达到其适宜的生态水位（图 11-11）。

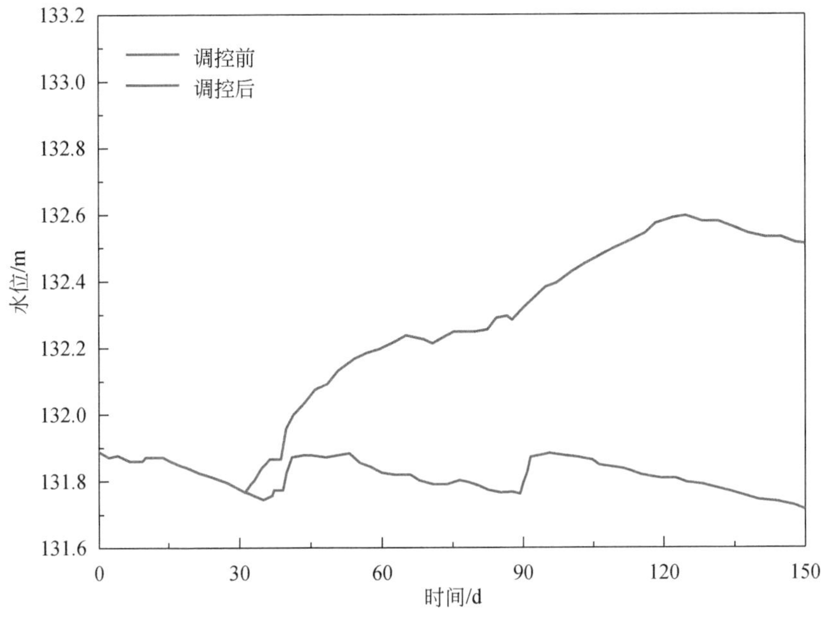

图 11-11　情景 F 下水位调控

不同情景下白鹤湖调控前及调控后的水量平衡见表 11-7 和表 11-8。综上，在丰水年，为保障白鹤湖上游农田不被淹没、不影响粮食产量，允许上游向白鹤湖排水，但需要增大白鹤湖出流量，在 9 月末白鹤到来之前将进水量全部排出，达到白鹤适宜生态水位；在枯水年，天然降水及上游农田退水不能满足白鹤湖水位需求时，需另外对白鹤湖进行补水以达到白鹤适宜的生态水位。

表 11-7　不同情景下白鹤湖湿地水文调控对策

情景	入水口流量 /m^3/s	起止时间（月份）	总补水量 /$10^6 m^3$	出水口流量 /m^3/s	起止时间（月份）	总泄水量 $\times10^6 m^3$
情景 A	×	×	×	4. 6	7 ~ 9	36. 2
情景 B	×	×	×	2. 7	7 ~ 9	21. 4
情景 C	×	×	×	8. 8	9	22. 8
情景 D	×	×	×	×	×	×
情景 E	3. 7	7 ~ 9	29. 2	0	7 ~ 9	0
情景 F	3. 8	6 ~ 9	39. 5	0	6 ~ 9	0

注：×表示无需调控。

表 11-8　不同情景下白鹤湖 5～9 月份调控前及调控后的水量平衡

（单位：10^6m^3）

时间段	情景	入湖项		出湖项		蓄水变化量
		降水	入湖径流	蒸散发	出湖径流	
调控前	情景 A	19.5	48.3	24.9	15.2	27.7
	情景 B	17.2	42.2	26.7	13.6	19.2
	情景 C	14.9	58.3	26.8	17.3	29.1
	情景 D	13.6	28.6	23.7	9.9	8.6
	情景 E	10.1	17.6	27.1	7.0	-6.4
	情景 F	7.2	5.3	28.0	3.6	-19.1
调控后	情景 A	19.5	48.3	24.9	40.1	2.8
	情景 B	17.2	42.2	26.7	27.9	4.9
	情景 C	14.9	58.3	26.8	34.5	12.0
	情景 D	13.6	28.6	23.7	9.9	8.6
	情景 E	10.1	37.1	27.1	3.0	17.0
	情景 F	7.2	39.8	28.0	0.5	18.5

11.4　本章小结

本章针对白鹤湖湿地水文特征，基于环境流体动力学模型（EFDC）平台构建了白鹤湖湿地水动力模型，并进行了计算。采用构建的基于 EFDC 的白鹤湖湿地水动力模型，模拟了不同降水频率和农田退水量情景下湿地水位的变化，依据白鹤适宜生态水位为调控目标，提出了多情景下白鹤湖湿地生态水文调控对策和措施。

不同情景下水文调控对策如下：在情景 A 或 B 条件下，降水量较大，为保障白鹤湖上游农田不被淹没、不影响粮食产量，应保持入湖径流不变，但需增大出水口的流量，7～9 月份总泄水量分别为 $36.2\times10^6m^3$ 和 $21.4\times10^6m^3$，在秋季白鹤到来之前方可将多余水量全部排出；在情景 C 条件下，入湖径流不大但集中在 9 月份，所以应保持入水口流量不变，扩大 9 月份出水口的流量，9 月份总泄水量为 $22.8\times10^6m^3$；在情景 D 条件下，由于降水量适中，农田退水量式中，所以无需对白鹤湖进行调控，在秋季白鹤到来之前即可达到其适宜生态水位；在情景 E 或 F 条件下，由于天然降水及农田退水不足以补充白鹤湖需水量，情景 E 需从 7 月份开始扩大入湖径流，7～9 月份总补水量为 $29.2\times10^6m^3$，情景 F 需从 6 月份开始扩大入湖径流，6～9 月份总补水量为 $39.5\times10^6m^3$，且补水期间出水口不再放水，以此保证在秋季白鹤到来之前达到其适宜生态水位。

总体上看，上游农田退水量随降水量的增加而增大；丰水年在入流量保持不变的情况下，白鹤湖需提前放水，并增大泄流量；枯水年，天然降水及上游农田退水量不足以使白鹤湖达到白鹤适宜生态水位，需对其进行补水且此期间全湖不再排水；在平水年一般无需调控即可达到白鹤适宜生态水位，但 9 月份降水异常偏多的情景下，需增大 9 月份泄流量。

第 12 章 结论与展望

12.1 结　　论

本书从流域尺度，构建流域湿地群系统水文功能-结构双重网络，研究了不同驱动因子作用下，湿地群网络系统演变的驱动因子及过程；建立了节点-节点/整体方法，解析了不同湿地间水文关系及其变化，识别关键调控湿地节点——莫莫格湿地。在湿地尺度，以莫莫格湿地白鹤湖为研究区，基于稳定同位素技术和 IsoSource 线性混合模型估算了主要食源对不同消费者的贡献率的季节变化特征，构建了以白鹤为关键物种的白鹤湖食物网结构。基于生态能质研究了水深变化对湿地食物网结构和功能的影响。建立综合指数表征白鹤重要停歇地脆弱性的时空变化规律。以 AQUATOX 模型为基础，构建 MBVIM 模型来模拟白鹤湖湿地水生态系统的季节变化特征及在不同污染条件下的演替趋势。由于根际微生物存在于植物根系与土壤环境的交互界面上，对植物的生长、繁殖及对胁迫环境的耐受性方面具有重要作用。以白鹤食源性物种——扁秆荆三棱为研究对象，利用 16S rDNA 测序技术和宏基因组测序技术，研究了不同水位下的微生物群落结构与功能特征，对根际微生物驱动的白鹤食源质量相关代谢过程、生物地球化学循环特征进行了深入分析；借助共现网络分析，解析了不同入侵区域及禁牧前后长芒稗根际微生物群落结构与功能特征，解释了长芒稗灾变成入侵种的机制。针对研究结果，在流域尺度提出网络流量配置方案，在湿地尺度，以适宜生态水位为调控目标，提出多情景下生态水文调控方案，及控制长芒稗入侵的策略。

研究结论如下。

(1) 湿地群系统水文功能网络稳健性（稳健性）由 0.523 上升至 0.530，网络表现出高效率、低冗余和低稳定性。降水量、农田退水及湿地自然补水格局的改变是水文功能网络演变的关键驱动因子。本书从流域尺度，将湿地单元纳入流域水文水资源系统，构建湿地群系统水文功能网络。生态网络分析结果表明，系统网络表现出高效率、低冗余和低稳定性，且稳健性 R 值由 0.523 升至 0.530，其避免由各种内部和外部变化引起的崩溃的能力不断提高。竞争（-，-）和剥削（+，-）的比例有所增加，且剥削关系占主导(60%)。降水、地下水和湿地是主要的供水节点。湿地对河流的补给量不断增加(14%～27%)，而地下水的补给量有降低（42%～29%)，河流与湿地、地下水之间的水文平衡发生了变化。水利工程阻断了河流对湿地的天然补给，农田退水是湿地重要的补水水源（+，-）。系统控制节点中，湿地节点的控制强度最高（3.20），湿地对地表径流节点呈现完全控制性，地下水对河流的控制程度增大，Cr 值由 0.71 变为 0.93，这表明地表径流的补水严重依赖于湿地与地下水。降水量、农田退水及水文关系改变可改变系统的冗余与效率。当降水增加时，效率值位于 $R\text{-}a$ 曲线的左侧，表明稳健性增加，冗余度高。对于湿地，单纯增加水资源投入以提高补给量，导致冗余降低，系统抵抗崩溃的能力变差。而河流自然补水量的增加以及补给湿地的农田退水量将增加系统的稳健性。

（2）湿地群结构网络水文连通性呈现 40～50 个月的显著周期性变化，湿地与其自然补水单元和排水单元的 HC 值降低，察尔森水库水文源功能减弱（126.71→119.56），月亮泡水库水文汇功能减弱（120.79→112.29）。改进传统图论法，建立了湿地群系统结构拓扑网络模型，基于加权邻接矩阵和 Morlet 小波分析研究了系统结构网络的 HC。网络分析结果表明，结构网络与各节点 HC 值呈现年际波动小，年内波动大的特点，由于冰雪融水及降水，春季和夏季的连通性较高，空间上，下游区域（110.83）高于上游区域（102.85），西部区域（110.53）高于东部（92.75）。湿地节点中，莫莫格湿地和向海湿地连通性为一般连通（105.11 和 101.11），扎龙湿地的为低连通（65.69）。绰尔河的连通性对于莫莫格湿地、向海湿地和查干湖的 HC 贡献率最高，是重要节点。人为干扰中，水库运行对网络的水文连通性具有较大影响，超过 14%。其中察尔森水库、月亮泡水库对莫莫格湿地、向海湿地和查干湖湿地的 HC 的贡献达到其连通性的 8% 和 10%。扎龙湿地、莫莫格湿地、向海湿地和查干湖与其自然补水单元的水文连通性不断降低，其中，由于察尔森水库的截流，莫莫格湿地自然补水河流基本断流，且该湿地与其主要排水单元——月亮泡水库之间水文连通性也降低（120.79→112.29）。察尔森水库与下游湿地的 HC 降低（126.71→119.56）水文源功能较弱。不同的类型湿地导致修复管理效果的反馈时间不同，这种滞后性是改变湿地 HC 周期性震荡的关键因素。湖泊型湿地-查干湖周期尺度（12 个月）要小于草甸型湿地（40～50 个月）。此外，莫莫格湿地、向海湿地和查干湖之间存在间接的水文关系。

（3）结构网络的系统共生指数下降（1.05→0.975），洮儿河对湿地的拉动力大于推动力，莫莫格湿地是关键湿地调控节点。在结构网络基础上，构建 NN-NW 网络关系分析方法，计算得到网络生态关系结构占比变化，及网络节点的拉动力与推动力。结果表明，系统共生指数由 1.05 减至 0.975，网络的正效用逐渐减少，在 2015 年之后，$M<1$，各单元之间呈现的积极关系弱于消极关系。降水事件增加开发关系的比例，农田退水使得共生关系比例增加。嫩江是网络主要的拉动节点，绰尔河、月亮泡水库、洮儿河和嫩江是网络主要推动力节点。嫩江、月亮泡水库的推动力和拉动力系数均下降，该节点与网络整体的相互依赖性降低，水文连通性下降。湿地节点中，莫莫格湿地和向海湿地之间生态关系由竞争（-，-）变为开发（+，-），与查干湖则由互利共生（+，+）变为开发（-，+）关系，莫莫格湿地与向海湿地和查干湖的生态关系变化最为明显；节点-整体的需求/供给关联分析也显示莫莫格湿地对网络的拉动力和推动力最大。

（4）关键调控节点-莫莫格白鹤湖水文水动力变化对网络演变的驱动因子入湖流量（农田退水）、出湖流量和大气降水量具有高敏感性，湿地水文连通性模式退化驱动水量失衡，导致湿地植被萌发期水量不足，结实期（退水期）水量过多，生境质量下降。以莫莫格湿地白鹤湖作为典型退化湿地，以水位、水面面积-水位表征水文特征，以 MIKE 模拟水体流场。研究结果表明，湖区平均水深为 1.08m，历史最高水深为 1.59m（2014 年），最低水深为 0.57m（2010 年），2010 年之前，水深呈不显著下降趋势，之后水深不断增加，2012 年之后 UF 值超过了显著性水平 0.05 临界线。由于白鹤湖具有明显的涨水期、农田退水期和落水期，不同时期水面面积-水位相关性不同，农田退水期 Pearson 相关系数最高为 0.867，涨水期次之，为 0.857。农田退水、大气降水以及沿湖公路是相关系数变化的主要驱动因子。同时自然状态下，水面面积与水位之间存在滞后性，农田退水可对其产生影响，降低滞后性。纳什系数（不小于 0.96）表明研究所构建的 MIKE 21 水动力模型能够用于白鹤湖水动力特征的模拟分析。研究区东南部区域分布有入水口和出水口，入水口平均水深高于出水口。各点 9 月份流速最高，4 月份流速最低。模型敏感性分析表明，白鹤湖流场对入湖流量的敏感性最高（1.17），敏感性级别为很高，其次为出湖流量（0.78）和大气降水量（0.55），敏感级别为高敏感性，风速最低（0.17），为中度敏感。在湖区东南部与西部区域，分布有大量水生植被，对水流产生阻力作用。因此，农田退水对湿地水文水动力影响最大，其次为排水量、大气降水和沿湖公路，分析结果验证了网络分析结果。白鹤湖是白鹤迁移的重要中转站，以其食源物种-荆三棱作为保护目标物种。依据分布格局发现荆三棱适宜水深为 0.25 ~ 0.5m，适宜流速为 0.02 ~ 0.03m/s。在湿地植被生长期（春季），湿地的水文连通性难以满足生态需水的要求，导致湿地水量不足，湿地水位低于生态水位；在秋季，由于农业生产，大量的农田退水排入到湿地（$62.23\times 10^6 m^3$），由于缺乏科学性的指导，每年排水量超过湿地需求，此时，排水渠道并不畅通，排水量不足，进而导致水位超过湿地植被的适宜水位，水力特性无法满足植被对于流场需求，造成白鹤生境质量下降。湿地生态服务功能下降。水文连通性与湿地生态需水变化规律不匹配性，这是嫩江流域下游湿地生态系统退化的重要原因。

（5）在流域和湿地尺度提出适应性恢复方案，针对现有的水文连通恢复和管理的局限性，提出基于网络-水平衡的湿地系统水文连通性恢复与管理框架。流域尺度湿地群系统适应性恢复方案为：发挥 WAS 和 WTS 的作用，合理使用农田退水；充分发挥水库的调度功能，尤其是源和汇的功能，保证湿地水量平衡；构建湿地系统水文气象动态监测、预警和反馈机制，提高对灾害的动态监测能力，及时反馈生态响应结果；组建流域尺度湿地系统统一监管部门，优先恢复湿地的自然补水状态，即河流对湿地的补水过程；基于 ENA 上升性理论，提出生态流量配置方案。生态系统尺度（湿地尺度）适应性恢复方案为：4 月白鹤湖水位低于适宜水位，需增加入湖流量以维持植被适宜生长条件。在枯水年 5 月水位略低于最适水位，可适当增加上游水库泄水量，维持流量在 7.11 ~ 12.23m^3/s。在 7 ~ 9 月，丰水年和平水年水位均超过水位阈值，为保证上游农田不被淹没，此时，应增加出水口泄水流量。基于研究结论，针对现有的水文连通恢复和管理的局限性，本书提出了包含实地监测和历史数据收集、模型运算系统、决策和建议系统以及反馈系统的湿地系统网络-水平衡水文连通性恢复与管理框架。

（6）在本书中，白鹤湖初级生产者的 $\delta^{13}C$ 范围为 -29.18‰ ~ -25.36‰，$\delta^{15}N$ 范围为 2.37‰ ~ 7.83‰；初级消费者的 $\delta^{13}C$ 范围为 -30.87‰ ~ -24.87‰，$\delta^{15}N$ 范围为 2.56‰ ~ 9.17‰；次级消费者的 $\delta^{13}C$ 范围为 -28.74‰ ~ -25.11‰，$\delta^{15}N$ 范围为 4.87‰ ~ 13.59‰。白鹤湖所有消费者的 $\delta^{13}C$ 值与浮游藻类和底栖藻类的 $\delta^{13}C$ 值较为接近，表明白鹤湖中的浮游藻类和底栖藻类是食源构成的重要组成部分。白鹤湖水生消费者的营养级为 1.26±0.28 ~ 3.08±0.58（春季）和 1.26±0.28 ~ 3.03±0.58（秋季）。白鹤湖水生消费者的营养

级没有出现较大的季节波动，在春季和秋季差异不显著（$p>0.01$）。白鹤湖水生消费者分为三个营养级：蜻蜓目、摇蚊科幼虫和浮游动物为第一营养级（TL<2）；河蚌、龙虱和葛氏鲈塘鳢为第二营养级（TL：2～3）；白鹤为第三营养级（TL>3）。白鹤在白鹤湖停歇时的取食偏好存在季节性差异。在春季，白鹤的主要食源为水烛的地下根茎，其次为东北田螺，由于春季植物性食物缺乏，出于能量需求，白鹤取食动物性食物，因此白鹤的取食偏好为杂食性。在秋季，白鹤的主要食源为三江荆三棱和扁秆荆三棱的地下球茎，因此白鹤的取食偏好为植食性。

通过多元回归分析和通径系数分析研究白鹤主要食源碳、氮稳定同位素对白鹤湖环境变量的响应。研究结果表明，TP、TOC、COD、DO、pH、TN、BOD_5、TSS、NO_2^-、PO_4^{3-}、Ca^{2+}、Mg^{2+}、K^+、Na^+和水深是影响白鹤主要食源碳稳定同位素的主要环境变量；TN、TOC、COD、pH、DO、BOD_5、TSS、Ca^{2+}、Cl^-、Mg^{2+}、K^+、Na^+、PO_4^{3-}和水深是影响白鹤主要食源氮稳定同位素的主要环境变量。

从保护白鹤种群的角度出发，基于高斯模型获得了适宜白鹤主要食源生存的水深范围。研究结果表明，水烛、东北田螺、扁秆荆三棱和三江荆三棱的适宜水深分别为［20.10，52.62］、［13.31，110.27］、［-6.10，59.58］和［20.04，72.36］，以及最适水深分别为［28.23，44.49］、［37.55，86.03］、［10.32，43.16］和［33.12，59.28］（单位：cm）。

（7）从食物网的角度研究了水深变化对生产者和消费者的影响，表明水文条件变化是影响湿地食物网结构和功能变化的重要驱动因子。低水深（0～50cm）环境有利于水生植物的生长。底栖动物和浮游藻类适宜的水深为40～100cm；底栖藻类、浮游动物和鱼类的适宜水深分别为40～120cm、80～120cm和80～100cm。分析了白鹤湖食物网的生态能质和特定生态能质的变化。生态能质和特定生态能质可作为系统级生态指标，可以提供不同湖泊营养状况的可靠信息。生态能质或特定生态能质的变化可以表达生态系统结构或生态系统组成部分的变化。分析了不同水深条件下食物网中生产者和消费者对生态能质的贡献差异。在水深20～40cm内，生产者为生态能质的主要贡献者；其中当水深为60cm时，生产者和消费者为生态能质的主要贡献者；在水深80～120cm内，消费者为生态能质的主要贡献者。

（8）通过“主成分分析-相关性分析-主成分分析”方法筛选出能够定量评价白鹤重要停歇地脆弱性的指标，对由变异系数法、熵值法和复相关系数法求出的白鹤重要停歇地脆弱性指标的客观权重进行了组合优化，获得白鹤重要停歇地脆弱性指标的权重值，最后构建了基于白鹤重要停歇地的脆弱性指数（MBVI）。由MBVI计算结果可知，在春季（4月和5月）和秋季（9月和10月），白鹤重要停歇地整体上处于轻度脆弱状态。在春季，白鹤重要停歇地10.3%处于重度脆弱状态，30.6%处于中度脆弱状态，41.8%处在轻度脆弱状态。在秋季，白鹤重要停歇地9.1%处于重度脆弱状态，23.6%处于中度脆弱状态，30.2%处在轻度脆弱状态。

基于构建的MBVIM模型的预测功能模拟了白鹤湖近5年的生态系统变化趋势，通过对可能引起生态系统退化的营养盐负荷、有机污染负荷和沉积物输入负荷等条件设置不同情景，模拟研究其对白鹤湖生态系统可能产生的影响。研究结果表明，在三种模拟情景下

（入湖磷负荷不变，增加氮负荷 20%、30% 和 50%；入湖氮负荷不变，增加磷负荷 20%、30% 和 50%；同时增加氮和磷负荷 20%、30% 和 50%），大型水生植物的生物量对入湖的氮、磷负荷的响应变化结果相似。当分别增加氮负荷、磷负荷及同时增加氮和磷负荷 20% 和 30% 时，会促进大型水生植物的生长；而当分别增加氮负荷、磷负荷及同时增加氮和磷负荷 50% 时，大型水生植物的生长受到抑制，生物量均出现降低的变化趋势。随着入湖的氮、磷负荷的增加，对鱼类（葛氏鲈塘鳢）的生长起到不同程度的抑制作用，其中同时增加氮和磷负荷对鱼类（葛氏鲈塘鳢）生长抑制作用最强。随着入湖的氮、磷负荷的增加，底栖生物的演替因生物种群的不同，出现不同的变化趋势。氮、磷的输入会促进东北田螺、摇蚊科幼虫和底栖藻类（绿藻）的生长，其中，当分别增加氮负荷 50%、磷负荷 50% 及同时增加氮和磷负荷 50% 时，东北田螺的生物量增幅最大，分别为 20.41%、21.03% 和 23.11%。而氮、磷的输入对河蚌、龙虱和蜻蜓目的生长起到抑制作用。氮的输入会抑制蓝藻的生长，而对绿藻、硅藻和浮游动物的生长起到促进作用，但增幅不明显。只增加磷负荷或同时增加氮和磷负荷时，会抑制硅藻的生长，而对蓝藻和绿藻的生长起到促进作用。随着有机污染负荷的增加，白鹤湖水生生物都受到明显的抑制作用。其中，扁秆荆三棱对有机污染最为敏感，当有机污染负荷增加 50% 时，生物量减幅的平均值为 33.92%，其次鱼类（葛氏鲈塘鳢），生物量减幅的平均值为 28.21%。随着沉积物输入增加，大型水生植物、鱼类（葛氏鲈塘鳢）和浮游生物的生物量均有所下降，但变化趋势不明显。而沉积物的输入，对底栖生物的生长起到明显的抑制作用，其中摇蚊科幼虫、底栖藻类（绿藻）和蜻蜓目下降趋势较为明显，当沉积物输入增加到 50% 时，生物量减幅的平均值分别为 25.00%、22.12% 和 20.61%。

（9）不同情景下水文调控对策如下：情景 A 和 B：降水量大，为保障白鹤湖上游农田不被淹没、不影响粮食产量，保持入湖径流不变，但需增大出水口流量，7 ~ 9 月份总泄水量分别为 $36.2\times10^6 m^3$ 与 $21.4\times10^6 m^3$，在秋季白鹤到来之前方可将多余洪水全部排出；情景 C：入湖径流不大但集中在 9 月份，保持入水口流量不变，扩大 9 月份出水口流量，9 月份总泄水量为 $22.8\times10^6 m^3$；情景 D：无需调控，在秋季白鹤到来之前即可达到其适宜生态水位；情景 E 和 F：天然降水及农田退水不足以补充湿地需水量，情景 E 需从 7 月份开始扩大入湖径流，7 ~ 9 月份总补水量为 $29.2\times10^6 m^3$，情景 F 需从 6 月份开始扩大入湖径流，6 ~ 9 月份总补水量为 $39.5\times10^6 m^3$，且补水期间出水口不再放水，以此保证在秋季白鹤到来之前达到其适宜生态水位。

（10）区域 2007 年农业需水量为 4.026 亿 ~ 4.757 亿 m^3，到了 2016 年农业需水量增长为 8.371 亿 ~ 9.877 亿 m^3，10 年间农业需水增加了 107.92%。农业生产过程中春季需水量较大，与春旱形成叠加效应，加上秋季农田排水与秋汛的叠加效应最终使得区域年内水文情势发生较大改变，在影响荆三棱群落的同时也制约着荆三棱球茎的可获得性。

（11）在 0 ~ 40cm 水深范围内，随着水深变化荆三棱根系微生物群落组成随之发生改变，但从根际到根内微生物群落多样性随水位变化趋向于不敏感，不同取样部位丰度前四的门均为：变形菌门、厚壁菌门、拟杆菌门、放线菌门，但不同取样部位的丰度排序不同。根据 16srDNA 基因功能预测结果，在 COG 功能方面，根际和根表细菌 COGs 功能类群随着水位大部分都会发生显著性变化，而根内细菌除 RNA 处理和修饰功能随水位发生了显著性变化外，其他过程均无显著性差异；在 KEGG 代谢通路方面，根际微生物群落的所有 KO pathway 随水位变化均发生了显著性变化，其中碳代谢、能量代谢、核苷酸代谢、氨基酸代谢和环境适应过程表现出双峰结构，根表大部分代谢通路的丰度随水深变化发生显著性变化，且表现出单峰变化的特征，极值出现在水深为 10cm 附近；根内代谢通路丰度随水深变化无显著性差异。从根际到根内随着微生物与植物的互作关系在加强，水位变化对微生物群落结构的影响在减少。

（12）宏基因组测序结果表明，水深为 10～20cm 范围附近时根际微生物参与的与白鹤食源质量相关的代谢过程相关酶的丰度最高，在根际微生物驱动的所有代谢通路中，淀粉和蔗糖代谢通路的连通性最高。在根际微生物驱动的生物地球化学循环方面，水深小于 10cm 时产甲烷菌菌属的相对丰度较高，当水深在 20cm 附近时甲烷氧化菌的相对丰度较高，随着水位进一步升高，两者相对丰度基本保持一致；在氮循环方面，水深低于 10cm 和高于 30cm 时硝化过程菌属的相对丰度较高，水深为 10～30cm 时氨化和反硝化过程菌属的相对丰度较高；在硫循环方面，水深为 10～20cm 时相关酶的丰度较高，硫循环的主导过程为同化硫酸盐还原途径。综合考虑以上代谢过程，荆三棱退化恢复的最佳水位范围在 10～20cm。

（13）禁牧前对于土壤根系根际微生物，在 A 区域的土壤根际细菌群落中核心 OTU 占比为 13. 15%，水生根系根际细菌群落中核心 OTU 占比为 39. 16%；在 B 区域土壤根际细菌群落中核心 OTU 占比为 15. 18%，水生根系根际细菌群落中核心 OTU 占比为 37. 63%。拟杆菌门（1. 60%），地杆菌（0. 37%），伯克霍尔德菌（0. 30%）在 A 区域存在显著的富集现象（$p<0.05$）；变形菌（3. 77%），厌氧细菌（1. 83%），黏球菌（1. 60%），长杆菌（0. 84%），Gp6（0. 74%），黄色瘤胃球菌（0. 66%），和噬纤维菌（0. 65%）在 B 区域存在显著的富集现象（$p<0.05$）。在水生根系根际微生物中，深海微小杆菌（30. 80%），不动杆菌（4. 49%）和嗜氢菌（0. 81%）在 A 区域存在显著富集现象，肠杆菌（15. 47%）在 B 区域存在显著富集。LEfSe 分析结果表明 A 区域根际细菌在系统发育树上占据着更多重要位置，存在着一定的生态位分化现象。

（14）共现网络的分析结果表明，在 A 区域网络的模块化指数为 0. 558、聚类系数为 0. 685、网络平均路径长度为 3. 135，在 B 区域各指数的值分别为 0. 445、0. 697 和 3. 394，根际细菌群落网络均存在着很强的聚集性，但在模块化结构的功能上两者存在差异，A 区域根际微生物共现网络每个模块的功能多样性都高于 B 区域，且冗余度更低，这可能是由于 A 区域更强烈的人为干扰（如放牧）促进了长芒稗根际微生物的生态位分化，并最终对长芒稗的入侵产生一定的促进作用。

（15）禁牧后，根际微生物群落检测到了蓝细菌含量较高，尤其是在水生根系中蓝藻的相对丰度最高，表明区域富营养化程度加重。禁牧后根际细菌群落的聚集性大于禁牧前，共现网络丰度较高的模块有 4 个，各模块在功能上具有很高的冗余性。根据根际微生物群落研究结果，结合区域水文变化特征、水位对长芒稗和扁秆荆三棱生命周期各阶段的影响规律及野外观测结果，本书认为可以从水文调控和物理收割法两个方面进行长芒稗入侵的控制，其中物理收割法是快速消除长芒稗影响的应急策略，基于水文调控控制长芒稗入侵是一种长效机制，也是退化湿地生态补水的必然要求。

12.2 展　　望

本书还存在一定局限性，还有很多值得探索的方面，具体如下。

(1) 湿地系统结构网络缺乏对 SW-GW 水量交换的分析，后续研究应建立综合横、纵、垂向的多维水文连通优化网络，以确定综合连通阈值。

本书研究所构建的网络拓扑模型，仅仅考虑水平界面不同水文单元之间的水流交换，而地表及地下水之间存在着水量交换，进一步的研究应首先优化湿地拓扑网络，建立综合横向、纵向和垂向的水文连通网络，更好表征网络中的水量平衡。同时揭示不同维度水文连通对湿地系统中对生物分布和生境格局的制约机制及产生的生态效应，识别具有决定作用的核心水文连通格局，确定连通阈值，探索生态型的水文连通模式。

(2) 优化湿地系统多水源配置网络，研发多水源湿地补水技术，为面向湿地群恢复与保护的水资源调度提供科学依据。

嫩江流域整体水量充足，洪水、农田退水及上游来水是湿地常规补水方式。科学规划不同水源的补水配比、补水时间、补水方案和补水路径，是避免因补水水量、水质等对湿地生态系统造成潜在风险的关键。因此，构建和完善湿地系统多水源配置网络，可从流域尺度系统性确定恢复目标及系统中节点补水或排水秩序，保障系统及各节点水量平衡，实现生态环境风险最小化及水资源利用效率最大化。

(3) 针对莫莫格白鹤湖，构建面向白鹤湖的水文-水质-水动力-生态响应模型，分析水质变化及生态响应。

水文情势及水力特性是影响植被生长的重要因子，本书考虑了水文和水动力对于自然和人为扰动的响应，东北地区存在农业面源污染等特征，而嫩江流域下游部分地区降水较少且蒸发作用较强，导致湿地的盐碱化问题日趋严重，因此，今后还需建立面向白鹤湖的二维水质模型，研究湖泊中盐分的变化对水生植被生长状况的影响。

(4) 本书对白鹤在重要停歇地的食性进行分析时，由于白鹤主要以湿地（主要为浅水沼泽）为觅食地。所以本书在对白鹤的主要食源进行研究时也以水生生物为主。但由于莫莫格国家级自然保护区内分布着大面积的农田（农作物以玉米和水稻为主），以及适宜白鹤觅食的部分湿地由于自然原因（干旱、洪水）和人为原因（石油开采、农田退水和湿地开垦等）逐渐出现斑块化和破碎化，也会对白鹤的取食效率产生影响，因此要考虑农田是否会成为白鹤的主要觅食地。此外，不同性别、不同年龄个体的白鹤是否存在食性差异。在未来的研究中，对白鹤在重要停歇地的食源应进一步进行验证。

(5) 本书在对白鹤重要停歇地生态脆弱性评价的研究时，由于缺乏长时间序列的数据支撑，某些指标不能全部获取，本书只对 2017 年白鹤停歇（4 月、5 月、9 月和 10 月）时的莫莫格国家级自然保护区白鹤湖湿地生态脆弱性进行了评价，导致得出的研究结果可能精确度下降。因此，在未来的研究中，需要长时间连续的数据来完善湿地生态脆弱性评价方法与体系，提高评价精度。另外，在进行脆弱性评价指标的选取过程中由于部分资料无法获取，导致评价指标因子选取受到限制，在未来的研究中，应选择更多合适的评价指标因子，并筛选出最具有代表性的评价指标。

（6）本书只选择具有生态意义的指标来表达生态系统状态的主要属性。但是，如果其他指标证明对某一目标具有生态敏感性或重要性，则仍有必要进一步考虑其他指标；为保护和恢复浅水湖泊中的水生生物，水文特征应保持自然或半自然状态。本书只考虑了水深变化对生态系统状况的影响。因此有待进一步研究水量、洪水期、洪水频率和水动力条件等关键水文参数对水生生物生长和分布的影响。

（7）扁秆荆三棱在适宜的水深条件下均可萌发，萌发后对水位波动的耐受能力增大，并快速完成其生命周期，可见适当的水位波动有利于荆三棱群落的恢复，且自然状态的水文情势是不断变化的，因而研究不同水文情势（如淹水深度、淹水时间、淹水过程等）下荆三棱根际微生物群落变化特征对补水实践更具指导意义，而本文把水位简化为静态因子。此外，本书主要采集生长季植物根系根际微生物群落样品，接下来应当加强在时间尺度上根际微生物群落变化特征的研究。

（8）本书虽然对根际微生物的代谢过程和相关酶的丰度进行了分析，但由于缺乏对相关酶浓度的直接测定，在对机理过程的深入分析中遇到了一定困难，后续研究中应加强相关过程的集成研究，提高结果的解释度和可信度。在环境因子方面也存在类似问题，接下来的研究应注意对环境因子开展全方位的观测。

（9）本书虽然提出了长芒稗恢复的策略，但限于野外条件的不可控性，未收集到野外原位控制实验的相关数据，无法进一步对恢复策略进行细化。同样由于野外环境的不可控性，加上微生物群落的易变性，接下来在开展根际微生物群落的研究中应注重室内与室外的结合，同时在经费允许的情况下应适当提高野外样品的重复量。

参考文献

摆万奇，尚二萍，张镱锂．2014. 西藏自治区拉萨河流域湿地脆弱性评价与成因分析．湿地科学，12（1）：7-13.

卜楠龙，于国海，孙孝维，等．2010. 吉林莫莫格国家级自然保护区春季水鸟多样性分析．安徽农业科学，38（25）：13734-13738.

蔡德陵，张淑芳，张经．2003. 天然存在的碳、氮稳定同位素在生态系统研究中的应用．质谱学报，24（3）：434-439.

曹玮．2009. 科技奖励立体式综合评价方法研究．长沙：湖南大学．

曹小娟．2006. 洞庭湖 AQUATOX 模拟与生态功能分区．长沙：湖南大学．

陈家宽，陈中义．1999. 不同生境内濒危植物长喙毛茛泽泻种群数量动态比较．植物生态学报，23（1）：8-13.

陈瑞阳．2016. 基于改进生态网络分析的湿地系统生态流量配置研究．北京师范大学．

陈伟明，黄翔飞，周万平，等．2005. 湖泊生态系统观测方法．北京：中国环境科学出版社．

陈无歧，李小平，陈小华，等．2012. 基于 AQUATOX 模型的洱海营养物投入响应关系模拟．湖泊科学，24（3）：362-370.

陈彦熹，牛志广，张宏伟，等．2012. 基于 AQUATOX 的景观水体水生态模拟及生态修复．天津大学学报（自然科学与工程技术版），45（1）：29-35.

陈杨，刘雷，王洵，等．2017. 向海自然保护区湿地资源分布特征和水资源现状的调查与分析．吉林林业科技，46（6）：37-41.

陈月庆，武黎黎，章光新，等．2019. 湿地水文连通研究综述．南水北调与水利科技，17（1）：26-38.

陈展宇，陈天鹏，李慧杰，等．2017. 植物吸收运转氨基酸的分子机制进展，15：5166-5171.

程实．2007. 湿地资源保护与可持续利用综合评价研究．北京：中国林业科学研究院．

崔保山，蔡燕子，谢湉，等．2016. 湿地水文连通的生态效应研究进展及发展趋势．北京师范大学学报（自然科学版），52（6）：738-746.

崔桢．2017. 基于白鹤生境需求的湿地生态水文调控研究——以莫莫格国家级自然保护区白鹤湖为例．长春：中国科学院东北地理与农业生态研究所．

崔桢，沈红，章光新．2016. 3 个时期莫莫格国家级自然保护区景观格局和湿地水文连通性变化及其驱动因素分析．湿地科学，14（6）：866-873.

崔桢，章光新，张蕾，等．2018. 基于白鹤生境需求的湿地生态水文调控研究——以莫莫格国家级自然保护区白鹤湖为例．湿地科学，16（4）：509-516.

戴文鸿，张云，高嵩，等．2011. 尾闾段河网一维水流数学模型应用研究．水利水运工程学报（4）：97-101.

戴雪，万荣荣，杨桂山，等．2014. 鄱阳湖水文节律变化及其与江湖水量交换的关系．地理科学，34（12）：1488-1496.

丁平，陈水华．2008. 中国湿地水鸟．北京：中国林业出版社．

丁薇，陈敬安，杨海全，等．2016. 云南抚仙湖主要入湖河流有机碳来源辨识．地球与环境，44（3）：290-296.

丁喜桂，叶思源，王吉松．2011. 黄河三角洲湿地土壤、植物碳氮稳定同位素的组成特征．海洋地质前沿，27（2）：66-71.

董建伟，梁煦枫，沈楠．2015. 吉林查干湖水生态系统保护的研究与实践．长春：湖泊湿地与绿色发展——第五届中国湖泊论坛．

董李勤，章光新．2011. 全球气候变化对湿地生态水文的影响研究综述．水科学进展，22（3）：429-436.

董李勤，章光新，张昆．2015. 嫩江流域湿地生态需水量分析与预估．生态学报，35（18）：6165-6172.

段亮，宋永会，郅二铨，等．2014. 辽河保护区牛轭湖湿地恢复技术研究．环境工程技术学报，4（1）：18-23.

范伟，章光新，李然然．2012. 湿地地表水-地下水交互作用的研究综述．地球科学进展，27（4）：413-423.

方佳佳，王烜，孙涛，等．2018. 河流连通性及其对生态水文过程影响研究进展．水资源与水工程学报，29（2）：19-26.

冯夏清．2016. 基于改进的 SWAT 模型的湿地水文过程模拟．水电能源科学，34（1）：19-22，65.

高常军，高晓翠，贾朋．2017. 水文连通性研究进展．应用与环境生物学报，23（3）：586-594.

高玮．2006. 东北地区鸟类及其生态学研究．北京：科学出版社．

戈峰．2008. 现代生态学．第 2 版．北京：科学出版社．

龚帅，郭照立．2011. 流向振荡圆柱绕流的格子 Boltzmann 方法模拟．力学学报，43（1）：11-17.

关晓睿．2007. 莫莫格湿地生态完整性变化与景观动态研究．长春：东北师范大学．

郭凤清，屈寒飞，曾辉，等．2013. 基于 MIKE21 的港江蓄滞洪区洪水危险性快速预测．自然灾害学报，22（3）：144-151.

国家林业和草原局．2000. 中国湿地保护行动计划．北京：中国林业出版社．

国家林业和草原局．2015. 中国湿地资源．北京：中国林业出版社．

郝明旭．2016. 莫莫格扁秆藨草湿地生态恢复研究．北京：中国科学院大学．

郝文彬，唐春燕，滑磊，等．2012. 引江济太调水工程对太湖水动力的调控效果．河海大学学报（自然科学版），40（2）：129-133.

何春光，宋榆钧，郎惠卿，等．2002. 白鹤迁徙动态及其停歇地环境条件研究．生物多样性，10（3）：286-290.

何春光，孙孝维，邹丽芳．2001. 莫莫格自然保护区——白鹤的第三故乡．大自然，（6）：8.

侯谨谨，王亚芳，金斌松，等．2019. 鄱阳湖越冬白鹤在农业用地的食物组成．动物学杂志，54（1）：15-21.

胡东来．2008. 嫩江流域水循环与湿地生态演变相互作用及综合调控．上海：东华大学．

胡亚林，汪思龙，颜绍馗．2006. 影响土壤微生物活性与群落结构因素研究进展．土壤通报，37（1）：172-178.

胡振鹏．2012. 白鹤在鄱阳湖越冬生境特性及其对湖水位变化的响应．江西科学，30（1）：30-35.

黄奕龙，傅伯杰，陈利顶．2003. 生态水文过程研究进展．生态学报，（3）：580-587.

贾大成，毛永新，姜奇刚，等．2012. 吉林省西部湿地形成的地质条件．湿地科学，10（3）：327-331.

贾俊平，何晓群，金勇进．2015. 统计学．北京：中国人民大学出版社．

贾亦飞．2013. 水位波动对鄱阳湖越冬白鹤及其他水鸟的影响研究．北京：北京林业大学．

姜海波．2016. 白鹤（*Scirpus planiculmis*）东部种群迁徙停歇区湿地生境保育与恢复研究．长春：东北师范大学.
姜加虎，黄群. 1997. 洪泽湖定振波与风涌水特征分析. 水利学报，(7)：67-72.
焦璀玲，王昊，李永顺，等. 2010. 人工湿地在水环境改善方面的应用. 南水北调与水利科技，8 (2)：83-86.
赖锡军，姜加虎，黄群，等. 2011. 鄱阳湖二维水动力和水质耦合数值模拟. 湖泊科学，6：893-902.
郎惠卿，金树仁. 1983. 中国沼泽类型及其分布规律. 东北师范大学学报（自然科学版），3：1-12.
雷小勇. 2018. 江西省余干县干泉州农田发现集群白鹤. 中国鹤类通讯，22 (1)：36-38.
李畅游，史小红. 2007. 干旱半干旱地区湖泊二维水动力学模型. 水利学报，(12)：1482-1488.
李迪，姜艳君. 2019. 莫莫格保护区湿地生态系统服务功能价值评估. 环境与发展，31 (10)：194-196.
李枫，汪青雄，卢珊，等. 2007. 扎龙湿地白鹤春季停歇地昼间行为时间分配及活动规律. 动物学杂志，42 (3)：68-72.
李惠芳，章光新. 2013. 水盐交互作用对莫莫格国家级自然保护区扁秆藨草幼苗生长的影响. 湿地科学，11 (2)：173-177.
李建茹. 2014. 内蒙古乌梁素海浮游植物群落特征及生态模拟研究. 呼和浩特：内蒙古农业大学.
李品良，覃光华，曹泠然，等. 2018. 基于 MIKEURBAN 的城市内涝模型应用. 水利水电技术，49 (12)：11-16.
李莎莎，孟宪伟，葛振鸣. 2014. 海平面上升影响下广西钦州湾红树林脆弱性评价. 生态学报，34 (10)：2702-2711.
李树生，安雨，王雪宏，等. 2015. 不同地表水水位下莫莫格湿地植物群落物种组成和数量特征. 湿地科学，13 (4)：466-471.
李晓民. 2005. 黑龙江流域湿地及保护. 哈尔滨：东北林业大学出版社.
李言阔，钱法文，单继红，等. 2014. 气候变化对鄱阳湖白鹤越冬种群数量变化的影响. 生态学报，34 (10)：2645-2653.
李由明，黄翔鹄，刘楚吾. 2007. 碳氮稳定同位素技术在动物食性分析中的应用. 广东海洋大学学报，(4)：99-103.
李云良，张奇，姚静，等. 2013. 鄱阳湖湖泊流域系统水文水动力联合模拟. 湖泊科学，25 (2)：227-235.
李云志. 2019. 基于水动力学模型的扎龙湿地水文情势模拟. 哈尔滨：哈尔滨师范大学.
梁云，殷峻遥，祝雪萍，等. 2013. MIKE21 水动力学模型在洪泽湖水位模拟中的应用. 水电能源科学，31 (1)：135-137.
刘波. 2017. 松嫩平原湿地长芒稗控制与扁秆荆三棱恢复重建. 北京：中国科学院大学.
刘大海，宫伟，邢文秀，等. 2015. 基于 AHP -熵权法的海岛海岸带脆弱性评价指标权重综合确定方法. 海洋环境科学，34 (3)：462-467.
刘殿伟，宋开山，王丹丹，等. 2006. 近 50 年来松嫩平原西部土地利用变化及驱动力分析. 地理科学，26 (3)：277-283.
刘赫，段鹤君，杨明海，等. 2017. 七种圈养鹤的部分血液生化指标分析. 动物学杂志，52 (4)：598-606.
刘红玉，李兆富，白云芳. 2006. 挠力河流域东方白鹳生境质量变化景观模拟. 生态学报，26 (12)：4007-4013.
刘吉平，赵丹丹，田学智，等. 2014. 1954—2010 年三江平原土地利用景观格局动态变化及驱动力. 生态学报，34 (12)：3234-3244.
刘静玲，尤晓光，史璇，等. 2016. 滦河流域大中型闸坝水文生态效应. 水资源保护，32 (1)：23-

28+35.
刘静玲，曾维华，曾勇，等．2008. 海河流域城市水系优化调度．北京：科学出版社．
刘康，闫家国，邹雨璇，等．2015. 黄河三角洲盐地碱蓬盐沼的时空分布动态．湿地科学，13（6）：696-701.
刘伶，刘红玉，李玉凤，等．2018. 苏北地区丹顶鹤越冬种群数量及栖息地分布动态变化．生态学报，38（3）：926-933.
刘琪琛，范亚文．2015. 莫莫格湿地春季藻类植物初步报道．哈尔滨师范大学自然科学学报，31（2）：128-131.
刘小喜，陈沈良，蒋超，等．2014. 苏北废黄河三角洲海岸侵蚀脆弱性评估．地理学报，69（5）：607-618.
刘兴土．2005. 东北湿地．北京：科学出版社．
刘洋．2017. 生态效益约束下莫莫格湿地补水方案区间优化模型研究．长春：长春工程学院．
刘莹．2018. 盐碱梯度下芦苇和扁秆藨草水分利用效率和功能性状研究．北京：中国科学院大学．
刘赢男，焉志远，付晓玲，等．2013. 湿地生态系统土地利用/覆被变化（LUCC）环境效应研究进展．黑龙江科学，(7)：18-22，25.
刘宇轩．2017. 基于 LANDSAT 数据的湿地动态变化特征研究—向海保护区与莫莫格保护区对比分析．哈尔滨：哈尔滨师范大学．
刘元园．2016. 莫莫格国家级自然保护区昆虫多样性初步研究．长春：东北师范大学．
刘振乾，刘红玉，吕宪国．2001. 三江平原湿地生态脆弱性研究．应用生态学报，12（2）：241-244.
卢卫民．2007. 湖北省水鸟的多样性及其保护对策．湖北林业科技，(2)：39-44.
路春燕，王宗明，刘明月，等．2015. 松嫩平原西部湿地自然保护区保护有效性遥感分析．中国环境科学，35（2）：599-609.
罗承平，薛纪瑜．1995. 中国北方农牧交错带生态环境脆弱性及其成因分析．干旱区资源与环境，9（1）：1-7.
罗金明，王永洁，柏林，等．2018. 乌裕尔河 1951—2015 年径流量变化对扎龙盐沼演替的影响．水资源与水工程学报，29（4）：1-6.
罗潋葱，秦伯强．2003. 基于三维浅水模式的太湖水动力数值试验-盛行风作用下的太湖流场特征．水动力学研究与进展（A 辑），18（6）：686-691.
罗蔚．2014. 变化环境下鄱阳湖典型湿地生态水文过程及其调控对策研究．武汉：武汉大学．
罗贤，许有鹏，徐光来，等．2012. 水利工程对河网连通性的影响研究——以太湖西苕溪流域为例．水利水电技术，43（9）：12.
罗新正，朱坦，孙广友．2002. 人类活动对松嫩平原生态环境的影响．中国人口·资源与环境，12（4）：94-99.
吕宪国，王起超，刘吉平，2004. 湿地生态环境影响评价初步探讨．生态学杂志，(1)：83-85.
麻秋云，韩东燕，刘贺，等．2015. 应用稳定同位素技术构建胶州湾食物网的连续营养谱．生态学报，35（21）：7207-7218.
马红媛，梁正伟．2007. 不同 pH 值土壤及其浸提液对羊草种子萌发和幼苗生长的影响．植物学通报，24（2）：181-188.
马骏，李昌晓，魏虹，等．2015. 三峡库区生态脆弱性评价．生态学报，35（21）：7117-7129.
满卫东，刘明月，王宗明，等．2017. 1990—2015 年三江平原生态功能区水禽栖息地适宜性动态．应用生态学报，28（12）：4083-4091.
毛德华，王宗明，罗玲，等．2016. 1990—2013 年中国东北地区湿地生态系统格局演变遥感监测分析．

自然资源学报，31（8）：1253-1263.
毛民治．2000. 松花江志．长春：吉林人民出版社．
毛旭锋，崔丽娟，王昌海．2012. 基于网络分析的湿地水文关系研究-以美国奥克弗诺基流域为例．湿地科学，10（3）：263-270.
孟焕，王琳，张仲胜，等．2016. 气候变化对中国内陆湿地空间分布和主要生态功能的影响研究．湿地科学，（5）：710-716.
孟慧芳，许有鹏，徐光来，等．2014. 平原河网区河流连通性评价研究．长江流域资源与环境，23（5）：626-631.
裴燕如，武英达，于强，等．2020. 荒漠绿洲区潜在生态网络增边优化鲁棒性分析．农业机械学报，51（2）：172-179.
平凡．2018. 湿地植被格局对水位变化的响应模拟及其需耗水核算——以莫莫格白鹤湖湿地为例．北京：北京师范大学．
戚登臣，李广宇．2007. 黄河上游玛曲湿地退化现状、成因及保护对策．湿地科学，（4）：341-347.
饶恩明，肖燚，欧阳志云，等．2014. 中国湖泊水量调节能力及其动态变化．生态学报，34（21）：6225-6231.
尚二萍，摆万奇．2012. 湿地脆弱性评价研究进展．湿地科学，10（3）：378-384.
邵卫云，钟力云．2006. 城市河网洪水过程的一维数值模拟．固体力学学报，（S1）：132-137.
邵玉龙，许有鹏，马爽爽．2012. 太湖流域城市化发展下水系结构与河网连通变化分析——以苏州市中心区为例．长江流域资源与环境，21（10）：1167-1172.
石红，张博，李媛．2015. 基于生态网络分析的流域水资源可持续性评价方法研究．水电能源科学，（4）：38-42.
史璇．2018. 滦河水文和环境因子对底栖动物栖息地完整性的复合效应研究．北京：北京师范大学．
史璇，刘静玲，尤晓光，等．2015. 改进的大型底栖动物中尺度栖息地适宜度模型．农业环境科学学报，34（5）：979-987.
宋正城，曾玲霞，何天容，等．2019. 草海湿地食物链稳定碳氮同位素特征与食物链结构．生态学杂志，38（3）：689-695.
孙斌．2019. 不同水位下扁秆藨草根际微生物群落特征及长芒稗入侵控制研究．北京：北京师范大学．
孙凯，鞠晓峰，李煜华．2007. 基于变异系数法的企业孵化器运行绩效评价．哈尔滨理工大学学报，12（3）：165-72.
孙砺石，柏林，刘艳，等．2018. 气候变化对扎龙湿地景观破碎化过程的影响．湿地科学与管理，14（3）：40-44.
孙立鑫，林山杉．2018. 基于 WASP 模型的农田退水对查干湖水质影响的评价．水资源保护，34（6）：88-94.
孙爽．2014. 查干湖湿地水文情势与生态需水调控研究．长春：中国科学院研究生院（东北地理与农业生态研究所）．
孙永罡，白人海．2005. 松花江、嫩江流域主要气象灾害研究. 北京：气象出版社．
汤怀志，吴克宁，焦雪瑾，等．2008. 农用地质量空间统计分析及其在黑龙江省海伦市的应用．资源科学，30（4）：598-603.
汤洁，李昭阳，林年丰，等．2006. 松嫩平原西部草地的时空变化特征．资源科学，28（1）：63-69.
佟守正，吕宪国．2007. 松嫩平原重要湿地恢复研究进展．地理科学，27（1）：127-128.
万祎，胡建英，安立会，等．2005. 利用稳定氮和碳同位素分析渤海湾食物网主要生物种的营养层次．科学通报，50（7）：708-712.

汪松，郑光美，王歧山，等．1998. 中国濒危动物红皮书：鸟类．北京：科学出版社．
王超，刘冬平，庆保平，等．2014. 野生朱鹮的种群数量和分布现状．动物学杂志，49（5）：666-671.
王丹丹，王志强，陈铭，等．2006. 松嫩平原西部沼泽湿地景观格局动态变化研究．干旱区地理，29（1）：94-100.
王海洋，陈家宽，周进．1999. 水位梯度对湿地植物生长、繁殖和生物量分配的影响．植物生态学报，23（3）：269-274.
王惠中，宋志尧，薛鸿超．2001. 考虑垂直涡粘系数非均匀分布的太湖风生流准三维数值模型．湖泊科学，13（3）：233-239.
王谦谦，姜加虎，濮培民．1992. 太湖和大浦河口风成流、风涌水的数值模拟及其单站验证．湖泊科学，4：1-7.
王盛萍，姚安坤，赵小婵．2014. 基于人工降雨模拟试验的坡面水文连通性．水科学进展，25（4）：526-533.
王舒．2012. 变化环境下澜沧江流域植被与水文相互作用机制研究．青岛：中国海洋大学．
王小雨，冯江，王静．2009. 莫莫格湿地油田开采区土壤石油烃污染及对土壤性质的影响．环境科学，30（8）：212-219.
王秀俊．2014. 景观水体水生态模型的比较研究．天津：天津大学．
王宇嘉．2012. 莫莫格国家级自然保护区白鹤迁徙期行为研究．哈尔滨：东北林业大学．
王芸．2010. 基于变异系数权重的灰色关联投影法在水质评价中的应用．地下水，32（2）：61-63.
王哲，刘凌，宋兰兰．2008. MIKE21 在人工湖生态设计中的应用．水电能源科学，26（5）：124-127.
王宗明，张柏，宋开山，等．2008. 松嫩平原土地利用变化对区域生态系统服务价值的影响研究．中国人口·资源与环境，18（1）：148-154.
魏冲．2014. 基于分布式水文模型的景观变化下生态水文响应研究．郑州：郑州大学．
魏强，吕宪国，佟连军，等．2015. 三江平原湿地生态系统生物多样性保护价值．生态学报，35（4）：935-943.
魏星瑶，王超，王沛芳．2016. 基于 AQUATOX 模型的入湖河道富营养化模拟研究．水电能源科学，187（3）：44-48.
吴计生，梁团豪．2018. 基于湖泊完整性的查干湖健康评价．东北水利水电，36（4）：33-36.
吴坚．1993. 太湖水动力学数值模拟．南京：中国科学院南京地理与湖泊研究所．
吴建东．2017. 鄱阳湖藕田出现大量白鹤觅食．中国鹤类通讯，21（1）：7.
吴建东，李凤，James B H. 2013. 鄱阳湖沙湖越冬白鹤的数量分布及其与食物和水深的关系．湿地科学，11（3）：305-312.
吴燕锋，章光新，齐鹏，等．2019. 耦合湿地模块的流域水文模型模拟效率评价．水科学进展，30（3）：326-336.
吴渊，刘亚东，孙万兵，等．2017. 2016 年张家口康巴诺尔国家湿地公园水鸟多样性．湿地科学，15（2）：237-243.
郗敏，吕宪国，姜明．2005. 人工沟渠对流域水文格局的影响研究．湿地科学，（4）：310-314.
夏佰成，胡金明，宋新山．2004. 近 15 年来洮儿河流域土地利用变化研究．水土保持学报，18（2）：122-125.
夏热帕提·阿不来提，刘高焕，刘庆生，等．2019. 基于遥感与 GIS 技术的黄河宁蒙河段洪泛湿地生态环境脆弱性定量评价．遥感技术与应用，34（4）：874-885.
相桂权，张洪岩，吴景才，等．2010. 莫莫格湿地景观格局变化对白鹤停歇种群动态的影响．东北师大学报（自然科学版），42（3）：126-131.

肖红叶．2014. 莫莫格湿地生态服务动态评价及驱动力分析．北京：北京林业大学．
谢慧玮．2014. 江苏省自然遗产地生态网络构建与优化．南京：南京师范大学．
谢媛媛．2012. SWAT 模型在黄土丘陵区参数敏感度分析及率正研究．水土保持研究，19（4）：204-206.
徐东霞，章光新，尹雄锐．2009. 近 50 年嫩江流域径流变化及影响因素分析．水科学进展，20（3）：416-421.
徐军，张敏，谢平．2010. 稳定同位素基准的可变性及对营养级评价的影响．湖泊科学，22（1）：8-20.
徐网谷，王智，蒋明康．2010. 莫莫格国家级自然保护区生态建设的实践与经验．环境保护，（10）：41-43.
徐治国，何岩，闫百兴，等．2006. 营养物及水位变化对湿地植物的影响．生态学杂志，25（1）：87-92.
徐祖信，卢士强．2003. 平原感潮河网水动力模型研究．水动力学研究与进展（A 辑），（2）：176-181.
闫金霞．2016. 海河流域典型湿地净生产力时空变化．北京：北京师范大学．
闫欣，牛振国．2019. 白洋淀流域湿地连通性研究．生态学报，39（24）：9200-9210.
杨成玉．2008. 莫莫格国家级自然保护区湿地生态系统服务功能价值评估．长春：东北师范大学．
杨丽桃，李喜仓，候琼．2008. 1961—2005 年嫩江流域右岸气候变化及对水资源的影响．气象与环境学报，24（5）：15-19.
杨晓杰，刘林馨，孙百良，2019. 扎龙湿地两型芦苇茎秆的纤维形态和化学成分特征．湿地科学，17（2）：244-248.
姚静，李云良，李梦凡，等．2017. 地形变化对鄱阳湖枯水的影响．湖泊科学，29（4）：955-964.
姚艳玲，张宇，吕军．2016. 嫩江流域农业面源污染管理及水质模型系统集成及应用．中国水土保持，（12）：48-50.
于成龙，刘丹．2018. 扎龙湿地土地利用/覆盖类型时空演变及其气候响应．生态环境学报，27（11）：2117-2126.
袁家冬，张娜，曹艺民．2005. 莫莫格国家级自然保护区旅游资源的保护与开发．东北师大学报（自然科学版），37（3）：115-120.
袁勇．2013. 干旱情景下湿地生态水文演变及综合应对-以湿地植被水文为例．北京：北京林业大学．
袁宇翔．2018. 基于 C、N 稳定同位素技术的兴凯湖食物网结构研究．长春：中国科学院东北地理与农业生态研究所．
张德君，高航，杨俊，等．2014. 基于 GIS 的南四湖湿地生态脆弱性评价．资源科学，36（4）：874-882.
张慧哲．2015. 洮儿河下游区域洪水资源利用研究．大连：大连理工大学．
张良，李妲．2009. 洪湖湿地生态脆弱性研究．科学技术与工程，9（14）：4249-4260.
张龙涛．2008. 城市景观水体水质模拟和改善技术研究．西安：西安建筑科技大学．
张璐璐，刘静玲，张少伟，等．2014. 基于 AQUATOX 模型的白洋淀湖区多溴联苯醚（PBDEs）的生态效应阈值与生态风险评价研究．生态毒理学报，9（6）：1156-1172.
张曼胤．2008. 江苏盐城滨海湿地景观变化及其对丹顶鹤生境的影响．长春：东北师范大学．
张生武，陈新国，任丽．2010. 水稻需水规律研究．吉林水利，（5）：4-10.
张伟光，陈隽，王红瑞，等．2015. 我国用水定额特点及存在问题分析．南水北调与水利科技，13（1）：158-162.
张雁云，张正旺，董路，等．2016. 中国鸟类红色名录评估．生物多样性，24（5）：568-579.
张仲胜，于小娟，宋晓林，等．水文连通对湿地生态系统关键过程及功能影响研究进展．湿地科学，17（1）：1-8.

章光新，杨建锋，刘强．2004. 吉林西部农业生态环境问题及对策．生态环境，(2)：290-292.

章光新，张蕾，侯光雷，等．2017. 吉林省西部河湖水系连通若干关键问题探讨．湿地科学，15（5）：641-650.

赵红艳．2006. 近 10 a 来松嫩平原湿地研究的回顾与展望．湿地科学，4（3）：233-240.

赵宏，马立彦，贾青．2007. 基于变异系数法的灰色关联分析模型及其应用．黑龙江水利科技，35（2）：26-27.

赵进勇，董哲仁，翟正丽，等．2011. 基于图论的河道-滩区系统连通性评价方法．水利学报，42（5）：537-543.

赵进勇，董哲仁，杨晓敏，等．2017. 基于图论边连通度的平原水网区水系连通性定量评价．水生态学杂志，38（5）：1-6.

赵洋．2011. 基于 PSR 概念模型的我国战略性矿产资源安全评价．北京：中国地质大学．

周海涛，那晓东，臧淑英．2016. 近 30 年松嫩平原西部地区丹顶鹤栖息地适宜性动态变化．生态学杂志，35（4）：1009-1018.

朱雪龙．2001. 应用信息论基础．北京：清华大学出版社．

邹业爱．2014. 崇明东滩水鸟群落对生境变化及湿地修复的响应．上海：华东师范大学．

左悦．2008. 莫莫格国家级自然保护区昆虫多样性初步研究．长春：东北师范大学．

Acreman M, Dunbar M J. 2004. Defining environmental river flow requirements-a review. *Hydrology Earth System Science*, 8 (5): 861-876.

Acreman M, Holden J. 2013. How Wetlands Affect Floods. *Wetlands*, 33 (5): 773-786.

Adger W N. 2006. Vulnerability. *Global Environmental Change*. 16 (3): 268-281.

Ahmad S S., Simonovic S P. 2015. System dynamics and hydrodynamic modelling approaches for spatial and temporal analysis of flood risk. *International Journal of River Basin Management*, 13 (4): 443-461.

Aislabie J M, Balks M R, Foght J M, et al. 2004. Hydrocarbon spills on Antarctic soils: Effects and management. *Environmental Science & Technology*, 38 (5): 1265-1274.

Akiyama T, Li J, Kubota J, et al. 2012. Perspectives on sustainability assessment: An integral approach to historical changes in social systems and water environment in the Ili River basin of central Eurasia, 1900-2008. *World Futures*, 68 (8): 595-627.

Akkoyunlu A, Karaaslan Y. 2015. Assessment of Improvement Scenario for Water Quality in Mogan Lake by Using the AQUATOX Model. *Environmental Science & Pollution Research*, 22 (18): 14349-14357.

Alexander L C, Fritz K M, Schofieldv K A, et al. 2018. Featured Collection Introduction: Connectivity of Streams and Wetlands to Downstream Waters. *Journal of the American Water Resources Association*, 54 (2): 287-297.

Alexander P, Nielsen D L, Nias D. 2008. Response of wetland plant communities to inundation within floodplain landscapes. *Ecological Management & Restoration*, 9: 187-195.

Ali A. 2015. Multi- Objective Operations of Multi- Wetland Ecosystem: iModel Applied to the Everglades Restoration. *Journal of Water Resources Planning and Management*, 141 (9): 04015008.

Allesina S, Bondavalli C. 2004. Wand: An ecological network analysis user- friendly tool. *Environmental Modelling & Software*, 19 (4): 337-340.

Ameli A A, Creed I F. 2017. Quantifying hydrologic connectivity of wetlands to surface water systems. *Hydrology and Earth System Sciences*, 21 (3): 1791-1808.

An S Q, Li H B, Guan B H, et al. 2007. China's natural wetlands: Past problems, current status, and future challenges. *Ambio*, 36 (4): 335-342.

An Y, Gao Y, Tong S. 2018. Emergence and growth performance of Bolboschoenus planiculmis varied in response to water level and soil planting depth: Implications for wetland restoration using tuber transplantation. *Aquatic Botany*, 148: 10-14.

Andersen H E, Kronvang B, Larsen S E, et al. 2006. Climate-change impacts on hydrology and nutrients in a Danish lowland river basin. *Science of the Total Environment*, 365 (1-3): 223-237.

Arcagni M, Rizzo A, Campbell L M, et al. 2015. Stable isotope analysis of trophic structure, energy flow and spatial variability in a large ultraoligotrophic lake in Northwest Patagonia. *Journal of Great Lakes Research*, 41: 916-925.

Arkhipova T N, Prinsen E, Veselov S U, et al. 2007. Cytokinin producing bacteria enhance plant growth in drying soil. *Plant and Soil*, 292: 305-315.

Arocena J M, Rutherford P M. 2005. Properties of hydrocarbon and salt-contaminated flare pit soils in northeastern British Columbia (Canada). *Chemosphere*, 60 (4): 567-575.

Asselen S, Verburg P H, Vermaat J E, et al. 2013. Drivers of wetland conversion: a global meta-analysis. *PLoS One*, 8 (11): e81292.

Asshauer K P, Wemheuer B, Daniel R, et al. 2015. Tax4Fun: Predicting functional profiles from metagenomic 16S rRNA data. *Bioinformatics*, 31: 2882-2884.

Auble G T, Scort M L, Friedman J M. 2005. Use of individualistic streamflow-vegetation relations along the Fremont River, Utah, USA to assess impacts of flow alteration on wetland and riparian area. *Wetlands*, 25 (1): 143-154.

Augusto O B V, Paulo C L. 2014. A new empirical index for assessing the vulnerability of peri-urban mangroves. *Journal of Environmental Management*, 145: 289-298.

Australia S. 2015. Modelling the chlorophyll a content of the river rhine-interrelation between riverine algal production and population biomass of grazers, rotifers and the zebra mussel, dreissena polymorpha. *International Review of Hydrobiology*, 87 (2-3): 295-317.

Bai H, Chen Y, Wang D, et al. 2018. Developing an EFDC and numerical source-apportionment model for nitrogen and phosphorus contribution analysis in a Lake Basin. *Water*, 10 (10): 2-17.

Bai Q Q, Chen J Z, Chen Z H, et al. 2015. Identification of coastal wetlands of international importance for waterbirds: a review of China Coastal Waterbird Surveys 2005-2013. *Avian Research*, (3): 35-50.

Baker T, Lang J R. 2001. Fluid inclusion characteristics of intrusion-related gold mineralization, Tombstone-Tungsten magmatic belt, Yukon Territory, Canada. *Mineralium Deposita*, 36 (6): 563-582.

Baldoa F, Drake P A. 2002. Multivariate approach to the feeding habits of small fishes in the Guadalquivir Estuary. *Journal of Fish Biology*, 61 (Supplement A): 21-32.

Balian E V, Segers H, Lévêque C, et al. 2008. The freshwater animal diversity assessment: an overview of the results. *Hydrobiologia*, 595 (1): 627-637.

Banerjee A, Chakrabarty M, Rakshit N, et al. 2017. Indicators and assessment of ecosystem health of Bakreswar reservoir, India: An approach through network analysis. *Ecological Indicators*, 80: 163-173.

Barbara J R, Rebecca E L, Darren S B, et al. 2017. Modelling food-web mediated effects of hydrological variability and environmental flows. *Water Research*, 124: 108-128.

Barber M C. 2001. Bioaccumulation and Aquatic System Simulator (BASS) User's Manual, Beta Test Version 2. 1. 600/R-01/035, Athens: U. S. Environmental Protection Agency.

Barberan A, Bates S T, Casamayor E O, et al. 2012. Using network analysis to explore co-occurrence patterns in soil microbial communities. *Isme Journal*, 6: 343-351.

Barrett R T, Camphuysen K, Anker- Nilssen T, et al. 2007. Diet studies of seabirds: a review and recommendations. *ICES Journal of Marine Science*, 64 (9): 1675-1691.

Bartell S M, Lefebvre G, Kaminski G, et al. 1999. An ecological model for assessing ecological risks in Quebec Rivers, Lakes, and Reservoirs. *Ecological Modelling*, 124: 43-67.

Barter M. 2002. Shorebirds of the Yellow Sea: Importance, Threats and Conservation Status. Canberra: Wetlands International.

Bascompte J. 2007. Networks in Ecology. *Basic and Applied Ecology*, 8: 485-490.

Beasley D B, Huggins L F, Monke E J. 1980. Answers: A model for watershed planning. *Transactions of the ASAE*, 23 (4): 938-944.

Beckers B, De Beeck M O, Weyens N, et al. 2017. Structural variability and niche differentiation in the rhizosphere and endosphere bacterial microbiome of field-grown poplar trees. *Microbiome*, 5: 3-45.

Bedford B L. 1999. Cumulative effects on wetland landscapes: links to wetland restoration in the United States and southern Canada. *Wetlands*, 19 (4): 775-788.

Bellio M, Kingsford R T. 2013. Alteration of wetland hydrology in coastal lagoons: implications for shorebird conservation and wetland restoration at a Ramsar site in Sri Lanka. *Biological Conservation*, 167: 57-68.

Bernhardt E S, Palmer M A, Allan J D, et al. 2005. Ecology-Synthesizing US river restoration efforts. *Science*, 308: 636-637.

Besacier-Monbertrand A L, Paillex A, Castella E. 2014. Short- term impacts of lateral hydrological connectivity restoration on aquatic macro invertebrates. *River Research and Applications*, 30 (5): 557-570.

Beuel S, Alvarez M, Amler E, et al. 2016. A rapid assessment of anthropogenic disturbances in East African Wetlands. *Ecological Indicators*, 67: 684-692.

Bharti N, Barnawal D, Awasthi A, et al. 2014. Plant growth promoting rhizobacteria alleviate salinity induced negative effects on growth, oil content and physiological status in Mentha arvensis. *Acta Physiologiae Plantarum*, 36: 45-60.

Bharti N, Yadav D, Barnawal D, et al. 2013. Exiguobacterium oxidotolerans, a halotolerant plant growth promoting rhizobacteria, improves yield and content of secondary metabolites in *Bacopa monnieri* (L.) Pennell under primary and secondary salt stress. *World Journal of Microbiology & Biotechnology*, 29: 379-387.

Bhattacharyya P, Roy K S, Das M, et al. 2016. Elucidation of rice rhizosphere metagenome in relation to methane and nitrogen metabolism under elevated carbon dioxide and temperature using whole genome metagenomic approach. *Science of the Total Environment*, 542: 886-898.

Bilaletdin Ä, Frisk T, Podsechin V, et al. 2011. A general water protection plan of lake Onega in Russia. *Water Resources Management*, 25 (12): 2919-2930.

Bingli L, Shengbiao H, Min Q, et al. 2008. Prediction of the environmental fate and aquatic ecological impact of nitrobenzene in the Songhua River using the modified AQUATOX model. *Journal of Environmental Sciences*, 20: 769-777.

Bird Life International. 2000. Threatened birds of the world. Barcelona and Cambridge: Lynx Edicions and Bird Life International.

Bird Life International. 2015. *European Red List of Birds*. Luxembourg: Office for Official Publications of the European Communities.

Bischoff N T, Jongman R H G. 1993. Development of Rural Areas in Europe: The Claim for Nature, Preliminary and background studies no. V79. Netherlands Scientific Council for Government Policy. Hague: SDU Publishers.

Bodini A, Bondavalli C, Allesina S. 2012. Cities as ecosystems: growth, development and implications for sustainability. *Ecological Modelling*, 245: 185-198.

Bolduc F, Afton A D. 2004. Relationships between wintering waterbirds and invertebrates, sediments and hydrology of coastal marsh ponds. *Waterbirds*, 27 (3): 333-341.

Bolduc F, Afton A D. 2008. Monitoring waterbird abundance in wetlands: the importance of controlling results for variation in water depth. *Ecological Modelling*, 216 (3-4): 402-408.

Bongiorni L, Nasi F, Fiorentino F, et al. 2018. Contribution of deltaic wetland food sources to coastal macrobenthic consumers (Po River Delta, north Adriatic Sea). *Science of the Total Environment*, 643: 1373-1386.

Boudewijin B, Willems J, Gusewell S. 2007. Flood events overrule fertiliser effects on biomass production and species richness in riverine grasslands. *Journal of Vegetation Science*, 18: 625-634.

Boulton A J. 2007. Hyporheic rehabilitation in rivers: restoring vertical connectivity. *Freshwater Biology*, 52: 632-650.

Bracken L J, Turnbull L, Wainwright J, et al. 2015. Sediment connectivity: a framework for understanding sediment transfer at multiple scales. *Earth Surface Processes and Landforms*, 40 (2): 177-188.

Brader G, Compant S, Mitter B, et al. 2014. Metabolic potential of endophytic bacteria. *Current Opinion in Biotechnology*, 27: 30-37.

Bragin E. 2014. Siberian Crane sightings in north Kazakhstan in spring 2013 and 2014. *Siberian Crane Flyway News*, 6 (13): 5-6.

Braudrick C A, Dietrich W E, Leverich G T, et al. 2009. Experimental evidence for the conditions necessary to sustain meandering in coarse- bedded rivers. *Proceedings of the National Academy of Sciences*, 106 (40): 16936-16941.

Briand M J, Bonnet X, Guillou G, et al. 2016. Complex food webs in highly diversified coral reefs: Insights from $\delta^{13}C$ and $\delta^{15}N$ stable isotopes. *Food Webs*, 8: 12-22.

Brooks A P, Brierley G J, Millar R G. 2003. The long- term control of vegetation and woody debris on channel and floodplain evolution: insights from a paired catchment study between a pristine and a disturbed lowland alluvial river in southeastern Australia. *Geomorphology*, 51: 7-29.

Brower S, Leff L, Mou X Z. 2013. Effects of short and long- term hydrological regimes on the composition and function of denitrifying bacteria in experimental wetlands. *Wetlands*, 37: 573-583.

Bullock A, Acreman M. 2003. The role of wetlands in the hydrological cycle. *Hydrology and Earth System Sciences Discussion*, 7 (3): 358-389.

Burger J. 1997. Methods for and approaches to evaluating susceptibility of ecological systems to hazardous chemicals. *Environ Health Perspect*, 105 (Suppl 4): 843-848.

Burnham J, Barzen J, Pidgeon A M, et al. 2017. Novel foraging by wintering siberian cranes leucogeranus leucogeranus at China's poyang lake indicates broader changes in the ecosystem and raises new challenges for a critically endangered species. *Bird Conservation International*: 27 (2): 1-20.

Bysykatova I P, Vladimirtseva M V, Egorov N N, et al. 2010. Spring migrations of the Siberian crane (*Grus leucogeranus*) in Yakutia. *Contemporary Problems of Ecology*, 3 (1): 86-89.

Cai T L, Huettmann F, Guo Y M. 2014. Using stochastic gradient boosting to infer stopover habitat selection and distribution of Hooded Cranes *Grus monacha* during spring migration in Lindian, Northeast China. *Plos One*, 9 (2): e89913.

Cao W Z, Wong M H. 2007. Current status of coastal zone issues and management in China: A review.

Environment International, 33 (7): 985-992.

Cardoch L, Jr J W D, Inanez C. 2002. Net primary productivity as an indicator of sustainability in the Ebro and Mississippi deltas. *Ecological Applications*, 12 (4): 1044-1055.

Carey M P, Sanderson B L, Barnas K A, et al. 2012. Native invaders - challenges for science, management, policy, and society. *Frontiers in Ecology and the Environment*, 10: 373-381.

Carr M, Watkinson D A, Svendsen J C, et al. 2015. Geospatial modeling of the Birch River: distribution of Carmine Shiner (Notropis percobromus) in Geomorphic Response Units (GRU) . *International Review of Hydrobiology*, 100 (5-6): 129-140.

Casanova M T, Brock M A. 2000. How do depth, duration and frequency of flooding influence the establishment of wetland plant communities? *Plant Ecology*, 147 (2): 237-250.

Castella E, Béguin O, Besacier- Monbertrand A L, et al. 2015. Realized and predicted changes in the invertebrate benthos after restoration of connectivity to the floodplain of a large river. *Freshwater Biology*, 60 (6): 1131-1146.

Castro-Montoya J, Witzig M, Rahman M, et al. 2018. In vitro rumen fermentation, microbial protein synthesis and composition of microbial community of total mixed rations replacing maize silage with red clover silage. *Journal of Animal Physiology and Animal Nutrition*, 102: 1450-1463.

Chapra S C, Pelletier G J, Tao H. 2007. QUAL2K: A Modeling Framework for Simulating River and Stream Water Quality, Version 2.07: Documentation and Users Manual. Medford: Civil and Environmental Engineering Department, Tufts University.

Chatterjee K, Bandyopadhyay A, Ghosh A, et al. 2015. Assessment of environmental factors causing wetland degradation using Fuzzy Analytic Network Process: a case study on Keoladeo National Park, India. *Ecological Modelling*, 316: 1-13.

Chen Q, Liu Y, Ho W T, et al. 2017. Use of stable isotopes to understand food webs in Macao wetlands. *Wetlands Ecology & Management*, 25: 59-66.

Chen Q, Yuan H, Chen P. 2019. Short-term effects of artificial reef construction on the taxonomic diversity and eco-exergy of the macrobenthic faunal community in the pearl river estuary, China. *Ecological Indicators*, 98: 772-782.

Cherel Y, Fontaine C, Richard P, et al. 2010. Isotopic niches and trophic levels of myctophid fishes and their predators in the Southern Ocean. *Limnol Oceanogr*, 55 (1): 324-332.

Chui T F M, Low S Y, Long S Y. 2011. An ecohydrological model for studying groundwater- vegetation interactions in wetlands. *Journal of Hydrology*, 409 (1-2): 291-304.

Clough J S. 2004. AQUATOX (Release 2): Modeling Environmental Fate and Ecological Effects in Aquatic Ecosystems, vol. 3, User's Manual for the BASINS (Version 3.1) Extension to AQUATOX Release 2. EPA-823-R-04-003. Washington: U. S. Environmental Protection Agency, Office of Water.

Clough J S, Blancher II E C, Park R A, et al. 2017. Establishing nearshore marine injuries for the Deepwater Horizon natural resource damage assessment using AQUATOX. *Ecological Modelling*, 359: 258-268.

Clough J S, Park R A. 2005. AQUATOX: Modeling Environmental Fate and Ecological Effects in Aquatic Ecosystems, Release 2.1, Addendum to Release 2 Technical Documentation. Washington: U. S. Environmental Protection Agency, Office of Water.

Clough J S, Park R A. 2006. AQUATOX (Release 3) Modeling Environmental Fate and Ecological Effects in Aquatic Ecosystems, Addendum to Release 2 & 2.1 Technical Documentation. Washington: U. S. Environmental Protection Agency.

Coats V C, Rumpho M E. 2014. The rhizosphere microbiota of plant invaders: an overview of recent advances in the microbiomics of invasive plants. *Frontiers in Microbiology*, 5 (5): 368.

Cohen M J, Cred I F, Alexander L, et al. 2016. Do geographically isolated wetlands influence landscape functions? *Proceedings of the National Academy of Sciences of the United States of America*, 113 (8): 1978-1986.

Colautti R I. 2011. Encyclopedia of biological invasions. Encyclopedias of the Natural World, Number 3. *Quarterly Review of Biology*, 86: 339.

Collen B, Whitton F, Dyer E E, et al. 2014. Global patterns of freshwater species diversity, threat and endemism. *Global Ecology and Biogeography*, 23 (1): 40-51.

Compant S, Mitter B, Gualberto Colli-Mull J, et al. 2011. endophytes of grapevine flowers, berries, and seeds: identification of cultivable bacteria, comparison with other plant parts, and visualization of niches of colonization. *Microbial Ecology*, 62: 188-197.

Cook B J, Richard Hauer F. 2007. Effects of hydrologic connectivity on water chemistry, soils, and vegetation structure and function in an intermontane depressional wetland landscape. *Wetlands*, 27: 719-738.

Cote D, Dan G K, Bourne C, et al. 2009. A new measure of longitudinal connectivity for stream networks. *Landscape Ecology*, 24 (1): 101-113.

Cox T J S, Maris T, Vleeschauwer P D, et al. 2006. Flood control areas as an opportunity to restore estuarine habitat. *Ecological Engineering*, 28 (1): 55-63.

Crook D A, Lowe W H, Allendorf F W, et al. 2015. Human efects on ecological connectivity in aquatic ecosystems: integrating scientific approaches to support management and mitigation. *Science of the Total Environment*, 534: 52-64.

Crosbie R S, McEwan K L, Jolly I D, et al. 2009. Salinization risk in semi-arid floodplain wetlands subjected to engineered wetting and drying cycles. *Hydrological Processes*, 23 (24): 3440-3452.

Cucherousset J, Carpentier A, Paillisson J M. 2008. Selective use and spatial dis- tribution of native and non-native fish in wetland habitats. *River Research and Applications*, 24: 1240-1250.

Cui B S, Wang C F, Tao W D, et al. 2009. River channel network design for drought and flood control: A case study of Xiaoqinghe River basin, Jinan City, China. *Journal of Environmental Management*, 90: 3675-3686.

Cui L F, Ge Z M, Yuan L, et al. 2015. Vulnerability assessment of the coastal wetlands in the Yangtze Estuary, China to sea-level rise. *Estuarine*, *Coastal and Shelf Science*, 156: 42-51.

Cui L, Gao C, Zhou D, et al. 2014. Quantitative analysis of the driving forces causing declines in marsh wetland landscapes in the Honghe Region, Northeast China, from 1975 to 2006. Environ. *Earth Science*, 71 (3): 1357-1367.

Cumming G S, Paxton M, King J, et al. 2012. Foraging guild membership explains variation in waterbird responses to the hydrological regime of an aridregion flood-pulse river in Namibia. *Freshwater Biology*, 57 (6): 1202-1213.

Cutter S L. 1993. Living with risk: The Geography of Technological Hazards. London: Edward Arnold.

Czech H A, Parsons K C. 2002. Agricultural wetlands and waterbirds: a review. *Waterbirds*, 25 (2): 56-65.

D'Alelio D, Libralato S, Wyatt T, et al. 2016. Ecological-network models link diversity, structure and function in the plankton food-web. *Scientific Reports*, 6: 21806.

Dai X, Wan R R, Yang G, et al. 2016. Responses of wetland vegetation in Poyang Lake, China to water-level fluctuations. *Hydrobiologia*, 773 (1): 35-47.

Dame J K, Christian R R. 2008. Evaluation of Ecological Network Analysis: Validation of Output. *Ecological*

Modelling, 210: 327-338.

Damodaran T, Rai R B, Jha S K, et al. 2014. Rhizosphere and endophytic bacteria for induction of salt tolerance in gladiolus grown in sodic soils. *Journal of Plant Interactions*, 9: 577-584.

Daniel P, Villy C, Carl W. 2000. Ecopath, Ecosim and Ecospace as tools for evaluating ecosystem impact of fisheries. *ICES Journal of Marine Science*, 57 (3): 697-706.

Dastager S G, Kumaran D C, Pandey A. 2010. Characterization of plant growth-promoting rhizobacterium Exiguobacterium NII-0906 for its growth promotion of cowpea (Vigna unguiculata). *Biologia*, 65: 197-203.

Davey M E, O'toole G A. 2000. Microbial biofilms: from ecology to molecular genetics. *Microbiology and Molecular Biology Reviews*, 64: 847-867.

Davidson N C. 2014. How much wetland has the world lost? Long-term and recent trends in global wetland area. *Marine and Freshwater Research*, 65: 934-941.

Davis M A, Thompson K. 2000. Eight Ways to Be a Colonizer; Two Ways to Be an Invader: A Proposed Nomenclature Scheme for Invasion Ecology, *Bulletin of the Ecological Society of America*, 81 (3): 226-230.

Dawson W, Schrama M. 2016. Identifying the role of soil microbes in plant invasions. *Journal of Ecology*, 104: 1211-1218.

De Laender F, De Schamphelaere K A C, Vanrolleghem P A, et al. 2008. Comparison of different toxic effect sub-models in ecosystem modelling used for ecological effect assessments and water quality standard setting. *Ecotoxicology and Environmental Safety*, 69 (1): 13-23.

De Laender F, Janssen C R. 2013. Brief communication: the ecosystem perspective in ecotoxicology as a way forward for the ecological risk assessment of chemicals. *Integrated Environmental Assessment and Management*, 9 (3): e34-e38.

De Lange H J, Lahr J, Vander P, et al. 2009. Ecological vulnerability in wildlife. an expert judgment and multi-criteria analysis tool using ecological traits to assess relative impact of pollutants. *Environmental Toxicology and Chemistry*, 28 (10): 2233-22350.

De Lange H J, Sala S, Vighi M, et al. 2010. Ecological vulnerability in risk assessment - a review and perspectives. *Science of The Total Environment*, 48: 3871-3879.

Deangelis D L, Brenkert S M B L, Brenkert A L. 1989. Effects of nutrient cycling and food-chain length on resilience. *The American Naturalist*, 134 (5): 778-805.

Debeljak M, Džeroski S, Jerina K, et al. 2001. Habitat suitability modelling for red deer (*Cervus elaphus L.*) in South-central Slovenia with classification trees. *Ecological Modelling*, 138: 321-330.

Deehr R A, Luczkovich J J, Hart K J, et al. 2014. Using stable isotope analysis to validate effective trophic levels from Ecopath models of areas closed and open to shrimp trawling in Core Sound, NC, USA. *Ecological Modelling*, 282: 1-17.

Deng C, Liu P, Wang D B, et al. 2018. Temporal variation and scaling of parameters for a monthly hydrological model. *Journal of Hydrology*, 558: 290-300.

Denner K, Phillips M R, Jenkins R E, et al. 2015. A coastal vulnerability and environmental risk assessment of Loughor Estuary, South Wales. *Ocean & Coastal Management*, 116: 478-490.

Devictor V, Jiguet F. 2007. Community richness and stability in agricultural landscapes: the importance of surrounding habitats. *Agriculture, Ecosystems & Environment*, 120: 179-184.

Di Toro D M, Fitzpatrick J J, Thomann R V. 1983. Water Quality Analysis Simulation Program (WASP) and Model Verification Program (MVP) -Documentation. Duluth: Hydroscience, Inc. for U. S. EPA.

Didham R K, Tylianakis J M, Gemmell N J, et al. 2007. Interactive effects of habitat modification and species invasion on native species decline. *Trends in Ecology & Evolution*, 22: 489-496.

Dierauer J, PinterI N, Remo J W. 2012. Evaluation of levee setbacks for flood- loss reduction, middle mississippi river, USA. *Journal of Hydrology*, 450: 1-8.

Dole'dec S, Castella E, Forcellini M, et al. 2015. The generality of changes in the trait composition of fish and invertebrate communities after flow restoration in a large river (French Rhône). *Freshwater Biology*, 60: 1147-1161.

Donat M G, Lowry A L, Alexander L V, et al. 2016. More extreme precipitation in the world's dry and wet regions. *Nature Climate Change*, 6: 508-514.

Dong Z Y, Wang Z M, Liu D W, et al. 2013. Assessment of habitat suitability for waterbirds in the West Songnen Plain, China, using remote sensing and GIS. *Ecological Engineering*, 55: 94-100.

Dou P, Cui B S. 2014. Dynamics and integrity of wetland network in estuary. Ecological Informatics, 24: 1-10.

Dow K. 1992. Exploring differences in our common futures: the meaning of vulnerability to global environmental change. *Geoforum*, 23 (3): 417-436.

Downing T E. 1993. Climate change and vulnerable places: Global food security and country studies in Zimbabwe, Kenya, Senegaland Chile//Environmental change unit. Oxford: Oxford University.

Dulvy N K, Sadovy Y, Reynolds J D. 2003. Extinction vulnerability in marine populations. *Fish Fisheries*, 4 (1): 25-64.

Dunne J A, Williams R J, Martinez N D. 2002. Food- Web Structure and Network Theory: The Role of Connectanca and Size. *PNAS*, 99: 12917-12922.

Eastman D S, Jenkins D. 1970. Comparative food habits of red grouse in northeast scotland, using fecal analysis. *Journal of Wildlife Management*, 34 (3): 612-620.

Edgar R C. 2010. Search and clustering orders of magnitude faster than BLAST. *Bioinformatics*, 26: 2460-2461.

Edwards J, Johnson C, Santos- Medellin C, et al. 2015. Structure, variation, and assembly of the root-associated microbiomes of rice. *Proceedings of the National Academy of Sciences of the United States of America*, 112: 911-920.

Egamberdieva D, Kucharova Z. 2009. Selection for root colonising bacteria stimulating wheat growth in saline soils. *Biology and Fertility of Soils*, 45: 563-571.

Ehrenfeld J G. 2010. Ecosystem Consequences of Biological Invasions // Futuyma D J, Shafer H B, Simberloff D. Annual Review of Ecology, Evolution, and Systematics, 41: 59-80.

Ekundayo E, Obuekwe O. 2000. Effects of an oil spill on soil physico-chemical properties of a spill site in a typic udipsamment of the Niger Delta Basin of Nigeria. *Environmental Monitoring and Assessment*, 60 (2): 235-249.

Elderd B D, Nott M P. 2008. Hydrology, habitat change and population demography: an individual-based model for the endangered Cape Sable seaside sparrow ammodramus maritimus mirabilis. *Journal of Applied Ecology*, 45 (1): 258-268.

Ellis D H, Hjertaas D, Urbanek J R P. 1998. Use of a helicopter to capture flighted cranes. *Wildlife Society Bulletin*, 26 (1): 103-107.

Elphick C S. 2010. Why study birds in rice fields? *Waterbirds*, 33 (1): 1-7.

Elphick C S, Oring L W. 1998. Winter management of Californian rice fields for waterbirds. *Journal of Applied E-cology*, 35 (1): 95-108.

Eriksen S H, Brown K, Kelly P M. 2005. The dynamics of vulnerability: locating coping strategies in Kenya and Tanzania. *Geographical Journal*, 171 (4): 287-305.

Ewe S M L, Gaiser E E, Childers D L, et al. 2006. Spatial and temporal patterns of aboveground net primary productivity (ANPP) along tow freshwater - estuarine transects in the Florida Coastal Everglades. *Hydrobiologia*, 569 (1): 459-474.

Fang D, Chen B, 2015. Ecological network analysis for a virtual water network. *Environmental Science and Technology*, 49 (11): 6722-6730.

Farago S, Hangya K. 2012. Effects of water level on waterbird abundance and diversity along the middle section of the Danube River. *Hydrobiologia*, 697 (1): 15-21.

Fay P A, Guntenspergen G R, Olker J H, et al. 2016. Climate change impacts on freshwater wetland hydrology and vegetation cover cycling along a regional aridity gradient. *Ecosphere*, 7 (10): e01504.

Faye D, Morais L T, Raffray J, et al. 2011. Structure and seasonal variability of fish food webs in an estuarine tropical marine protected area (Senegal): Evidence from stable isotope analysis. *Estuarine, Coastal & Shelf Science*, 92 (4): 607-617.

Feng X, Li Y C, Shen R J A. 2009. New Approach to Design Energy Efficient Water Allocation Networks. *Applied Thermal Engineering*, 29: 2302-2307.

Fery K, Luky A, Dietriech G B, et al. 2016. Vulnerability assessment of small islands to tourism: The case of the Marine Tourism Park of the Gili Matra Islands, Indonesia. *Global Ecology and Conservation*, 6: 308-326.

Finlayson C M, Davis J A, Gell P A, et al. 2013. The status of wetlands and the predicted effects of global climate change: the situation in Australia. *Aquatic Sciences*, 75 (1): 73-93.

Forbes V E, Galic N. 2016. Next-generation ecological risk assessment: predicting risk from molecular initiation to ecosystem service delivery. *Environment International*, 91: 215-219.

Forbes V E, Salice C J, Birnir B, et al. 2017. A framework for predicting impacts on ecosystem services from (sub) organismal responses to chemicals. *Environmental Toxicology and Chemistry*, 36 (4): 845-859.

Fox A D, Abraham K F. 2017. Why geese benefit from the transition from natural vegetation to agriculture. *Ambio*, 46 (Suppl. 2): 188-197.

Fox A D, Francis I S, Bergersen E. 2006. Diet and habitat use of svalbard pink- footed geese anser brachyrhynchus during arrival and pre-breeding periods in adventdalen. *Ardea*, 94 (3): 697-699.

Fox A D, Gao L, Zhang Y, et al. 2011. Declines in the tuber-feeding waterbird guild at Shengjin Lake National Nature Reserve, China—a barometer of submerged macrophyte collapse. *Aquatic Conservation: Marine and Freshwater Ecosystems*. 21 (1): 82-91.

Freeman J T. 2007. The use of bromide and chloride mass ratios to differentiate salt- dissolution and formation brines in shallow groundwater of the Western Canadian Sedimentary Basin. *Hydrogeology Journal*, 15 (7): 1377-1385.

Fritz K M, Schofield K A, Alexander L C, et al. 2018. Physical and chemical connectivity of streams and riparian wetlands to downstream waters: a synthesis. *Journal of the American Water Resources Association*, 54 (2): 323-345.

Fry B. 2006. Stable Isotope Ecology. Libro (Verlag, Ne), vol. XII. Heidelberg: Springer.

Fry B, Sherr E B. 1984. $\delta^{13}C$ Measurements as Indicators of Carbon Flow in Marine and Freshwater Ecosystems. Stable Isotopes in Ecological Research.

Furi W, Razack M, Haile T, et al. 2011. The hydrogeology of Adama- Wonji basin and assessment of groundwater level changes in Wonji wetland, Main Ethiopian rift: results from 2D tomography and electrical sounding methods. *Environmental Earth Science*, 62 (6): 1323-1335.

Galic N, Hommen U, Baveco J M H, et al. 2010. Potential application of population models in the European ecological risk assessment of chemicals II: review of models and their potential to address environmental protection aims. *Integrated Environmental Assessment & Management*, 6 (3): 338-360.

Galic N, Schmolke A, Forbes V, et al. 2012. The role of ecological models in linking ecological risk assessment to ecosystem services in agroecosystems. *Science of the Total Environment*, 415: 93-100.

Gallardo B, Dolédec S, Paillex A, et al. 2014. Response of benthic macroinvertebrates to gradients in hydrological connectivity: a comparison of temperate, subtropical, Mediterranean and semiarid river floodplains. *Freshwater Biology*, 59: 630-648.

Gallego-Sala A V, Prentice I C. 2013. Blanket peat biome endangered by climate change. *Nature Climate Change Advances*, 3 (2): 152e155.

Gan X J, Cai Y T, Choi C Y, et al. 2009. Potential impacts of invasive spartina alterniflora on spring bird communities at chongming dongtan, a chinese wetland of international importance. *Estuarine, Coastal and Shelf Science*, 83 (2): 211-218.

Gao X P, Xu L P, Zhang C. 2015. Modelling the effect of water diversionprojects on renewal capacity in an urban artificial lake in China. *Journal of Hydroinformatics*, 17 (6): 990-1002.

Gao X P, Xu L P, Zhang C. 2016. Estimating renewal timescales withresidence time and connectivity in an urban man-made lake in China. *Environmental Science & Pollution Research International*, 23 (14): 1-11.

Gash J H C, Morton A J. 1978. Application of rutter model to estimation of interception loss from thetford forest. *Journal of Hydrology*, 38 (1-2): 49-58.

George A, Serafim E P. 2014. An holistic approach to beach erosion vulnerability assessment. *Scientific Reports*, 4: 6078.

Gill S R, Pop M, Deboy R T, et al. 2006. Metagenomic analysis of the human distal gut microbiome. *Science*, 312: 1355-1359.

Gill S S, Tuteja N. 2010. Reactive oxygen species and antioxidant machinery in abiotic stress tolerance in crop plants. *Plant Physiology and Biochemistry*, 48: 909-930.

Golubkov S M, Berezina N A, Gubelit Y I, et al. 2018. A relative contribution of carbon from green tide algae Cladophora glomerata and Ulva intestinalis in the coastal food webs in the Neva Estuary (Baltic Sea) . *Marine Pollution Bulletin*, 126: 43-50.

Gong W P, Shen J, Hong B. 2009. The influence of wind on the water age in the tidal Rappahannock River. *Marine Environmental Research*, 68 (4): 163-169.

Goodrich J M, Buskirk S W. 1995. Control of abundant native vertebrates for conservation of endangered species. *Conservation Biology*, 9: 1357-1364.

Graham N A J, Chabanet P, Evans R D, et al. 2011. Extinction vulnerability of coral reef fishes. *Ecology Letters*, 14: 341-348.

Grechi L, Franco A, Palmeri L, et al. 2016. An ecosystem model of the lower Po river for use in ecological risk assessment of xenobiotics. *Ecological Modelling*, 332: 42-58.

Grumbine R E, Xu J. 2011. Environment and development: Mekong hydropower development. *Science*, 332: 178-179.

Gu Y S, Tang Q Q, Liu H Y, et al. 2016. Formation environment of the subalpine wetlands in Jingning She Autonomous County, Zhejiang Province. *Wetland Science*, 14 (3): 302-310.

Gumiero B, Mant J, Hein T, et al. 2013. Linking the restoration of rivers and riparian zones/wetlands in Europe: Sharing knowledge through case studies. *Ecological Engineering*, 56: 36-50.

Gurrutxaga M, Lozano P J, Barrio G. 2010. GIS-based approach for incorporating the connectivity of ecological networks into regional planning. *Journal for Nature Conservation*, 18 (4): 318-326.

Guzzo M M, Haffner G D, Sorge S, et al. 2011. Spatial and temporal variabilities of $\delta^{13}C$ and $\delta^{15}N$ within lower trophic levels of a large lake: implications for estimating trophic relationships of consumers. *Hydrobiologia*, 675 (1): 41-53.

Haas K, Kohler U, Diehl S, et al. 2007. Influence of fish on habitat choice of water birds: a whole system experiment. *Ecology*, 88 (11): 2915-2925.

Hadwen W L, Spears M, Kennard M J. 2010. Temporal variability of benthic algal $\delta^{13}C$ signatures influences assessments of carbon flows in stream food webs. *Hydrobiologia*, 651 (1): 239-251.

Hai R T, Shi H, Zhang B, et al. 2015. An ecological information analysis-based approach for assessing the sustainability of water use systems: a case study of the Huaihe River Basin, China. *Clean Technologies and Environmental Policy*, 17 (8): 2197-2211.

Hamady M, Knight R. 2009. Microbial community profiling for human microbiome projects: Tools, techniques, and challenges. *Genome Research*, 19: 1141-1152.

Han E, Park H J, Bergamino L, et al. 2015. Stable isotope analysis of a newly established macrofaunal food web 1.5 years after the Hebei Spirit oil spill. *Marine Pollution Bulletin*, 90: 167-180.

Han Q Q, Lu X P, Bai J P, et al. 2014. Beneficial soil bacterium Bacillus subtilis (GB03) augments salt tolerance of white clover. *Frontiers in Plant Science*, 5: 525.

Hancock P J, Boulton A J. 2005. The effects of an environmental flow release on water quality in the hyporheic zone of the Hunter River, Australia. *Hydrobiologia*, 552: 75-85.

Harris J, Mirande C. 2013. A global overview of cranes: status, threats and conservation priorities. *Chinese Birds*, 4 (3): 189-209.

Hartke K M, Kriegel K H, Nelson G M, et al. 2009. Abundance of wigeongrass during winter and use by herbivorous waterbirds in a texas coastal marsh. *Wetlands*, 29 (1): 288-293.

Havel J E, Thomaz S M, Kats L B, et al. 2018. The Ecology of Invasions by Animals and Plants. *Hydrobiologia*, 817: 1-9.

He Y, Zhang M X. 2001. Study on wetland loss and its reasons in China. *Chinese Geographical Science*, 11 (3): 241-245.

Helpern B S, Selkoe K A, Micheli F, et al. 2007. Evaluating and ranking the vulnerability of global marine ecosystems to anthropogenic threats. *Conservation Biology*, 21 (5): 1301-1315.

Henry C P, Amoros C. 1995. Restoration ecology of riverine wetlands: I. a scientific base. *Environmental Management*, 19 (6): 891-902.

Hierro J L, Khetsuriani L, Andonian K, et al. 2017. The importance of factors controlling species abundance and distribution varies in native and non-native ranges. *Ecography*, 40: 991-1002.

Hirner J L M, Cox S P. 2007. Effects of rainbow trout (Oncorhynchus mykiss) on amphibians in productive recreational fishing lakes of British Columbia. *Canadian Journal of Fisheries and Aquatic Sciences*, 64: 1770-1780.

Hobbs N T. 1987. Fecal indices to dietary quality: a critique. *The Journal of Wildlife Management*, 51 (2): 317-320.

Hobday A J, Okey T A, Poloczanska E S, et al. 2006. Impacts of Climate Change on Australian Marine Life. A report prepared by CSIRO Marine and Atmospheric Research for the Department of the Environment and Heritage. Canberra: Australian Greenhouse Office.

Hobson K A, Montevecchi W A. 1991. Stable isotopic determinations of trophic relationships of great auks.

Oecologia, 87 (4): 528-531.

Hobson K A, Piatt J F, Pitocchelli J. 1994. Using stable isotopes to determine seabird trophic relationships. *Journal of Animal Ecology*, 63 (4): 786-798.

Hobson K A. 1992. Determination of trophic relationships within a high Arctic marine food web using δ^{13}C and δ^{15}N analysis. *Marine Ecology Progress Series*, 84 (1): 9-18.

Holland C C, Honea J, Gwin S E, et al. 1995. Wetland degradation and loss in the rapidly urbanizing area of Portland, Oregon. *Wetlands*, 15 (4): 336-345.

Holl K D, Crone E E, Schultz C B. 2003. Landscape restoration: Moving from generalities to methodologies. *Bioscience*, 53: 491-502.

Horner-Devine M C, Silver J M, Leibold M A, et al. 2007. A comparison of taxon co-occurrence patterns for macro- and microorganisms. *Ecology*, 88: 1345-1353.

Hu Z X, Hu W P, Gu X H, et al. 2005. Assessment of ecosystem health in lake Taihu. *Journal of Lake Sciences*, 17 (3): 256-262.

Huang J, Han X, Yang Q, et al. 2003. Fundamentals of invasive species biology and ecology. *Chinese Biodiversity*, 11: 240-247.

Huckebridgea K H, Staceyb M T, Glenn E P, et al. 2010. An integrated model for evaluating hydrology, hydrodynamics, salinity and vegetation cover in a coastal desert wetland. *Ecological Engineering*, 36 (7): 850-861.

Hugo C, Fred W B B, Gerard V. 1996. Growth and morphological responses of four helophyte species in an experimental water-depth gradient. *Aquatic Botany*, 54: 11-24.

Hume A O. 1868. Stray Notes on Ornithology in India. *Ibis*, 4: 28-40.

Inderjit, Pergl J, Van Kleunen M, et al. 2018. Naturalized alien flora of the Indian states: biogeographic patterns, taxonomic structure and drivers of species richness. *Biological Invasions*, 20: 1625-1638.

Isola C R, Colwell M A, Taft O W, et al. 2000. Interspecific differences in habitat use of shorebirds and waterfowl foraging in managed wetlands of California's San Joaquin Valley. *Waterbirds*, 23 (2): 196-203.

Iwamura T, Possingham H P, Chade's I, et al. 2013. Migratory connectivity magnifies the consequences of habitat loss from sea-level rise for shorebird populations. *Proceedings of the Royal Society B: Biological Sciences*, 280 (1761): 20130325.

Jain V, Sinha R. 2004. Fluvial dynamics of an anabranching river system in Himalayan foreland basin, Baghmati river, north Bihar plains, India. *Geomorphology*, 60: 147-170.

Jain V, Tandon S K. 2010. Conceptual assessment of (dis) connectivity and its application to the Ganga River dispersal system. *Geomorphology*, 118 (3-4): 349-358.

James E, McKenna Jr, Howard W R, et al. 2018. Measuring and evaluating ecological flows from streams to regions: steps towards national coverage. *Freshwater Biology*, 63 (8): 874-890.

Jankowskaa E, Trochb M D, Michelc L N, et al. 2018. Modification of benthic food web structure by recovering seagrass meadows, as revealed by trophic markers and mixing models. *Ecological Indicators*, 90: 28-37.

Jelinek F. 1968. Probabilistic Information theory: discrete and memoryless models. New York: McGraw-Hill, 148-155.

Jia D C, Hu R Z, Lu Y, et al. 2004. Collision belt between the Khanka block and the North China block in the Yanbian Region, Northeast China. *Journal of Asian Earth Sciences*, 23 (2): 211-219.

Jia Y F, Jiao S W, Zhang Y M, et al. 2013. Diet shift and its impact on foraging behavior of Siberian crane (*Grus Leucogeranus*) in Poyang Lake. *Plos One*, 8 (6): e65843.

Jiang H B, Wen Y, Zou L F, et al. 2016. The effects of a wetland restoration project on the Siberian crane (*Grus leucogeranus*) *population and stopover habitat in Momoge National Nature Reserve, China. Ecological Engineering* , 96: 170-177.

Jiang H X, Liu C Y, Sun X W, et al. 2015. Remote sensing reversion of water depths and water management for the stopover site of Siberian cranes at Momoge, China. *Wetlands*, 35 (2): 369-379.

Jiang P, Cheng L, Li M, et al. 2014. Analysis of landscape fragmenta- tion processes and driving forces in wetlands in arid areas: A case study of the middle reaches of the Heihe River, China. *Ecological Indicators*, 46 (17): 240-252.

Jiang T T, Pan J F, Pu X M, et al. 2015. Current status of coastal wetlands in China: degradation, restoration, and future management. *Estuarine*, *Coastal & Shelf Science*, 164: 265-275.

Jin C H. 2008. Biodiversity dynamics of freshwater wetland ecosystems affected by secondary salinisation and seasonal hydrology variation: a model-based study. *Hydrobiologia*, 598: 257-270.

Jobin B, Robillard L, Latendresse C. 2009. Response of a least bittern (Ixobrychus exilis) population to interannual water level fluctuations. *Waterbirds*, 1 (32): 73-80.

Jobling M, Breiby A. 1986. The use and abuse of fish otoliths in studies of feeding habits of marine piscivores. *Sarsia*, 71 (3-4): 265-274.

Joern B. 2007. Risk and vulnerability indicators at different scales: applicability, usefulness and policy implications. *Environmental Hazards*, 7 (1): 20-31.

Johansen O M, Pedersen M L, Jensen J B. 2011. Effect of groundwater abstraction on fen ecosystems. *Journal of Hydrology*, 402 (3/4): 357-366.

Johnson S L, Ringler N H. 2014. The response of fish and macroinvertebrate assemblages to multiple stressors: A comparative analysis of aquatic communities in a perturbed watershed (Onondaga Lake, NY) . *Ecological Indicators*, 41: 198-208.

Jonzén N, Nolet B A, Santamaría L, et al. 2002. Seasonal herbivory and mortality compensation in a swan-pondweed system. *Ecological Modelling*, 147 (3): 209-219.

Joseline M, Fuensanta S, Marcos C, et al. 2013. Hermodynamic oriented ecological indicators: application of eco-exergy and specific eco-exergy in capturing environmental changes between disturbed and non-disturbed tropical reservoirs. *Ecological Indicators*, 24: 543-551.

Jørgensen S E. 1976. An eutrophication model for a lake. *Ecological Modelling*, 2 (2): 147-165.

Jørgensen S E. 1995. Exergy and ecological buffer capacities as measures of ecosystem health. *Ecosystem Health*, 1: 150-160.

Jørgensen S E. 2006. Application of holistic thermodynamic indicators. *Ecological Indicators*, 6 (1): 24-29.

Jørgensen S E. 2009. The application of structurally dynamic models in ecology and ecotoxicology. *Ecotoxicology Modeling*, 2: 377-393.

Jørgensen S E, Ladegaard N, Debeljak M, et al. 2005. Calculations of exergy for organisms. *Ecological Modelling*, 185 (2-4): 165-175.

Jørgensen S E, Marques J C, Nielsen S N. 2016. Integrated Environmental Management: A Transdisciplinary Approach. Boca Raton: CRC Press, Taylor and Francis Group, 369.

Jørgensen S E, Nielsen S N. 2007. Application of exergy as thermodynamic indicator in ecology. *Energy*, 32 (5): 673-685.

Kanai Y, Nagendran M, Ueta M, et al. 2002. Discovery of breeding grounds of a Siberian Crane *Grus leucogeranus* flock that winters in Iran, via satellite telemetry. *Bird Conservation International*, 12 (4):

327-333.

Kang S M, Khan A L, Waqas M, et al. 2014. Plant growth-promoting rhizobacteria reduce adverse effects of salinity and osmotic stress by regulating phytohormones and antioxidants in Cucumis sativus. *Journal of Plant Interactions*, 9: 673-682.

Kasahara T, Hill A R. 2006. Effects of riffle-step restoration on hyporheic zone chemistry in N-rich lowland streams. *Canadian Journal of Fisheries and Aquatic Sciences*, 63: 120-133.

Kaushal M, Wani S P. 2016. Rhizobacterial-plant interactions: Strategies ensuring plant growth promotion under drought and salinity stress. *Agriculture Ecosystems & Environment*, 231: 68-78.

Kayranli B, Scholz M, Mustafa A, et al. 2010. Carbon storage and fluxes within freshwater wetlands: a critical review. *Wetlands*, 30 (1): 111-124.

Kelley K. 2007. Sample size planning for the coefficient of variation from the accuracy in parameter estimation approach. *Behavior Research Methods*, 39 (4): 755-766.

Kernkamp H W J, Dam A V, Stelling G S, et al. 2011. Efficient scheme for the shallow water equations on unstructured grids with application to the Continental Shelf. *Ocean Dynamics*, 61 (8): 1175-1188.

Kharrazi A, Fath B D, Katzmair H. 2016. Advancing Empirical Approaches to the Concept of Resilience: A Critical Examination of Panarchy, Ecological Information, and Statistical Evidence. *Sustainability*, 2016, 8 (9): 935.

Kim K, Jang Y J, Lee S M, et al. 2014. Alleviation of salt stress by enterobacter sp. EJ01 in tomato and Arabidopsis is accompanied by up-regulation of conserved salinity responsive factors in plants. *Molecules & Cells*, 37 (2): 109-117.

Kingsford R T, Jenkins K M, Porter J L. 2004. Imposed hydrological stability on lakes in arid Australia and effects on waterbirds. *Ecology*, 85 (9): 2478-2492.

Kingsford R T, Thomas R. 2004. Destruction of wetlands and waterbird populations by dams and irrigation on the Murrumbidgee River in arid Australia. *Journal of Environmetal Management*, 34 (3): 383-396.

Kisic I, Mesic S, Basic F, et al. 2009. The effect of drilling fluids and crude oil on some chemical characteristics of soil and crops. *Geoderma*, 149 (3-4): 209-216.

Klaassen R H G, Nolet B A, Bankert D. 2006. Movement of foraging tundra swans explained by spatial pattern in cryptic food densities. *Ecology*, 87 (9): 2244-2254.

Kong D J, Yang X J, Liu Q, et al. 2011. Winter habitat selection by the vulnerable black-necked crane *Grus nigricollis* in Yunnan, China: implications for determining effective conservation actions. *Oryx*, 45 (2): 258-264.

Kong F H, Yin H W, Nakagoshi N, et al. 2010. Urban Green Space Network Development for Biodiversity Conservation: Identification Based on Graph Theory and Gravity Modeling. *Landscape Urban Plann*, 95: 16-27.

Kou X, Su T, Ma N, et al. 2018. Soil micro-food web interactions and rhizosphere priming effect. *Plant and Soil*, 432: 129-142.

Kudrin A A, Tsurikov S M, Tiunov A V. 2015. Trophic position of microbivorous and predatory soil nematodes in a boreal forest as indicated by stable isotope analysis. *Soil Biology & Biochemistry*, 86: 193-200.

Kushlan J A. 1986. Responses of wading birds to seasonally fluctuating water levels: strategies and their limits. *Colonial Waterbirds*, 9 (2): 155-162.

Kuzyakov Y, Blagodatskaya E 2015. Microbial hotspots and hot moments in soil: Concept & review. *Soil Biology & Biochemistry*, 83: 184-199.

Karim F, Kinsey-Henderson A, Wallace J, et al. 2012. Modelling wetland connectivity during overbank flooding in a tropical flood plain in north Queensland, Australia. *Hydrological Processes*, 26 (18): 2710-2723.

Lesack L F, Marsh P. 2010. River- to- lake connectivities, water renewal, and aquatic habitat diversity in the Mackenzie River Delta. Water Resource Research, 46 (12) w12504: 1-16.

Labud V, Garcia C, Hernandez T. 2007. Effect of hydrocarbon pollution on the microbial properties of a sandy and a clay soil. *Chemosphere*, 66 (10): 1863-1871.

Lamouroux N, Gore J A, Lepori F, et al. 2015. The ecological restoration of large rivers needs science- based, predictive tools meeting public expectations: an overview to the Rhône project. *Freshwater Biology*, 60: 1069-1084.

Lamouroux N, Olivier J M. 2015. Testing predictions of changes in fish abundance and community structure after flow restoration in four reaches of a large river (French Rhône). *Freshwater Biology*, 60: 1118-1130.

Lane C R, Leibowitz S G, Autrey B C, et al. 2018. Hydrological, physical, and chemical functions and connectivity of non- floodplain wetlands to downstream waters: A review. *Journal of the American Water Resources Association*, 54 (2): 346- 371.

Langergraber G, Haberl R, Laber J, et al. 2003. Evaluation of substrate clogging processes in vertical flow constructed wetlands. *Water Resources Research*, 48 (5): 25-34.

Langille M G I, Zaneveld J, Caporaso J G, et al. 2013. Predictive functional profiling of microbial communities using 16S rRNA marker gene sequences. *Nature Biotechnology*, 31: 814.

Lantz S M, Gawlik D E, Cook M I. 2010. The effects of water depth and submerged aquatic vegetation on the selection of foraging habitat and foraging success of wading birds. *The Condor*, 112 (3): 460-469.

Larsen L G, Choi J, Nungesser M, et al. 2012. Directional connectivity in hydrology and ecology. *Ecological Applications*, 22 (8): 2204-2220.

Lavoie R A, Rail J F, Lean D R S. 2012. Diet composition of seabirds from corossol island, canada, using direct dietary and stable isotope analyses. *Waterbirds*, 35 (3): 402-419.

Le Q D, Haron N A, Tanaka K, et al. 2017. Quantitative contribution of primary food sources for a mangrove food web in Setiu lagoon from east coast of peninsular malaysia, stable isotopic (δ^{13}C and δ^{15}N) approach. *Regional Studies in Marine Science*, 9: 174-179.

Lee C-M, Kim S-Y, Yoon S-H, et al. 2019. Characterization of a novel antibacterial N-acyl amino acid synthase from soil metagenome. *Journal of Biotechnology*, 294: 19-25.

Lehner B, Liermann C R, Revenga C, et al. 2011. High-resolution mapping of the world's reservoirs and dams for sustainable river-flow management. *Frontiers in Ecology and the Environment*, 9: 494-502.

Lei B L, Huang S B, Qiao M, et al. 2008. Prediction of the environmental fate and aquatic ecological impact of nitrobenzene in the Songhua River using the modified AQUATOX model. *Journal of Environmental Sciences*, 20 (7): 769-777.

Leibowitz S G, Wigington P J Jr, 2018. Schofield K A, et al. Connectivity of streams and wetlands to downstream waters: An integrated systems framework. *Journal of the American Water Resources Associtation*, 54 (2): 298-322.

Leigh C, Sheldon F. 2009. Hydrological connectiviry drives patterns of macroinvertebrate biodiversity in floodplain rivers of the Australian wet/dry tropics. *Freshwater Biology*, 54: 549-571.

Lemons G, Lewison R, Komoroske L, et al. 2011. Trophic ecology of green sea turtles in a highly urbanized bay: Insights from stable isotopes and mixing models. *Journal of Experimental Marine Biology and Ecology*, 405 (1-2): 25-32.

Li D, Erickson R A, Tang S, et al. 2016a. Structure and spatial patterns of macrobenthic community in Tai

Lake, a large shallow lake, China. *Ecological Indicators*, 61: 179-187.

Li D, Liu C-M, Luo R, et al. 2015. MEGAHIT: an ultra-fast single-node solution for large and complex metagenomics assembly via succinct de Bruijn graph. *Bioinformatics*, 31: 1674-1676.

Li D, Luo R, Liu C M, et al. 2016b. MEGAHIT v1.0: A fast and scalable metagenome assembler driven by advanced methodologies and community practices. *Methods*, 102: 3-11.

Li F P, Zhang G X, Xu J. 2014b. Spatiotemporal variability of climate and streamflow in the Songhua River Basin, northeast China. *Journal of Hydrology*, 514: 53-64.

Li F, LiuW, Li Z, et al. 2014a. Numbers of wintering waterbirds and their changes over the past 20 years at Caohai, Guizhou Province. *Zoological Research*, 35 (S1): 85-91.

Li F, Wu J D, Harris J, et al. 2012a. Number and distribution of cranes wintering at Poyang Lake, China during 2011-2012. *Chinese Birds*, 3 (3): 180-190.

Li J, Zheng Z, Huang K Y, et al. 2012b. Vegetation changes during the past 40, 000 years in Central China from a long fossil record. *Quaternary International*, 310 (11): 221-226.

Li P, Ren L. 2019. Evaluating the effects of limited irrigation on crop water productivity and reducing deep groundwater exploitation in the North China Plain using an agro-hydrological model: I. Parameter sensitivity analysis, calibration and model validation. *Journal of Hydrology*, 574: 497-516.

Li S, Wu F. 2018. Diversity and Co-occurrence Patterns of Soil Bacterial and Fungal Communities in Seven Intercropping Systems. *Frontiers in Microbiology*, 9: 1521.

Li Y F, Zhang X X, Zhao X X, et al. 2016. Assessing spatial vulnerability from rapid urbanization to inform coastal urban regional planning. *Ocean & Coastal Management*, 123: 53-65.

Liang L Q, Li L J, Liu Q. 2010. Temporal variation of reference evapotranspiration during 1961-2005 in the Taoer River basin of Northeast China. *Agricultural & Forest Meteorology*, 150 (2): 298-306.

Lidbury I D E A, Murphy A R J, Fraser T D, et al. 2017. Identification of extracellular glycerophosphodiesterases in Pseudomonas and their role in soil organic phosphorus remineralisation. *Scientific Reports*, 7: 2179.

Lin Q, Mendelssohn I A. 1996. A comparative investigation of the effects of Louisiana crude oil on the vegetation of fresh, brackish, and salt marsh. *Marine Pollution Bulletin*, 32 (2): 202-209.

Lin Q, Mendelssohn I A. 2012. Impacts and recovery of the deepwater horizon oil spill on vegetative structure and function of coastal salt marsh in the northern Gulf of Mexico. *Environmental Science & Technology*, 46 (7): 3737-3743.

Linares M S, Callisto M, Marques J C. 2017. Invasive bivalves increase benthic communities complexity in neotropical reservoirs. *Ecological Indicators*, 75: 279-285.

Linares M S, Callisto M, Marques J C. 2018. Compliance of secondary production and eco-exergy as indicators of benthic macroinvertebrates assemblages' response to canopy cover conditions in Neotropical headwater streams. *Science of the Total Environment*, 613-614: 1543-1550.

Liu H F, Zhu Z X, Liu J L, et al. 2019. Numerical Analysis of the Impact Factors on the Flow Fields in a Large Shallow Lake. *Water*, 11 (1): 155.

Liu H, Li M, Shu A. 2012. Large eddy simulation of turbulent shallow water flows using multi-relaxation-time lattice Boltzmann model. *International Journal for Numerical Methods in Fluids*, 70 (12): 1573-1589.

Liu M, Xu X, Jiang Y, et al. 2018b. An Integrated Hydrological Model for the Restoration of Ecosystems in Arid Regions: Application in Zhangye Basin of the Middle Heihe River Basin, Northwest China. *Journal of Geophysical Research: Atmospheres*, 123 (22): 12564-12582.

Liu Y, Gou H C, Dai Y L, et al. 2004. An assessing approach for lake ecosystem health. *Acta Scientiae Circumstantiae*, 24 (4): 723-729.

Liu Z Z, Cui B S, He Q. 2016. Shifting paradigms in coastal restoration: six decades' lessons from China. *Science of the Total Environment*, 566/567: 205-214.

Lombardo A, Franco A, Pivato A, et al. 2014. Food web modeling of a river ecosystem for risk assessment of down-the-drain chemicals: a case study with AQUATOX. *Science of the Total Environment*. 508C: 214-227.

Lombardo S T. 1988. Growth and Development-Ecosystems Phenomenology-Ulanowicz R. E. *Environment and Planning A*, 20 (11): 1556-1557.

Louca S, Parfrey L W, Doebeli M. 2016. Decoupling function and taxonomy in the global ocean microbiome. *Science*, 353: 1272-1277.

Lovell S T, Johnston D M. 2009. Creating multifunctional landscapes: how can the field of ecology inform the design of the landscape? *Frontiers in Ecology the Environment*, 7 (4): 212-220.

Lozupone C, Knight R. 2005. UniFrac: a new phylogenetic method for comparing microbial communities. *Applied and Environmental Microbiology*, 71: 8228-8235.

Ludovisi A, Poletti A. 2003. Use of thermodynamic indices as ecological indicators of the development state of lake ecosystems 2. Exergy and specific exergy indices. *Ecological Modelling*, 159: 223-238.

Luers A L, Lobell D B, Sklar L S, et al. 2003. A method for quantifying vulnerability, applied to the agricultural system of the Yaqui Valley, Mexico. *Global Environmental Change*, 13 (4): 255-267.

Lu H F, Campbell D, Chen J, et al. 2007. Conservation and economic viability of nature reserves: an emergy evaluation of the Yancheng Biosphere Reserve. *Biological Conservation*. 139 (3/4): 415-438.

Luo R, Liu B, Xie Y, et al. 2012. SOAPdenovo2: an empirically improved memory-efficient short-read de novo assembler. *GigaScience*, 1: 18.

Lynch J P. 2007. Roots of the second green revolution. *Australian Journal of Botany*, 55: 493-512.

Ma H, Yang H, Lü X, et al. 2015. Does high pH give a reliable assessment of the effect of alkaline soil on seed germination? A case study with Leymus chinensis (Poaceae). *Plant and Soil*, 394 (1-2): 35-43.

Ma Z J, Cai Y T, Li B, et al. 2010. Managing wetland habitats for waterbirds: an international perspective. *Wetlands*, 30 (1): 15-27.

Ma Z J, Melville D, Liu J, et al. 2014. Rethinking China's new great wall. *Science*, 346 (6212): 912-914.

Ma Z J, Wang Y, Gan X J, et al. 2009. Waterbird population changes in the wetlands at Chongming Dongtan in the Yangtze River Estuary, China. *Environmental Management*, 43 (6): 1187-1200.

Mack R N, Simberloff D, Lonsdale W M, et al. 2000. Biotic invasions: Causes, epidemiology, global consequences, and control. *Ecological Applications*, 10: 689-710.

Mai T N. 2009. Assessment of Vietnam coastal wetland vulnerability for sustainable use (case study in Xuanthuy Ramsar site, Vietnam). *Wetlands Ecology*, 2 (1): 1-16.

Malekmohammadi B, Blouchi L R. 2014. Ecological risk assessment of wetland ecosystems using multi criteria decision making and geographic information system. *Ecological Indicators*, 41 (6): 133-144.

Mann H B. 1945. Nonparametric test against trend. *Econometrica*, 13 (3): 245-259.

Mao X F, Cui L J. 2012. Reflecting the importance of wetland hydrologic connectedness: a network perspective. *Procedia Environmental Sciences*, 13: 1315-1326.

Mao X F, Cui L J, Wang C H. 2013. Exploring the hydrologic relationships in a swamp-dominated watershed-A network-environ-analysis based approach. *Ecological Modelling*, 252: 273-279.

Mao X F, Yang Z F, Chen B, et al. 2010. Examination of wetlands system using ecological network analysis: a case study of Baiyangdian Basin, China. *Procedia Environmental Sciences*, 2: 427-439.

Marchi M, Jørgensen S E, Bécares E, et al. 2011. Dynamic model of Lake Chozas (León, NW Spain)-Decrease in eco-exergy from clear to turbid phase due to introduction of exotic crayfish. *Ecological Modelling*, 222 (16): 3002-3010.

Marden S L, Marcos C, João C M. 2018. Thermodynamic based indicators illustrate how a run- of- river impoundment in neotropical savanna attracts invasive species and alters the benthic macroinvertebrate assemblages' complexity. *Ecological Indicators*, 88: 181-189.

Martin J L, Ambrose R A, Wool T A. 2006. WASP7 Benthic Algae - Model Theory and User's Guide. Athens: U. S. Environmental Protection Agency.

Marton J M, Creed I F, Lewis D B, et al. 2015. Geographically isolated wetlands are important biogeochemical reactors on the landscape. *BioScience*, 65: 408-415.

Marulanda A, Barea J M, Azcon R. 2009. Stimulation of plant growth and drought tolerance by native microorganisms (am fungi and bacteria) from dry environments: mechanisms related to bacterial effectiveness. *Journal of Plant Growth Regulation*, 28: 115-124.

Mary A B. 2016. Ecological vulnerability indicators. *Ecological Indicators*, 60: 329-334.

Masese F O, Abrantes K G, Gettel G M, et al. 2015. Are large herbivores vectors of terrestrial subsidies for riverine food webs? *Ecosystems*, 18 (4): 686-706.

Masselink R J H, Heckmann T, Temme A J, et al. 2017. A network theory approach for a better understanding of overland flow connectivity. *Hydrological Processes*, 31: 207-220.

Matchett E L, Fleskes J P. 2017. Projected impacts of climate, urbanization, water management, and wetland restoration on water bird habitat in california's central valley. *Plos One*, 12 (1): 1-23.

Matthew C G. 2006. Rver of interests: Water management in south Florida and the Everglades, 1948-2000. Historieal Research Assoeiates.

Matthews G V T. 1993. The Ramsar Convention on Wetlands: Its History and Development. Gland: Ramsar Convention Bureau.

Mazzola M, Freilich S. 2016. Prospects for biological soil-borne disease control: application of indigenous versus synthetic microbiomes. *Phytopathology*, 107: 256.

McCarthy J J. 2001. Climate Change 2001: Impacts, Adaptation, and Vulnerability. contribution of Working Group II to the third assessment report of the Intergovernmental Panel on Climate Change. Cambridge: Cambridge University Press.

Mckay S K, Cooper A R, Diebel M W, et al. 2017. Informing watershed connectivity barrier prioritization decisions: a synthesis. *River Research and Applications*, 33: 847-862.

Mclaughlin D, Kaplan D A, Cohen M J. 2014. A significant nexus: Geographically isolated wetlands influence landscape hydrology. *Water Resources Research*, 50 (9): 7153-7166.

McRae B H, Schumaker N H, McKane R B, et al. 2008. A multi- model framework for simulating wildlife population response to land-use and climate change. *Ecological Modelling*, 219 (1-2): 77-91.

Means M M, Ahn C, Korol A R, et al. 2016. Carbon storage potential by four macrophytes as affected by planting diversity in a created wetland. *Journal of Environmental Management*, 165: 133-139.

Meena V S, Meena S K, Verma J P, et al. 2017. Plant beneficial rhizospheric microorganism (PBRM) strategies to improve nutrients use efficiency: a review. *Ecological Engineering*, 107: 8-32.

Meerkerk A L, Wesemael B, Bellin N. 2009. Application of connectivity theory to model the impact of terrace failure on runoff in semi-arid catchments. *Hydrol Processes*, 23 (19): 2792-2803.

Meine C D, Archibald G W. 1996. The Cranes Status Survey and Conservation Action Plan. IUCN/SSC Crane Specialist Group, 263-265.

Meli M, Palmqvist A, Forbes V E, et al. 2014. Two pairs of eyes are better than one: combining individual-based and matrix models for ecological risk assessment of chemicals. *Ecological Modelling*, 280: 40-52.

Meng B, Liu J L, Bao K, et al. 2019. Water fluxes of Nenjiang River Basin with ecological network analysis: Conflict and coordination between agricultural development and wetland restoration. *Journal of Cleaner Production*, 213: 933-943.

Merenlender A M, Matela M K. 2013. Maintaining and restoring hydrologic habitat connectivity in mediteranean streams: an integrated modeling framework. *Hydrobiologia*, 719 (1): 509-525.

Mia R, Harri T, Esa L, et al. 2008. Breeding habitat preferences of 15 bird species on south-western finnish archipelago coast: applicability of digital spatial data archives to habitat assessment. *Biological Conservation*, 141 (2): 402-416.

Michael H A, Mulligan . E, Harvey C F. 2005. Seasonal oscilations in water exchange betwen aquifers and the coastal ocean. *Nature*, 436 (7054): 1145-1148.

Michaelides K, Wainwright J. 2002. Modelling the effects of hillslope-channel coupling on catchment hydrological response. *Earth Surface Proceses and Landforms*, 27 (13): 1441-1457.

Michener R, Lajtha K. 2007. Stable isotopes in ecology and environmental science. Blackwell Pub.

Millennium Ecosystem Assessment. 2005. Ecosystems and human well-being: wetlands and water. Washington: World Resources Institute.

Milzow C, Burg V, Kinzelbach W. 2010. Estimating future ecoregion distributions within the Okavango Delta Wetlands based on hydrological simulations and future climate and development scenarios. *Journal of Hydrology*, 38 (1/2): 89-100.

Minagawa M, Wada E. 1984. Stepwise enrichment of $\delta^{15}N$ along food chains: further evidence and the relation between $\delta^{15}N$ and animal age. *Geochimica Et Cosmochimica Acta*, 48 (5): 1135-1140.

Mistry J, Berardi A, Simpson M. 2008. Birds as indicators of wetland status and change in the north Rupununi, Guyana. *Biodiversity and Conservation*, 17 (10): 2383-2409.

Mitra S, Wassmann R, Vlek P. 2003. Global inventory of wetlands and their role in the carbon cycle. *Discus. Paper*, 18771.

Mitsch W J, Bernal B, Nahlik A M, et al. 2013. Wetlands, carbon, and climate change. *Landscape Ecology*, 28 (4): 583-597.

Mitsch W J, Day Jr J W. 2006. Restoration of wetlands in the Mississippi-Ohio-Missouri (MOM) River Basin: experience and needed research. *Ecological Engineering*, 26 (1): 55-69.

Mitsch W J, Gosselink J G. 2000. New York: Wetlands. Wiley.

Molozzi J, Salas F, Callisto M, et al. 2013. Thermodynamic oriented ecological indicators: application of eco-exergy and specific eco-exergy in capturing environmental changes between disturbed and non-disturbed tropical reservoirs. *Ecological Indicators*, 24: 543-551.

Morkoc E, Tüfekc I V, Tüfekc I H, et al. 2009. Effect of land-based sources on water quality in the omerli reservoir (Istanbul, Turkey). *Environmental Geology (Berlin)*, 57 (5): 1035-1045.

Mu X M, Li Y, Gao P, et al. 2012. The runoff declining process and water quality in Songhuajiang River catchment, China under global climatic change. *Clean-Soil, Air, Water*, 40: 394-401.

Mulholland P J, Valett H M, Webster J R, et al. 2004. Stream denitrification and total nitrate uptake rates measured using a field 15N tracer addition approach. *Limnology and Oceanography*, 49 (3): 809-820.

Munoz S E, Giosan L, Therrell M D, et al. 2018. Climatic control of mississippi river flood hazard amplified by river engineering. *Nature*, 556 (7699): 95-107.

Naiman R J, Bilby R E, Schindler D E, et al. 2020. Pacific Salmon, Nutrients, and the Dynamics of Freshwater and Riparian Ecosystems. *Ecosystems*, 5 (4): 399-417.

Naito W, Miyamoto K I, Nakanishi J, et al. 2003. Evaluation of an ecosystem model in ecological risk assessment of chemicals. *Chemosphere*, 53 (4): 363-375.

Nakamura F, Ahn Y S, 2006. Landscape restoration: a case practice of Kushiro Mire, Hokkaido. //Hong S K, Nakagoshi N, Fu B, et al. 2006. Landscape ecological applications in man-in uenced areas: linking man and nature systems. Dordrecht: Springer.

Nakamura F, Ishiyama N, Sueyoshi M, et al. 2014. The significance of meander restoration for the hydrogeomorphology and recovery of wetland organisms in the Kushiro River, a lowland river in Japan. *Restoration Ecology*, 22 (4): 544-554.

Nakano D, Nagayama S, Kawaguchi Y, et al. 2008. River restoration for macroinvertebrate communities in lowland rivers: insights from restorations of the Shibetsu River, north Japan. *Landscape and Ecological Engineering*, 4: 63-68.

Newton A, Weichselgartner J. 2014. Hotspots of coastal vulnerability: A DPSIR analysis to find societal pathways and responses. *Estuarine*, *Coastal and Shelf Science*, 140 (Mar. 1): 123-133.

Ni J, Yan Q, Yu Y. 2013. How much metagenomic sequencing is enough to achieve a given goal? *Scientific Reports*, 3 (1): 1968.

Nicol J M, Ganf G G. 2000. Water regimes, seedling recruitment and establishment in three wetland plant species. *Marine and Freshwater Research*, 51 (4): 305-309.

Nielsen D L, Brock M A. 2009. Modified water regime and salinity as a consequence of climate change: Prospects for wetlands of Southern Australia. *Climatic Change*, 95 (3/4): 523-533.

Niquil N, Haraldsson M, Sime-Ngando T, et al. 2020. Shifting levels of ecological network's analysis reveals different system properties. Philosophical transactions of the Royal Society of London. Series B, *Biological Sciences*, 375 (1796): 20190326.

Niu Z G, Wang X J, Chen Y X. 2013. Lake aquatic ecosystem models: A review. *Chinese Journal of Ecology*, 32 (1): 217-225.

Niu Z G, Zhang H Y, Wang X W, et al. 2012. Mapping wetland changes in China between 1978 and 2008. *Chinese Science Bulletin*, 57 (22): 2813-2823.

Noguchi H, Park J, Takagi T. 2006. MetaGene: prokaryotic gene finding from environmental genome shotgun sequences. *Nucleic Acids Research*, 34: 5623-5630.

Nolet B A, Bevan R V, Klaassen M, et al. 2002. Habitat switching by Bewick's swans: maximization of average long term energy gain? *Journal of Animal Ecology*, 71 (6): 979-993.

Norris D R, Arcese P, Preikshot D, et al. 2007. Diet reconstruction and historic population dynamics in a threatened seabird. *Journal of Applied Ecology*, 44 (4): 875-884.

Oberholster P, McMillan P, Durgapersad K, et al. 2014. The development of a Wetland Classification and Risk Assessment Index (WCRAI) for nonwetland specialists for the management of natural freshwater wetland ecosystems. *Water*, *Air*, *& Soil Pollution*, 225 (2): 1833.

Obolewski K, Glińska-Lewczuk K, Ozgo M, et al. 2016. Connectivity restoration of floodplain lakes: an assessment based on macroinvertebrate communities. *Hydrobiologia*, 774 (1): 23-37.

Obolewski K, Glińska-Lewczuk K, Strzelczak A, et al. 2014. Effects of a floodplain lake restoration on macroinvertebrate assemblage- a case study of the lowland river (the Słupia River, N Poland) . *Polish Journal of Ecology*, 63: 557-573.

Obolewski K. 2011. Macrozoobenthos patterns along environmental gradients and hydrological connectivity of oxbow lakes. *Ecological Engineering*, 37 (5): 796-805.

Ofaim S, Ofek- Lalzar M, Sela N, et al. 2017. Analysis of Microbial Functions in the Rhizosphere Using a Metabolic- Network Based Framework for Metagenomics Interpretation. *Frontiers in Microbiology*, 8: 1606.

Ogden L J E, Hobson K A, Lank D B. 2004. Blood isotopic (δ^{13} C and δ^{15} N) turnover and diet- tissue fractionation factors in captive dunlin (Calidris alpina pacifica) . *The Auk*, 121 (1): 170-177.

Ogilvie A, Belaud G, Delenne C, et al. 2015. Decadal monitoring of the Niger Inner Delta flood dynamics using MODIS optical data. *Journal of Hydrology*, 523: 368-383.

Olivier J M, Dole-Olivier M J, Amoros C, et al. 2009. The Rhône River Basin. In Rivers of Europe, Tockner K, Uehlinger U, Robinson CT (eds) . Amsterdam: Elsevier, Academic Press: 247-295.

Olli V, Matti K, Aura S. 2012. Ten major rivers in monsoon Asia- Pacific: an assessment of vulnerability. *Applied Geography*, 32: 441-454.

Paillex A, Castella E, Zu Ermgassen P S E, et al. 2015. Testing predictions of changes in alien and native macroinvertebrate communities and their interaction after the restoration of a large river floodplain (French Rhône). *Freshwater Biology*, 60: 1162-1175.

Pan X L, Zhang D Y, Quan L. 2006. Interactive factors leading to dying- off *Carex tato* in Momoge wetland polluted by crude oil, Western Jilin, China. *Chemosphere*, 65 (10): 1772-1777.

Pander J, Mueller M, Geist J. 2015. Succession of fish diversity after reconnecting a large floodplain to the upper Danube River. *Ecological Engineering*, 75: 41-50.

Park K, Kuo A Y, Shen J, et al. 1995. A Three- Dimensional Hydrodynamic- Eutrophication Model (HEM-3D): Description of Water Quality and Sediment Process Submodels. Virginia Institute of Marine Science, College of William and Mary, Gloucester Point, VA.

Park R A, Clough J S, Wellman M C, et al. 2005. Nutrient criteria development with a linked modeling AQUATOX. *National TMDL Science and Policy*, (18): 885-902.

Park R A, Clough J S, Wellman M C. 2008. AQUATOX: Modeling environmental fate and ecological effects in aquatic ecosystems. *Ecological Modelling*, 213 (1): 1-15.

Park R A, Clough J S. 2010. Aquatox (release 3. 1 beta) . In: Modeling Environmental Fate and Ecological Effects in Aquatic Ecosystems, vol. 2 Technical Documentation. US Environmental Protection Agency, Washington, DC.

Park R A, Clough J S. 2014. AQUATOX (RELEASE 3. 1 Plus) Modeling Environmental Fate and Ecological Effects in Aquatic Ecosystems. Volume 2: Technical Documentation. EPA- 820- R- 14- 007, Environmental Protection Agency.

Parry M L. 2007. Climate Change 2007: Impacts, Adaptation and Vulnerability. Working Group II Contribution to the Fourth Assessment Report of the IPCC Intergovernmental Panel on Climate Change. Cambridge: Cambridge University Press.

Patrício J, Neto J M, Teixeira H, et al. 2009. The robustness of ecological indicators to detect long-term changes in the macrobenthos of estuarine systems. *Marine Environmental Research*, 68 (1): 25-36.

Peng S L, Chen B M, Lin Z G, et al. 2009. The status of noxious plants in lower subtropical region of China. *Acta Ecologica Sinica*, 29 (1): 79-83.

Peng Y, Leung H C M, Yiu S M, et al. 2012. IDBA-UD: a de novo assembler for single-cell and metagenomic sequencing data with highly uneven depth. *Bioinformatics*, 28: 1420-1428.

Percival S M, Evans P R. 1997. Brent geese branta bernicla and zostera; factors affecting the exploitation of a seasonally declining food resource. *Ibis*, 139 (1): 121-128.

Pereira A S, José Cerejeira M, Daam M A. 2017. Ecological risk assessment of imidacloprid applied to experimental rice fields: accurateness of the RICEWQ model and effects on ecosystem structure. *Ecotoxicology and Environmental Safety*, 142: 431-440.

Peters J. 2008. Ecohydrology of wetlands: monitoring and modelling interactions between groundwater, soil and vegetation. Ghent University.

Peterson B J, Howarth R W, Garritt R H. 1985. Multiple stable isotopes used to trace the flow of organic matter in estuarine food webs. *Science*, 227 (4692): 1361-1363.

Peyre L, Megan K G. 2000. Factors influencing state and nation wetland management: building effective management models. *Dissertation Abstracts International*, 61 (3): 106-112.

Philippot L, Raaijmakers J M, Lemanceau P, et al. 2013. Going back to the roots: the microbial ecology of the rhizosphere. *Nature Reviews Microbiology*, 11: 789-799.

Phillips D L, Gregg J W. 2003. Source partitioning using stable isotopes: Coping with too many sources. *Oecologia*, 136 (2): 261-269.

Phillips D L. 2012. Converting isotope values to diet composition: the use of mixing models. *Journal of Mammalogy*, 93 (2): 342-352.

Phillips R W, Spence C, Pomeroy J W. 2011. Connectivity and runoff dynamics in heterogeneous basins. *Hydrological Processes*, 25 (19): 3061-3075.

Pimentel C S, Ayres M P, Vallery E, et al. 2014. Geographical variation in seasonality and life history of pine sawyer beetles Monochamus spp: its relationship with phoresy by the pinewood nematode Bursaphelenchus xylophilus. *Agricultural and Forest Entomology*, 16: 196-206.

Pingram M A, Collier K J, Hamilton D P, et al. 2014. Spatial and temporal patterns of carbon flow in a temperate, large river food web. *Hydrobiologia*, 729 (1): 107-131.

Poiani K A, Johnson W C. 1993. A spatial simulation model of hydrology and vegetation dynamics in semi-permanent Prairie Wetlands. *Ecological Applications*, 3 (2): 279-293.

Porta S, Crucitti P, Latora V. 2006a. The network analysis of urban streets: a primal approach. *Environment and Planning B: Planning and Design*, 33: 705-725.

Porta S, Crucitti P, Latora V. 2006b. The network analysis of urban streets: A dual approach. *Physica A*, 369: 853-866.

Post D M, Pace M L, Hairston N G. 2000. Ecosystem size determines food-chain length in lakes. *Nature*, 405 (6790): 1047-1049.

Post D M. 2002. Using stable isotopes to estimate trophic position: models, methods, and assumptions. *Ecology*, 83 (3): 703-718.

Powell A S, Ardon M J L. 2016. Disentangling the effects of drought, salinity, and sulfate on baldcypress growth in a coastal plain restored wetland. *Restor Ecology*, 24 (4): 548-557.

Preciado I, Cartes J E, Punzón A, et al. 2017. Food web functioning of the benthopelagic community in a deep-sea seamount based on diet and stable isotope analyses. *Deep-Sea Research II*, 137: 56-68.

Prestininzi P, Montessori A, La Rocca M, et al. 2016. Simulation of arrested salt wedges with a multi-layer Shallow Water Lattice Boltzmann model. *Advances in Water Resources*, 96: 282-289.

Pringle C. 2003. What is hydrologic connectivity and why is it ecologically important? *Hydrological Processes*, 17

(13): 2685-2689.

Qi H D, Lu J Z, Chen X L, et al. 2016. Water age prediction and its potential impacts on water quality using a hydrodynamic model for Poyang Lake, China. *Environmental Science and Pollution Research International*, 23 (13): 13327-13341.

Qian F W, Jiang H X, Yu G H, et al. 2012. Survey of breeding populations of the red-crowned crane (*Grus japonensis*) in the Songnen Plain, northeastern China. *Chinese Birds*, 3 (3): 217-224.

Qin J, Li R, Raes J, et al. 2010. A human gut microbial gene catalogue established by metagenomic sequencing. *Nature*, 464: 59-70.

Qu J, Fan M. 2010. The current state of water quality and technology development for water pollution control in China. *C R C Critical Reviews in Environmental Control*, 40 (6): 519-560.

Quyum A, Achari G, Goodman R. 2002. Effect of wetting and drying and dilution on moisture migration through oil contaminated hydrophobic soils. *Science of the Total Environment*, 296 (1): 77-87.

Rains M C, Leibowitz S G, Cohen M J, et al. 2016. Geographically isolated wetlands are part of the hydrological landscape. *Hydrological Processes*, 30 (1): 153-160.

RamanathanV, Chung C, Kim D, et al. 2005. Atmospheric brown clouds: impacts on South Asian climate and hydrological cycle. *Proceedings of the National Academy of Sciences of USA*, 102: 5326-5333.

Ramankutty N, Foley J A. 1998. Characterizing patterns of global land use: An analysis of global croplands data. Global Biogeochemical Cycles, 12 (4): 667-685.

Ramos R, Ramírez F, Carrasco J L, et al. 2015. Insights into the spatiotemporal component of feeding ecology: an isotopic approach for conservation management sciences. *Diversity & Distributions*, 17 (2): 338-349.

Ramírez F, Abdennadher A, Sanpera C, et al. 2011. Assessing waterbird habitat use in coastal evaporative systems using stable isotopes ($\delta^{13}C$, $\delta^{15}N$ and δD) as environmental tracers. *Estuarine, Coastal & Shelf Science*, 92 (2): 217-222.

Ramírez F, Navarro J, Afán I, et al. 2012. Adapting to a changing world: unraveling the role of man-made habitats as alternative feeding areas for slender-billed gull (chroicocephalus genei). *Plos One*, 7 (10): e47551.

Rao R, Maddocks K, Johnson A J, et al. 2011. Treatment with auranofin induces oxidative and lethal endoplasmic reticulum (ER) Stress exerting single agent activity against primary cll cells. *Blood*, 118: 423-423.

Rapport D J. 2000. Ecological footprints and ecosystem health: complementary approaches to a sustainable future. *Ecological Economics*, 32 (3): 367-370.

Rashleigh B, Barber M C, Walters D M. 2009. Foodweb modelling for polychlorinated biphenyls (PCBs) in the Twelvemile Creek Arm of Lake Hartwell, South Carolina, USA. *Ecological Modelling*, 220 (2): 254-264.

Rashleigh B, Gonenc I, Koutitonsky V, et al. 2007. Assessment of lake ecosystem response to toxic events with the aquatox model//Gonenc I E, Koutitonski V G, Rasleigh B, Ambrose Jr R B, Wolflin J P. (Eds.): Assessment of the Fate and Effects of Toxic Agents on Water Resources. Amsterdam: Springer Netherlands, 291-297.

Rashleigh B. 2003. Application of AQUATOX, a process based model for ecological assessment, to Contentnea Creek in North Carolina. *Journal of Freshwater Ecology*, 18 (4): 515-522.

Reckendorfer W, Baranyi C, Funk A, et al. 2006. Floodplain restor- ation by reinforcing hydrological connectivity: expected effects on aquatic mollusc communities. *Journal of Applied Ecology*, 43: 474-484.

Reid J R W, Colloff M J, Arthur A D, et al. 2013. Influence of catchment condition and water resource development on waterbird assemblages in the Murray-Darling Basin, Australia. *Biological Conservation*, 165 (3): 25-34.

Reid M A, Reid M C, Thoms M C. 2016. Ecological significance of hydrological connectivity for wetland plant communities on a dryland floodplain river, Macintyre River, Australia. *Aquatic Sciences*, 78 (1): 139-158.

Remo J C W, Carlson M, Pinter N. 2012. Hydraulic and flood-loss modeling of levee, floodplain, and river management strategies, middle mississippi river, USA. *Natural hazards*, 61 (2): 551-575.

Reza F M. 1961. An Introduction to Information Theory. New York: McGraw-Hill, 96-108.

Ribeiro D C, Costa S, Guilhermino L, et al. 2016. A framework to assess the vulnerability of estuarine systems for use in ecological risk assessment. *Ocean & Coastal Management*, 119: 267-277.

Ridzuan D S, Rawi C S M, Hamid S A, et al. 2017. Determination of food sources and trophic position in Malaysian tropical highland streams using carbon and nitrogen stable isotopes. *Acta Ecologica Sinica*, 37 (2): 97-104.

Roberts S J, Gottgens J F, Spongberg A L. 2007. Assessing potential removal of low-head dams in urban settings: an example from the Ottawa River, NW Ohio. *Environmental Management*, 39: 113-124.

Rode M, Suhr U, Wriedt G. 2007. Multi-objective calibration of a river water quality model-information content of calibration data. *Ecological Modelling*, 204 (1-2): 129-142.

Romero J R, Hipsey M R, Antenucci J P. 2004. Computational Aquatic Ecosystem Dynamics Model. US: Science Manual.

Romieu E, Welle T, Schneiderbauer S, et al. 2010. Vulnerability assessment within climate change and natural hazard contexts: revealing gaps and synergies through coastal applications. *Sustainability Science*, 5 (2): 159-170.

Rondon M R, August P R, Bettermann A D, et al. 2000. Cloning the soil metagenome: a strategy for accessing the genetic and functional diversity of uncultured microorganisms. *Applied and Enviornmental Microbiology*, 66: 2541-2547.

Roulet N T. 2000. Peatlands, carbon storage, greenhouse gases, and the Kyoto protocol: prospects and significance for Canada. *Wetlands*, 20 (4): 605-615.

Royan A, Hannah D M, Reynolds S J, et al. 2014. River birds' response to hydrological extremes: new vulnerability index and conservation implications. *Biological Conservation*, 177: 64-73.

Rudnick D A, Pastorok R A, Preziosi D V, et al. 2012. Design and calibration of an AQUATOX ecosystem model for assessing effects of the herbicide prosulfocarb on aquatic food webs. Long Beach, California: SETAC North America annual meeting 2012.

Ruiz L, Parikh N, Heintzman L J, et al. 2014. Dynamic connectivity of temporary wetlands in the southern Great Plains. *Landscape Ecology*, 29: 507-516.

Rupp-Armstrong S, Nichols R J. 2007. Coastal and estuarine retreat: a comparison of the application of managed realignment in England and Germany. *Journal of Coastal Research*, 23 (6): 1418-1430.

Ryan P G, Jackson S. 1986. Stomach pumping: is killing seabirds necessary? *The Auk*, 103 (2): 427-428.

Safran R J, Isola C R, Colwell M A, et al. 1997. Benthic invertebrates at foraging locations of nine waterbird species in managed wetlands of the northern San Joaquin Valley, California. *Wetlands*, 17 (3): 407-415.

Salas F, Marcos C, Pérez-Ruzafa A, et al. 2005. Application of the exergy index as ecological indicator of organical enrichment areas in the Mar Menor lagoon (south-eastern Spain). *Energy*, 30 (13): 2505-2522.

Sanderson F J, Donald P F, Pain D J, et al. 2006. Long-term population declines in Afro-Palearctic migrant birds. *Biological Conservation*, 131 (1): 93-105.

Sauey R T. 1985. The range, status and winter ecology of the Siberian crane (*Grus leucogeranus*) . Ithaca, New York: Cornell University.

Savickis J, Bottacin- Busolin A, Zaramella M, et al. 2016. Effect of a meandering channel on wetland performance. *Journal of Hydrology*, 535: 204-210.

Scavia D, Park R A. 1976. Documentation of selected constructs and parameter values in the aquatic model Cleaner. *Ecological Modelling*, 2 (3): 33-51.

Schaubroeck T, Staelens J, Verheyen K, et al. 2012. Improved ecological network analysis for environmental sustainability assessment; a case study on a forest ecosystem. *Ecological Modelling*, 247: 144-156.

Schiemer F, Hein T, Reckendorfer W. 2007. Ecohydrology, key- concept for large river restoration. *Ecohydrology & Hydrobiology*, 7 (2): 101-111.

Schoorl J, Veldkamp A. 2001. Linking land use and landscape process modelling: a case study for the? lora region (South Spain) . Agriculture Ecosystem Environment, 85 (1): 281-292.

Schmalz B, Springer P, Fohrer N. 2009. Variability of water quality in a riparian wetland with interacting shallow groundwater and surface water. *Journal of Plant Nutrition and Soil Science*, 172 (6): 757-768.

Scholz-Starke B, Bo L, Holbach A, et al. 2018. Simulation- based assessment of the impact of fertiliser and herbicide application on freshwater ecosystems at the Three Gorges Reservoir in China. *Science of The Total Environment*, 639: 286-303.

Schook D M, Cooper D J. 2014. Climatic and hydrologic processes leading to wetland losses in Yellow Stone National Park, USA. *Journal of Hydrology*, 510 (6): 340-352.

Schrama M, Bardgett R D. 2016. Grassland invasibility varies with drought effects on soil functioning. *Journal of Ecology*, 104: 1250-1258.

Schröter D, Polsky C, Patt A. 2005. Assessing vulnerabilities to the effects of global change: an eight step approach1. *Mitigation and Adaptation Strategies for Global Change*, 10 (4): 573-595.

Segurado P, Branco P, Ferreira M T. 2013. Prioritizing restoration of structural connectivity in rivers: a graph based approach. *Landscape Ecology*, 28 (7): 1231-1238.

Selvakumar G, Kundu S, Joshi P, et al. 2008. Characterization of a cold- tolerant plant growth- promoting bacterium Pantoea dispersa 1A isolated from a sub- alpine soil in the North Western Indian Himalayas. *World Journal of Microbiology & Biotechnology*, 24: 955-960.

Shannon C E. 1948. A mathematical theory of communication. Bell System Technology Journal, 27: 379-423.

Shao M Q, Gong H L, Dai N H, et al. 2018. Study on time budgets and behavioral rhythm of wintering Siberian Cranes in a lotus pond reclamation area in Poyang Lake. *Acta Ecologica Sinica*, 38 (14): 5206-5212.

Shao M Q, Jiang J H, Guo H, et al. 2014. Abundance, distribution and diversity variations of wintering waterbirds in Poyang Lake, Jiangxi Province, China. *Pakistan Journal of Zoology*, 46 (2): 451-462.

Sheldon F, Walker K F. 1997. Changes in biofilms induced by flow regulation could explain extinctions of aquatic snails in the lower River Murray, Australia. *Hydrobiologia*, 347 (1-3): 97-108.

Shi C X, Zhou Y Y, Fan X L, et al. 2013. A study on the annual runoff change and its relationship with water and soil conservation practices and climate change in the middle Yellow River basin. *Catena*, 100: 31-41.

Shi X H. , Yang Z, Dong Y P, et al. 2018. Longitudinal profile of the Upper Weihe River: Evidence for the late Ceno-zoic uplift of the northeastern Tibetan Plateau. *Geological Journal*, 2018, 53 (S1): 364-378.

Shriner S A, Wilson K R, Flather C H. 2006. Reserve Networks Based on Richness Hotspots and Representation Vary with Scale. *Ecological Applications*, 16: 1660-1673.

Sica Y, Quintana R, Radeloff V, et al. 2016. Wetland loss due to land use change in the Lower Paranά River

Delta, Argentina. *Science of The Total Environment*, 568: 967-978.

Sierszen M E, Schoen L S, Kosiara J M, et al. 2019. Relative contributions of nearshore and wetland habitats to coastal food webs in the Great Lakes. *Journal of Great Lakes Research*, 45: 129-137.

Silow E A, In- Hye O. 2004. Aquatic ecosystem assessment using exergy. *Ecological Indicators*, 4 (3): 189-198.

Silow E A, Mokry A V. 2010. Exergy as a tool for ecosystem health assessment. *Entropy*, 12: 902-925.

Silva J P, Phillips L, Jones W, et al. 2007. Life and Europe's wetlands: restoring a vital ecosystem. Stanford: Stanford University.

Simons T J. 1971. Development of numerical models of Lake Ontario. *Journal of Great Lakes Research*, 14: 654-669.

Singh M, Tandon S K, Sinha R. 2017. Assessment of connectivity in a water-stressed wetland (Kaabar Tal) of Kosi-Gandak interfan, north Bihar Plains, India. *Earth Surface Processes and Landforms*, 42: 1982-1996.

Siva S T, Chandramouli A R, Gokul K, et al. 2015. Coastal vulnerability mapping using geospatial technologies in Cuddalore-Pichavaram coastal tract, Tamil Nadu, India. *Aquatic Procedia*, 4: 412-418.

Smit B, Burton I, Klein R J T, et al. 2000. An anatomy of adaptation to climate change and variability. *Climatic Change*, 45 (1): 223-251.

Smolders A J P, Lucassen E C, Bobbink R, et al., 2010. How nitrate leaching from agricultural lands provokes phosphate eutrophication in groundwater fed wetlands: the sulphur bridge. *Biogeochemistry (Dordrecht)*, 98 (1-3): 1-7.

Snedden G A, Steyer G D. 2013. Predictive occurrence models for coastal wetland plant communities: Delineating hydrologic response surfaces with multinomial logistic regression. *Estuarine Coastal & Shelf Science*, 118 (1): 11-23.

Solé R, Valverde S. 2020. Evolving complexity: how tinkering shapes cells, software and ecological networks. Philosophical transactions of the Royal Society of London. *Series B, Biological sciences*, 375 (1796).

Song K, Wang Z, Du J, et al. 2014. Wetland degradation: its driving forces and environmental impacts in the Sanjiang Plain, China. *Environmental Management*, 54 (2): 255-271.

Song Z, Zhang R H, Fu W D, et al. 2017. High-throughput sequencing reveals bacterial community composition in the rhizosphere of the invasive plant Flaveria bidentis. *Weed Research*, 57: 204-211.

Song Z C, Zeng L X, He T R, et al. 2019. Stable carbon and nitrogen isotope characteristics and the structure of the food chain in Lake Caohai. *Chinese Journal of Ecology*, 38 (3): 689-695.

Spitzer P R. 1979. The Siberian Crane at Bharatpur//Lewis J C. Proceedings of 1978 Crane Workshop. Fort Morgan: Colorado State University: 249-253.

Sponberg A F, Lodge D M. 2005. Seasonal belowground herbivory and a density refuge from waterfowl herbivory for Vallisneria americana. *Ecology*, 86 (8): 2127-2134.

Sproles E A, Leibowitz S G, Reager J T, et al. 2015. GRACE storage-runoff hystereses reveal the dynamics of regional watersheds. *Hydrology and Earth System Sciences*, 19 (7): 3253-3272.

Stammel B, Cyffka B, Geist J, et al. 2012. Floodplain restoration on the Upper Danube (Germany) by re-establishing water and sediment dynamics: a scientific monitoring as part of the implementation. *River Systems*, 20: 55-70.

Stammel B, Fischer P, Gelhaus M, et al. 2016. Restoration of ecosystem functions and efficiency control: case study of the Danube floodplain between Neuburg and Ingolstadt (Bavaria/Germany). *Environmental Earth Science*, 75: 1174.

Stecca G, Zolezzi G, Hicks M D, et al. 2019. Reduced braiding of rivers in human-modified landscapes: converging trajectories and diversity of causes. *Earth-Science Reviews*, 188: 291-311.

Straalen V, Nico M. 1993. Biodiversity of ecotoxicological responses in animals. *Netherlands Journal of Zoology*, 44 (1): 112-129.

Studds C E, Kendall B E, Murray N J, et al. 2017. Rapid population decline in migratory shorebirds relying on Yellow Sea tidal mudflats as stopover sites. *Nature Communications*, 8 (14895): 14895.

Stutter M I, Shand C A, George T S, et al. 2012. Recovering phosphorus from soil: a root solution? *Environmental Science and Technology*, 46: 1977-1978.

Suenaga H. 2012. Targeted metagenomics: a high-resolution metagenomics approach for specific gene clusters in complex microbial communities. *Environmental Microbiology*, 14: 13-22.

Sunagawa S, Coelho L P, Chaffron S, et al. 2015. Structure and function of the global ocean microbiome. *Science*, 348: 874.

Sung Y H, Tse W L, Yu Y T. 2017. Population trends of the black-faced spoonbill platalea minor: analysis of data from international synchronised censuses. *Bird Conservation International*, 28 (1): 1-11.

Sutton N B, Maphosa F, Morillo J A, et al. 2013. Impact of long-term diesel contamination on soil microbial community structure. *Applied and Environmental Microbiology*, 79 (2): 619-630.

Taft M A C W. 2000. Waterbird communities in managed wetlands of varying water depth. *Waterbirds: The International Journal of Waterbird Biology*, 23 (1): 45-55.

Taft O W, Colwell M A, Isola C R, et al. 2002. Waterbird responses to experimental drawdown: implications for the multispecies management of wetland mosaics. *Journal of Applied Ecology*, 39 (6): 987-1001.

Tang D H, Liu X J, Zou X Q. 2018. An improved method for integrated ecosystem health assessments based on the structure and function of coastal ecosystems: A case study of the Jiangsu coastal area, China. *Ecological Indicators*, 84: 82-95.

Tang D H, Zou X Q, Liu P T, et al. 2015. Integrated ecosystem health assessment based on eco-exergy theory: a case study of the Jiangsu coastal area. *Ecological Indicators*, 48: 107-119.

Tatusov R L, Koonin E V, Lipman D J. 1997. A genomic perspective on protein families. *Science*, 278: 631-637.

Taylor P D, Fahrig L, Henein K, et al. 1993. Connectivity is a vital ele- ment of landscape structure. *Oikos*, 68 (3): 571-573.

Teck S J, Halpern B B S, Kappel C V, et al. 2010. Usingexpert judgment to estimate marine ecosystem vulnerability in the California current. *Ecological Applications*, 20 (5): 1402-1416.

Ted S, Bill H, Matt N, et al. 2001. California's Yollo Bypass: Evidence that flood control can be compatible with fisheries, wetlands, wildlife, and agriculture. *Fisheries*, 26 (8): 6-16.

Tetra T I. 2002. Draft User's Manual for Environmental Fluid Dynamics Code Hydro Version (EFDC-Hydro), Atlanta: U. S. Environmental Protection Agency.

Tetzlaff D, Soulsby C, Birkel C. 2010. Hydrological connectivity and microbiological fluxes between landscapes and riverscapes: the importance of seasonality. *Hydrological Processes*, 24: 1231-1235.

Teuchies J, Singh G, Bervoets L, et al. 2013. Land use changes and metal mobility: Multi-approach study on tidal marsh restoration in a contaminated estuary. *Science of the Total Environment*, 449: 174-183.

Thilagam R, Hemalatha N. 2019. Plant growth promotion and chilli anthracnose disease suppression ability of rhizosphere soil actinobacteria. *Journal of Applied Microbiology*, 18: 231-241.

Tickle T L, Segata N, Waldron L, et al. 2013. Two-stage microbial community experimental design. *Isme*

Journal, 7: 2330-2339.

Tieszen L L, Boutton T, Tesdahl K G, et al. 1983. Fractionation and turnover of stable carbon isotopes in animal tissues: implications for $\delta^{13}C$ analysis of diet. *Oecologia*, 57 (1): 32-37.

Timmerman P. 1981. Vulnerability, resilience and the collapse of society: a review of models and possible climatic application. Toronto: Institute for Environmental Studies, University of Toronto.

Timmermans S T A, Badzinski S S, Ingram J W. 2008. Associations between breeding marsh bird abundances and Great Lakes hydrology. *Journal of Great LakesResearch*, 34 (2): 351-364.

Tlili A, Dorigo U, Montuelle B, et al. 2008. Responses of chronically contaminated biofilms to short pulses of diuron: An experimental study simulating flooding events in a small river. *Aquatic Toxicology*, 87 (4): 252-263.

Tockner K, Stanford J A. 2002. Riverine flood plains: present state and future trends. *Environmental Conservation*, 29: 308-330.

Todd M J, Muneepeerakul R, Pumo D, et al. 2010. Hydrological drivers of wetland vegetation community distribution within Everglades National Park, Florida. *Advances in Water Resources*, 33 (10): 1279-1289.

Touchette B W, Iannacone L R, Turner G E, et al. 2007. Drought tolerance versus drought avoidance: a comparison of plant-water relations in herbaceous wetland plants subjected to water withdrawal and repletion. *Wetlands*, 27 (3): 656-667.

Tournebize J, Chaumont C, Manderü. 2016. Implications for constructed wetlands to mitigate nitrate and pesticide pollution in agricultural drained watersheds. *Ecological Engineering*, 103: 415-425.

Townsend G T, Prince R C, Suflita J M. 2003. Anaerobic oxidation of crude oil hydrocarbons by the resident microorganisms of a contaminated anoxic aquifer. *Environmental Science & Technology*, 37 (22): 5213-5218.

Traas T P, Janse J H, Aldenberg T, et al. 1998. A food web model for fate and direct and indirect effects of Dursban 4E (Active Ingredient Chlorpyrifos) in freshwater microcosms. *Aquatic Ecology*, 32 (2): 179-190.

Traas T P, Stab J A, Kramer P R G, et al. 1996. Modeling and risk assessment of tributyltin accumulation in the food web of a shallow freshwater lake. *Environmental Science & Technology*, 30 (4): 1227-1237.

Tringe S G, Von Mering C, Kobayashi A, et al. 2005. Comparative metagenomics of microbial communities. *Science*, 308: 554-557.

Turner B L, Haygarth P M. 2005. Phosphatase activity in temperate pasture soils: potential regulation of labile organic phosphorus turnover by phosphodiesterase activity. *Science of the Total Environment*, 344: 27-36.

Turner B L, Kasperson R E, Matson P A, et al. 2003. A framework for vulnerability analysis in sustainability science. *Procedings of the National Academy of Sciences of the United States of America*, 100 (14): 8074-8079.

Ulanowicz R E, 1997. Ecology, The Ascendant Perspective (Complexity in Ecological Systems Series) . New York: Columbia University Press.

Ulanowicz R E, Goerner S J, Lietaer B, et al. 2009. Quantifying sustainability: Resilience, efficiency and the return of information theory. *Ecological Complexity*, 6 (1): 27-36.

Ulanowicz R E. 2004. Quantitative methods for ecological network analysis. *Computational Biology and Chemistry*, 28 (5-6): 321-339.

Upadhyay S K, Singh J S, Saxena A K, et al. 2012. Impact of PGPR inoculation on growth and antioxidant status of wheat under saline conditions. *Plant Biology*, 14: 605-611.

Uspenski S M, Boeme R L, Priklonski S G. 1962. The birds of the north-east of the Yakutia. *Ornithology*, 4: 64-86.

Valery L, Fritz H, Lefeuvre J-C, et al. 2008. In search of a real definition of the biological invasion phenomenon itself. *Biological Invasions*, 10: 1345-1351.

Van Der Most M, Hudson P F. 2018. The influence of floodplain geomorphology and hydrologic connectivity on alligator gar (atractosteus spatula) habitat along the embanked floodplain of the Lower Mississippi River. *Geomorphology*, 302: 62-75.

van Dijk W M, van de Lageweg W I, Kleinhans M G. 2012. Experimental meandering river with chute cutoffs. Journal of Geophysical Research: *Earth Surface*, 117 (3): F03023-1-F03023-18.

Vander Zanden J M, Rasmussen J B. 1999. Primary consumer δ^{13}C and δ^{15}N and the trophic position of aquatic consumers. *Ecology*, 80 (4): 1395-1404.

Vander Zanden M J, Rasmussen J B. 2001. Variation in delta N-15 and delta C-13 trophic fractionation: Implications for aquatic food web studies. *Limnol Oceanogr*, 46 (8): 2061-2066.

Vanwonterghem I, Evans P N, Parks D H, et al. 2016. Methylotrophic methanogenesis discovered in the archaeal phylum Verstraetearchaeota. *Nature Microbiology*, 1: 16170.

Vardhan H. 2002. Autumn migration and wintering 2002/2003 in central flyway. *Siberian Crane Flyway News*, 12 (3): 7-8.

Varela J L, Rojo-Nieto E, Sorell J M, et al. 2018. Using stable isotope analysis to assess trophic relationships between Atlantic bluefin tuna (Thunnus thynnus) and striped dolphin (Stenella coeruleoalba) in the Strait of Gibraltar. *Marine Environmental Research*, 139: 57-63.

Venter J C, Remington K, Heidelberg J F, et al. 2004. Environmental genome shotgun sequencing of the Sargasso Sea. *Science*, 304: 66-74.

Veríssimo H, Verdelhos T, Baeta A, et al. 2017. Comparison of thermodynamic-oriented indicators and trait-based indices ability to track environmental changes: Response of benthic macroinvertebrates to management in a temperate estuary. *Ecological Indicators*, 73: 809-824.

Vila M, Espinar J L, Hejda M, et al. 2011. Ecological impacts of invasive alien plants: a meta-analysis of their effects on species, communities and ecosystems. *Ecology Letters*, 14: 702-708.

Vinagre C, Mendonça V, Narciso L, et al. 2015. Food web of the intertidal rocky shore of the west Portuguese coast Determined by stable isotope analysis. *Marine Environmental Research*, 110: 53-60.

Virtanen M, Koponen J, Dahlbo K. 1986. Three-dimensional water quality-transport model compared with field observations. *Ecological Modelling*, 31 (2): 185-199.

Visconti F, Camporeale C, Ridolfi L. 2010. Role of discharge variability on pseudo-meandering channel morphodynamics: Results from laboratory experiments. *Journal of Geophysical Research Atmosphere*, 115 (47): F04042.

Vizzini S, Mazzola A. 2009. Stable isotopes and trophic positions of littoral fishes from a mediterranean marine protected area. *Environmental Biology of Fishes*, 84 (1): 13-25.

Vu B, Chen M, Crawford R J, et al. 2009. Bacterial extracellular polysaccharides involved in biofilm formation. *Molecules*, 14: 2535-2554.

Wada E, Mizutani H, Minigawa M. 1991. The use of stable isotopes for food web analysis. *Critical Reviews in Food Science and Nutrition*, 30 (4): 361-371.

Wallmo O C, Gill R B, Reichert L H C W. 1973. Accuracy of field estimates of deer food habits. *The Journal of Wildlife Management*, 37 (4): 556-562.

Wanda E M, Mamba B B, Msagati T A, et al. 2016. Determination of the health of Lunyangwa wetland using Wetland classification and risk assessment index. *Physics and Chemistry of the Earth Parts A/B/C*, 92: 52-60.

Wang C J, Yang W, Wang C, et al. 2012. Induction of drought tolerance in cucumber plants by a consortium of three plant growth-promoting rhizobacterium strains. *Plos One*, 7: e52565.

Wang H, Wan Z, Yu S, et al. 2004. Catastrophic ecoenvironmental change in the Songnen plain, northeastern China since 1900s. *Chinese Geographical Science*, 14 (2): 179-185.

Wang L, Seki K, Miyazaki T, et al. 2009. The causes of soil alkalinization in the Songnen Plain of Northeast China. *Paddy & Water Environment*, 7 (3): 259-270.

Wang M, Qi S, Zhang X. 2012a. Wetland loss and degradation in the yellow river delta, Shandong province of China. *Environmental Earth Sciences*, 67 (1): 185-188.

Wang M, Wang G D, Wang S Z, et al. 2018a. Structure and richness of Carex meyeriana tussocks in peatlands of Northeastern China. *Wetlands*, 38 (1): 15-23.

Wang Q, Ma M, Jiang X, et al. 2019. Impact of 36 years of nitrogen fertilization on microbial community composition and soil carbon cycling-related enzyme activities in rhizospheres and bulk soils in northeast China. *Applied Soil Ecology*, 136: 148-157.

Wang Q, Xu Y P, Xu Y. 2018b. Spatial hydrological responses to land use and land cover changes in a typical catchment of the Yangtze River Delta region. *Catena*, 170: 305-315.

Wang W J, Fraser J D, Chen J K. 2017. Wintering waterbirds in the middle and lower Yangtze River floodplain: changes in abundance and distribution. *Bird Conservation International*, 2: 167-186.

Wang X Y, Feng J, Zhao J M. 2010. Effects of crude oil residuals on soil chemical properties in oil sites, Momoge Wetland, China. *Environmental Monitoring and Assessment*, 161 (1): 271-280.

Wang X, Fox A D, Cong P H, et al. 2013a. Food constraints explain the restricted distribution of wintering Lesser White-fronted Geese Anser erythropus in China. *Ibis*, 155 (3): 576-592.

Wang Y, Jia Y, Guan L, et al. 2013b. Optimising hydrological conditions to sustain wintering waterbird populations in Poyang Lake National Natural Reserve: implications for dam operation. *Freshwater Biology*, 56 (11): 2366-2379.

Wang Y-J, Mueller-Schaerer H, Van Kleunen M, et al. 2017. Invasive alien plants benefit more from clonal integration in heterogeneous environments than natives. *New Phytologist*, 216: 1072-1078.

Wang Z M, Wu J G, Madden M, et al. 2012b. China's wetlands: conservation plans and policy impacts. *Ambio*, 41 (7): 782-786.

Ward E J, Anderson J H, Beechie T J, et al. 2015. Increasing hydrologic variability threatens depleted anadromous fish populations. *Global Change Biology*, 21 (7): 2500-2509.

Ward J V, Tockner K. 2001. Biodiversity: towards a unifying theme for river ecology. *Freshwater Biology*, 46: 807-819.

Watson R T, Zinyowera M C, Moss R H, et al. 1996. Climate Change 1995: Impacts, Adaptations and Mitigation of Climate Change: Scientific-technical Analyses. Cambridge: Cambridge University Press.

Wei J, Gao J, Wang N, et al. 2019. Differences in soil microbial response to anthropogenic disturbances in Sanjiang and Momoge Wetlands, China. *FEMS Microbiology Ecology*, 95 (8): 32181933.

Wen H, Ding S. Solutions of incompressible hydrodynamic flow of liquid crystals. *Nonlinear Analysis: Real World Applications*, 12 (3): 1510-1531.

Wetlands International. 2013. Waterbird population estimates fifth edition [EB/OL]. http://wpe. wetlands. org/. [2013-10-05].

Whipple S J, Patten B C, Borrett S R. 2014. Indirect effects and distributed control in ecosystems Comparative network environ analysis of a seven-compartment model of nitrogen storage in the Neuse River Estuary, USA:

Time series analysis. *Ecological Modelling*, 293: 161-186.

Wiens J A. 2002. Riverine Landscapes: taking landscape ecology into the water. Freshwater Biol, 47: 501-515.

Williams C J, Pierson F B, Robichaud P R, et al. 2016. Structural and functional connectivity as a driver of hilslope erosion folowing disturbance. *International Journal of Wildland Fire*, 25: 306-321.

Williams L R R, Kapustka L A. 2000. Ecosystem vulnerability: a complex interface with technical components. *Environmental Toxicology and Chemistry*, 19 (4): 1055-1058.

Wolfs V, Willems P. 2014. Development of discharge- stage curves affected by hysteresis using time varying models, model trees and neural networks. *Environmental Modelling & Software*, 55 (C): 107-119.

Wolters M, Garbut A, Bakker J P. 2005. Salt- marsh restoration: evaluating the suces of de- embankments in north- west Europe. *Biological Conservation*, 123 (2): 249-268.

Wool T A, Ambrose R B, Martin J L, et al. 2004. Water Quality Analysis Simulation Program (WASP) Version 6. 0 DRAFT: User's Manual. Atlanta: US Environmental Protection Agency- Region 4.

Woolsey S, Capelli F, Gonser T, et al. 2007. A strategy to assess river restoration success. *Freshwater Biology*, 52: 752-769.

Wu G F, Leeuw J D, Skidmore A K, et al. 2009. Will the three gorges dam affect the underwater light climate of *vallisneria spiralis L.* and food habitat of siberian crane in poyang lake? *Hydrobiologia*, 623 (1): 213-222.

Wu G, Zhang Z, Wang D, et al. 2014. Interactions of soil water content heterogeneity and species diversity patterns in semi- arid steppes on the Loess Plateau of China. *Journal of Hydrology*, 519: 1362-1367.

Wu Q S, Lane C R. 2017. Delineating wetland catchments and modeling hydrologic connectivity using lidar data and aerial imagery. *Hydrology and Earth System Sciences*, 21: 3579-3595.

Xu F L, Tao S, Dawson R W, et al. 2002. History, development and characteristics of lake ecological models. *Journal of Environmental Sciences*, 14 (2): 255-263.

Xu F L, Tao S, Dawson R W, et al. 2001. Lake ecosystem health assessment: indicators and methods. *Water Research*, 35 (13): 3157-3167.

Xu F, Yang Z F, Chen B, et al. 2013. Development of a structurally dynamic model for ecosystem health prognosis of Baiyangdian Lake, China. *Ecological Indicators*, 29: 398-410.

Xu P, Zhang Y, Zhang X, et al. 2019. Red- crowned crane (*Grus japonensis*) prefers postharvest reed beds during winter period in Yancheng National Nature Reserve. *PeerJ*, 7: e7682.

Xu X, Zhang Q, Wang W X. 2016. Linking mercury, carbon, and nitrogen stable isotopes in Tibetan biota: Implications for using mercury stable isotopes as source tracers. *Scientific Reports*, 6 (1): 25394.

Xu Z, Yang Z F, Yin X A, et al. 2016. Hydrological management for improving nutrient assimilative capacity in plant- dominated wetlands: A modelling approach. *Journal of Environmental Management*, 177: 84-92.

Yan Z L, Wu N. 2005. Rangeland privatization and its impacts on the Zoige wetlands on the Eastern Tibetan Plateau. *Journal of Mountain Science*, 2 (2): 105-115.

Yang H Y, Chen B, Barter M, et al. 2011. Impacts of tidal land reclamation in Bohai Bay, China: ongoing losses of critical Yellow Sea waterbird staging and wintering sites. *Bird Conservation International*, 21: 241-259.

Yang J M. 1982. A tentative analysis of the trophic levels of North Sea fish. *Marine Ecology Progress Series*, 7: 247-252.

Yang W, Yang Z F. 2014. Integrating ecosystem- service tradeoffs into environmental flows decisions for Baiyangdian Wetland. *Ecological Engineering*, 71: 539-550.

Yang X J, Chang Y Y. 2014. Cranes and their research in Yunnan province. *Zoological Research*, 35 (S1):

51-60.

Yang Y F, Zhu Y Q, Lin W Q. 2009. Simulation study on blue-green algae blooms in Dianshan Lake and its impact factors. *Environmental Pollution & Control*, 131 (6): 58-64.

Yang Y, Chen H, Yang Z F. 2012. Integration of water quantity and quality in environmental flow assessment in wetlands. *Procedia Environmental Sciences*, 13: 1535-1552.

Yang Y, Yin X A, Yang Z F. 2016. Environmental flow management strategies based on the integration of water quantity and quality, a case study of the Baiyangdian Wetland, China. *Ecological Engineering*, 96: 150-161.

Yang Z F, Cui B S, Chen H. 2007. A holistic approach for evaluating ecological water allocation in the Yellow River Basin of China. *Frontiers of Environmental Science & Engineering in China*, 1 (1): 99-106.

Yang Z, Mao X, Zhao X, et al. 2012. Ecological network analysis on global virtual water trade. *Environmental Science & Technology*, 46: 1796-1803.

Yang Z, Mao X. 2011. Wetland system network analysis for environmental flow allocations in the Baiyangdian Basin, China. *Ecological Modelling*, 222: 3785-3794.

Yao J, Qi Z Y L, Li M F. 2016. Hydrological evidence and causes of seasonal low water levels in a large river-lake system: Poyang Lake, China. *Hydrology Research*, 47 (S1): 24-39.

Yin X A, Yang Z F, Zhang E Z, et al. 2018. A New Method of Assessing Environmental Flows in Channelized Urban Rivers. *Engineering*, 4: 590-596.

Yohannes E, Arnaud A, Béchet A. 2014. Tracking variations in wetland use by breeding flamingos using stable isotope signatures of feather and blood. *Estuarine, Coastal & Shelf Science*, 136: 11-18.

Yong P. 1996. The "New Science" of Wetland Restoration. *Environmental Science and Technology*, 30 (7): 292-296.

You X G, Liu L. 2018. Modeling the spatial and temporal dynamics of riparian vegetation induced by river flow fluctuation. *Ecology and evolution*, 8 (7): 3648-3659.

Yu D, Shi P, Shao H, et al. 2009. Modeling net primary productivity of terrestrial ecosystems in East Asia based on an improved CASA ecosystem model. *International Journal of Remote of Sensing*, 30 (18): 4851-4866.

Yu P S, Yang T C, Wu C K. 2002. Impact of climate change on water resources in southern Taiwan. *Journal of Hydrology*, 260 (1): 161-175.

Yuan S B, Yang Z D, Liu X Q, et al. 2017. Key parameters of water level fluctuations determining the distribution of Carex in Shallow Lakes. *Wetlands*, 37: 1005-1014.

Yue J S, Yuan X Z, Li B, et al. 2016. Emergy and exergy evaluation of a dike-pond project in the drawdown zone (DDZ) of the Three Gorges Reservoir (TGR). *Ecological Indicators*, 71: 248-257.

Yue S, Pilon P, Phinney B, et al. 2002. The influence of autocorrelation on the ability to detect trend in hydrological series. *Hydrological Processes*, 16 (9): 1807-1829.

Zacharias M A, Gregr E J. 2005. Sensitivity and vulnerability in marine environments: an approach to identifying vulnerable marine areas. *Conservation Biology*, 19 (1): 86-97.

Zaliapin I, Foufoula-Georgiou E, Michael G. 2010. Transport on river networks: A dynamic tree approach. Journal of Geophysical Research. *Earth Surface*, 115 (F4): F00A15: 1-F00A15: 15.

Zarfl C, Lumsdon A E, Berlekamp J, et al. 2015. A global boom in hydropower dam construction. *Aquatic Sciences*, 77: 161-170.

Zedler J B. 2000. Progress in wetland restoration ecology. *Trends in Ecology & Evolution*, 15 (10): 402-407.

Zeng G M, Chen M, Zeng Z T. 2013a. Shale gas: surface water also at risk. *Nature*, 499: 154.

Zeng G M, Chen M, Zeng Z T. 2013b. Risks of neonicotinoid pesticides. *Science*, 340: 1403.

Zeug S C, Winemiller K O. 2008. Evidence supporting the importance of terrestrial carbon in a large-river food web. *Ecology*, 89 (6): 1733-1743.

Zhai S J, Hu W P, Zhu Z C. 2010. Ecological impacts of water transfers on Lake Taihu from the Yangtze River, China. *Ecological Engineering*, 36: 406-420.

Zhang A, Liu W, Yin Z, et al. 2016a. How will climate change affect the water availability in the heihe river basin, northwest china? *Journal Hydrometeorology*, 17: 1517-1542.

Zhang C, Li S, Qi J, et al. 2017a. Assessing impacts of riparian buffer zones on sediment and nutrient loadings into streams at watershed scale using an integrated REMM-SWAT model. *Hydrological Processes*, 31 (4): 916-924.

Zhang C, Yuan Y J, Zeng G M, et al. 2016b. Influence of hydrological regime and climatic factor on waterbird abundance in Dongting Lake Wetland, China: Implications for biological conservation. *Ecological Engineering*, 90: 473-481.

Zhang J J, Zheng Y F, Zhao Z F. 2009. Geochemical evidence for interaction between oceanic crust and lithospheric mantle in the origin of Cenozoic continental basalts in east-central China. *Lithos*, 110: 305-326.

Zhang J Y, Ma K M, Fu B J. 2010. Wetland loss under the impact of agricultural development in the Sanjiang Plain, NE China. *Environmental Monitoring and Assessment*, 166 (1-4): 139-148.

Zhang L, Liu J, Li Y, et al. 2013. Applying AQUATOX in determining the ecological risk assessment of polychlorinated biphenyl contamination in Baiyangdian lake, North China. *Ecological Modelling*, 265: 239-49.

Zhang L, Liu J. 2014. AQUATOX coupled food web model for ecosystem risk assessment of Polybrominated diphenyl ethers (PBDEs) in lake ecosystems. *Environmental Pollution*, 191: 80-92.

Zhang P, Li B, Wu J H, et al. 2019. Invasive plants differentially affect soil biota through litter and rhizosphere pathways: a meta-analysis. *Ecology Letters*, 22: 200-210.

Zhang W, Lu Q, Song K, et al. 2014. Remotely sensing the ecological influences of ditches in Zoige Peatland, eastern Tibetan Plateau. *International Journal of Remote Sensing*, 35 (13): 5186-5197.

Zhang X Q, Wang L K, Fu X S, et al. 2017b. Ecological vulnerability assessment based on PSSR in Yellow River Delta. *Journal of Cleaner Production*, 167: 1106-1111.

Zhang Y, Cao L, Barter M, et al. 2011. Changing distribution and abundance of swan goose anser cygnoides in the yangtze river floodplain: the likely loss of a very important wintering site. *Bird Conservation International*, 21 (1): 36-48.

Zhang Y, Li W H, Sun G, et al. 2019. Coastal wetland resilience to climate variability: A hydrologic perspective. *Journal of Hydrology*, 568: 275-284.

Zhang Y, Lu H J , Fath B D, et al. A Network Flow Analysis of the Nitrogen Metabolism in Beijing, China. *Environmental Science & Technology*, 2016c 50 (16): 8558-8567.

Zhang Y, Zheng H, Fath B D , et al. 2014. Ecological network analysis of an urban metabolic system based on input output tables: Model development and case study for Beijing. *Science of the Total Environment*, 468: 642-653.

Zhang Y, Zheng H M, Yang Z F, et al. 2015. Urban energy flow processes in the Beijing-Tianjin-Hebei (Jing-Jin-Ji) urban agglomeration: combining multi-regional input-output tables with ecological network analysis. *Journal of Cleaner Production*, 15 (114): 243-256.

Zhao Z H, Zhang L, Wu J L. 2016c. Polycyclic aromatic hydrocarbons (PAHs) and organochlorine pesticides (OCPs) in sediments from lakes along the middle-lower reaches of the Yangtze River and the Huaihe River of

China. Limnology & Oceanography, 61 (1): 47-60.

Zheng H, Clift P D, Wang P, et al. 2013. Pre-Miocene birth of the Yangtze River. *Proceedings of the National Academy of Sciences of the United States of America*, 110 (19): 7556-7561.

Zhou D M, Zhang H, Liu C L, et al. 2016. Wetland ecohydrology and its challenges. *Ecohydrology & Hydrobiology*, 16: 26-32.

Zhou J G. 2007. A rectangular lattice Boltzmann method for groundwater flows. *Modern Physics Letters B*, 21 (9): 531-542.

Zhu X F. 2015. Agricultural irrigation requirements under future climate scenarios in China. *Journal of Arid Land*, 7 (2): 224-237.

Zuecco G, Rinderer M, Penna D, et al. 2019. Quantification of subsurface hydrologic connectivity in four headwater catchments using graph theory. *Science of the Total Environment*, 646: 1265-1280.

附　　表

附表 1　扁秆荆三棱根际随水位变化具有显著性差异的门

门	JD0	JD20	JD30	JD40	p
酸杆菌门	3. 772	4. 275	5. 291	1. 159	0. 004 394
拟杆菌门	14. 99	16. 2	9. 76	4. 04	0. 004 116
绿菌门	0. 093 54	0. 063 74	0. 057 57	0. 029 8	0. 012 39
阴沟单胞菌门	0. 020 57	0	0. 001 252	0. 005 141	0. 004 974
蓝藻门	0. 291 8	0. 186 7	0. 355 3	0. 874 6	0. 004 01
异常球菌-栖热菌门	0. 165 7	0. 059 15	0. 073 57	0. 095 7	0. 001 509
厚壁菌门	12. 16	19. 05	22. 46	31. 63	0. 047 73
芽单胞菌门	2. 66	3. 256	3. 255	0. 827 3	0. 012 11
硝化刺菌门	0. 012 23	0. 001 893	0. 001 191	0. 004 028	0. 003 341
硝化螺旋菌门	2. 085	1. 297	0. 898 9	0. 371 4	0. 026 28
浮霉菌门	2. 293	1. 935	3. 32	0. 742 4	0. 005 794
变形菌门	43. 04	38. 24	35. 02	51. 14	0. 023 04
疣微菌门	0. 189 1	0. 112 9	0. 245	0. 046 27	0. 004 829

附表 2　扁秆荆三棱根表随水位变化具有显著性差异的门

门	BD0	BD10	BD20	BD30	BD40	p
疣微菌门	0. 249 5	0. 233 6	0. 064 27	0. 085	0. 028 33	0. 010 92
浮霉菌门	1. 584	0. 210 1	0. 783	0. 927 4	0. 369 7	0. 003 6
硝化螺旋菌门	0. 970 3	0. 116 1	0. 384 9	0. 416	0. 183 8	0. 001 465
芽单胞菌门	1. 155	0. 186 6	0. 839 7	1. 21	0. 378	0. 003 35
梭杆菌门	0. 000 691	0. 004 147	0	0. 002 073	0. 027 64	0. 010 59
厚壁菌门	14. 32	33. 22	27. 16	37. 62	55. 7	0. 002 567
异常球菌-栖热菌门	0. 092 61	0. 013 82	0. 029 03	0. 022 11	0. 030 41	0. 008 163
阴沟单胞菌门	0. 034 55	0. 018 66	0	0. 002 073	0. 001 382	0. 002 889
绿弯菌门	4. 961	0. 892 2	1. 354	2. 053	1. 243	0. 003 984

续表

门	BD0	BD10	BD20	BD30	BD40	p
绿菌门	0. 103 7	0. 008 984	0. 033 17	0. 032 48	0. 018 66	0. 024 42
拟杆菌门	8. 18	6. 558	11. 35	8. 182	1. 679	0. 014 81
装甲菌门	0. 132 7	0. 037 32	0. 063 58	0. 067 73	0. 042 85	0. 028 51
放线菌门	6. 359	2. 58	4. 442	4. 78	1. 48	0. 004 584
酸杆菌门	2. 15	0. 324 1	1. 153	1. 717	0. 528 7	0. 001 45

附表 3　丰度最高的 25 个功能模块在不同水位下丰度变化特征及对应的功能

功能模块	Meta_D0	Meta_D10	Meta_D20	Meta_D30	Meta_D40	功能描述
M00359	313 906	334 382	343 488	310 686	261 478	氨酰-tRNA 生物合成（真核生物）
M00009	265 116	287 514	279 584	263 786	222 984	三羧酸循环（TCA cycle，Krebs cycle）
M00178	218 662	248 264	227 758	207 280	179 154	核糖体（细菌）
M00254	161 404	231 498	235 262	174 668	155 072	ABC-2 型运输系统
M00237	175 216	223 508	207 282	185 818	162 884	支链氨基酸转运系统
M00239	175 896	211 708	202 102	197 034	162 164	肽/镍转运系统
M00144	184 342	208 628	208 652	184 482	154 094	NADH：醌氧化还原酶（原核生物）
M00001	142 974	185 594	165 640	144 864	121 920	糖酵解（Embden- Meyerhof 途径），葡萄糖→丙酮酸
M00258	130 520	136 192	149 818	136 324	112 316	ABC 运输蛋白
M00121	126 732	147 916	141 110	125 818	100 720	血红素生物合成，谷氨酸→原血红素/西罗血红素
M00048	131 218	132 200	136 052	125 432	100 190	肌苷单磷酸（IMP）生物合成，PRPP+谷氨酰胺→IMP
M00335	113 338	118 940	117 790	107 680	90 754	分泌系统
M00016	105 840	110 194	110 518	103 238	80 960	赖氨酸生物合成，琥珀酰-DAP 途径，天冬氨酸→赖氨酸
M00207	82 282	119 668	108 252	96 242	85 900	多糖运输系统
M00051	99 332	105 298	106 094	98 270	81 372	尿苷单磷酸（UMP）生物合成，谷氨酰胺（+PRPP）→UMP
M00004	82 590	126 130	105 336	86 528	76 136	磷酸戊糖途径（Pentose phosphate cycle）
M00019	97 254	101 726	97 454	95 274	79 960	缬氨酸/异亮氨酸生物合成，丙酮酸→缬氨酸/2-氧代丁酸→异亮氨酸
M00260	97 158	101 486	98 734	91 480	74 452	DNA 聚合酶Ⅲ复合物（细菌）
M00083	80 394	83 618	89 992	84 128	66 766	脂肪酸生物合成
M00183	85 152	86 196	81 856	78 890	69 290	RNA 聚合酶（细菌）
M00157	76 000	72 162	91 268	73 438	59 574	F 型 ATP 酶（原核生物和叶绿体）
M00026	74 858	76 886	87 316	72 682	57 958	组氨酸生物合成，PRPP→组氨酸

续表

功能模块	Meta_D0	Meta_D10	Meta_D20	Meta_D30	Meta_D40	功能描述
M00017	69 946	84 006	76 714	73 610	61 244	蛋氨酸生物合成，甲硫氨酸→高丝氨酸→蛋氨酸
M00022	70 222	77 216	77 590	69 876	56 578	莽草酸途径，磷酸烯醇丙酮酸+erythrose-4P→分支酸
M00173	61 502	74 656	79 970	64 316	58 468	还原柠檬酸循环（Arnon-Buchanan 循环）

附表 4　COG 功能注释结果随水位变化特征

功能编号	功能描述	Meta_D0	Meta_D10	Meta_D20	Meta_D30	Meta_D40
A	RNA 加工与修饰	3 620	4 492	8 262	4 262	3 666
B	染色质结构与动态	15 346	17 900	18 120	16 142	14 368
C	能量产生与转化	2 486 892	2 741 136	2 868 850	2 554 580	2 144 148
D	细胞周期控制、细胞分裂、染色体分配	248 762	281 406	271 284	244 034	200 286
E	氨基酸运输与代谢	2 897 546	3 257 910	3 189 990	2 960 754	2 391 622
F	核苷酸转运和代谢	674 132	765 204	730 430	660 236	542 646
G	碳水化合物运输和代谢	1 845 704	2 401 330	2 016 624	1 823 700	15 535
H	辅酶转运和代谢	861 546	991 752	997 210	892 020	725 062
I	脂质运输和代谢	1 099 542	1 135 724	1 186 050	1 088 328	905 028
J	翻译、核糖体结构和生物发生	1 290 962	1 373 348	1 389 662	1 267 136	1 048 658
K	转录	1 387 052	1 888 776	1 736 622	1 406 692	1 209 884
L	复制、重组和修复	1 952 592	2 819 268	2 460 124	2 176 650	1 896 580
M	细胞壁/膜/包膜生物发生	1 767 922	1 855 068	1 922 436	1 808 674	1 416 152
N	细胞运动	156 888	108 260	162 518	116 796	83 646
O	翻译后修饰、蛋白质周转、分子伴侣	1 211 302	1 274 594	1 330 108	1 234 988	1 009 978
P	无机离子运输与代谢	1 917 432	1 933 120	1 982 588	1 868 410	1 477 240
Q	次级代谢物的生物合成、运输和分解代谢	723 058	786 626	879 056	757 936	644 634
T	信号转导机制	1 836 914	2 107 120	2 067 824	1 891 876	1 629 130
U	细胞内运输、分泌与囊泡运输	447 656	420 740	485 038	425 734	344 690
V	防御机制	630 442	727 234	787 378	713 118	581 584
W	细胞外结构	6 206	2 170	1 374	1 294	922
Z	细胞骨架	7 796	3 214	4 640	5 748	5 668

附表 5　淀粉和蔗糖代谢相关酶代码及丰度

酶代码	名称	Meta_D0	Meta_D10	Meta_D20	Meta_D30	Meta_D40
2.4.1.10	左旋蔗糖酶	314	744	256	362	316
2.4.1.11	糖原（淀粉）合酶	1 184	1 116	2 302	1 448	1 174
2.4.1.12	纤维素合酶（UDP-形成）	3 672	3 032	1 134	3 418	1 792
2.4.1.13	蔗糖合成酶	242	98	136	228	218
2.4.1.14	蔗糖磷酸合酶	502	228	2 316	514	604
2.4.1.15	α，α-海藻糖-磷酸合酶（UDP-形成）	12 388	18 572	12 014	14 300	12 682
2.4.1.18	1，4-α-葡聚糖分支酶	17 864	17 026	20 338	17 894	14 950
2.4.1.19	环麦芽糖糊精葡聚糖转移酶	0	0	2	0	16
2.4.1.20	纤维二糖磷酸化酶	2 234	4 118	2 328	1 210	2 046
2.4.1.21	淀粉合酶（糖基转移）	6 602	4 304	7 384	6 602	5 186
2.4.1.245	α，α-海藻糖合酶	3 392	6 542	5 536	4 352	3 938
2.4.1.25	4-α-葡聚糖转移酶	9 998	13 622	8 592	9 430	7 966
2.4.1.4	淀粉蔗糖酶	1 618	2 562	2 286	1 184	1 620
2.4.1.64	α，α-海藻糖磷酸化酶	5 588	5 612	9 406	5 726	4 866
2.4.1.7	蔗糖磷酸化酶	4 036	3 786	5 874	3 410	3 092
2.4.1.8	麦芽糖磷酸化酶	226	30	28	14	16
2.7.1.1	己糖激酶	4	72	6	12	12
2.7.1.175	麦芽糖激酶	1 034	3 006	2 176	1 286	1 476
2.7.1.2	葡萄糖激酶	12 138	20 584	14 562	12 812	11 188
2.7.1.201	蛋白质-Npi-磷酸组氨酸---海藻糖磷酸转移酶	118	1 124	280	298	30
2.7.1.205	蛋白质-Npi-磷酸组氨酸---纤维二糖磷酸转移酶	114	1 332	116	68	40
2.7.1.208	蛋白质-Npi-磷酸组氨酸---麦芽糖磷酸转移酶	56	3 162	146	84	10
2.7.1.211	蛋白质-Npi-磷酸组氨酸---蔗糖磷酸转移酶	86	1 822	414	326	40
2.7.1.4	果糖激酶	6 576	7 620	8 362	6 700	5 290
2.7.7.27	1-磷酸葡萄糖腺苷酸转移酶	8 954	8 952	9 914	8 494	7 456
2.7.7.33	1-磷酸葡萄糖胞苷转移酶	2 758	3 688	3 158	3 280	2 560
2.7.7.9	UTP-1-磷酸葡萄糖尿苷转移酶	7 984	8 716	9 232	7 032	5 990
3.1.3.12	海藻糖磷酸酶	6 654	8 380	5 522	7 108	5 632
3.1.3.24	蔗糖磷酸酶	42	46	120	72	36
3.1.3.90	麦芽糖 6′-磷酸磷酸酶	258	208	1 146	488	312
3.2.1.1	α-淀粉酶	21 286	22 722	22 016	25 888	19 704

续表

酶代码	名称	Meta_D0	Meta_D10	Meta_D20	Meta_D30	Meta_D40
3. 2. 1. 10	寡聚-1，6-葡萄糖苷酶	1 420	2 348	980	1 020	1 152
3. 2. 1. 133	葡聚糖 1，4-α-麦芽糖水解酶	1 714	1 734	2 990	2 678	2 204
3. 2. 1. 141	4-α-D-{（1->4）-α-D-葡聚糖}海藻糖水解酶	7 830	5 568	7 074	9 210	6 438
3. 2. 1. 2	β-淀粉酶	2	0	2	4	2
3. 2. 1. 20	α-葡萄糖苷酶	16 824	20 416	15 540	15 750	12 814
3. 2. 1. 21	β-葡萄糖苷酶	29 478	38 454	25 606	20 586	22 454
3. 2. 1. 26	β-呋喃果糖苷酶	2 696	5 798	3 292	3 270	2 262
3. 2. 1. 28	α，α-海藻糖酶	2 588	2 762	1 276	2 944	1 660
3. 2. 1. 3	葡聚糖 1，4-α-葡萄糖苷酶	1 774	3 888	1 058	1 946	2 004
3. 2. 1. 39	葡聚糖内切-1，3-β-D-葡萄糖苷酶	2	0	2	0	0
3. 2. 1. 4	纤维素酶	7 038	5 998	3 894	3 888	4 132
3. 2. 1. 54	环麦芽糖糊精酶	1 714	1 734	2 990	2 678	2 204
3. 2. 1. 58	葡聚糖 1，3-β-葡萄糖苷酶	168	32	382	36	100
3. 2. 1. 64	2，6-β-果聚糖 6-左旋糖化酶	24	122	0	48	40
3. 2. 1. 65	左旋糖酐酶	680	5 986	214	1 214	2 102
3. 2. 1. 68	异淀粉酶	15 226	16 172	13 216	15 582	13 074
3. 2. 1. 86	6-磷酸-β-葡萄糖苷酶	1 846	11 464	4 230	2 676	2 796
3. 2. 1. 91	纤维素 1，4-β-纤维二糖苷酶(非还原端)	474	1 440	210	472	246
3. 2. 1. 93	α，α-磷酸海藻糖酶	136	1 414	366	382	100
3. 6. 1. 9	核苷酸二磷酸酶	2 756	1 574	2 838	2 356	1 504
5. 3. 1. 9	6-磷酸葡萄糖异构酶	18 218	28 904	22 962	19 612	17 158
5. 4. 2. 2	磷酸葡萄糖变位酶（α-D-葡萄糖-1，6-二磷酸依赖性）	12 916	9 868	14 318	13 380	9 726
5. 4. 2. 6	β-磷酸葡萄糖变位酶	272	638	456	190	200
5. 4. 99. 15	(1->4）-α-D-葡聚糖/1-α-D-葡糖基变位酶	9 738	8 012	10 108	10 700	7 354
5. 4. 99. 16	麦芽糖 α-D-葡萄糖基转移酶	17 574	18 744	17 854	21 618	16 952

附表 6　丰度比例前 10 的核心 OTU 丰度

OTU ID	SA	SB	WA	WB	OTU ID	SA	SB	WA	WB
OTU_1	0	0	1512	948	OTU_3	0	0	475	285
OTU_1003	54	0	14	1	OTU_30	0	0	216	38
OTU_11	0	0	109	758	OTU_32	1	0	226	108
OTU_114	58	11	0	0	OTU_33	1	0	56	130
OTU_115	1	2	29	76	OTU_36	88	69	28	31
OTU_116	1	0	14	50	OTU_4	0	0	388	234
OTU_12	1	0	80	572	OTU_50	1	1	59	167
OTU_13	0	0	39	294	OTU_56	1	0	48	103
OTU_14	0	0	44	305	OTU_6	0	0	503	322
OTU_1438	9	6	38	48	OTU_64	1	1	33	82
OTU_16	0	0	47	296	OTU_669	61	1	2	0
OTU_1620	58	7	0	0	OTU_7	0	0	398	291
OTU_1653	38	34	112	46	OTU_772	65	6	0	0
OTU_17	0	0	252	113	OTU_964	41	5	8	0
OTU_1758	46	22	0	0	OTU_984	42	22	1	0
OTU_1871	56	15	2	0	OTU_110	3	70	0	1
OTU_196	52	2	0	0	OTU_113	43	74	0	3
OTU_2	0	0	1396	925	OTU_1837	18	36	6	6
OTU_2047	65	1	0	0	OTU_2132	31	101	4	2
OTU_2123	89	42	1	0	OTU_253	28	74	0	0
OTU_2137	52	34	1	0	OTU_344	0	55	0	0
OTU_2150	0	0	2	49	OTU_58	3	164	0	0
OTU_2272	1	1	13	52	OTU_67	2	62	0	0
OTU_2273	33	19	0	0	OTU_680	10	49	0	0
OTU_2284	68	32	1	0	OTU_70	5	165	0	0
OTU_239	59	0	0	0	OTU_74	2	96	0	0
OTU_24	76	54	33	43	OTU_81	5	120	0	1
OTU_2450	66	1	2	0	OTU_88	6	91	0	0
OTU_26	0	0	286	54	OTU_90	1	76	0	0

附表 7　水生根系根际微生物群落核心 OTU

OTU	D30_10	D50_10	D50_30	OTU	D30_10	D50_10	D50_30
OTU3104	38. 6	14. 2	0. 6	OTU1512	140. 8	130. 2	48. 6
OTU3409	0. 8	39. 2	2. 4	OTU1526	41. 6	2. 2	0
OTU47	93. 4	2. 2	116. 4	OTU1976	134. 2	149. 6	237. 2
OTU10	176. 6	0. 6	15. 6	OTU2286	1. 4	0	152. 4
OTU2396	0. 2	9. 6	2. 6	OTU2349	412. 8	124. 8	606. 4
OTU4047	0	0. 2	76. 4	OTU2357	178	17. 2	79. 4
OTU500	539. 8	3. 6	83. 4	OTU255	141. 2	105	124. 6
OTU982	13. 6	30. 8	8. 2	OTU2562	227	63. 6	276. 4
OTU3250	88. 6	6. 8	94. 6	OTU2573	231. 2	79. 6	214. 4
OTU1288	28. 2	24. 6	0. 4	OTU2904	97. 4	84. 8	115. 4
OTU143	6048. 6	14981. 6	8722. 8	OTU3499	190	3. 8	46. 2
OTU3228	112. 6	57. 2	177. 6	OTU3531	165. 6	6. 2	176
OTU3238	76. 8	112. 4	72. 8	OTU364	13. 2	3. 8	56. 2
OTU3286	64	97. 6	96. 8	OTU3659	49. 4	8. 4	99. 6
OTU3527	94. 4	27. 2	39	OTU3679	86. 8	14. 6	163. 2
OTU689	261. 4	22	222. 6	OTU3725	25. 4	13. 6	52. 4
OTU1405	23. 8	19. 8	7	OTU378	258. 2	18. 2	438. 6
OTU3219	28. 8	10	1	OTU388	132. 4	83	154. 4
OTU1126	153. 2	19	33. 4	OTU4033	128. 8	24. 6	197
OTU1198	383	27. 2	185. 4	OTU438	16. 6	20. 6	168
OTU1202	253. 4	91	295. 4	OTU903	1468. 8	4441. 8	1964. 8
OTU123	95. 6	23. 2	48. 4	OTU951	206	101. 4	306. 8
OTU132	8. 4	1. 8	143. 8	OTU975	169. 4	102. 4	175. 8
OTU1442	152. 6	144	146	OTU980	160. 4	74	136
OTU1479	70. 4	40	380. 6	—	—	—	—

附表 8　土壤根系根际微生物群落核心 OTU

OTU	D10_10	D30_30	D50_50	OTU	D10_10	D30_30	D50_50
OTU2569	54.6	14.6	0	OTU1512	189.6	114	308.6
OTU4085	77.6	218.8	87.4	OTU3531	183.4	214	161.4
OTU597	156.6	20.4	96.8	OTU3679	226.4	273.8	85
OTU3904	105.8	35.6	12.4	OTU1442	190.6	144.2	218.2
OTU2453	174.6	22.2	41.6	OTU4033	6.6	126.6	113.8
OTU3905	158.6	25	18	OTU1202	88.2	201.6	169.2
OTU2499	9.8	98.2	43.4	OTU2909	121	187.4	157.8
OTU2524	139.6	93.6	25.6	OTU3557	44.8	110.8	117.4
OTU2512	52.6	85.8	10.6	OTU3725	114.8	79.6	120
OTU1139	17.8	0.6	60.8	OTU2874	26.2	295	11.4
OTU1680	60.4	14	6.6	OTU3916	110.8	156.2	119.8
OTU2822	0	29	0	OTU1198	24.2	113.4	48.2
OTU421	5	185	69.4	OTU3353	15	36.2	6
OTU486	93.6	2.4	4.2	OTU2337	36.8	13.2	84.8
OTU500	34.6	61.8	203.4	OTU1556	54.8	30.4	38.4
OTU3250	506	209.2	425.8	OTU3750	12	147.4	62.4
OTU3247	164	77.4	153.4	OTU1526	107.8	72.2	1.8
OTU3228	127.2	270.2	177.4	OTU2802	191.6	50.8	1.4
OTU3368	95.8	192.8	113	OTU3018	53.6	49	0.2
OTU3258	78	146	71.2	OTU3669	0.6	1.6	217.6
OTU143	3594	4289.6	4884.8	OTU3414	122.8	41	1.4
OTU689	189	468.2	278.2	OTU3658	2	63.6	0.2
OTU2341	122.6	115	19.8	OTU3651	23.2	31.2	0
OTU1405	72.8	102.8	8.4	OTU20	98.4	40.2	15
OTU3025	287.2	4.4	0	OTU378	42	234	51.8
OTU2349	386.6	405	512.6	OTU903	718	1636.8	1312
OTU2904	254	91.2	288.6	OTU951	317	146.2	712.6
OTU1479	531.2	190.8	586.4	OTU975	250.8	202.4	291.2
OTU1976	426.2	264.2	348.4	OTU980	221.4	163	333.4
OTU2562	145.4	273.4	235	—	—	—	—

附表 9　不同水深下土壤根际微生物中丰度排名前 30 的 KO Pathway

土壤根际微生物 KO Pathway 丰度						水生根系根际微生物 KO Pathway 丰度					
D10_10		D30_30		D50_50		D30_10		D50_10		D50_30	
KO02010	867937	KO02010	928598	KO02010	971667	KO02010	1004548	KO02010	1035243	KO02010	1097716
KO02020	482525	KO03010	523272	KO02020	521393	KO00230	546362	KO03010	747592	KO03010	583420
KO00230	504030	KO00230	521328	KO00230	537697	KO02020	559486	KO00230	649205	KO00230	582811
KO03010	505619	KO02020	512920	KO03010	538060	KO03010	547019	KO00190	550811	KO02020	572253
KO00190	405965	KO00190	433092	KO00190	438049	KO00190	458696	KO00195	576413	KO00190	475287
KO00240	324989	KO00240	349153	KO00860	366298	KO00860	386019	KO00860	568428	KO00860	442851
KO00860	343087	KO00860	360738	KO00240	364464	KO00240	379462	KO02020	460604	KO00240	395428
KO00330	315679	KO00330	323640	KO00330	340485	KO00330	354794	KO00240	384707	KO00195	367485
KO00620	205352	KO00620	244467	KO00620	249959	KO00620	287434	KO00970	568505	KO00330	367522
KO00680	264779	KO00970	284436	KO00010	285390	KO00970	297288	KO00330	393619	KO00620	314524
KO00010	280217	KO00010	287967	KO00970	302367	KO00010	309481	KO00010	336166	KO00970	322275
KO00970	268991	KO00680	275458	KO00680	288385	KO00195	296611	KO00620	344427	KO00010	311867
KO00520	264623	KO00520	265492	KO00520	274561	KO00520	287068	KO00520	325586	KO00520	295780
KO00720	271262	KO00720	267703	KO00720	284145	KO00680	282640	KO00680	297447	KO00680	291029
KO00250	263487	KO00195	264259	KO00195	272101	KO00720	275651	KO03440	275914	KO00720	272119
KO00650	226522	KO00250	225659	KO00650	234982	KO00250	242333	KO00720	254748	KO00250	246501
KO00260	219242	KO00260	221546	KO00250	233072	KO00260	235341	KO00250	222619	KO00260	233918
KO00640	194580	KO00650	208893	KO00260	218164	KO00650	221752	KO03430	248051	KO03070	230921
KO00195	220970	KO03070	218487	KO03070	237742	KO03070	232260	KO03070	276357	KO00650	226735
KO00270	185622	KO00270	199751	KO00640	199316	KO00270	208579	KO00550	223077	KO03440	222166
KO00910	202440	KO00640	202656	KO00630	210979	KO00640	214587	KO00500	227570	KO00270	215904
KO03070	187770	KO03440	190585	KO00270	199094	KO03440	203599	KO00710	208000	KO00030	209883
KO00630	199215	KO00910	199725	KO00910	210173	KO00630	206602	KO00290	226247	KO00630	209959
KO00020	191849	KO00020	198004	KO00020	201632	KO00910	201293	KO00030	248765	KO00910	198407
KO00290	205445	KO00630	200204	KO00280	218067	KO00290	213229	KO00270	229618	KO00290	203031
KO03440	192370	KO00290	193611	KO03440	211676	KO00030	208197	KO00260	234575	KO00640	210048
KO00280	180008	KO00030	182038	KO00290	192648	KO00020	201330	KO00130	229221	KO00500	211751
KO00030	166407	KO03430	179950	KO00030	180048	KO00280	190398	KO03060	203866	KO03430	200858
KO00400	178965	KO00280	177209	KO00400	184357	KO00400	190433	KO00020	208388	KO00020	200927
KO03430	183347	KO00400	179767	KO03430	199688	KO00500	195442	KO04112	209025	KO00400	194257